COSMETIC MICROBIOLOGY

화장품 미생물학

김보라 지음

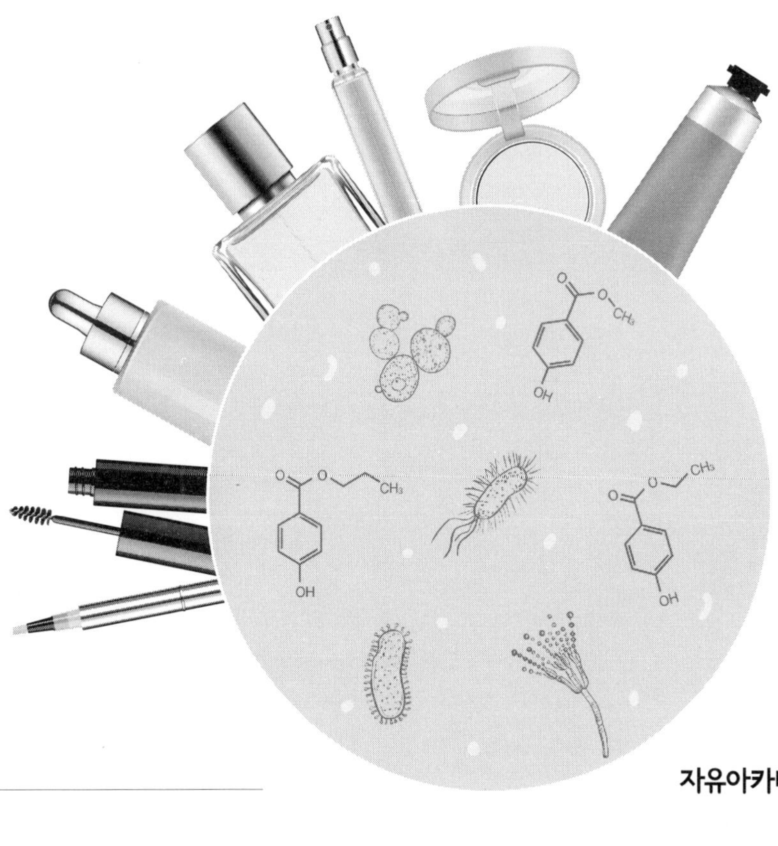

자유아카데미

머리말

화장품을 처음 입문하는 학생들에게 "화장품과 미생물은 어떤 관계가 있을까요?"라는 질문을 했을 때 쉽게 대답하는 학생들은 많지 않습니다. 화장품은 식품처럼 미생물이 좋아하는 성분들로 구성되어 있어 부패하고 변질될 수 있습니다. 이에 미생물을 제대로 알고 대비하여 제품을 잘 보존하는 일이 매우 중요하다고 할 수 있습니다.

화장품은 화학, 생물학의 기초과학을 기반으로 계면화학, 피부과학, 감성학 등이 어우러진 융합과학의 산물이라고 할 수 있습니다. 그동안 화장품의 계면화학이나 피부과학 등에 대해서는 여러 저서가 출간되었으나 화장품 관점에서 쓰여진 미생물 관련 서적은 현재 국내에는 거의 없는 상황입니다.

이에 이 책을 통해 화장품과 미생물은 어떤 관련이 있으며 또한 화장품 산업에서 어떤 의미와 가치가 있는지에 대한 통찰력을 제공하고자 하였습니다. 미생물학은 기초지식과 전문지식으로서 매우 방대한 내용이지만, 이 책에서는 화장품 개발에서 미생물 오염과 관련되는 내용 및 화장품 처방연구 및 생산에서 반드시 고려되어야 하는 미생물 제어와 관련하여 초점을 맞추었습니다. 즉, 화장품의 자체 보존력을 높이고 첨가한 보존제의 활성을 유지하기 위한 방법, 피부에 안전한 보존제 선택, 화장품의 위생적인 제조 및 생산을 위해 제조현장에서의 미생물 제어방법 그리고 화장품의 미생물 검출 시험방법을 실무적인 관점에서 다루었습니다.

유익한 책이 되도록 최선을 다하였지만 미흡한 부분에 대해 양해를 바라며 출간 후 나올 수 있는 수정 사항 등은 자유아카데미 홈페이지(www.freeaca.com) 자료실에 제공할 예정이니 참고하기를 바랍니다. 부디 이 책이 화장품 산업에 종사하는 미생물 담당자들과 화장품에 대해 배우는 학생들에게 도움이 되기를 바라는 바입니다.

이 책이 나오기까지 도움을 주신 ㈜마이크로월드 서경희사장님, ㈜아모레퍼시픽 안수선박사님, ㈜엑티브온 정성원상무님, 김예린, 이윤서, 이주연 대학원 학생들에게 진심으로 감사드립니다. 탈고를 위해 집중할 수 있는 환경을 제공하고 기도해주신 웨인주립대학교 전현주교수님과 이지영박사님 그리고 저의 삶의 목적과 존재의 이유가 되는 사랑하는 가족과 주님께 깊이 감사드립니다. 마지막으로 책이 나오기까지 많은 도움을 주신 자유아카데미 관계자분들께 진심 어린 감사의 말을 전합니다.

저자 김보라 드림

차례

부록

PART 1

화장품과 미생물학

Chapter 01 화장품 개론

본 장은 화장품 품질을 위한 미생물 제어의 목적으로 작성되었기 때문에 다른 화장품학 개론서에 해당하는 전반적인 자세한 내용보다는 본 서의 목적에 관련한 내용들을 중심으로 기술하였다.

1.1. 화장품의 정의

우리나라에서 "화장품"의 정의는 화장품법 2조1항에 "화장품이란 인체를 청결, 미화하여 매력을 더하고 용모를 밝게 변화시키거나 피부, 모발의 건강을 유지 또는 증진하기 위하여 인체에 바르고 문지르거나 뿌리는 등 이와 유사한 방법으로 사용되는 물품으로서 인체에 대한 작용이 경미한 것을 말한다. 다만, 약사법 제2조제4호의 의약품에 해당하는 물품은 제외한다."라고 되어있다. [그림 1]과 같이 화장품은 의약품과 관계성을 비교하여 개념을 이해할 수 있는데, 의약품은 사람의 질병을 진단, 치료, 경감, 처치 또는 예방하거나 사람의 구조와 기능에 약리학적(藥理學的) 영향을 줄 목적으로 사용하는 것이다. 환자가 사용하는 의약품은 유효성에 화장품은 안전성에 초점을 맞추어 개발된다. 우리나라 화장품법에 의해 명시된 화장품의 종류는 기능성화장품, 천연화장품, 유기농화장품, 맞춤형화장품, 영유아 또는 어린이 사용 화장품이 있다. 기능성화장품은 화장품법의 정의처럼 유효성이 나타나는 화장품을 의미한다.

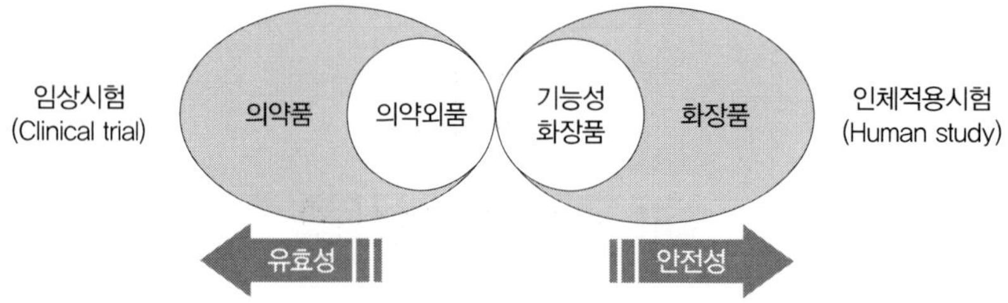

그림 1 화장품과 의약품의 비교

기능성화장품이란 화장품 중에서 다음 어느 하나에 해당되는 화장품을 말한다.

o 화장품법 제2조제2호, 화장품법 시행규칙 제2조

가. 피부의 미백에 도움을 주는 제품
1. 피부에 멜라닌색소가 침착하는 것을 방지하여 기미·주근깨 등의 생성을 억제함으로써 피부의 미백에 도움을 주는 기능을 가진 화장품
2. 피부에 침착된 멜라닌색소의 색을 엷게 하여 피부의 미백에 도움을 주는 기능을 가진 화장품

나. 피부의 주름개선에 도움을 주는 제품
3. 피부에 탄력을 주어 피부의 주름을 완화 또는 개선하는 기능을 가진 화장품

다. 피부를 곱게 태워주거나 자외선으로부터 피부를 보호하는 데에 도움을 주는 제품
4. 강한 햇볕을 방지하여 피부를 곱게 태워주는 기능을 가진 화장품
5. 자외선을 차단 또는 산란시켜 자외선으로부터 피부를 보호하는 기능을 가진 화장품

라. 모발의 색상 변화·제거 또는 영양공급에 도움을 주는 제품
6. 모발의 색상을 변화[탈염(脫染) · 탈색(脫色)을 포함한다]시키는 기능을 가진 화장품. 다만, 일시적으로 모발의 색상을 변화시키는 제품은 제외한다.
7. 체모를 제거하는 기능을 가진 화장품. 다만, 물리적으로 체모를 제거하는 제품은 제외한다.
8. 탈모 증상의 완화에 도움을 주는 화장품. 다만, 코팅 등 물리적으로 모발을 굵게 보이게 하는 제품은 제외한다.

마. 피부나 모발의 기능 약화로 인한 건조함, 갈라짐, 빠짐, 각질화 등을 방지하거나 개선하는 데에 도움을 주는 제품
9. 여드름성 피부를 완화하는 데 도움을 주는 화장품. 다만, 인체세정용 제품류로 한정한다.
10. 피부장벽(피부의 가장 바깥 쪽에 존재하는 각질층의 표피를 말한다)의 기능을 회복하여 가려움 등의 개선에 도움을 주는 화장품
11. 튼살로 인한 붉은 선을 엷게 하는 데 도움을 주는 화장품

화장품 산업의 특징은 정밀화학 기반의 고부가가치산업으로 시장진입장벽이 낮아 경쟁이 치열하다. 유행성, 기호성이 높고 제품의 라이프 사이클이 짧으며 다양한 기술 및 산업과 협력, 경쟁하는 구조이다. 국내 화장품 산업의 장점은 우수한 브랜드컨셉 수립 및 제형화 기술을 바탕으로 OEM/ODM을 활용한 빠른 개발과 출시를 한다. ODM(Original

표 1 국가별 화장품의 정의

국가	근거	화장품의 정의	분류
한국	화장품법	인체를 청결, 미화하여 매력을 더하고 용모를 밝게 변화시키거나 피부, 모발의 건강을 유지 또는 증진하기 위해 인체에 바르고 문지르거나 뿌리는 등 이와 유사한 방법으로 사용되는 물품으로서 인체에 대한 작용이 경미한 것을 말한다.	화장품 기능성화장품 천연화장품 유기농화장품 맞춤형화장품
아세안 EU	아세안 화장품지침 EU 화장품규정	인체의 다양한 외부표면 또는 치아 및 구강점막에 접촉시켜 전적으로 또는 주로 청결하게 하기 위해, 향을 부여하기 위해, 외모를 가꾸기 위해, 체취를 억제하기 위해, 보호하기 위해, 건강을 유지하기 위해 사용하는 것을 목적으로 하는 모든 물질 또는 제제를 의미한다.	화장품
중국	화장품감독관리조례 (개정안)	도포, 분무 또는 기타 유사한 방법으로 인체표면의 모든 부위, 치아 및 구강점막에 적용하고 청정, 보호, 미화, 치장 및 양호한 상태 유지를 목적으로 한 제품을 말한다.	비 특수용도화장품[1)] 특수용도화장품
대만	화장품위생안전 관리법 (개정안)	몸의 외부표면 치아 및 구강점막에 사용하고 모발과 피부를 보습하고 향취를 부여하고, 체취를 개선하고, 용모를 바꾸고 또는 신체를 청결하게 하는 제제를 말한다. 다만 다른 법령에서 의약품으로 지정된 것은 그러하지 아니하다.	화장품 특정용도화장품
미국	Food, Drugs and Cosmetics Act	인체 또는 그 일부를 청결하게 하고, 미화하고, 매력을 증가 또는 용모를 바꾸기 위해 도포, 분포, 뿌리고, 분무 또는 도입에 사용되는 것을 목적으로 한 제품으로 그 구성물로 사용되는 제품을 말한다. 단, 비누는 포함하지 않는다.	화장품 OTC 제품[2)] (비처방전의약품)
일본	약기법	사람의 신체를 청결하게 하고, 미화하고 매력을 더해 용모를 바꾸고, 피부 또는 모발을 전강하게 유지하기 위해 신체에 도찰, 산포 기타 이와 유사한 방법으로 사용되는 것이 목적으로 되어 있는 것으로 인체에 대한 작용이 완화한 것을 말한다.	화장품 의약부외품[3)]

1) 비특수용도화장품(일반화장품)과 특수용도화장품(발모제류 등 9종)으로 나눈다.

2) OTC(Over-the-counter)는 자외선차단제, 불소치약, 주름개선화장품, 비듬제거용 샴푸, 발모제 등은 화장품인 동시에 의약품으로 규정하여 두 가지 법 적용을 받는다.

3) 주름개선, 미백 등의 약용화장품은 의약부외품으로 관리한다.

Development Manufacturing)은 제조자 개발 생산이라고 하며 제조업자가 제품을 개발 및 생산하여 주문자에게 납품하는 방식을 말한다. 주문자의 요구대로 생산만 하는 것이 아니라, 자체적으로 기술력을 확보하여 직접 연구 및 개발을 한다는 점에서 주문자 상표 부착 생산이라고 하는 OEM(Original Equipment Manufacturing)과 구분된다. 화장품법 제2조의2에 정한 영업의 종류는 1. 화장품제조업, 2. 화장품책임판매업, 3. 맞춤형화장품판매업이 있으며 화장품법 시행령 제2조에 정해진 영업의 세부 종류와 범위는 다음과 같다.

1. **화장품제조업**(화장품을 직접 제조하는 영업, 화장품 제조를 위탁받아 제조하는 영업, 화장품의 포장(1차 포장(화장품 제조 시 내용물과 직접 접촉하는 포장용기를 말한다.)만 해당한다)을 하는 영업
2. **화장품책임판매업**: 화장품제조업자(법 제3조제1항에 따라 화장품제조업을 등록한 자를 말한다. 이하 같다)가 화장품을 직접 제조하여 유통·판매하는 영업, 화장품제조업자에게 위탁하여 제조된 화장품을 유통·판매하는 영업, 수입된 화장품을 유통·판매하는 영업, 수입대행형 거래(「전자상거래 등에서의 소비자보호에 관한 법률」 제2조제1호에 따른 전자상거래만 해당한다)를 목적으로 화장품을 알선·수여(授與)하는 영업
3. **맞춤형화장품판매업**: 제조 또는 수입된 화장품의 내용물에 다른 화장품의 내용물이나 식품의약품안전처장이 정하여 고시하는 원료를 추가하여 혼합한 화장품을 판매하는 영업, 제조 또는 수입된 화장품의 내용물을 소분(小分)한 화장품을 판매하는 영업

일반적으로 화장품 개발단계는 상품 기획/마케팅 부서에서 시장분석 및 소비자조사를 통해 니즈(needs)를 도출하여 제품 및 브랜드 컨셉(concept)을 제작한다. 연구소는 제품 제형에 맞는 적합한 원료를 선별하여 제형 처방을 연구하며 용기-디자인 연구소에서는 용기 개발을 진행한다. 연구소에는 소재 개발부터 안정성, 안전성, 사용성, 유효성을 갖춘 개발이 되도록 성분발굴, 분석, 효력시험, 안정성, 안전성 실험 등을 진행하며 기능성

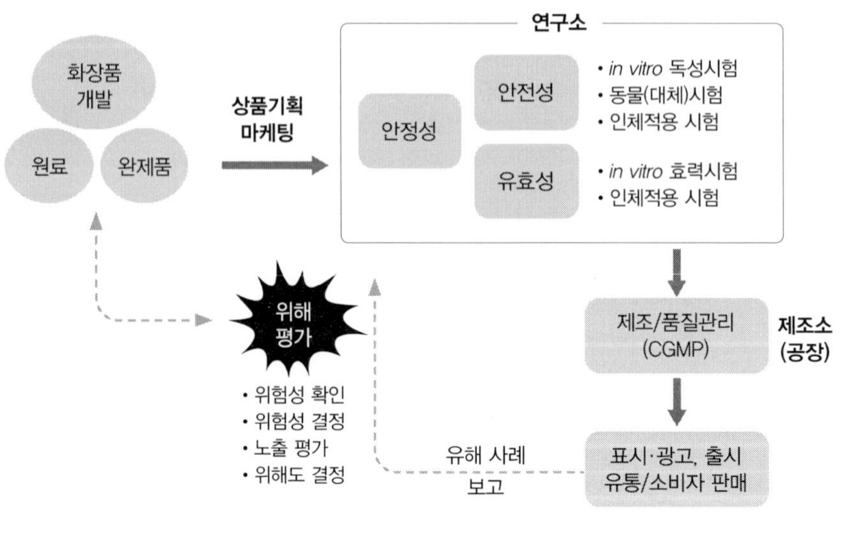

그림 2 화장품 개발 및 유통 과정

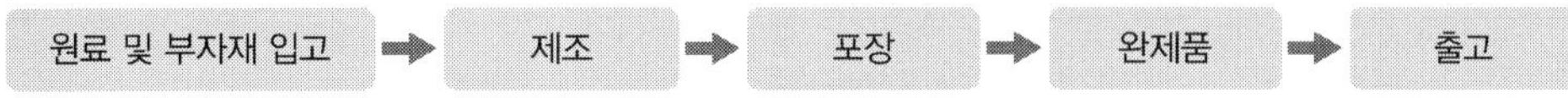

그림 3 제조공장의 제조 공정

화장품이라면 필요 서류를 준비하여 식품의약품안전처(이하 식약처, MFDS(Ministry of Food and Drug Safety))에 심사 및 보고를 진행한다.

연구소에서 최종 확정된 처방과 공정은 제조소(공장)에서 pilot test(파일럿시험: 시스템을 부분적으로 사용하여 각 부분적 시스템이 어느 정도까지 견딜 수 있는지를 확인하는 예비검사), 시생산을 거쳐 최종 벌크 제품을 제조, 품질관리를 통과하고 포장까지 진행하여 완제품을 생산하고 출고하여 소비자에게 유통된다. 공장 생산 시 "우수화장품 제조 및 품질관리기준(Cosmetic Good Manufacturing Practice, CGMP)"을 통해 품질이 보장된 우수한 화장품을 제조·공급할 수 있다.

1.2. 화장품 원료

2012년 「화장품법」이 전면개정되어 새로운 화장품 원료의 개발을 촉진하여 화장품 산업을 활성화시키고 규제를 국제 수준과 맞추기 위해 화장품에 '사용할 수 없는 원료(negative list)'를 고시하고 그 밖의 원료는 사용할 수 있게 하는 네거티브 리스트(negative list) 방식으로 화장품 원료관리 체계가 변경되었으며, 기업의 화장품 안전성과 품질 확보 책임을 강화하고, 정부는 시장에 유통 중인 제품에 대한 감독 및 사후 관리에 집중하여 제품의 신속한 시장 진입을 보장하였다. 이에 따라 기존의 화장품원료기준(장원기)이라는 포지티브 리스트(positive list)을 기초로 한 신원료 심사제를 폐지하는 대신에 국민 보건상 위해 우려가 있는 화장품 원료에 대하여 위해 요소를 평가하여 위해성이 있는 화장품 원료는 사용할 수 없도록 하고 보존제, 자외선차단제 등과 같이 '사용 제한이 필요한 원료'는 화장품 안전기준 등에 관한 규정에 그 사용 기준을 지정하여 일부 포지티브 리스트(positive list)로 관리한다. 그리고 유통화장품 안전관리 기준을 통해 시중 유통 중인 화장품을 대상으로 하여 수거 검사 시 비의도적으로 생성된 유해물질 등에 대한 기준 및 시험 방법을 제시하여 유통 화장품의 품질을 확보하고자 하였다. 즉, 화장품 중 보존제 성분, 자외선차단제 성분 및 기타 필요성이 있는 일부 성분은 과도하게 사용할 경우 안전성 문제를 야기할 수 있어 그 종류와 사용한도를 지정한 것이다.

화장품 원료는 [표 2]와 같이 유지류, 보습제 등의 다양한 유기물들과 제품에 필요한 첨가제들로 구성되어 있다. 피부는 자체적으로 생성된 유분과 수분이 잘 조합되어 건강하고 촉촉한 상태 유지할 수 있다. 이는 피지선에서 분비된 피부의 유분은 유지류 원료들로 그 역할을 할 수 있으며 수분을 함습하는 천연보습인자(natural moisturizing factor,

표 2 화장품 원료 분류

분류	종류
유지류 (oils and fat)	• 식물성·동물성오일: 올리브유, 야자유, 아몬드유, 아보카드유, 피마자유/스쿠알렌, 밍크유 • 합성오일: 실리콘오일, 유동 파라핀, 바셀린 등 탄화수소/고급지방산/고급알코올/에스테르 • 왁스: 라놀린, 밀납, 칸데릴라 왁스, 카르나우바 왁스 등
수성원료 (aqua and aqueous extract)	정제수, 에탄올, 수용성 추출물
보습제 (moisturizer, humectant)	• 폴리올: 글리세린, 프로필렌글라이콜, 부틸렌글라이콜 • 천연보습인자: 아미노산, 요소 등 • 고분자 보습제: 히아루론산염, 가수분해 콜라겐
계면활성제 (surfactant)	• 계면에 흡착하며 계면 장력을 현저히 저하시키는 물질로서 친수기(head), 친유기 구조(tail)를 가지며 용도에 따라서 유화제, 가용화제, 습윤제, 세정제로 사용 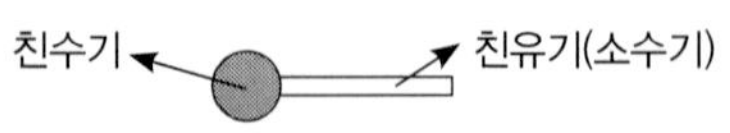 • 수용액 내에서 해리되는 성질, 즉 친수성의 대전성 유무에 따라 아래와 같이 분류 • 양이온성 계면활성제: 염화벤잘코늄, 염화알킬트리메칠암모늄(살균, 정전기 방지 효과) • 음이온성 계면활성제: 고급지방산비누, 폴리옥시에칠렌 에테르 황산염, 알킬에테르인산에스테르염(세정작용) • 비이온성 계면활성제: 폴리옥시에칠렌계, 다가알코올에스테르계(피부자극이 낮고 기초화장품에 많이 사용) • 양쪽성 계면활성제: 알킬디메틸아미노초산베타인(피부자극 낮은 편이고 세정작용)
폴리머(polymer)	점도조절제/피막형성제
색재 (colorant)	• 염료(dye)는 용매에 용해된 상태로 사용 • 안료(pigment)는 용매에 분산시켜 입자상태로 사용
향료(fragrance)	천연향료/합성향료
보존제 (preservative)	*p*-하이드록시벤조익애씨드 에스텔, 페녹시에탄올, 유기산류, 알코올류, 이소치아졸류, 포름알데하이드 방출제 등
기타첨가제	산화방지제, 금속이온봉쇄제, pH 조정제(중화제, 완충제)
활성성분	동식물추출물, 비타민, 펩타이드 등

NMF)는 화장품 원료인 보습제가 사용되어 화장품의 수분을 유지한다. 즉, 피부가 건조한 대기로 수분을 빼앗기지 않기 위하여 유분과 천연보습인자를 모방하여 만든 것이 화장품의 기본 역할이라고 볼 수 있다. 다수의 화장품은 기본적으로 수분과 영양성분을 많이 함유하여 식품만큼 미생물이 좋아하여 오염 번식될 수 있는 제품이지만 실온에서 장기간동안 보관, 유통 및 사용되는 제품이므로 보존제(preservative)는 모든 화장품에서 필수적인 원료로서 본 서에서는 가장 중요한 성분으로 다루게 된다.

즉, 물이 있는 곳 어디나 미생물이 존재하므로 유통하는 화장품 내용물에는 미생물이 없도록 관리되어야 하고, 미생물 오염으로부터 제품 보존기술이 필수적이다. 이에 보존제는 화장품이 보관 및 사용되는 동안 미생물의 증식 및 성장을 억제하거나 감소시켜 제품의 오염을 막아주어 보존하게 하는 성분을 사용하는데, 즉 미생물의 성장으로 인한 부패 및 변질 등 물리적, 화학적 변화를 막기 위해 식품, 음료, 제약, 화장품 등 많은 소비재에 보존제를 사용한다. 보존제와 혼돈될 수 있는 개념인 살균제는 미생물을 사멸시키거나 성장을 억제하기 위해 사용되는 성분으로 기능이 구별된다.

Tip 화장품 원료 영어명, ICID와 INCI

미국화장품협회는 PCPC(Personal Care Products Council)라고 하며, 2007년 11월 이전에는 CT-FA(Cosmetic, Toiletry, and Fragrance Association)라고 불렀다. PCPC의 INC(International Nomenclature Committee)에서 정하는 표준화된 장품원료 영문명칭인 INCI(International Nomenclature of Cosmetic Ingredients)가 국제화장품성분사전 ICID(International Cosmetics Ingredient Dictionary)에 수록되어 국제적인 화장품 원료 명칭으로 사용되고 있다.

1.3. 화장품 제형기술과 유형

화장품 제형은 기술적 특징에 따라 가용화, 유화, 분산 등으로 구분된다.

(1) 가용화(solubilization)

가용화는 물에 소량의 오일성분이 계면활성제에 의해 투명하게 용해되어있는 상태로 미셀(micelle)의 크기가 20 nm 이하로 미세하게 분산시켜 가시광선의 파장보다 작기 때문에 투명하게 보인다. 수렴·유연·영양화장수(스킨, 토너, 액제, 향수)에 만든다.

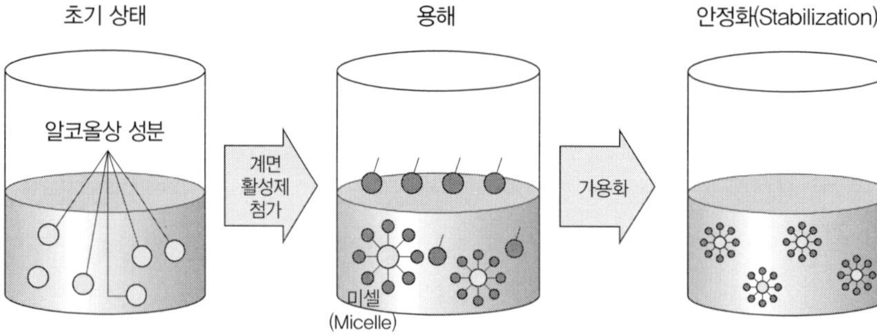

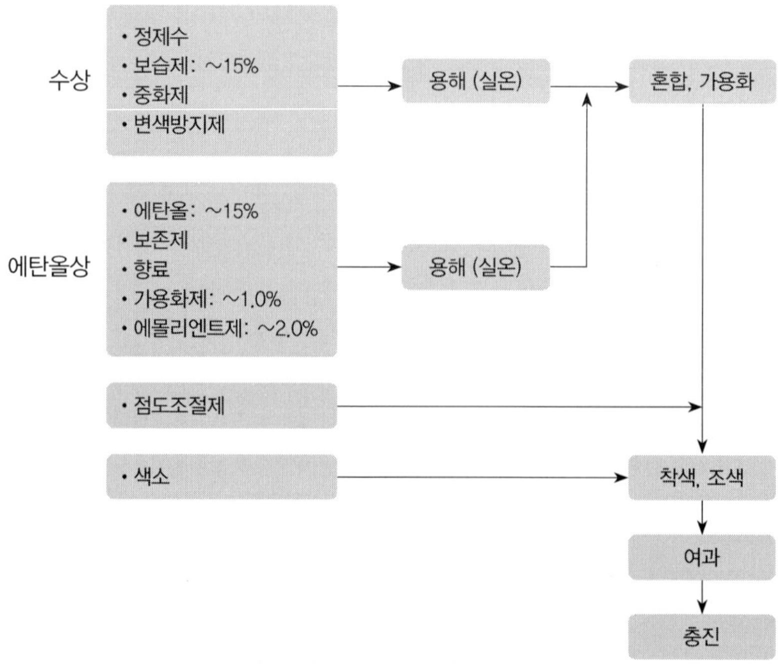

그림 4 화장수의 처방 및 공정 예시

(2) 유화(emulsion)

유화는 서로 섞이지 않는 두 상(수상과 유상) 중 한 상을 유화제(계면활성제)를 이용하여 물과 오일의 계면장력을 하강시켜 균일하고 미세한 입자 형태로 다른 상에 분산시키는 기술을 말한다. 유상이 수상에 분산되어 있는 O/W(oil in water) 유화 제형과 수상이 유상에 분산되어 있는 W/O(water in oil) 유화 제형이 있으며, 불투명한 유백색의 외관을 가지는 크림, 로션 등이 이에 해당된다.

일반적인 화장품 제조 공정은 O/W 유화 제형을 예로 들면, 원재료 입고 및 칭량 → 수상 가온 용해 → 유상 가온 용해 및 투입 → 유화 및 중화 → 냉각 → 여과/숙성 → 충진

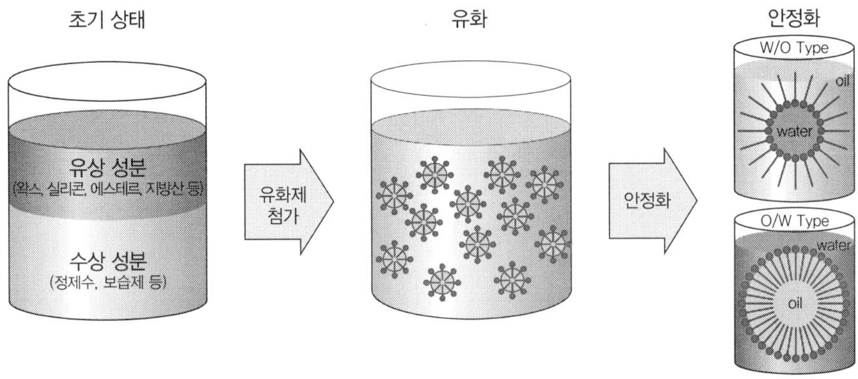

및 포장 → 출하로 구성된다. 화장품은 고유의 기능을 가지는 각각의 성분이 제품별로 정해진 배합비와 제조 방법에 의해 배치(batch)식으로 제조된다. 여러 가지의 성분으로 이루어진 화장품 원료는 제품별 배합비에 따라 계량되며, 먼저 수용성 원료가 혼합탱크에 투입되어 가온 용해된다. 수상을 교반하면서 유용성 원료가 혼합된 유상을 서서히 첨

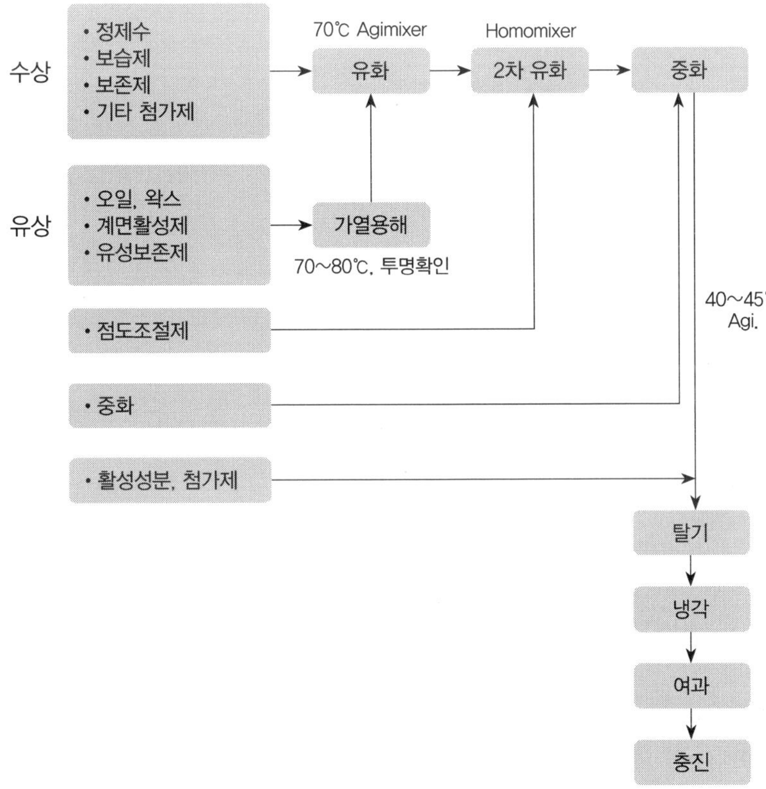

그림 5 O/W 로션의 처방 및 공정 예시

가하여 유화시킨 후, 중화제를 이용하여 pH를 조절한다. 내용물을 냉각시킨 후 기포를 제거하고, 여과 및 숙성 등의 과정을 거쳐 화장품 용기에 충진 및 포장하여 제품이 완성된다. 제조 시의 온도 조건이나 교반 속도, 교반 시간 등에 의해 내용물의 점도, 외관, 사용감 등이 달라질 수 있어 표준 제조 방법을 명확히 설정하는 것이 중요하며, 완성된 제형의 품질은 제조자의 숙련도에도 영향을 받는다.

(3) 분산(dispersion)

분산은 아래 표와 같이 넓은 의미로 분산매가 분산상에 퍼져있는 것을 말한다. 원래 섞이지 않는 두가지 이상의 물질이 섞여 있는 상태로 분산 상태를 이루기 위해 계면활성제가 필요하다.

분산의 종류	분산매	분산질	예
에멀젼	액체	액체	로션, 크림류
현탁액	액체	고체	파운데이션
에어로졸	기체	액체, 고체	헤어 스프레이
무스	액체, 고체	기체	무스

좁은 의미로 고체가 액체 속에 녹지 않고 퍼져있는 현상으로 국한하여 말한다. 메이크업용 화장품은 안료 또는 분체를 여러 종류의 분산상에 분산시킨 제품이다.

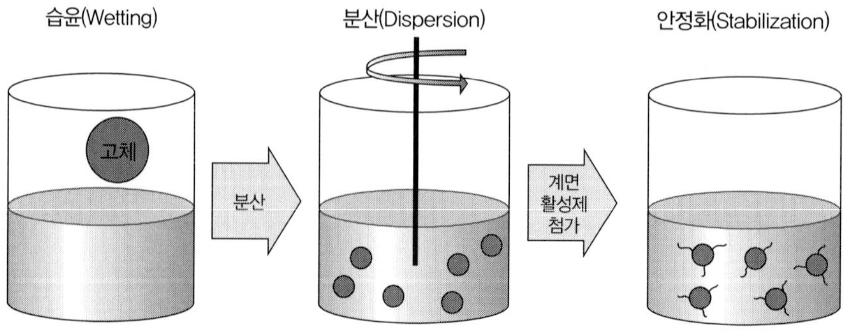

(4) 화장품 유형 분류

화장품은 사용 목적이나 사용 부위, 제품의 구성 성분, 제품의 성상, 기술적 특징 등에 따라 여러 가지로 분류된다.

기초화장용 제품	메이크업용 제품	두발용 제품	인체세정용 제품
스킨 로션 마스크팩 등	아이라이너 아이섀도 마스카라 립스틱 등	샴푸 린스 컨디셔너 염색약 등	폼클렌저 바디클렌저 액상비누 버블배스 등

영·유아용 제품	방향용 제품	손발톱용 제품	기타 제품
만 3세 이하의 어린이용	향수 콜롱 등	네일폴리시 네일에나멜 등	체취방지, 체모 제거용 제품 등

그림 6 다양한 화장품 종류들

식약처 고시 "화장품 사용할 때의 주의사항 및 알레르기 유발성분 표시에 관한 규정"에서 분류한 화장품의 유형은 다음과 같다.

유형(사용 부위, 목적)	제품 종류
1. 영유아용 제품류 (만 3세 이하)	영유아용 샴푸, 린스, 로션, 크림, 오일, 인체 세정용 제품, 목욕용 제품
2. 목욕용 제품류	목욕용 오일·정제·캡슐, 목욕용 소금류, 버블 배스 등
3. 인체 세정용 제품류	폼 클렌저, 바디 클렌저, 액체비누, 화장비누, 외음부 세정제, 물휴지 등
4. 눈 화장용 제품류	아이브로 펜슬, 아이라이너, 아이섀도, 마스카라, 아이 메이크업 리무버 등
5. 방향용 제품류	향수, 분말향, 향낭(香囊), 콜롱 등
6. 두발 염색용 제품류	헤어 틴트, 헤어 컬러스프레이, 염모제, 탈염 탈색용 제품 등
7. 색조 화장용 제품류	볼연지, 페이스 파우더, 페이스 케이크, 리퀴드·크림·케이크 파운데이션, 메이크업 베이스, 메이크업 픽서티브, 립스틱, 립라이너, 립글로스, 립밤, 바디페인팅, 분장용 제품 등
8. 두발용 제품류	헤어 컨디셔너, 헤어 토닉, 헤어 그루밍 에이드, 헤어 크림·로션, 헤어 오일, 포마드, 헤어 스프레이·무스·왁스·젤, 샴푸, 린스, 퍼머넌트 웨이브, 헤어 스트레이트너, 흑채 등
9. 손발톱용 제품류	베이스코트, 언더코트, 네일폴리시, 네일에나멜, 탑코트, 네일 크림·로션·에센스, 네일폴리시·네일에나멜 리무버 등
10. 면도용 제품류	애프터셰이브 로션, 남성용 탤컴, 프리셰이브 로션, 셰이빙 크림, 셰이빙 폼 등
11. 기초화장용 제품류	수렴·유연·영양 화장수, 마사지 크림, 에센스, 오일, 파우더, 바디 제품, 팩, 마스크, 눈 주위 제품, 로션, 크림, 손·발의 피부연화 제품, 클렌징 워터, 클렌징 오일, 클렌징 로션, 클렌징 크림 등 메이크업 리무버 등

유형(사용 부위, 목적)	제품 종류
12. 체취 방지용 제품류	데오도란트 등
13. 체모 제거용 제품류	제모제, 제모왁스 등

1.4. 화장품 품질 특성

화장품 품질의 특성은 안전성, 안정성, 사용성, 유효성으로 나눌 수 있는데 서로 깊은 연관성이 있다. 보존제는 피부를 위한 사용성 및 유효성을 부여하는 원료는 아니고 제형 내용물의 안정성과 보존을 위해서 사용하는 첨가제라고 할 수 있다. 그러나 미생물을 제어하기 때문에 인체에 안전성이 낮은 원료로 분류되는 사용 제한이 필요한 원료이므로 특별히 안정성에 관련한 화장품 위해평가에 대한 내용을 수록하였다.

안전성 (安全性, safety)	안정성 (安定性, stability)	사용성 (使用性, texture)	유효성 (有效性, efficacy)
• skin irritation • allergy • toxicity	• phase separation • dispersion • analysis	• feeling • lasting • use benefit	• moisturization • anti-aging • active materials • penetration
피부에 대한 자극, 알레르기, 독성 제어	보관에 따른 변질, 변색, 변취, 미생물 오염 제어	사용 시 손놀림이 쉽고 만족한 느낌	피부 보습, 항노화, 자외선 차단, 세정 등의 효과

① **안전성(safety)**은 피부에 대한 자극, 알레르기(감작성) 등 인체 독성 없어야 하는 화장품에서 가장 중요한 특성이라고 할 수 있다. 화장품은 영유아부터 노인, 환자 등 취약한 사람들도 사용하며 거의 매일 아침, 저녁 수시로 평생을 사용하기 때문에 이상반응이나 부작용이 있어서는 안 되는 제품이다. 반면 의약품은 환자가 일시적으로 질병 치료를 위해 사용하기 때문에 이상반응을 어느 정도 감수하고 사용한다. 또한, 제품 내 이물 혼입, 용기 안전성도 포함되는 개념이다.

② **안정성(stability)**은 제품의 변질이나 변취, 변색, 미생물 오염 등이 없어야 한다. 에멀전의 물리화학적 안정성이 나빠지는 현상은 크게 합일(coalescence), 부유(creaming), 침전(sedimentation), 응집(flocculation)으로 나눌 수 있다. 화장품은 유통 및 사용기한이 길어 제품의 안정성이 떨어지게 되면 사용감, 안전성, 유효성 모두 영향

표 3 화장품 원료의 안전성 평가 종류 (출처: 대한화장품협회)

번호	시험 항목
1	단회투여독성 시험
2	1차피부자극 시험
3	안점막자극 또는 기타점막자극 시험
4	피부감작성 시험
5	광독성 시험[1] – 광자극 시험 – 광감작성 시험 – 광유전독성 시험
6	반복투여독성, 생식독성, 유전독성, 발암성 등 필요한 독성 시험[2]
7	흡입독성 시험[3]
8	인체첩포 시험
9	피부흡수 시험

1) 자외선에서 흡수가 없음을 입증하는 흡광도 시험자료를 제출하는 경우에는 면제
2) 보존제, 자외선차단제, 색소 등에 한함
3) 분무제의 원료로 사용되는 경우에 한함

을 받을 수 있다. 원료 자체도 안정성이 있어야 함유한 제품 전체적으로 안정성을 유지할 수 있다. 연구개발부서에서는 제품마다 안정성시험(장기보존시험, 가속시험, 가혹시험, 개봉 후 안정성시험) 결과 확보를 위해 경시변화에 따른 품질의 안정성을 평가하여 화장품의 저장방법 및 사용기한을 설정한다. 화장품을 제조된 날부터 적절한 보관조건 (보관, 운반, 사용 조건 등)에서 성상·품질의 변화 없이 최적의 품질로 이를 사용할 수 있는 최소한의 기한과 저장방법을 설정하기 위한 기준을 정

Tip 사용기한 또는 개봉 후 사용기간

화장품법 시행규칙[별표4] 화장품 포장의 표시기준 및 표시방법(제19조제7항 관련)

가. 사용기한은 "사용기한" 또는 "까지" 등의 문자와 "연월일"을 소비자가 알기 쉽도록 기재·표시해야 한다. 다만, "연월"로 표시하는 경우 사용기한을 넘지 않는 범위에서 기재·표시해야 한다.

나. 개봉 후 사용기간은 "개봉 후 사용기간"이라는 문자와 "ㅇㅇ월" 또는 "ㅇㅇ개월"을 조합하여 기재·표시하거나, 개봉 후 사용기간을 나타내는 심벌과 기간을 기재·표시할 수 있다(예시: 심벌과 기간 표시, 개봉 후 사용기간이 12개월 이내인 제품)

하는 데 있으며, 나아가 이를 통하여 시중에 유통 중인 화장품의 안정성을 확보하여 안전하고 우수한 제품을 공급하는 데 도움을 주고자 한다.

Tip 식약처 "화장품 안정성시험 가이드라인" (2011)

화장품 안정성 시험은 화장품의 저장방법 및 사용기한을 설정하기 위하여 경시 변화에 따른 품질의 안정성을 평가하는 시험이다. 화장품을 제조된 날부터 적절한 보관조건(보관, 운반, 사용 조건 등)에서 성상·품질의 변화 없이 최적의 품질로 이를 사용할 수 있는 최소한의 기한과 저장방법을 설정하기 위한 기준을 정하는 데 있으며, 나아가 이를 통하여 시중 유통 중에 있는 화장품의 안정성을 확보하여 안전하고 우수한 제품을 공급하는 것에 도움을 주고자 하는 데 있다.

화장품의 안정성이 떨어지는 현상은 그 제품의 종류, 제형 및 구성성분과 처방 구성 등에 따라 차이가 있으며, 온도, 습도, 일광, 미생물, 포장재료 및 유통조건 등 외부 요인에 따라서도 각양각색이다. 그 시험방법도 제품들의 외부적 및 내부적 요인에 따라 다르고, 통일된 시험항목을 선정하기는 어렵다. 화장품의 안정성 시험항목은 적절한 보관, 운반, 사용 조건에서 화장품의 물리·화학적 안정성, 미생물학적 안정성, 용기 적합성을 보증할 수 있도록 설정해야 한다. 이미 평가된 자료 및 경험을 바탕으로 하여 과학적이고 합리적인 항목과 기준을 설정해야 한다.

특히, 미생물학적 시험은 정상적으로 제품 사용 시 미생물 증식을 억제하는 능력이 있음을 증명하는 미생물학적 시험 및 필요 시 기타 특이적 시험을 통해 미생물에 대한 안정성을 평가한다. 일반적으로 사용되는 안정성 시험항목과 시험조건은 다음과 같다.

① 장기보존시험: 화장품의 저장조건에서 사용기한을 설정하기 위하여 장기간에 걸쳐 물리·화학적, 미생물학적 안정성 및 용기 적합성을 확인하는 시험 (6개월 이상)

② 가속시험: 장기보존시험의 저장조건을 벗어난 단기간의 가속조건이 물리·화학적, 미생물학적 안정성 및 용기 적합성에 미치는 영향을 평가하기 위한 시험 (장기보존 온도보다 15℃ 이상 높은 온도 시험)

③ 가혹시험: 가혹조건에서 화장품의 분해 과정 및 분해 산물 등을 확인하기 위한 시험 (온도 편차 및 극한조건(−15~45℃ 순환 조건), 기계 물리적 시험, 광안전성 등)

④ 개봉 후 안정성 시험: 화장품 사용 시에 일어날 수 있는 오염 등을 고려한 사용기한을 설정하기 위하여 장기간에 걸쳐 물리·화학적, 미생물학적 안정성 및 용기 적합성을 확인하는 시험 (장기보존시험 조건)

③ **사용성(usability, texture)**은 제품의 특성에 따라 각각의 기준이 달라진다. 제품 사용 시, 촉촉함, 발림성, 향, 색, 사용 편리성 등 사용할 때 느껴지는 모든 것들이 기준이 될 수 있다. 사용감(피부친화성, 부드러움, 촉촉함 등), 사용편리성(크기, 중량, 형상, 기능성, 부자재, 휴대성 등), 기호성(향기, 디자인, 색상 등)이 포함된다.

④ **유효성(efficacy)**은 화장품이 갖는 기능이라 할 수 있다. 일반화장품의 기초 및 색조 화장품도 피부에 보습, 세정, 색감 표현의 다양한 목적기능을 위해 사용되고 특히 기능성화장품은 피부노화 억제, 자외선차단 등 경미하지만 피부와 모발을 개선하는 기능성 효과를 나타낸다.

Tip **가습기 살균제 사망사건** (출처: Wikipedia)

화장품은 아니지만, 이 사건을 통해 인체 안전성이 얼마나 중요한지 생각하고자 사례로서 인용하였다.

가습기 살균제란 가습기 내 세균번식을 막기 위한 목적으로 가습용 물에 첨가하여 사용하는데, 결국은 가습기를 통해 공기 중으로 분무되게 만들어진 살균제이다. 가습기 살균제라는 형태의 제품이 허가되어 출시된 것은 대한민국이 세계 최초이며 유일하다. 출시 당시 회사들은 국내 최초일 뿐 아니라 세계 최초로 가습기 살균제를 개발했다고 대대적으로 홍보했다. 가습기 살균제의 살균제 성분은 주로 폴리헥사메틸렌 구아니딘(polyhexamethylene guanidine; PHMG)과 염화 올리고-(혹은 2-)에톡시에틸 구아니딘(oligo-(2-)ethoxyethyl guanidine chloride; PGH)이고, 메틸클로로아이소싸이아졸리논(methylchloroisothiazolinone; MCI; MCIT)을 이용하는 경우도 있다. 이들 물질은 피부독성이 다른 살균제에 비해 5~10분의 1 정도에 불과해서 가습기 살균제뿐만 아니라, 샴푸, 물티슈 등 여러 가지 제품에 이용된다. 하지만 이들 성분이 호흡기로 흡입될 때 발생하는 독성에 대해서는 연구가 되지 않았기 때문에, 피해자가 발생할 때까지 아무런 제재가 이루어지지 않았다. 특히, 가습기 살균제는 공산품으로 분류되었기 때문에 식품위생법이나 약사법이 아닌 "품질경영 및 공산품안전관리법"에 따른 일반적인 안전기준만이 적용되어 피해를 예방하지 못했다. 1994년~2011년에 거쳐서 가습기 살균제를 사용한 사람들의 폐에서 섬유화, 천식, 폐암 증세가 일어나, 2021년 1월 12일까지 신고된 사망자만 1,740명, 부상자 5,902명 이상에 달하는 피해자가 나온 화학 재해이다. 국가기구인 사회적참사특별조사위원회의 연구 결과, 신고되지 않은 사례를 포함해 1994년부터 2011년 사이에 사망자 20,366명, 건강피해자 950,000명, 노출자 8,940,000명이 발생한 것으로 추산되었다. 물질의 독성은 노출경로에 따라 경구독성(입), 경피독성(피부), 흡입독성(호흡기) 등으로 나뉜다. 같은 물질이라도 노출경로에 따라 독성이 달라진다. 가습기 살균제는 분무되어 흡입되는 물질이므로, 제품 출시 이전에 구성성분에 대한 흡입독성이 당연히 평가되어야 했다. 바꿔 말하면, 흡입독성이 제대로 평가되지 않은 물질을 가습기 살균제로 판매해서는 안 되었다는 것이다. 하지만 많은 기업들이 이익을 쫓아 정반대의 일을 했고, 정부는 이를 방조했으며, 이것이 이 초대형 화학 참사의 시발점이 되었다.

본 사건에서 사람들에게 가장 큰 피해를 입힌 물질은 폴리헥사메틸렌구아니딘 인산염(polyhexamethylene guanidine phosphate, PHMG-P)이고 메칠클로로이소치아졸리논(methylchloroisothiazolinone, CMIT)과 메칠이소치아졸리논(methylisothiazolinone, MIT)도 사용되었다.

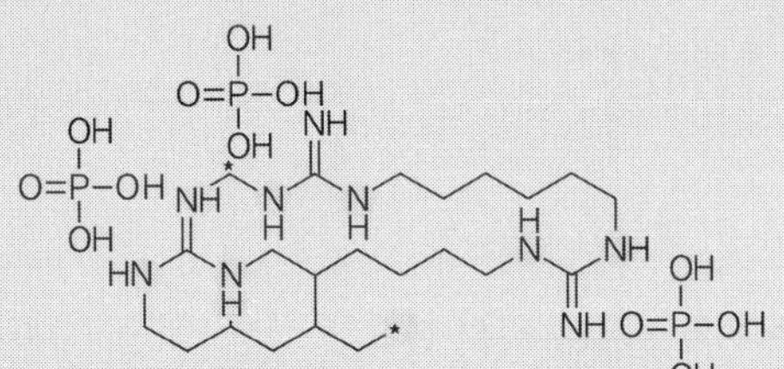

polyhexamethylene guanidine phosphate, PHMG-P

환경부고시 안전확인대상생활화학제품 지정 및 안전·표시기준(품목별 화학 물질에 관한 안전기준)에서 생활 화학제품 분사형 제품에 사용금지가 되어 있다. 관련 원료의 경우 화장품 안전기준 등에 관한 규정 사용상의 제한이 필요한 원료에도 보존제로 고시가 되어 있는데 제품에 제한적으로 사용되도록 규정되어 있다(표 4).

표 4 제품 내 함유 금지물질

번호	물질명	적용 제형[1]
1	폴리헥사메틸렌구아니딘(PHMG)	분사형
2	염화에톡시에틸구아니딘(PGH)	분사형
3	폴리(헥사메틸렌비구아니드)하이드로클로라이드(PHMB)	분사형
4	메틸이소티아졸리논(MIT)	분사형
5	5-클로로메틸이소티아졸리논(CMIT)	분사형

1) 방향제는 모든 제형에 적용함

[표 5]와 같이 화장품에서도 사용하는 보존제이지만, 분사 및 에어로졸 제품 형태의 사용법으로 흡입독성에 영향을 줄 수 있는 점을 고려하고 새로운 제품을 개발할 때 항상 인체에 미칠 안전성에 염두해서 개발해야 한다는 엄중한 교훈을 주는 사건이다.

표 5 화장품 안전기준 등에 관한 규정, 사용상의 제한이 필요한 원료

원료명	사용한도	비고
메칠이소치아졸리논	사용 후 씻어내는 제품에 0.0015% (단, 메칠클로로이소치아졸리논과 메칠이소치아졸리논 혼합물과 병행 사용금지)	기타 제품에는 사용금지
메칠클로로이소치아졸리논과 메칠이소치아졸리논 혼합물(염화마그네슘과 질산마그네슘 포함)	사용 후 씻어내는 제품에 0.0015% (메칠클로로이소치아졸리논 : 메칠이소치아졸리논 = (3:1)혼합물로서)	기타 제품에는 사용금지
폴리(1-헥사메칠렌바이구아니드)에이치씨엘	0.05%	에어로졸(스프레이에 한함) 제품에는 사용금지

1.5. 피부과학 및 위해평가

(1) 피부구조와 피부 미생물(microbiome)

보존제는 제형의 보존과 안정성을 위해 필요한 성분이어서 피부 자체에 영향을 주고자 사용하는 원료가 아니다. 그러나 앞에서 기술했듯이 보존제가 피부에 침투하여 피부 안전성에 영향을 미칠 수 있으므로 피부국소적 자극과 피부침투를 통한 영향을 이해하고자 피부과학에 대해 간단하게 기술하고자 한다.

인체에서 가장 큰 기관(organ)으로 성인의 전신 면적은 약 1.5~2.0 m^2, 체중의 16% 차지하며 다른 신체 장기와 밀접한 연관을 가진다. 우리 몸, 전신을 둘러싸고 있는 살갗을

의미하며, 표피(epidermis), 진피(dermis), 피하조직(subcutaneous tissue)의 세 개의 층으로 나뉘며 피부 부속기관으로 피지선(sebaceous gland), 한선(sweat gland), 털(hair), 손발톱(nail)이 있다. 표피는 눈으로 볼 수 있는 가장 표면에 있는 층으로 두께가 피부 부위마다 매우 달라 0.05~1.5 mm 정도이다. 진피는 약 0.3~4 mm 두께이고 표피와는 달리 혈관계, 신경계, 림프계 등이 복잡하게 얽혀 있는 상태로 고정되어 있다. 표피에 영양분을 공급하고 지지역할을 하며 섬유아세포(fibroblast)가 생산하는 콜라겐, 엘라스틴 섬유의 그물망 구조 사이에 다당류 등의 기질이 채워져 있어 피부의 탄력성을 부여한다.

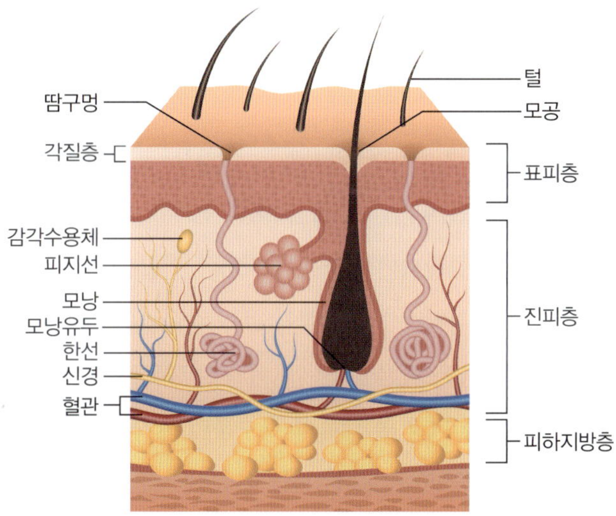

그림 7 피부의 구조

표피는 각질형성세포(keratinocyte)가 기저층에서 세포분열(proliferation)을 하고 기저층(stratum basale) → 유극층(가시층, stratum spinosum) → 과립층(stratum granulosum) → (투명층, 손바닥과 발바닥에만 존재) → 각질층(stratum corneum)으로 이동하면서 핵, 세포질 등이 퇴화되는, 즉 분화(differentiation)되어 각질로 변화되어 떨어져 나가는 각질박리(desquamation)까지 전체적인 턴오버(turn-over)가 약 4주 걸린다.

표피에는 여러 가지 세포들이 존재하는데, 각질형성세포(keratinocyte)는 각화세포로서 표피의 80~90%를 차지하며 각질층을 형성하여 피부장벽기능(보호기능)을 하는 매우 중요한 세포이다. 랑게르한스 세포(Langerhans cell)는 피부(유극층)에 존재하는 마크로파지(macrophage, 대식세포)는 이물질, 미생물, 암세포 등을 소화시키는 식세포 작용을 하

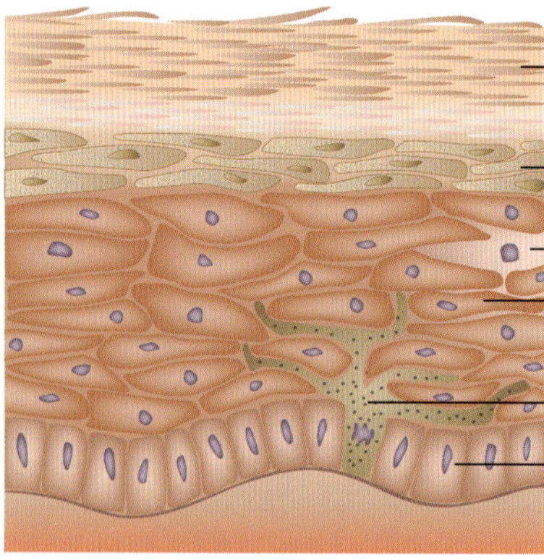

그림 8 표피의 구조

는 백혈구의 한 유형이며 모양은 수지상(樹枝狀) 세포이고 면역작용을 담당한다. 멜라닌(형성)세포(melanocyte)는 표피 기저층에 위치하는 수지상 세포이며, 피부색소 멜라닌(melanin)을 생성하여 자외선으로부터 피부를 보호한다. 머켈세포(Merkel cell)는 표피 기저층에 위치하고 신경말단에 연결되어 촉각을 감지하는 역할을 한다.

피부장벽인 각질층은 피부의 최외각층으로 핵이 없는 각질화된 죽은 세포로 납작한 모양으로 하루에도 수백만 개의 죽은 각질세포가 떨어져 나가고 새로운 세포로 교체된다. 외부의 세균, 독성물질의 침입을 막고 몸 내부에서 수분이 빠져나가지 못하도록 하는 단단한 보호막의 역할을 한다. 촉촉하고 건강한 피부로 유지시켜 주는 가장 이상적인 각질층의 수분 함유량은 약 15~20%인데 10% 이하이면 건조피부가 된다. 각질세포 내에 보습성이 우수한 수용성 물질인 '천연보습인자(natural moisturizing factor, NMF)'가 존재하

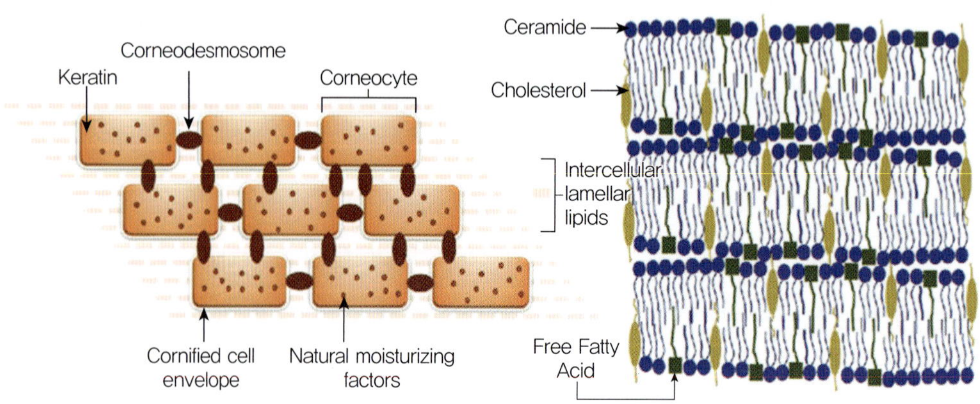

그림 9 각질층의 구조 (출처: Wound Medicine 28(2020) 100179 재가공)

여 피부를 촉촉하고 건강하게 유지시켜 주는 역할을 한다. 각질층은 brick and mortar(벽돌과 회반죽) 모델로 설명하는데 벽돌 역할을 하는 각질세포(corneocyte)는 케라틴(keratin, 표피세포가 각화할 때 만들어지는 불용성 단백질)과 천연보습인자로 구성된다. 각질세포 사이의 회반죽 역할을 하는 지질 층상(lipid lamellar) 구조의 세포간지질(intercellular lipid)이 존재하는데, 주성분은 세라마이드(ceramide), 콜레스테롤(cholesterol), 자유지방산(free fatty acid)이고 각질층의 수분 증발을 막는 특수한 구조이다.

인체에는 많은 미생물군집(microbiome)이 공생하고 있다. 인체 내부 조직과 기관은 비감염된 무균상태이지만 대장과 직장에서 사는 장내미생물 이외에도 외부 환경과 접촉하는 구강, 외부생식기, 질, 상부호흡기, 피부 및 점막에도 미생물 군집이 있어 인체를 보호하는 중요한 요소로 존재한다. 피부 각질층에는 피지선에서 분비된 유분으로 덮혀있으며, 피지선, 한선, 표피에는 피부 마이크로바이옴(skin microbiome)이라는 다양한 미생물들의 군집이 존재하며 질병도 일으키지만 기본적으로 피부를 보호하는 기능을 한다. 최근에는 피부 마이크로바이옴 연구를 통해 새로운 화장품 성분들을 개발하고 있다.

표 6 피부를 서식처로 삼은 생물

속(genus)	특징
• 세균: *Pseudomonas, Micrococcus, Coryneobacterium, Propionibacterium, Staphylococcus, Streptococcus* • 곰팡이: *Candida, Malassezia, Rhodotorula* • 절지동물: *Demodex*(모낭충, 모낭진드기(mite))	표피 상부층인 각질층과 피지선, 모낭, 한선에 존재하고 피지를 영양분으로 사용한다.

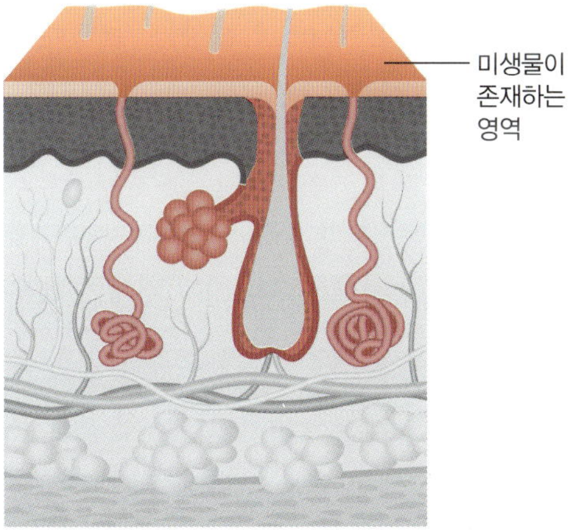

그림 10 미생물이 존재하는 영역(색이 칠해진 부분)

즉, 피부 미생물들의 불균형(dysbiosis)은 피부장벽 기능을 손상시킬 수 있고, 면역반응 저하 등으로 인해 다양한 피부 질환들을 유도할 수 있다. 즉, 피부 미생물 균형을 조절하면 손상된 피부조직의 재생 및 회복에 도움을 줄 수 있으며, 여러 피부 질환들에 대한 치료목적으로도 활용할 수 있다. 이러한 피부 미생물들은 피부 면역반응을 자극할 수 있고, 피부세포들의 분화 및 재생에 관여할 수 있으며 또한 병원성 미생물들에 대한 방어 기전을 가지고 있기 때문에 생리학적 및 병리학적 측면에서 중요한 의미를 가진다. 피부 미생물들의 군집 형성은 우리의 출생과 동시에 시작되며 산모로부터 태어나는 경로(산도)에 따라 크게 영향을 받는 것으로 알려져 있다. 출생 이후에는 피부 미생물들의 군집 형성에 다양한 요인들이 영향을 줄 수 있는 것으로 알려져 있는데, 민족성, 성별, 나이, 지리적 요인, 전신적 요인, 기후, 개인의 위생, 계절, 화장품 및 항생제 사용, 생활 습관적 요인 등이 있다.

(2) 피부흡수

미백, 주름, 항산화, 항노화 등의 기능성화장품의 신소재 개발과 더불어 피부에 적용 시 피부흡수율을 높이는 침투기술이 중요하다. 피부에는 매우 뛰어난 장벽(각질층)에 의해 유효성분이 흡수되지 못하기 때문에 아무리 뛰어난 효능을 가진 성분이라고 할지라도 피부에 적용 시 그 효과를 발휘하지 못하는 것이다. 따라서 어떻게 하면 유효성분을 피부에 자극을 주지 않으면서도 흡수를 촉진시키고 효과를 최대화하는 기술에 관심이 많다. 그러나 성분이 인체로 침투되면서 국소적·전신적인 안전성에 대한 문제를 간과할 수 없다. 물론 보존제는 제품에 미생물로부터 보존되는 안정성을 위해 사용되어 피부침투를 목적으로 하지 않으나 피부에 침투되어 안전성을 저해할 수 있는 원료이므로 위해평가를 통해 신중하게 검토되는 원료이다.

피부 표면을 통하여 침투된 물질이 여러 경로를 거쳐 표피를 투과하여 진피까지 도달하여 확산되는 현상을 경피흡수(經皮吸收, percutaneous absorption)라고 한다. 피부라는 매우 뛰어난 장벽에 의해 유효성분이 흡수되지 못하기 때문에 아무리 뛰어난 효능을 가진 성분이라고 할지라도 피부에 적용 시 그 효과를 발휘하지 못하는 것이다. 따라서 화장품 유효성분을 피부에 자극을 주지 않으면서도 흡수를 촉진시키고 효과를 최대화시키는 데 있다. 화장품의 유효성분이 피부를 통하여 생체 내로 흡수되는 경로는 크게 각질층 통과 경로(transepidermal route)와 이온화된 약물이나 일부 수용성 약물들은 부속기관을 통한 경로가 각질층을 통한 경로보다 속도가 빠르다. 그러나 이들 부속기관은 피부 표면적의 0.1%를 차지하므로 이를 통한 피부흡수량은 매우 적다. 그러므로 대부분의 성분은 각질층을 통해 흡수되는 것으로 알려져 있으며 이때 각질층이 경피흡수의 가장 큰 장벽으로 작용한다. 각질층을 통한 경로는 세포통과경로(transcellular route)와 세포사이경로(intercellular route), 피지선 및 한선의 부속기관 통과경로(transappendageal route)의 3가지 경로로 나눌 수 있다. 세포통과경로는 각질세포를 직접 통과하는 경로로서 각질층 내의 케라틴 단백질 때문에 주로 극성이 높은 친수성물질이 통과되는 경로이다. 피부에 가장 많은 양이 흡수될 수 있는 경로이나 일반적인 물질은 각질층이 통과되기는 쉽지 않다. 세포사이경로는 각질세포 사이의 비극성 지방층을 통과하는 경로로서 친유성 물질들이 통과하는 경로이다. 세포사이경로는 경피흡수의 주된 경로이기는 하지만 피부가 어떠한 유효성분을 세포사이경로를 통해 각질층을 통과할 수 있는 가능성은 매회 사용량의 0.3%에 불과하다. 리포좀(liposome) 또는 초미립 캡슐을 이용한 고도의 기술이 세포 사이 경로의 흡수를 위하여 제조된 것이다. 이들은 구조상 인체의 세포막과 유사하게 제조되어 세포 사이로 유효성분을 전달하고자 개발되었다.

즉, 각질층으로 성분의 확산(diffusion), 분배(distribution)가 이루어져 침투가 일어나고 표피를 통해 진피로 확산되며 진피에서 모세혈관으로 흡수된 후 전신(systemic circulation)으로 전달된다. 표피와 진피에서는 성분의 이동이 각질층과 비교해 훨씬 빨리 일어나며 모세혈관으로의 전달도 용이하다. 그러므로 각질층은 경피 투과에 있어서 가장 큰 장벽(barrier)이라 할 수 있다. 이온화된 약물이나 일부 수용성 약물들은 피지선, 한선의 피부 부속기관(transappendageal route)을 통한 흡수 속도가 각질을 통한 것보다 빠르지만 부속기관은 피부 표면적의 0.1%를 차지하므로 이를 통한 피부흡수량은 적지만 진피로 직접 투과될 수 있어 효율적이며, 특히 얼굴 피부는 모공이 잘 발달되어 투과율이 높다. 그러므로 대부분의 성분은 각질층을 통해 흡수되고, 이 경로는 transcellular route와 intercellular route로 나누어진다. 그러나 각질형성세포는 거의 불용성 결정구조인 keratin으로 구성되어 있어 세포 내를 통한 확산이 어렵기 때문에 intercellular 경로가 주된 흡수경로이며 intercellular lipids에 대한 유효성분의 분배계수(partition coefficient; 서로 섞이지 않는 두 용매에 용해된 용질의 농도비)에 의해 유효성분의 흡수가 결정된다.

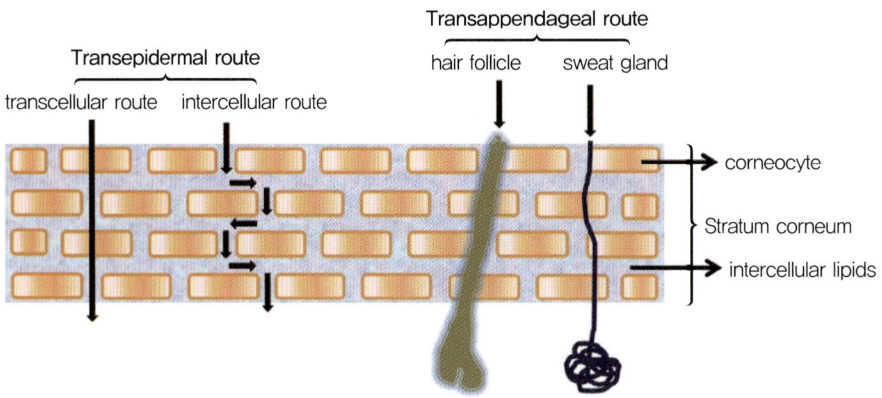

그림 11 피부를 통한 흡수경로

(출처: *Journal of Pharmaceutical Investigation* (2019) 49:485-517)

화장품 성분의 인체 노출은 주로 피부를 통해서 이뤄진다. 혈관과 림프관을 통하여 순환하기 위하여 화장품 성분은 흡수율 결정층(rate-determining layer)으로 고려되는 각질층의 피부 세포층을 통과하여야 한다. 이 과정에서 이들 화장품 성분의 분자량 및 전하량, 제형의 친유성, 각질의 두께 및 구성성분(신체 부위에 따라 다름), 노출 기간, 피부 적용량, 적용 농도, 노출 방법(차폐 또는 비차폐), 수용체와 같은 다양한 요소들이 중요한 역할을 한다. 피부흡수과정은 물질이 피부를 통과하는 일련의 과정을 설명하는 국제적인 용어로 이들 과정은 세 단계로 나눠진다.

① 통과(penetration)는 각질층으로 성분 물질이 들어가는 것처럼 물질이 특정 층이나 구조로 들어가는 것을 말한다.

② 침투(permeation)는 한 층에서 다른 층으로 통과하는 것을 말하며 이때 두 개의 층은 기능 및 구조적으로 다르다.

③ 흡수(resorption)는 물질이 전신(lymph and/or blood vessel)으로 흡수되는 것을 말한다.

피부흡수율은 원칙적으로 식약처 생체 외 피부흡수시험 가이드라인를 활용한 생체 내 또는 생체 외 실험을 통해 평가된다. 화장품 성분의 피부흡수율을 검토한 결과 피부흡수율에 따른 화장품 성분의 경우 다음과 같은 물리화학적 성질을 갖는다. 다음 파라벤의 사례로 피부흡수율이 좋을 것으로 예상된다.

피부흡수율이 매우 낮은 성분	피부흡수율이 높은 경향을 보이는 성분
• 분자량 MW > 500 Da • 높은 수준의 이온화 • Log P ≤ −1 또는 ≥ 4 • 녹는점 > 200℃ • Topological polar surface area(위상 극성표면적) > 120 Å^2	• 분자량 MW < 180 Da • Log P ≥ 0.3 • 녹는점 < 100℃ • Topological polar surface area(위상 극성표면적) < 40 Å^2

특징	Methylparaben	Ethylparaben	Propyl paraben	Butylparaben
분자량	152.15	166.18	180.20	194.23
Log P	1.96	2.47	3.04	3.57
녹는점(℃)	131	117	96–97	68–69
TPSA(Å^2)	46.5	46.5	46.5	46.5

Tip 분배계수와 Log P (출처: Wikipedia)

분배계수(Partition coefficient(P), K_{OW})는 섞이지 않는 두 용매, 즉 물과 기름상 사이에 투여된 시료의 상대적 분배비를 나타낸다. 흔히 물과 1–옥탄올(octanol)을 사용하여 물과 기름상 사이의 상대적인 분배비(옥탄올/물 분배계수)를 알 수 있으며 지질막과 유사한 옥탄올을 통해 지질층에서의 투과도와 수송에 대한 예측이 가능하다.

K_{OW}=C_O(옥탄올에서의 용질의 농도)/C_W(물에서의 용질의 농도)로 계산되며, 1보다 크면 친유성(소수성)이 강하고 작으면 친수성이 강하다고 볼 수 있다. 분배계수는 화장품 개발 시 피부에 대한 침투도 등 기타 물질의 선택적 용해와 움직임에 대한 예측에 광범위하게 사용한다. 즉, 섞이지 않는 두 종류의 용매 혼합물에 측정하고자 하는 물질을 섞은 후 평형상태가 되었을 때 각 용매에서 측정되는 물질의 농도비율의 Log 값으로 이온화하지 않은 물질의 농도비를 log P(혹은 log P_{OW})라고 한다. 이 값을 통해 물질이 친수성과 친유성을 알 수 있고, 값이 클수록 옥탄올에 물질이 많이 분배되어 지질친화도가 높은 친유성을 의미한다.

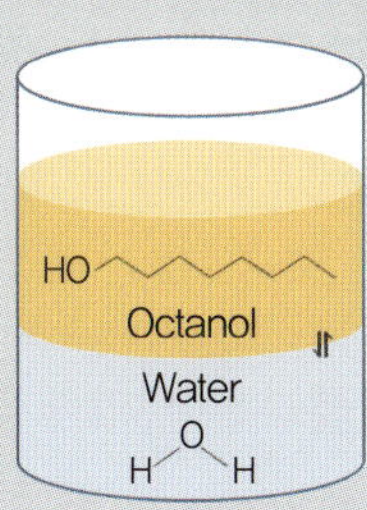

$$P_{ow} = \frac{\text{Concentration of molecules in octanol phase}}{\text{Concentration of molecules in water phase}}$$

$$\log P = \log\left(\frac{[C]_{Octanol}}{[C]_{Water}}\right)$$

(3) 피부자극

피부자극 즉, 피부 이상반응에는 자극성 반응과 알레르기성 반응 2가지 유형이 있다.

① 자극성 반응

외부물질과 접촉을 통해 발생하는 화학적인 손상 반응으로 일정한 농도의 자극을 줄 경우 발생하며 제품 사용 후 곧바로 일어나고 피부 표면만 영향을 받으며, 주요 증상은 붉은색의 피부병변과 때때로 일어나는 가려움증이며 자극성 이상반응은 원인 제품의 사용을 중단하면 사라진다.

② 알레르기성 반응

대다수에게는 해가 없는 주변의 환경 물질에 대해서 신체가 과도하게 반응하는 것으로 자극성 반응과 달리 알레르기성 반응은 신체의 면역 체계와 관련이 있다. 특정 물질에 알레르기가 있는 사람은 평생 그 물질에 대해 과민반응을 보일 수 있지만, 대부분의 사람은 알레르기 반응을 나타내지 않는다. 알레르기 반응은 사람마다 각기 다르며 일반적으로 유전자에 따라 알레르기 반응의 유무가 결정된다. 알레르기의 작용기전으로 즉각적인 반응은 꽃가루나 동물털 등의 알레르겐(allergen, 알레르기 반응을 유발하는 항원)에 노출되고 나서 몇 분 후에 갑자기 일어나는 즉각적인 알레르기성 반응이 있다. 지연 반응은 알레르겐과 접촉 후 면역반응 시간인 보통 24~72시간이 지난 후 나타나는 알레르기성 반응으로, 예를 들면 알레르겐과의 피부 접촉으로 생겨나거나 접촉 부위 또는 근처에서 국소 반응을 일으키는 접촉성 알레르기 피부염이 있다. 알레르겐과의 추가 접촉만 피한다면 더 이상의 추가 반응이 일어나지 않고 피부는 치유될 수 있다. 특정 성분에 알레르기가 발생하는 소비자는 화장품을 구매하거나 사용할 때 알레르기 원인 성분이 포함되었는지를 확인하기 위해 화장품의 전성분 목록을 항상 확인하는 것이 중요하다. 모든 종류의 화장품 성분 중에서 피부침투가 잘되는 염모제 성분, 보존제, 향료가 알레르기를 일으킬 가능성이 더 크므로 소비자가 전성분을 확인할 필요가 있다.

(4) 화장품 위해평가

"용량이 독을 만든다"라는 말은 독성학의 아버지라고 불리우는 의학자 파라켈수스(Paracelsus, 1493~1541)의 명언이다. 모든 화학 물질에는 안전한 노출 수준과 위험한 노출 수준이 있다는 뜻으로 독성학의 핵심적인 말로서 유해하고 안전한 노출 수준을 모두 정의하는 말로 세상에 모든 물질은 독이며 독과 약의 차이를 결정하는 것은 용량일 뿐이다. 보존제는 생명체인 미생물을 제어하기 때문에 인체에도 다양한 생물학적 및 세포적 수준에서 독성을 나타낼 확률이 높은 원료이다. 대부분 합성 화학 성분의 보존제는 모두 인체에 해롭고 천연 보존제는 안전하다고 생각하는 경향이 있고 심지어는 보존제를 아예 사용하지 말아야 한다는 의견도 있으나 보존제는 오히려 안전한 화장품을 만들기 위해 필요 불가결하다. 특히 인체에 유해한 대표적인 보존제 성분으로 알려진 파라벤의 경우, 지금까지 알려진 화장품 보존제 가운데 효능이 가장 우수할 뿐만 아니라 검증된 성분이고 정부 당국이 철저한 관리 감독하에 허용치 미만으로만 사용하도록 규제하고 있기 때문에 오히려 안전성이 보장되어 규정에 고시되어 있다. 따라서 사용 제한이 필요한 원료로서 관리하는 보존제의 안전성은 정부에서는 위해평가를 바탕으로 화장품 안전기준 등에 관한 규정에 "사용 가능한 보존제 및 사용한도"를 정하여 규제한다. 보존제는 품질유지가 가능한 "최소한도"로 사용하는 것이 목적으로 효과적 보존과 안전한 사용을 위하여 사용한도를 제한한다.

시중에서 판매되는 모든 화장품은 안전해야 한다. 보존제는 화장품에 사용되기 전에 안전 평가 및 품질 검사와 같은 엄격한 평가를 거쳐야 한다. 정부 당국은 이러한 성분의 안전성을 보장하기 위해 보존제를 규제하고 있다. 보존제의 안전성에 대한 결정은 보존제 공급자로부터 시작되며, 제품의 개발과 라이프 사이클에 걸쳐 확정된다. 정부 규제 당국은 국제적인 과학 및 규제 보고의 동향을 추적해 정기적으로 화장품 성분의 안전성을 검토하고 있다. 즉, 위해평가를 바탕으로 '사용 가능한 보존제 및 사용한도'를 정해 규제하는 것이다. 보존제는 최소한도로 사용하는 것이 목적이므로 실제 농도는 효과적인 제품 보존과 안전한 사용을 위해 제한된다. 화장품 사용으로 인한 평가대상물질의 노출로 위해 영향을 야기할 확률은 안전역(MOS, Margin of Safety)으로 나타내며, 일반적으로 안전역(MOS)을 계산한 값이 100 이상이면 위해 영향이 발생할 확률이 낮다고 판정할 수 있다.

이를 근거로 화장품의 안전기준 등에 관한 규정 내용 중 예를 들면 글루타랄(펜탄-1,5-디알)의 경우 사용한도를 0.1%로 제한하고 있으며 에어로졸(스프레이에 한함) 제품에는 사용이 금지되어 있다. 데하이드로아세틱애씨드(3-아세틸-6-메칠피란-2,4(3H)-디온) 및 그 염류도 데하이드로아세틱애씨드로서 0.6% 미만을 사용해야 한다. 페녹시에탄올은 1% 미만을 사용해야 하고 para-하이드로시벤조익애씨드, 그 염류 및 에스텔류(다만, 에스텔류 중 페닐은 제외)는 단일성분일 경우 0.4%(산으로서), 혼합사용의 경우는 0.8%(산으로서) 미만을 사용해야 한다.

① 위해평가의 정의

우리나라에서는 화장품법에서 화장품에 사용 가능한 보존제의 종류와 각 성분별 최대 사용한도를 정하고 있다. 이는 식품의약품안전처에서 정하여 규제하는 것으로 안전성을 보장하기 위하여 위해평가를 실시하며, 소비자에 위해가 없도록 성분 목록을 정하고 성분별 사용 가능한 최대함량을 관리하는 제도이다. 화장품 회사는 이러한 규정에 따라 목록에 정해진 보존제만 사용할 수 있으며 정해지지 않은 보존제는 사용할 수 없도록 철저히 관리하고 있다. 소비자의 건강과 안전이 가장 중요하기 때문에 모든 화장품 및 그 성분의 안전성은 엄격히 관리되고 있으며, 이에 따라 제품이 출시되기 전 각기 모든 제품은 적합한 시험·검사 또는 검정을 반드시 거쳐야 한다.

안전성에 대하여 알아보기 이전에 유해성(有害性, hazard)과 위해성(危害性, risk)의 차이를 이해해야 한다. "유해성"은 물질이 가진 고유의 성질로 사람의 건강이나 환경에 좋지 않은 영향을 미치는 화학 물질 고유의 성질을 의미하는 것이며, '위해성'은 유해성이 있는 물질에 사람이나 환경이 노출되었을 때 실제로 피해를 입는 정도를 의미하는 것이다. 즉, 모든 물질은 물질 자체에 독성을 지닐 수 있으나(유해성), 해당 물질의 적정한 사용에 따라 인체에 끼치는 영향(위해성)이 결정되는 것으로 유해성이 큰 물질이라도 노출되지 않으면 위해성이 낮으며, 유해성이 작은 물질이라도 노출량이 많으면 큰 위해성을 갖는다고 볼 수 있다.

화장품 원료는 위해성 정보를 확인하기 위하여 위해평가를 통해 위해분석을 실시하고 있다. 식품의약품안전평가원에서 우리나라 사람들이 사용하는 화장품의 평균양 및 횟수 등을 조사하여 국민 건강에 미치는 영향을 판단하고, 이러한 평가 결과를 통하여 사용 가능 여부 및 사용량을 정하고 있다. 이때 정해진 사용량은 사용할 수 있는 최대량을 의미하는 것이 아니다. 보존제는 품질유지가 가능한 최소한도로 사용하는 것이 목적이므로 효과적으로 제품을 보존하고 소비자가 안전하게 사용할 수 있는 함량을 정하여 사용한도를 정하고 있다. 인체가 화장품에 존재하는 위해요소에 노출되었을 때 발생할 수 있는 유해영향과 발생확률을 과학적으로 예측하는 일련의 과정으로 위험성 확인, 위험성 결정, 노출평가, 위해도 결정 등 일련의 단계를 말한다. 위해평가는 위해요소의 인체 내 독성을 확인하는 위험성 확인 과정, 인체노출 허용량을 산출하는 위험성 결정 과정, 인체에 노출된 양을 산출하는 노출평가 과정의 확인·결정·평가 등의 과정을 거쳐 실시한다. 인체는 경구, 호흡, 피부를 통해서 계속 외부물질에 끊임없이 노출되고 있다. 화장품은 주로 피부에 사용하기 때문에 피부에 주로 노출을 일으키는 제품이다. 피부는 각질층이라는 견고한 보호 장벽과 피부 표피에서 증발, 흡수, 대사 등을 거치기 때문에 물질이 피부를 통과하여 전신 순환계로 가는 것은 쉽지 않다. 위해평가에서 가장 중요한 부분은 노출평가인데 화장품 사용으로 인하여 우리 몸이 외부물질에 얼마나 노출되는지를 계산하는 과정으로 화장품 사용량, 사용농도에 대한 피부흡수율은 반드시 고려되어야 한다. 최대무독성용량 또는 최대무작용량(NOAEL 또는 NOEL: no observed adverse effect level)이란 시험동물에게 평생동안 계속해서 투여해도 독성이 나타나지 않는 양을 말한다. 위해도 결정은 위해평가 전과정이 고려된 자료를 토대로 위해도를 산출하는 과정으로 안전여부를 판단하고 위해관리 목표치, 즉 배합한도 기준을 관리하고 방안을 제시할 수 있다. 화장품 노출평가에서 노출경로, 노출시간 및 노출량 등을 아는 것이 중요하며, 노출량 산출에는 화장품의 사용횟수, 사용량 등을 알아야 한다. 우리나라 여성들은 화장품을 얼마나 사용하는지는 2011년 화장품 위해평가를 위한 국내인자 기본값 연구에 따르면

표 7 우리나라 여성의 화장품 사용량 조사자료

–2009년도 조사결과

국내인자	립스틱[1)]	영양크림[2)]
노출경로	피부/경구	피부
적용면적(cm^2)	11.82	371
1일 사용횟수(회)	1.82	1.67
1일 사용량(g)	0.014	0.852
1회 사용량(g)	0.008	0.527

* 상기 인자 기본값은 '화장품 위해평가를 위한 국내인자 개발연구'의 결과로 영양크림, 립스틱은 서울, 경기도에 거주하는 20~30대 여성의 14일간의 사용 결과임

–2010년도 조사결과

국내인자	로션[3)]	페이스케익[4)]	아이섀도[5)]	샴푸[6)]	린스[7)]
노출경로	피부	피부	피부	피부	피부
적용면적(cm^2)	371	371	24	1153	1153
1일 사용횟수(회)	1.8	1.4	1.0	0.9	0.8
1일 사용량(g)	0.93	0.04	0.01	0.15/cm	0.11/cm
1회 사용량(g)	0.53	0.04	0.01	0.17/cm	0.14/cm

* 상기 인자의 기본값은 '화장품 위해평가를 위한 국내 인자 기본값 연구'의 결과로 서울, 경기(인천)에 거주하는 20~50대 여성 124명의 14일간의 사용 결과임
* [6),7)] 상기 인자 기본값은 머리카락 길이당 사용량
* [1),2),3),4),6),7)] 적용면적은 '위해평가를 위한 피부체표면적 조사 연구, 식양청 통상통계 담당관(2009)'의 결과
* [5)] 적용면적은 'Cosmetics fact sheet, RMM report(2006)' 참조

10~50대 여성은 하루에 로션은 1.8회, 페이스케익은 1.4회, 아이섀도는 1.0회, 샴푸 0.9회, 린스 0.8회 사용하며, 그 1일 사용량은 각각 로션 0.93 g, 페이스케익 0.04 g, 아이섀도 0.01 g, 샴푸 0.15 g/cm, 린스 0.11 g/cm 조사되었다.

위해평가의 단계는 다음과 같다.

1) **위험성 확인**(hazard identification): 위해요소에 노출됨에 따라 발생할 수 있는 독성의 정도와 영향의 종류 등을 파악하는 과정
2) **위험성 결정**(hazard characterization): 동물 실험 결과 등으로부터 독성기준값을 결정하는 과정
3) **노출평가**(exposure assessment): 화장품의 사용으로 인해 위해요소에 노출되는 양 또는 노출 수준을 정량적 또는 정성적으로 산출하는 과정
4) **위해도 결정**(risk characterization): 위해요소 및 이를 함유한 화장품의 사용에 따른 건강상 영향을 인체노출 허용량(독성기준값) 및 노출 수준을 고려하여 사람에게 미칠 수 있는 위해의 정도와 발생빈도 등을 정량적으로 예측하는 과정

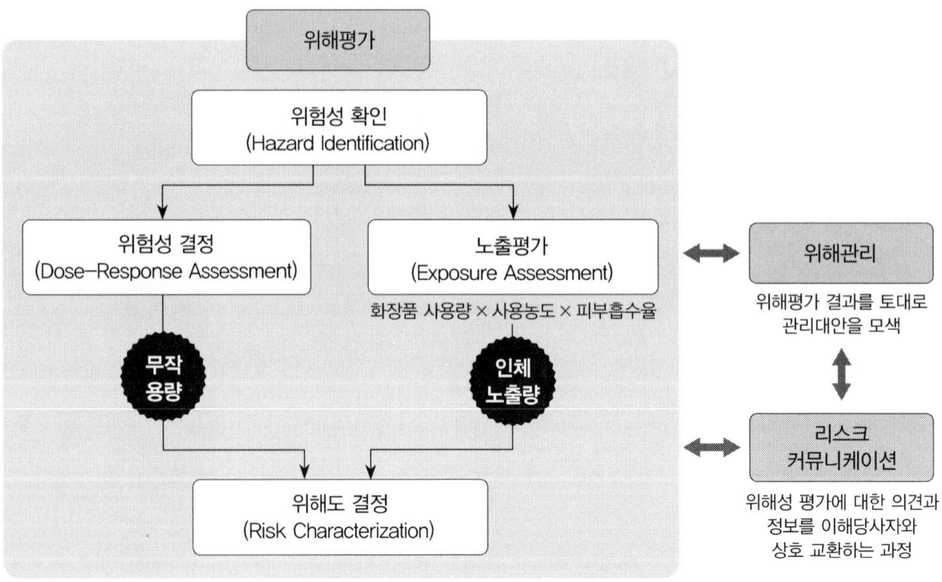

② 위해도 결정

1) 위험성 결정과 노출평가 결과 얻어진 노출량을 비교하여 노출에 따른 위해영향의 발생 가능성을 추정하는 과정이다.

2) 화장품 사용으로 인한 평가대상물질의 노출로 위해 영향을 야기할 가능성은 안전역(MOS, Margin of Safety)으로 나타낸다.

노출안전역 (MOS, Margin of Safety) MOS ≥ 100, 안전

$$\text{안전역 (MOS)} = \frac{\text{NOAEL 또는 NOEL (mg/kg bw/day)}}{\text{SED(mg/kg bw/day)}^{*}}$$

* Systemic Exposure Dosage, 전신노출량

3) 일반적으로 안전역(MOS)을 계산한 값이 100 이상(종간 차이 10, 사람 차이 10)이면 위해영향이 발생할 가능성이 낮다고 판정할 수 있다. 즉 화장품 사용으로 인한 평가대상물질의 노출로 위해영향을 야기할 확률은 MOS로 나타내며, 아래 파라벤의 MOS는 안전역 이상의 값을 보이고 있다(안전성평가보고서 CIR, 2008).

표 8 파라벤의 안전역(MOS) (출처: 안전성평가보고서 CIR, 2008)

Exposed population	Paraben exposure	MOS
Infant	Single paraben	5952
Infant	Multiple parabens	2976
Adult	Single paraben	1690
Adult	Multiple parabens	840

다른 보존제 사례로 트리클로산 경우는 2011년 유럽에서는 European Commision의 독립적인 과학전문위원회인 소비자 안전 과학위원회(SCCS, Scientific Committee on Consumer Safety)에 의해 안전성이 평가한 결과 2011년 트리클로산에 대한 위험성 결정을 랫드 104주 경구반복 투여독성시험 결과에 따라 NOAEL 12 mg/kg bw/day로 선정하였다. 보존제로서 모든 제품에 0.3% 농도로 사용하는 것은 과도한 노출로 인해 안전하지 않으나, 바디로션과 구중청량제를 제외한 품목에는 0.3% 농도로 사용해도 안전하다고 평가하였다. 우리나라는 사용 후 씻어내는 인체세정용 제품류, 데오도란트(스프레이 제품 제

외), 페이스파우더, 피부결점을 감추기 위해 국소적으로 사용하는 파운데이션(예: 블레미쉬컨실러)에만 0.3%로 사용을 제한하고 있다.

표 9 유럽 소비자안전과학위원회(SCCS)의 트리클로산 평가 결과

<table>
<tr><th>제품</th><th>체표면적 (cm^2) 및 사용량(mg)</th><th>사용 빈도 (회/일)</th><th>제품 내 트리클로산 농도(%)</th><th>체중 (kg)</th><th>전신노출량 (mg/kg bw/day)</th><th>최대무독성용량 (mg/kg bw/day)</th><th>안전역</th></tr>
<tr><td>치약</td><td>138</td><td>–</td><td rowspan="9">0.3</td><td rowspan="9">60</td><td>0.0069</td><td rowspan="9">12</td><td rowspan="9">23</td></tr>
<tr><td>구중청량제</td><td>2160</td><td>–</td><td>0.108</td></tr>
<tr><td>데오드란트 (스틱)</td><td>200</td><td>2</td><td>0.003</td></tr>
<tr><td>바디로션</td><td>15670</td><td>2.28</td><td>0.3753</td></tr>
<tr><td>얼굴파우더</td><td>565</td><td>1</td><td>0.006</td></tr>
<tr><td>컨실러</td><td>57</td><td>1</td><td>0.0006</td></tr>
<tr><td>손세척비누</td><td>860</td><td>10</td><td>0.0066</td></tr>
<tr><td>샤워 젤</td><td>17500</td><td>1.43</td><td>0.0192</td></tr>
<tr><td>통합</td><td>–</td><td>–</td><td>0.5256[1]</td></tr>
</table>

1) 전신노출량 = 체표면적당 피부흡수율(μq/cm^2) × 체표면적(cm^2) × 사용빈도 / 체중(kg)

Tip 화장품 안전의 일반사항(화장품 위해평가 가이드라인)

1. 일반사항
   1) 화장품은 제품 설명서, 표시사항 등에 따라 정상적으로 사용하거나 또는 예측가능한 사용 조건에 따라 사용하였을 때 인체에 안전하여야 한다.
   2) 화장품은 소비자뿐만 아니라 화장품을 직업적으로 사용하는 전문가(예, 미용사, 피부미용사 등)에게 안전해야 한다.
   3) 화장품은 주로 피부에 적용하기 때문에 피부자극 및 감작이 우선적으로 고려될 수 있으며, 빛에 의한 광자극이나 광감작 역시 고려될 수 있다. 또한 두피 및 안면에 적용하는 제품들은 눈에 들어갈 가능성이 있으므로 안점막자극이 고려될 수 있다.
   4) 화장품의 사용방법에 따라 피부흡수 또는 예측 가능한 경구 섭취(립스틱등), 흡입독성(스프레이 등)에 의한 전신독성이 고려될 수 있다.
   5) 화장품 안전의 확인은 화장품 원료의 선정부터 사용기한까지 화장품의 전주기에 대한 전반적인 접근이 필요하다.
   6) 제품에 대한 위해평가는 개개 제품에 따라 다를 수 있으나 일반적으로 화장품의 위험성은 각 원료 성분의 독성자료에 기초한다.
   7) 과학적 관점에서 모든 원료 성분에 대해 독성자료가 필요한 것은 아니다. 현재 활용 가능한 자료가 우선적으로 검토될 수 있다.

8) 개인별 화장품 사용에 관한 편차를 고려하여 일반적으로 일어날 수 있는 최대사용 환경에서 화장품 성분을 위해평가 한다. 필요하면 화장품에 많이 노출되는 연예인, 미용사 등 특수직 종사자뿐 아니라 어린이나 영유아에 영향이 있을 경우는 따로 고려할 수 있다. 또한 다양한 종류의 화장품을 동시에 사용하는 경우를 고려하여 가능한 경우 화장품의 동시 사용이 최종 위해성에 미치는 결과도 고려하여 위해평가를 수행한다.

9) 화장품 제조업자는 사용하는 성분에 대한 안전성 자료를 확보하기 위해 최대한 노력을 기울여야 하며 또한 최대한 활용되도록 노력하여야 한다.

10) 독성자료는 OECD 가이드라인 등 국제적으로 인정된 프로토콜에 따른 시험을 우선적으로 고려할 수 있으며, 과학적으로 타당한 방법으로 수행된 자료이면 활용 가능하다. 또한 국제적으로 입증된 동물대체시험법으로 시험한 자료도 활용 가능하다.

11) 위해평가시 본 가이드라인을 체크리스트로 간주할 수 없으며, 화장품 성분의 특성에 따라 사례별(case-by-case)로 평가하는 것이 바람직하다.

2. 화장품 성분

1) 화장품 성분은 화학 물질 또는 천연물 등일 수 있으며, 경우에 따라 단독 또는 혼합물일 수 있다. 최종제품의 안전성을 확보하기 위해서는 원료 성분의 안전성이 확보되어야 한다.

2) 사용하고자 하는 성분은 식약처장이 화장품의 제조에 사용할 수 없는 원료로 지정고시한 것이 아니어야 하고 또한 사용한도에 적합하여야 한다.

3) 미량의 중금속 등 불순물, 제조 공정이나 보관 중에 생길 수 있는 비의도적 오염물질을 가능한 줄이기 위한 충분한 조치를 취하여야 한다. 그럼에도 오염물질이 존재할 경우 그 안전성은 노출량 등을 고려하여 사안별(case by case)로 검토되어야 한다.

4) 화장품 성분의 화학구조에 따라 물리·화학적 반응 및 생물학적 반응이 결정되며 화학적 순도, 조성 내의 다른 성분들과의 상호작용 및 피부투과 등은 효능과 안전성 및 안정성에 영향을 미칠 수 있다.

5) 불순물 간의 상호작용 (예를 들면 니트로스아민 형성) 가능성과 식물유래 및 동물에서 추출한 성분에 농약, 살충제, 금속물질 및 전염성 해면상 뇌병증(transmissible spongiform encephalopathy, TSE) 유발 물질 등의 생물학적 유해 인자가 함유되어 있을 가능성에 특별한 주의를 기울여야 한다.

6) 피부를 투과한 화장품 성분은 국소 및 전신작용에 영향을 미칠 수 있다. 다른 성분은 해당 성분의 피부투과에 영향을 줄 수 있으며, 감작성 평가에는 그 성분 자체만이 아니라 매질 등도 영향을 미칠 수 있다.

7) 화장품 성분의 안전성은 노출조건에 따라 달라질 수 있다. 노출조건은 화장품의 형태, 농도, 접촉 빈도 및 기간, 관련 체표면적, 햇빛의 영향 등에 따라달라질 수 있다. 위해평가는 예측 가능한 다양한 노출조건과 고농도, 고용량의 최악의 노출조건까지 고려할 필요가 있다.

3. 최종제품

1) 최종제품은 적절한 조건에서 보관할 때 사용기한 또는 유통기한 동안 안전하여야 한다.

2) 제품의 안전성은 각 성분의 독성학적 특징과 유사한 조성의 제품을 사용한 경험, 신물질의 함유 여부 등을 참고하여 전반적으로 검토한다.

3) 최종제품의 안전성 평가는 성분 평가가 원칙이지만, 제품의 제조, 유통 및 사용 시 발생할 수 있는 미생물의 오염에 대해 고려할 필요가 있다.

1.6. 화장품 미생물학 역사

고대 이집트의 왕비 네페르타리

인간에게는 외모와 피부가 아름답고 젊게 보이고자 하는 기본적인 욕구가 있다. 학자들에 따르면 고고학적인 증거로서 인류는 거의 50만 년 전부터 종교적인 목적이나 계층 간의 구별을 위해서 또는 해충으로부터 몸을 보호하기 위한 목적으로 빨간색 혹은 노란색 색소를 유지와 섞어 몸에 치장을 하였다고 한다. 그러나 이 시대의 치장은 요즘의 화장과는 달리 어떤 종교의식의 일종으로 행해졌거나 또한 해충으로부터 몸을 보호하기 위한 수단으로 행해진 것으로 추정된다. 역사적으로 최초의 화장품은 5천 년 전 이집트인들이 사용했던 콜(kohl; 화장먹), 헤나(henna; 열대성관목잎 추출 염색성분), 포마드(pomade; 점성유지와 납의 혼합물로 만든 정발료), 모발 염색제 등으로 생각된다. 그들은 화장품을 의식용, 장식용, 의약품의 목적으로 사용했으며, 이때 사용하던 화장품은 얼굴과 몸에 하는 페인팅과 오일, 연고, 펜슬 등이었다. 그들은 말라카이트 그린(malachite green; 청록색 금속광택이 나는 결정)을 사용하여 눈 주위를 화장하였고, 이때 사용한 말라카이트 그린은 우수한 항균 염료로 방부 처리된 화장품의 효시로 보는 연구자들도 있다.

50만 년 전 우리의 첫 화장품으로 적황토가 사용되었다면 화장품 사용은 인간의 성향이 되었고 화장품은 문화의 발전 전반에 걸쳐 우리와 함께 했으며 많은 변화가 있었다. 『화장의 일본사』의 원작가인 야마무라 히로미(강태웅 옮김)에 따르면 '화장'을 역사와 생활을 관통하는 중요한 가치로 보았다. 패션을 '시대를 비추는 거울'이라고 한다면, 얼굴이라는 작은 캔버스에 그리는 화장 역시 시대를 비추는 거울이라 할 수 있다. 과거의 화장을 더듬어보는 것은 그 시대를 살았던 사람의 의식이나 생활의 일부를 아는 일이기도 하고 '얼굴이라는 작은 우주'에 전개되는 화장을 통해서도 각 시대의 특징을 찾아볼 수 있다.

서양의 화장사	한국의 화장사
• 고대 이집트시대: 종교적, 신체 보호적 화장, 콜(kohl), 헤나(henna) 이용 • 그리스, 로마시대: 목욕문화, 올리브오일, 우유마사지, 향수 사용 • 중세시대: 금욕주의, 화장 제한 • 르네상스시대: 향장, 향료 연구, 알코올 증류법 개발로 화장수 사용 • 바로크, 로코코 시대(17~18세기): 백연으로 피부 희게 표현, 비누생산 • 근대시대(19세기): 화장품 산업 발전, 크림 로션 보급, 산화아연 분 사용 • 20세기: 마사지크림, 산화티타늄 백분 생산	• 5~6세기: 연지 화장, 고대 고분에서 빰과 입술 화장 벽화 출토 • 신라시대: 흰색 백분 사용 • 고려시대: 분대화장(짙은 화장), 비분대화장(옅은 화장) 귀천 존재 • 조선시대: 전통 화장술 완성, 백분, 연지, 화장수, 향낭 사용 • 구한말: "단장" 용어 사용 • 1916년: 최초 근대적 화장품 "박가분" 등장(화장독 발생) • 1930년: 납을 사용하지 않은 서가분 등 백분 등장, "구리무"라는 크림 판매 • 1945년 해방 이후: 콜드크림, 백분, 머릿기름, 향수 등 사용 • 1960년: 화장품 산업 본격화, 방문판매 방식 • 1990년: 레티놀 기능성화장품

Tip 몰약(沒藥, Myrrh)과 방부제 이야기

몰약을 뜻하는 영어 단어 'myrrh'는 아람어(Aramaic)로 '맛이 쓰다(murr)'라는 뜻에서 유래한다. 영어로 쓰인 것은 히브리 (Hebrew) 성경에서 사용된 것에서 온 것이다. 몰약은 쓴맛이 나며 향기가 좋고 노란색을 띤 적갈색의 함유수지(含油樹脂) 고무이다. 콤미포라속(*Commiphora* 屬)의 작고 가시가 있는 꽃피는 교목에서 혹은 콤미포라 미르라(*Commiphora myrrha*)나 콤미포라 아비시니카(*Commiphora abyssinica*) 같은 감람과(橄欖科, Burseraceae) 식물에서 얻어진다. 몰약은 다양한 용도로 애용되는 에센셜오일의 여왕으로 불린다.

고대 시절부터 향수·향·의약품 등 다수의 용도로 사용됐다. 몰약은 주로 분향료(焚香料), 향수 등의 화장품, 향유의 부향료(賦香料), 약제 등 다양하게 이용되어, 고대 근동(近東) 지방이나 중동 지역 및 중세 유럽에서는 매우 귀하게 여겼다. 일반인들에게는 성경에서 동방박사들이 아기 예수에게 황금, 유향, 그리고 몰약을 선물한 것으로 유명하다. 약제로의 이용은 주로 구강의 감염과 염증 치료에 사용됐는데, 몰약을 포함하고 있는 구강세척제나 치약은 치은염 치료에 효과적인 것으로 알려져 있다. 또한, 고대 이집트에서는 미라를 만드는 데 방부제(보존제)로 사용된 필수적인 향약이었다. 인디언들은 순환장애, 신경장애, 관절염 등의 치료를 위해 몰약을 쓰는 등 서방에서는 몰약이 강력한 방부효과를 나타내면서 신체의 고통을 덜어주고 치료과정을 가속화시키는 물질로 인정받아왔다.

그렇다면, 화장품에서 미생물이란 부분에 관심을 갖기 시작한 것은 언제부터일까? 화장품에 있어서 미생물 오염 문제는 눈에 보이는 곰팡이 발견으로부터 시작되었다. 방부(防腐)라는 개념이 필요하게 되는데, 정의는 '물질이 썩거나 부패되는 것을 방어하여 막는다'라는 의미로 화장품의 곰팡이 오염을 방지하기 위해 보존제의 필요가 시작되었다.

우리가 일반적으로 '방부제'라고 부르는 원료는 화장품법에서는 '보존제(preservatives)로 표시하고 있으므로 이제부터 '보존제'로 명명하기로 한다. 보존제에 대한 연구가 시작되고 *p*-하이드록시벤조익애씨드 에스텔이 곰팡이에 대한 항진균효과가 있음이 알려지면서 1930년대부터 화장품에 사용되기 시작하였다. 그 이후 화장품의 대량생산과 함께 화장품의 미생물에 의한 변질 문제가 나타나기 시작했으며 이에 대한 대책으로 1950년대에는 항균제 개발이 시작되고 화장품 회사마다 서로 다른 방부력 시험(challenge test)을 수행하였고 화장품에 있어서 효과적인 방부 시스템의 필요성이 대두되었다. 1960년대 후반 CTFA(Cosmetic, Toiletry, and Fragrance Association, 現 PCPC(Personal Care Products Council))의 활발한 활동은 빠르게 발전했고 1960년 후반 조사에서 나타난 25% 오염 발생률에서 1972년에서 1975년까지 3년간 미국 전국조사를 통해 거의 4,000개에 달하는 화장품 및 세면도구 제품에 대한 오염률이 2% 불과하다는 사실도 입증되었다.

또한, 60년대부터 80년대 사이에는 방부력 증진을 위해 보존제와 원료 간의 상호관계에 대한 기초적인 실험이 많이 진행되었다. 그러나 1970년대 후반에 눈에 사용하는 마스카라 제품이 *Pseudomonas* 세균에 의해 실명이 발생된 사례는 매우 큰 충격을 주는 사건이다. 1970년대에는 CTFA의 성장과 함께 CTFA technical guideline에 의한 화장품 제조환경의 미생물 측면에 대한 개선을 가져왔으며, 이에 따라 화장품 제조환경의 미생물 측면에 대한 개선을 가져왔으며, 이에 따라 화장품에 대한 미생물 오염 가능성은 상당히 감소되었다. 1980년 이후에는 무균, 위생에 대한 관심이 많아지면서 항생제와 보존제에 대한 과도한 의존이 되는 시기이기도 하다. 소비자 사용 중에 제품이 오염되는 것을 방지하기 위해 방부력 시험에 대한 관심이 높았다.

2000년대에 들어서는 국가 또는 각 화장품 제조사마다 서로 다른 화장품 미생물 시험법과 기준을 단일화하기 위한 작업이 국제표준화기구(ISO; International Organization for Standardization)에 의해 진행되고, 분자생물학적 기술이 도입되어 제품 출시를 위한 미생물 오염모니터링이 정확하게 신속하게 가능해졌다. 즉, 제품개발 과정에서 미생물 오염으로부터 화장품을 보호하고 위생절차를 엄격히 시행하여 제조하며 소비자 사용에 제품이 보존되도록 하는 것은 매우 중요한 것이다. 화장품의 안전은 제조자의 의무다. 국제인증인 ISO 29621는 "화장품 제조자는 제품의 품질과 소비자 건강에 영향을 미칠 수 있는 미생물이 없어야 하며, 제품 사용 중에 미생물이 품질이나 안전성에 악영향을 미치지 않도록 보장해야 한다"라는 두 가지 책임을 명시하고 있다. 즉, "모든 화장품에는 미생물이 제어되어야 한다"라는 것을 명문화하고 있다.

Chapter

02
미생물 구조와 기능

미생물학(microbiology)이란 세균(bacteria), 진균류(fungi), 원생동물(protozoa), 조류(algae), 바이러스(virus) 생명체를 대상으로 하며 일반적으로 확대 없이는 볼 수 없는 작은 생명체 전반을 다루는 분야이다. 이러한 미생물학의 응용 분야는 질병과 관련된 병원성 미생물에 대한 면역, 공중보건, 전염병 등을 연구하는 보건 및 의학 미생물학, 산업적으로 유용한 백신, 의약품, 효소, 발효제품 등을 생산하고 이용하기 위한 미생물을 연구하는 산업미생물학, 자연 서식지에서의 생태학적 연구를 하는 환경미생물학, 식품 및 화장품 부패, 관련 제품 생산에 미생물의 역할 등을 연구하는 식품, 화장품 미생물학, 미생물과 인간이 키우는 동식물의 관련성, 토양의 비옥도, 영양학적 관점을 다룬 농업미생물학, 해양자원에 존재하는 미생물의 연구를 대상으로 한 해양미생물학 등 다양하다. 또한, 미생물학의 기초분야로는 미생물의 구조를 연구하는 미생물형태학, 미생물을 세포적, 분자적 수준의 기능을 연구하는 미생물생리학, 미생물의 분류 및 명명, 동정을 하는 미생물분류학, 미생물의 대사와 생장에 관련된 유전물질의 기능과 구조를 유전공학적 방법으로 연구하고 활용하는 미생물 유전 및 분자생물학, 미생물과 환경의 상관관계, 자연 생태계에서의 미생물의 역할에 대해 연구하는 미생물생태학 등을 들 수 있다.

생물계는 식물계, 동물계, 원생생물계로 나눌 수 있으며 미생물은 모두 원생생물계에 속한다. 화장품 산업과 관련이 있는 곰팡이와 효모는 고등미생물로 진핵세포를 가지고 있으며, 하등미생물인 세균은 원핵세포를 가지고 있다. 원핵세포(prokaryotic cell)는 막

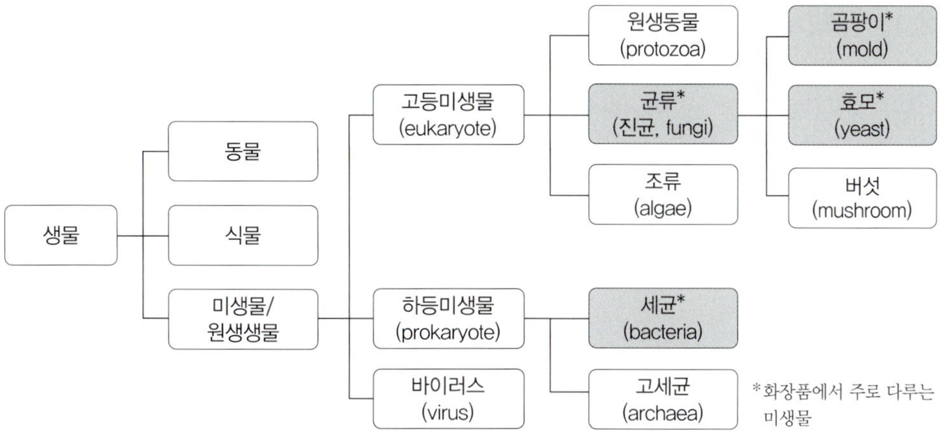

그림 1 생물계에 있어서 미생물의 분류상 위치

으로 둘러싸인 핵과 세포소기관(organelle)이 없으며, 진핵세포에 비하여 단순한 구조를 하고 있다. 반면 진핵세포(eukaryotic cell)는 동식물의 세포와 유사하며 복잡한 구조를 가지고 있는데, 막으로 둘러싸인 핵이 존재하며 원핵세포에 비해 크기도 훨씬 크다. 현미경의 발전에 따라 최근에는 미생물의 구조를 더 잘 이해하게 되었으며 많은 미생물의 생화학적, 생리적 특성이 규명되었다. 또한 미생물의 핵산과 단백질의 염기서열을 서로 비교할 수 있게 되었고, 이런 연구 결과로 원핵생물 내에는 서로 아주 다른 진정세균계(bacteria)와 고세균계(archaea)가 존재한다는 사실이 분명해졌다. 또한 원생생물계 역시 매우 다양해서 세 개 이상의 계로 나누어야 한다는 주장도 있다. 화장품 산업에서 주로 관련하여 대상이 되는 미생물은 세균과 진균이며 진균은 곰팡이와 효모로 분류된다.

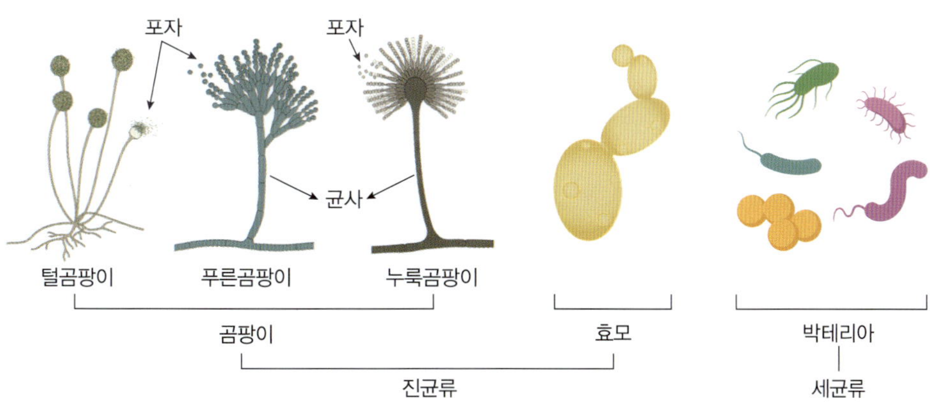

그림 2 화장품을 오염시킬 수 있는 미생물의 종류

2.1. 원핵세포

원핵생물(原核細胞, prokaryotic cell, prokaryotes)은 핵막이 없는 원시적인 구조로 대부분 단세포 생물의 특징으로 세균(bacteria)과 고세균(archaea)이 이에 속한다. 원핵세포의 분류는 굉장히 복잡하며 공식적인 체계가 존재하지 않고 새로운 연구방법이 도입되어 유동적이다.

(1) 원핵세포의 구조

진핵세포(eukaryotic cell)보다 크기가 작으며 그 형태를 현미경으로 관찰하는데도 매질과 구별할 수 있도록 염색을 해야 확인할 수 있다. 핵막(nuclear envelope)으로 분리된 핵(nucleus)이 없고 세포 내에 막으로 둘러싸인 세포소기관(organelle)이 없다. 즉, 박테리아와 같은 원핵세포에는 내부 막에 결합된 소기관(핵, 미토콘드리아, 소포체)이 없고 인간의 세포와 같은 진핵세포보다 훨씬 간단하다. 세균은 형태, 그람염색성, 운동성, 아포 유무, 집락의 성상, 생화학적 성상, 생리적 성상, 면역혈청학적 성상과 응집반응, 병원성, DNA의 염기 조성 유사성 등에 의해 분류할 수 있다. 이 중 미생물 분류에 가장 흔히 사용되는 것이 그람 염색으로 그람음성균과 그람양성균으로 구분한다.

세균은 대부분 막대 모양(간균) 또는 구형(구균)이지만 나선 모양(spirilla 및 spirochetes), 곡선(vibrios), 심지어 정사각형과 삼각형 모양도 있는데, 이러한 세포의 모양은

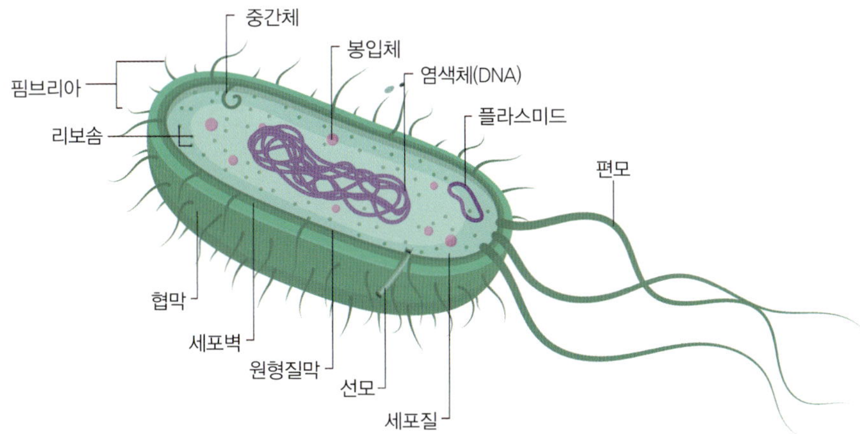

그림 3 원핵세포의 구조

벽에 의해 결정된다. 또한 대부분의 진핵생물보다 작다. 일부 박테리아는 매우 100 nm만큼 작고(*Mycoplasma* spp.), *Epulopiscium fishelsoni*는 60~800 mm 정도이며 *Thiomargarita namibiensis*는 0.1~0.3 mm(100~300 μm)로서 현재까지 알려진 가장 큰 세균이다.

이와 같이 내부, 외부, 세포외피로 나눌 수 있으며 필수적인 구조는 세포벽, 세포막, 세포질, 리보솜, 염색체를 들 수 있으며 편모, 선모, 점액층, 내생포자 등은 모든 원핵세포에서 존재하지는 않는다. [그림 3]은 원핵세포의 구조를 나타내고 있다.

① 세포외피(cell envelope)

세포외피(cell envelope)는 세포벽(cell wall)과 세포막(cell membrane)의 두 층으로 구성되어 있으며 이러한 세포외피 구조 차이를 기반으로 하여 1884년 덴마크 세균학자인

표 1 그람음성균과 그람양성균의 세포벽 비교

특징	그람양성균	그람음성균
구성층의 수	1(펩티도글리칸)	2(펩티도클리칸, 외막)
화학적 조성	펩티도글리칸, 테이코산, 지질테이코산, 일부 세포는 미콜산과 다당체도 함유	지질다당체, 지질단백질, 펩티도글리칸, 포린단백질
두께	두꺼움(20~80 nm)	얇음(8~11 nm)
외막	없음	있음
주변세포질 공간	매우 좁거나 없음	잘 발달됨
투과성	상대적으로 좋은 투과성	상대적으로 낮은 투과성

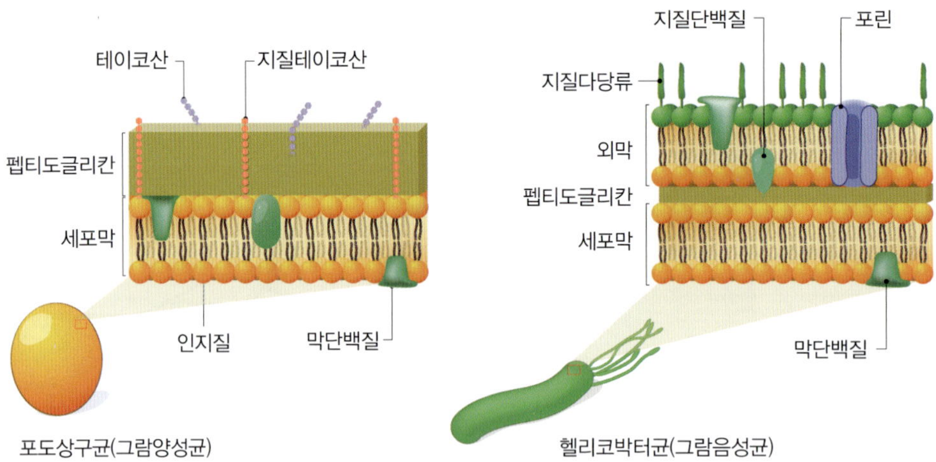

그림 4 그람양성균과 그람음성균의 세포외피와 세포벽의 구조 비교

한스 그람(Hans Christian Joachim Gram)은 그람염색(Gram stain)을 개발하여 세균을 그람양성(gram positive)과 그람음성(gram negative) 두 그룹으로 구분하였다.

그람양성균은 펩티도글리칸(peptidoglycan)으로 구성된 두꺼운 세포벽과 얇은 층의 세

Tip **펩티도글리칸(Peptidoglycan)** (출처: Wikipedia)

무레인(murein)이라고도 하고 원핵생물의 세포벽의 주성분으로써 다당류의 짧은 펩티드 고리가 결합한 화합물이다. 세균이 환경의 강한 삼투압을 견디고 독특한 형태를 유지할 수 있는 것은 펩티도글리칸층이 세포를 둘러싸고 있기 때문에 원핵생물인 세균은 강한 삼투압에 견디고 고유의 형태를 유지할 수 있다. 세균은 식물세포층과 마찬가지로 세포벽이 있어 세포 모양을 유지하고 세포를 보호한다. 그러나 식물세포의 세포벽은 주성분이 셀룰로스인 반면 세균의 세포벽은 펩티도글리칸과 지질다당류로 구성되어 있다. 다당사슬에 비교적 짧은 펩티드사슬이 결합한 화합물의 총칭이다. 아미노당의 일종인 N-아세틸글루코사민과 N-아세틸뮤라민산이 반복된 다당사슬에 펩티드곁사슬이 붙은 사슬모양화합물이다. 세포벽에서 펩티도글리칸이 차지하는 두께는 세포의 종류에 따라 다양한데, 이를 이용하여 세균을 두 종류로 분류할 수 있다. 세균을 염색하는 대표적인 방법인 그람염색법으로 세균을 염색할 때, 펩티도글리칸층이 두꺼운 세균은 보라색으로 염색되며, 펩티도글리칸층이 상대적으로 얇은 세균은 붉은색으로 염색된다. 이때 보라색으로 염색되는 세균을 '그람양성균(Gram-positive bacteria)', 붉은색으로 염색되는 세균을 '그람음성균(Gram-negative bacteria)'이라고 한다. 그람양성균은 펩티도글리칸층의 두께가 약 20~80 nm이며, 그람음성균은 약 7~8 nm이다.

대부분의 세균은 주위 환경의 물질 농도가 상대적으로 낮은 저장의 환경에서 살아가므로 삼투현상에 의해 끊임없이 물이 유입되므로 세포벽의 단단한 성분인 펩티도글리칸이 없다면 세포는 터져서 파괴가 될 수밖에 없다. 페니실린(penicillin), 세팔로스포린(cephalosporin) 계열의 항생제는 펩티도글리칸의 상호연결(cross-link) 구조를 파괴시켜 결국 세균을 사멸시키는 원리를 가지고 있다. 사람의 침이나 눈물 속에 존재하는 라이소자임(lysozyme)이라는 효소는 펩티도글리칸 구조를 형성하려는 글리칸 사슬을 분해하여 세포벽을 파괴하는 인체 방어 수단의 하나로 작용한다.

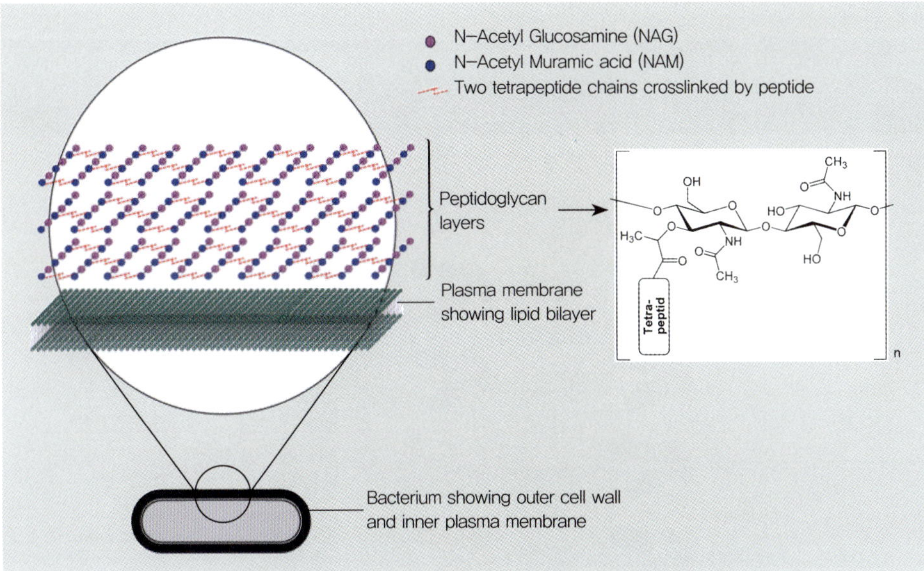

포막으로 구성되어 있으며, 그람음성균은 3개의 층으로서 세포외막(outer membrane), 얇은 펩티도글리칸(peptidoglycan), 세포막으로 이루어진다.

그람염색법의 원리는 크리스탈 바이올렛(crystal violet)과 아이오딘(iodine) 결합체가 세포의 두꺼운 펩티도글리칸과 결합하여 알코올(alcohol)에 의한 탈색제에 의한 효과가 펩티도글리칸의 두께에 따라 그람양성균의 경우는 탈색의 효과가 미미하나 그람음성균은 쉽게 알코올에 의한 탈색이 된다. 또한 그람음성균의 외막은 알코올에 의해 용해되어 탈색의 효과가 증진된다. 이후에 염색하는 붉은색의 사프라닌(safranin)이 그람양성균의 경우에는 두꺼운 펩티도글리칸층에 침투하지 못하여 복합체 성분의 색인 보라색을 띠고 있으나 그람음성균은 탈색된 펩티도글리칸층에 붉은색의 사프라닌이 염색된다.

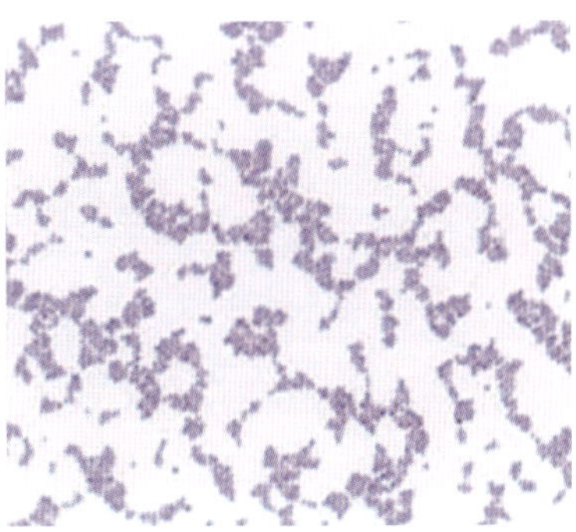
그람양성균

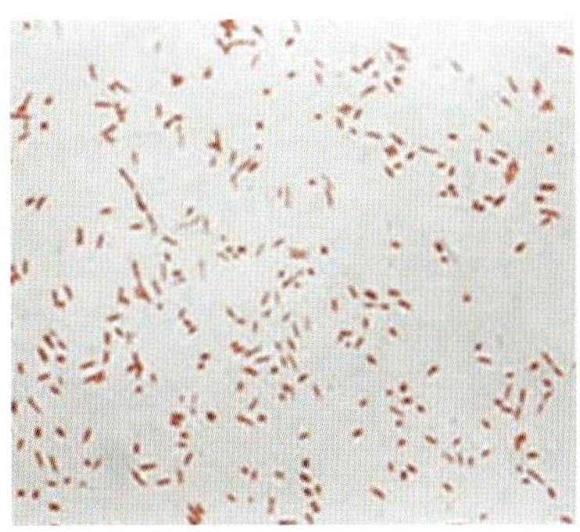
그람음성균

표 2 그람염색

단계	세포의 현미경 모습		세포의 화학반응(매우 확대된 모습)	
	그람양성균	그람음성균	그람양성균	그람음성균
1. 크리스털 바이올렛 (1차 염료)	Fixation		그람(+) 둘 다 세포벽이 염료로 염색됨	그람(−)
2. 아이오딘 (매염제)	Crystal violet		크리스털 염료가 세포벽에 갇힘	요오드의 효과가 없음
3. 알코올 (탈색제)	Iodine treatment		크리스털 세포벽에 남아 있음	외막이 약해진다; 염료의 손실
4. 사프라닌 (붉은색의 대조염색)	Decolorization Counter stain safranin		붉은색 염료는 효과 없음	무색의 세포가 붉은색 염료로 염색됨

② 세포벽(cell wall)

세포벽은 영양물질이나 분비물 또는 다른 화학 물질에 대한 선택적 흡수를 결정하는 장벽으로 외부에서 유입되는 물질로부터 미생물의 내부환경을 보호하는 역할을 한다. 세포벽의 구조적인 차이로 진핵세포와 원핵세포를 구분하는데, 이러한 차이는 미생물의 다양한 항균제에 대한 효과 차이를 이해하는 데 매우 중요하다. 그람양성균과 그람음성균의 세포벽도 구성성분과 구조에 중요한 차이가 있으며, 이런 차이로 인해 친유성 보존제에 대한 효과가 달라진다.

1) 그람양성균의 세포벽

그람양성균의 세포벽은 두께가 약 20~80 nm 정도의 두꺼운 펩티도글리칸층으로 구성되어 있다. 리비톨(ribitol)이나 글리세롤(glycerol)이 인산으로 연결되어 있는 중합체인 테이코산(teichoic acid)과 테이코산과 구조가 유사하고, 세포막의 지질 부분과 결합되어 있는 지질테이코산(lipoteichoic acid)이 펩티도글리칸층에 결합되어 있으며, 음전하로 하전되어 있으므로 그람양성균의 세포벽은 음전하를 띠게 된다. 이들은 세포벽의 구조유지와 세포분열 시 세포외피의 성장, 병원체의 부착, 세포 안과 바깥으로 이온의 이동 등에 중요한 역할을 한다. 세포막과의 간격인 주변세포질 공간(periplasmic space)이 얇다.

2) 그람음성균의 세포벽

그람음성균의 세포벽은 외막(outer membrane)과 그람양성균보다 얇은 1~3 nm의 펩티도글리칸층으로 구성되어 있고 단백질, 다당류와 지질로 구성된 층을 펩티도글리칸 외부에 가지고 있어 그람양성균보다 훨씬 복잡한 구조를 가졌다. 외막의 구조는 세포막과 유사하지만 외막에만 존재하는 지질다당체(lipopolysaccharide, LPS)와 지질단백질(lipoprotein)을 가지고 있다. 그람음성균과 양성균의 가장 중요한 형태적인 차이는 지질다당체(lipopolysaccharide, LPS)와 단백질층으로, 그람음성균이 양성균에 비해 보존제에 대한 저항성이 큰 것도 지질다당체층(lipopolysaccharide layer) 때문이다. 지질다당체는 항체와 작용하여 세포벽이 직접 공격받는 것을 방지하는 작용을 하고 세균의 표면이 음전하를 띠게 한다. 외막의 가장 중요한 기능은 방어벽 작용과 주변 세포질에 있는 단백질 등의 구성성분이 유실되는 것을 막아준다.

지질다당체(lipopolysaccharide, LPS)는 지방산과 다당류가 결합된 양친매성 분자로서 내열성이 매우 높은 구조이고, 세균마다 각각 다양한 종류의 지방산과 다당류로 구성되어 있는 지질다당류를 발현하고 있다. 항생제를 비롯하여 세균에 해가 되는 조건에서 지질다당류의 구조를 변형시켜, 세포막을 좀 더 견고하게 하여 세균을 보호하는 기능을 하기도 한다. 또한, 인체에 감염되면 염증을 유발하여 독성을 나타내는 대표적인 원인물질이기도 하다. 지질다당류는 대식세포를 포함한 숙주세포에서 toll-like receptor 4(TLR4)

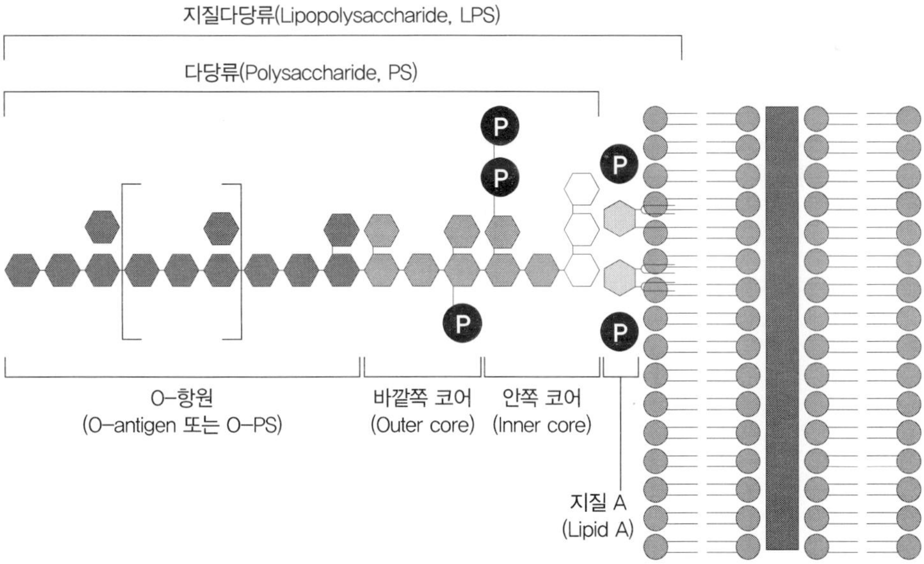

그림 5 LPS의 기본구조

활성화를 통해 염증반응을 유도하며, 병원성 세균의 경우 감염에 의한 패혈증(sepsis) 또는 패혈증성 쇼크(septic shock)와 같이 생명에 치명적인 위험을 주는 질환을 일으키기도 한다. 일반적으로 세포 외막에 박혀있고 능동수송을 통해 분비되지 않기 때문에, 세포외부로 분비되는 외독소(exotoxin)와 대비되는 내독소(endotoxin)로 부르기도 한다.

지질이 외막 바깥층에 분포하고 다당체가 세포 외부에 도출되어 있으며 병원성 세균의 경우 이러한 지질 부분이 병원성의 원인이 된다. 또한, 다당체는 병원체의 동정(identification)과 신호전달 물질의 수용체로서 기능을 한다. 외막에는 포린(porin) 단백질이 존재하며 주로 물질의 수송을 조절하는 역할을 하며 주변세포질 공간이 그람양성균에 비해 넓다.

성질 또는 구성성분	그람양성균 G(+)	그람음성균 G(−)
세포외막(outer membrane)	없음	있음
다당질(polysaccharide)	적다	많다
지질(lipids)	소량(2～4%)	다량(15% 이상)
펩티도글리칸(peptidoglycan)	두껍다	얇다
pH of optimal growth	비교적 높다	비교적 낮다
독소(toxin)	외독소(exotoxin)	내독소(endotoxin)
항생제에 대한 감수성	민감하다	저항성이 있다

③ 세포막(cytoplasmic membrane or cell membrane)

세포막은 세포벽 바로 아래층에 있는 얇은 막으로 세포를 완벽하게 싸고 있으며, 세포의 기능에 필수적인 중요한 장벽이다. 세포막의 주요성분은 포스포리피드(phospholipids)로 구성된 지질이중층(lipid bilayer)과 단백질이다. 유동모자이크 모델(fluid mosaic model)에 의해 두 겹의 지질로 이루어져 있으며 세포막 바깥은 지질극성의 머리 부분이고 내부는 비극성의 꼬리 부분이 위치한다.

세포막의 주 단백질은 소수성(hydrophobic)이며, phospholipid matrix에 끼어 있다. 세포막 내부에 표면에 부착된 표재성 단백질(peripheral protein), 막을 관통하는 내재성 단백질(integral protein)이 묻혀있는 매트릭스 구조다. 구 모양의 단백질에 부착된 분자들은 세포 반응과 결합 등의 역할에 관여한다. 세포막의 구조는 hydrophobic bonding에 의해 안정화되며, Mg^{2+}와 Ca^{2+}와 같은 양이온은 인지질과 결합을 통하여 세포막 구조를 보다 안정하게 하는 역할을 한다. 세포막은 물질을 투과시키는 장벽으로 선택적으로 물질을 흡수하거나 이동시킨다. 일반적으로 극성이 없는 작은 물질이나 친유성 물질은 세포

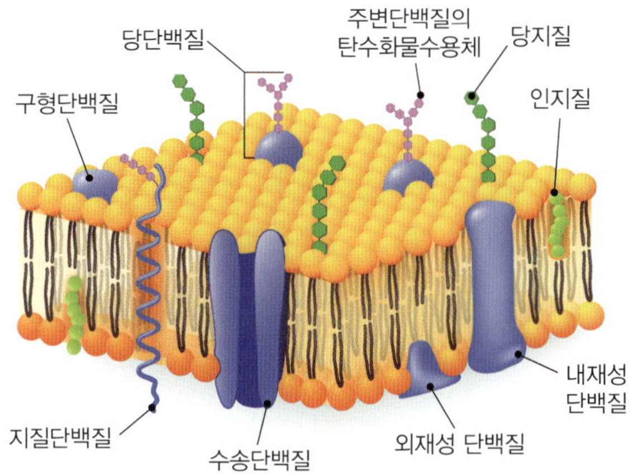

그림 6 세포막의 구조

막에 흡수되어 쉽게 세포막을 통과하지만, 이온화된 분자는 전하(electric charge)가 크기 때문에 세포막을 쉽게 통과하지 못한다.

이 세포막의 구조는 유연성, 투과성, 운반 등 막의 다양한 특성을 효과적으로 설명할 수 있고, 세포의 투과성은 세포의 증식과 생존에 매우 중요하며, 세포막의 기능이나 투과성의 변화는 세포의 사멸을 초래할 수 있다. 원핵세포의 세포막은 세포소기관이 존재

Tip **세포막 인지질(phospholipid)**

생체막의 주요성분으로 인을 포함하는 지질의 일종이다. 인지질은 지방과 비슷한 구조를 하고 있지만, 글리세롤(glycerol)에 3개의 지방산이 결합하는 지방과 달리 2개의 지방산과 1개의 인산기가 결합되어 있다는 점에서 다르다.

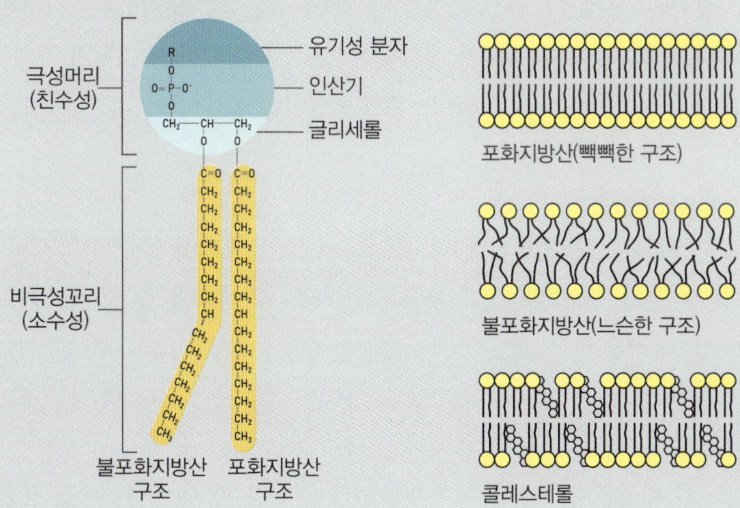

하지 않으므로 에너지 대사, 영양물질의 처리, 세포 구성성분의 합성 등 생화학적 대사 반응의 장소로 활용되며 물질수송의 역할도 담당한다.

④ 세포질(cytoplasm)

원핵세포의 세포질은 진핵세포와 달리 지질 이중층의 단위막으로 둘러싸인 소기관이 없다. 세포질은 세포막과 핵양체(nucleoid) 사이의 물질을 말하며 리보솜, 세포골격으로 구성되어 있다. 세포막으로 둘러싸여 있으며 세포의 생화학반응과 합성과정이 발생하는 장소이며 구성성분은 대부분 물이며 이외에 당, 아미노산 등으로 이루어져 있으며 세포의 생합성 과정의 재료나 에너지원으로 활용된다.

1) 유전물질

유전물질은 염색체(chromosome)라고 불리는 하나의 원형 DNA 형태로 존재하며 일부 원핵세포는 하나 이상의 염색체를 지니거나 선형(linear)의 염색체를 지닌 경우도 있다. 유전물질인 DNA는 핵막으로 둘러싸여 있지 않으며 세포 가운데에 핵양체(nucleoid)로 모여 뭉쳐져 있다. 또한 생존에 필수적인 유전정보는 염색체 내에 있으나 일부 원핵세포에는 비필수적인 유전정보, 예를 들면 독성물질 합성, 항생물질에 대한 저항성 관련 유전자가 플라스미드(plasmid)라고 불리는 독립적인 원형 DNA에 존재한다.

2) 리보솜(ribosome)

리보솜에는 리보솜 RNA(ribosomal RNA, rRNA: 60%)와 단백질(40%)로 구성된다. 원심분리 시 나타나는 침강속도(svedberg' S)에 따른 구분으로 원핵세포의 리보솜은 큰 소단위체(50S)와 작은 소단위체(30S)가 결합하여 70S로 구성되며 DNA에서 전사(transcription)된 mRNA로부터 단백질을 합성하는 중요한 역할을 한다.

3) 세포골격(cytoskeleton)

세포골격을 구성하는 액틴 필라멘트(actin filament)가 세포 내부 전반에 걸쳐 골격처럼 분포하고 있으며 세포구조의 형성과 세포분열, 세포 내 구획의 형성, 세포운동 등의 역할을 담당한다.

4) 내생포자(endospore)

포자(spore)란 미생물이 생존하기 어려운 환경에서 열, 방사선, 탈수 및 각종 화학 물질에 내성을 갖는 형태로 곰팡이 및 세균의 내생포자(endospore)를 모두 포자로 표기하며, 이는 아포와 동의어이다. 내생포자는 일반적인 생식의 역할을 담당하는 곰팡이의 외생포자와는 달리 원핵세포의 내생포자는 세포의 생존에 관련된다. 즉, 환경에 대한 저항성으로 포자를 형성하며 내생포자 원핵세포로는 *Bacillus*, *Clostridium*, *Sporosarcina* 속 세균이 아포균에 속한다. 이들 생활주기는 내생포자 형성단계가 아닌 생식세포(vegetative cell)와 열악한 환경에 내생포자를 형성하는 포자형성(sporulation) 두 단계가 존재한다. 내생포자는 주위 환경에 대한 상한 저항성과 긴 생존능력을 지닌 일종의 휴지기 세포(resting cell)이다. 따라서, 내생포자 형성 세균에 살균을 위해서는 고온뿐만 아니라 압력을 가해 포자를 터트려 사멸시켜야 한다.

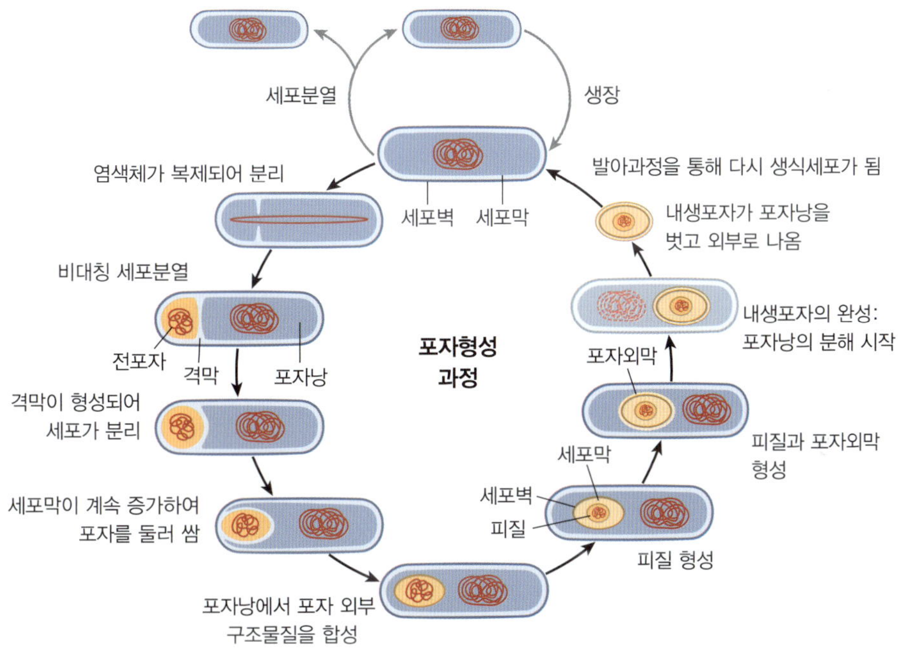

그림 7 생식세포에서 내생포자의 생성과정과 발아과정

⑤ 세포의 외부구조

1) 편모(flagella)

세포의 운동기관으로 이동성을 제공하며 필라멘트(filament), 훅(hook), 기저체(basal body) 세 부분으로 구성되어 있다. 그람양성균과 그람음성균의 편모구조가 세포벽의 차이에 따라 다르다. 훅(hook), 고리(ring), 막대(rod)의 작용에 의해 필라멘트(filament)가

360도 회전하여 움직인다.

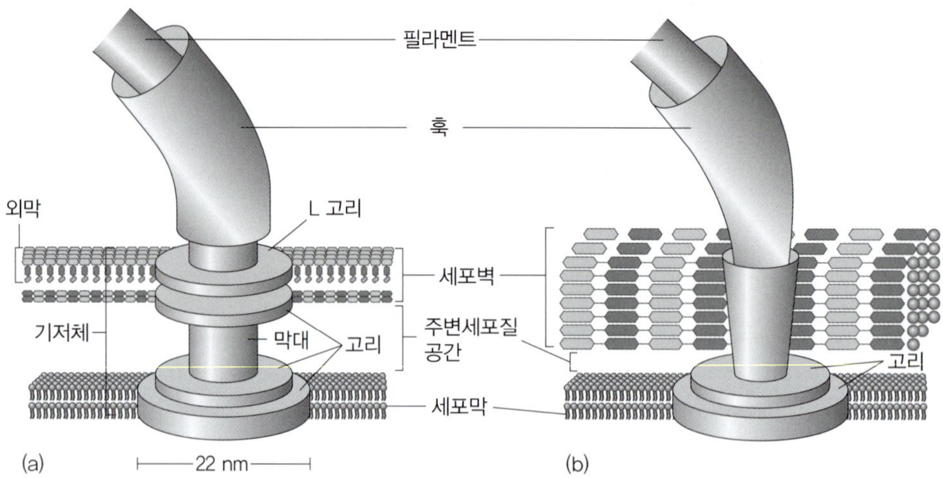

그림 8 편모의 세부구조. (a) 그람음성균, (b) 그람양성균

다양한 세균에 존재하며 편모의 수와 배열은 세균의 속(genus)을 분류하는데, 중요한 기준이 되며 그 수와 위치에 따라 세포의 한쪽 끝에서 편모가 한 개 발생하는 극성 단성 편모(polar monotrichous flagella), 몇 개의 편모가 발생하는 극성 군모성 편모(polar lophotrichous filagella), 양쪽에서 발생하는 양극성 편모(amphitrichous filagella), 세포 표면 전체에 편모가 존재하는 주모성 편모(peritrichous filagella)가 있다.

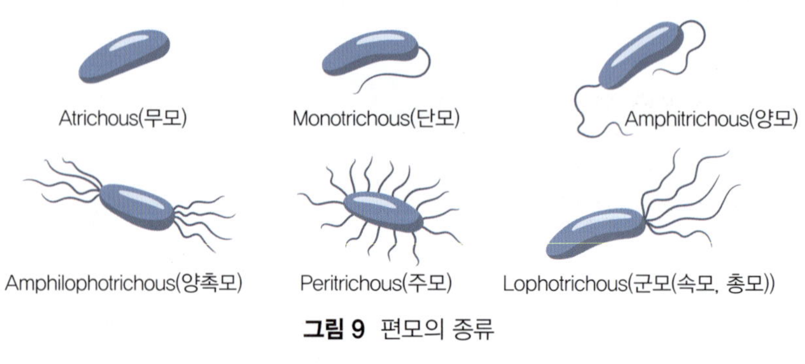

그림 9 편모의 종류

2) 핌브리아(fimbria; 복수형 fimbriae), 선모(pilus; 복수형 pili)

운동기관인 편모와 달리 다른 세포와의 상호관계에 관여하는 구조이다. 핌브리아는 세

균의 표면에 나타나는 동물의 털과 유사한 구조이다. 구성성분은 단백질이며 다른 물체의 표면에 부착하는 역할 및 세균끼리 콜로니 형성이나 생물막(biofilm) 형성에 관여한다. 특히 병원성 세균의 경우 숙주세포 표면 부착에 역할을 담당한다. 한편 일부 세균에서 발견되는 선모는 성선모(sex pili)로서 한 세균에서 다른 세균으로 DNA를 전달하는 접합(conjugation) 과정에 중요한 이동통로 역할을 담당한다.

3) 협막(capsule), 점액층(slime layer)

세포 외부를 코팅하고 있는 고분자물질인 당질피질층(glycocalyx)으로 세포를 외부 환경으로부터 보호 및 외부 물체에 부착하기 위한 역할이며 두께, 화학적 조성에 따라 점액층과 협막으로 구분된다. 점액층은 세포의 수분과 영양물질의 손실을 줄이는 역할이며 협막에 비해 구조가 덜 치밀하다. 협막은 점액층에 비해 구조가 치밀하고 두꺼우며 세균이 서로 붙어 콜로니(colony)를 형성하는 데 중요한 역할을 한다. 협막에는 물 분자가 많이 함유되어 세균이 건조해지지 않도록 보호한다. 협막이 있으면 숙주 식세포의 식균작용을 피할 수 있고, 계면활성제와 같은 물질이 세균으로 침투하는 것을 막아주기도 한다. 협막 성분은 다당체나 폴리펩타이드(polypeptide)로 구성되어 있고 세균 종류에 따라 다르다. 점액층은 협막에 비해 더 퍼져 있고, 특정한 구조를 이루지 않으며 쉽게 제거

표 3 원핵세포의 구조와 기능

구조	기능
세포막(cell membrane)	선택적 투과 장벽, 영양물질과 노폐물의 수송, 대사활동(호흡, 광합성) 등이 일어나는 곳
세포벽(cell wall)	형태 유지, 세포 용해로부터 보호
세포질(cytoplasm)	세포 생화학반응과 합성 장소, 세포구조체 존재
핵양체(nucleoid) / 플라스미드(plasmid)	유전물질(DNA), 세균 염색체 / 원형 DNA
리보솜(ribosome)	단백질 합성, 70S 리보솜
봉입체(inclusion body)	영양분과 물질 저장
내생포자(endospore)	일부 세균에서 열악한 환경에서 생존 수단
세포골격(cytoskeleton)	세균성 액틴으로 세포 모양 형성
편모(flagella)	운동기관
협막(capsule) / 점액층(slime layer)	식균작용 억제 / 표면부착
핌브리아(fimbriae) / 필리(pili)	표면부착 / 세균접합(bacterial conjugation)

될 수 있다. 협막과 점액층은 보통 다당류로 구성되어 있으나 다른 물질로 이루어진 경우도 있다.

(2) 세균의 형태, 배열, 크기

새균은 단세포 생물로서 하나의 세포가 생식, 대사, 영양소 획득 등 독립적으로 생활하는 생명체다. 주위 세균과 접촉하여 콜로니를 형성한다. 세포벽에 의해 구분되는 세균의 형태로서 공모양의 세균인 구균(coccus, 복수형 cocci), 막대기 모양의 세균인 간균(bacillus, 복수형 bacilli)으로 대표되며 외형이 휘어진 형태인 비브리오형(vibrio), 나사모양의 곡선형인 나선균(spirillum), 보다 유연한 용수철 모양의 스피로헤타(spirochete), 가지를 형성하는 섬유상 세균을 들 수 있다.

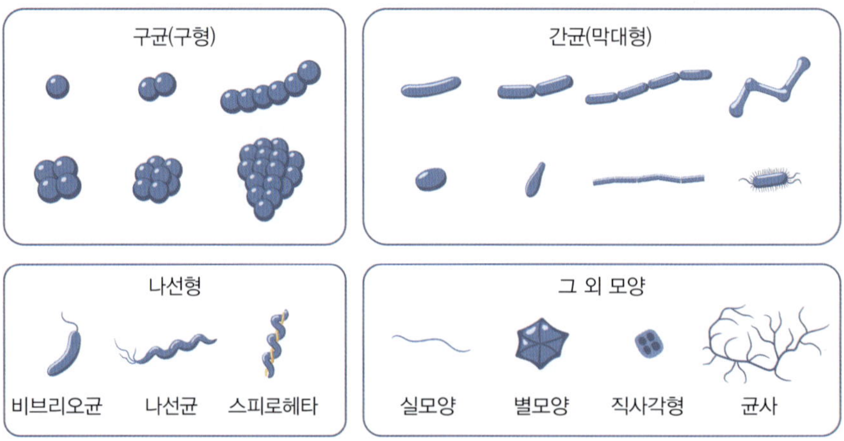

또한 세포배열(arrangement)에 따라 구균인 경우 세균이 쌍을 이룬 형태인 쌍구균(diplococci), 넷이 모인 형태인 사분구균(tetrad), 불규칙한 덩어리를 이룬 포도상구균(staphylococci, 또는 micrococci), 수백 개의 세포가 한 줄로 늘어선 형태인 연쇄상구균(streptococci)이 있다. 간균의 경우 두 개의 세포가 양쪽 말단에 부착된 형태인 쌍간균(diplobacilli), 여러 개의 세포가 사슬로 연결된 연쇄상간균(streptobacilli)이 존재한다. 세균의 크기는 광학현미경으로 관찰할 수 있는 세포(0.2 μm)부터 수천 배 큰 세포까지 다양하다. 구균은 평균적으로 지름 0.5~3.0 μm이며, 간균은 지름 0.2~2.0 μm에 길이 0.5~20 μm의 크기를 보인다.

2.2. 진핵세포

진핵세포(眞核細胞, eukaryotic cell, eukaryote)는 세포 내에 핵으로 대표되는 다양한 세포소기관을 가진 세포들을 통칭하는 것으로 동물, 식물, 진균류나 원생동물 등을 구성하고 있는 세포를 말한다. 미생물에 포함되는 것은 조류(algae), 원생동물(protozoa), 곰팡이(mold), 효모(yeast)를 들 수 있다. 골지체(Golgi apparatus), 소포체(endoplasmic reticulum), 액포(vacuole), 미토콘드리아(mitochondria) 등의 세포소기관(organelle)을 가지고 있으며 핵막으로 구분된 핵을 가지고 있다.

(1) 진핵세포의 구조

① 세포벽

진핵세포인 진균류와 조류의 세포벽은 원핵세포의 세포벽과 화학적 조성이 다르다. 세포벽은 세포의 고유 형태를 결정하며 외부의 삼투압과 충격으로부터 세포를 보호하는 역할을 한다. 또한 세포벽은 외부 환경과의 경계면으로서의 기능을 수행하며 영양원, 산소, 효소의 침투가 항상 가능하게 되어 있다. 진균류의 세포벽은 키틴(chitin), 다당체 섬유소(polysaccharide fiber, cellulose)로 이루어진 두꺼운 내층과 여러 종류의 다당체인

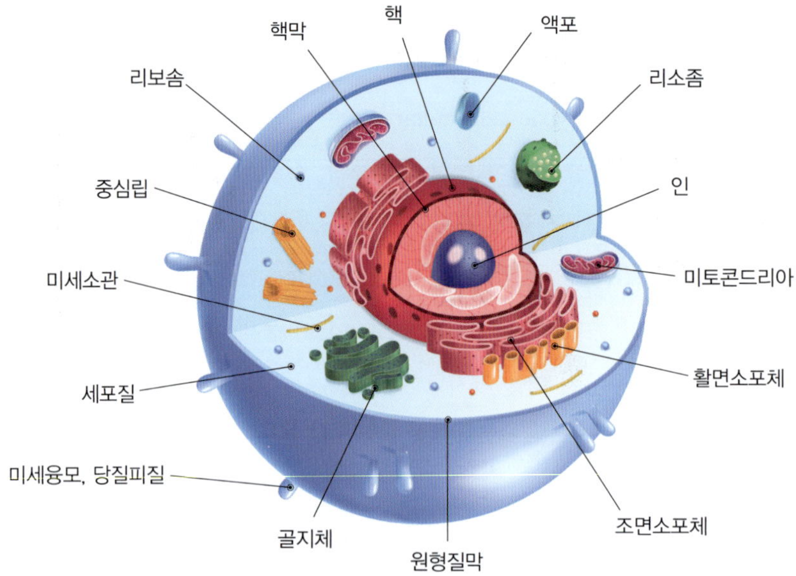

그림 10 진핵세포의 구조

얇은 외층으로 구성되어 있다. 조류의 세포벽은 섬유소, 펙틴(pectin), 만난(mannan), 이산화규소(silicon dioxide), 탄산칼슘(calcium carbonate) 등 다양하게 이루어져 있다. 또한, 균사의 오래된 부분이나 포자에는 멜라닌(melanin)과 지질이 존재하고 멜라닌은 세포벽의 표면 피복물질로 자외선 등으로부터 보호하는 작용을 한다.

② 세포막

진핵세포의 세포막은 인지질 이중층 구조와 여러 종류의 스테롤(sterol), 당단백질로 구성되어 있으며 세포벽이 없는 진핵세포의 구조적 안정성, 세포 간 상호반응, 물체표면 부착작용, 세포 내 물질의 분비작용, 주변환경과 세포 간의 신호전달 등에 중요한 역할을 담당한다. 단백질은 막 구조의 일부로서 막 수송 과정에 관여한다. 원핵세포의 세포막에 비하여 구조가 복잡하다. 진핵세포 중 원생동물이나 동물은 세포벽 없이 세포막으로만 이루어져 있다.

③ 핵(nucleus)

두 겹의 막으로 이루어진 핵막(nuclear envelope)으로 세포질과 구분되어 있으며 이러한 핵막에 일정한 간격을 두고 핵공(nuclear pore)으로 구성되어 있다. 핵공을 통하여 핵과 세포질 사이의 고분자물질의 이동이 이루어진다. 핵은 핵질(nucleoplasm)과 인(핵소체, nucleolus)으로 이루어져 있으며 인은 리보솜 RNA(ribosomal RNA)의 합성장소이며 핵질은 염색질(chromatin)을 포함하고 있으며 유전물질인 DNA를 포함한다. 히스톤(histon) 단백질로 감긴 염색체(chromosome) 형태로 핵 내에 존재한다.

④ 소포체(endoplasmic reticulum, ER)

세포 내의 물질합성과 이동에 관여하는 세포소기관이다. 핵막의 바깥쪽에 연결되어 있으며 세포질을 가로질러 세포막까지 연결된 망상구조를 형성한다. 소포체에는 조면소포체(rough endoplasmic reticulum, RER)와 활면소포체(smooth endoplasmic reticulum, SER) 두 종류가 있다. 활면소포체에는 막 표면에 리보솜이 많이 붙어 있다. 소포체에 부착된 리보솜에서 합성된 단백질과 지질 등 만들어진 물질이 소포체의 내부로 이동한 후 골지체로 수송된다. 소포체의 기능은 물질의 이동 이외에 영양물질의 분해와 비단백질 고분자물질의 합성과 저장 역할을 한다.

⑤ 골지체(Golgi apparatus)

세포 내에서 단백질이 변형, 저장되어 포장되는 장소이다. 막으로 구성된 납작한 주머니가 겹겹이 쌓여 형성된 세포소기관으로 소포체와 같이 내부에 빈 공간을 가지고 있으나 서로 연결되어 있지 않다. 골지체는 거의 모든 진핵세포에 존재하나 진균류 중에는 명확한 구조를 이루는 골지체가 없는 것도 많다. 골지체는 세포막의 합성과 세포산물의 수송에 관여하며 골지체가 균사의 성분을 균사 끝부분의 세포벽에 붙여서 진균 세포의 균사가 형성된다.

⑥ 소낭(vesicle)

소포체와 골지체의 경계 부위에 존재하는 이동소낭(transfer vesicle)은 작은 막으로 구성된 주머니를 형성하고 있으며 리보솜에서 합성된 단백질을 소포체에서 받아 골지체로 이동시킨다. 골지체의 반대 측면에 농축소낭(condensing vesicle) 안에서 단백질을 다당류, 지질 등과 결합시킨 변형과정을 거치기도 하며 리소좀(lysosome) 등의 세포소기관으로 이동시킨다. 이후 분비소낭(secretory vesicle)을 형성하여 세포 바깥쪽으로 이동시킨다.

⑦ 리소좀(lysosome)

골지체에서 만들어지는 소낭의 한 종류이며 분해효소를 가지고 세포 내 소화를 담당한다. 외부에서 흡수한 영양물질을 세포 내 소화와 외부에서 침입한 물질의 제거를 통한 숙주를 보호하고, 손상된 조직의 세포 조각을 분해하는 역할을 한다.

⑧ 액포(vacuole)

식세포 작용(phagocytosis)을 하는 원생동물에서 발견되는 식포(food vacuole)와 또는 지방, 글리코겐 등의 저장 장소로도 활용되며 삼투압을 조절하는 수축포(contractile vacuole) 등의 역할을 담당한다.

⑨ 미토콘드리아(mitochondria)

진핵세포의 중요한 ATP라는 고에너지 물질 합성장소인 원통형 모양의 세포소기관으로 외막과 크리스타(cristae)라 불리는 내막으로 이루어져 있으며 산소호흡을 위해 필요한 효소와 전자전달계 조효소를 지니고 있다. 독립적으로 유전물질인 DNA를 지니고 있으며 원핵세포의 특징인 70S 리보솜을 가지고 있다.

⑩ 엽록체(chloroplast)

식물 및 조류(algae)에서 볼 수 있는 세포소기관으로 광합성을 통하여 빛 에너지를 화학에너지로 전환시키는 장소이다. 미토콘드리아와 비슷한 형태를 가지고 있으며 크기는 더 크고 색소체를 지니고 있다. 틸라코이드(thylakoid)라는 작은 원반 모양의 주머니가 쌓여 있는 구조인 그라나(grana)를 형성하고 있으며 유전물질인 DNA를 가지고 있다.

⑪ 리보솜

단백질 합성장소인 리보솜의 구조는 원핵세포와 유사하지만 60S와 40S 두 소단위체로 구성된 80S 리보솜을 지니고 있다. 주로 조면소포체의 표면에 부착되어 있으며 일부는 세포질과 세포골격에 산재되어 있다. 사슬 형태로 나란히 모여 있어서 폴리좀(polysome 또는 polyribosome)의 형태로 존재하기도 한다.

⑫ 세포골격(cytoskeleton)

세포질(cytoplasmic matrix)은 세포골격에 의해 연결되어 세포소기관의 위치고정, 세포의 형태 유지, 경우에 따라 세포구조의 변화, 운동기작 등 중요한 기능을 한다. 세포골격을 구성하는 두 가지 물질은 미세섬유(microfilament)와 미세소관(microtubule)이다. 미세섬유는 액틴(actin) 단백질로 구성되어 있으며 세포질 전체에 망상구조를 이룬다. 미세소관은 길고 속이 빈 관 모양이며 세포의 형태를 유지하는 데 중요한 역할을 하며 물질 이동 수단의 역할을 하기도 한다. 유사분열 시 중요한 역할을 하는 방추사(spindle fiber)도 미세소관의 일종이며 섬모와 편모의 운동에도 역할을 한다.

⑬ 편모(flagella), 섬모(cilia)

편모와 섬모는 대표적인 운동소기관이다. 진핵세포의 편모는 원핵세포의 편모와 화학적인 조성에 차이가 있다. 상대적으로 두꺼우며 구조적으로도 복잡하다. 내부에는 속이 비어있는 미세소관으로 이루어져 있으며 단면을 살펴보면 아홉 쌍의 서로 붙어 있는 미세소관 중심부에 한 쌍의 소관을 가지고 있는 9+2 구조를 이룬다. 섬모의 구조는 편모와 유사하나 길이가 짧고 숫자가 많다. 이러한 섬모는 일부 원생동물과 동물세포에서 관찰된다.

표 4 진핵세포의 구조와 기능

구조	기능
세포막(cell membrane)	세포의 경계로서 물질의 선택적 투과벽, 세포 간의 상호작용, 신호전달, 표면부착, 분비 등의 기능을 담당
세포벽(cell wall)	형태 유지, 세포 용해로부터 보호(일부 진핵세포만 있음)
핵(nucleus)	유전물질(DNA)이 있고 RNA 전사, 세포 기능 통제
인(nucleolus)	ribosomal RNA(rRNA) 합성, 리보솜 조립
리보솜(ribosome)	단백질 합성, 80S 리보솜
소포체(endoplasmic reticulum)	물질수송, 지질 합성(조면소포체, 활면소포체)
골지체(Golgi apparatus)	분비될 단백질변형, 포장
리소좀(lysosome)	세포 내 소화, 분해, 재활용
액포(vacuole)	물질의 일시 저장 및 수송, 소화(식포), 삼투조절
미토콘드리아(mitochondria)	TCA 회로, 전자전달계, 산화적 인산화 과정을 통한 에너지 생성
엽록체(chloroplast)	태양에너지로 이산화탄소와 물에서 탄수화물 광합성(식물, 조류에 존재)
세포골격(cytoskeleton)	세포의 모양, 운동성에 관여하며 세포골격을 형성
당질피질(glycocalyx)	물체 표면에 부착, 보호기능, 협막 및 점액층을 이루는 다당체
섬모와 편모(cilia, flagella)	운동기관

⑭ 당질피질(glycocalyx)

대부분의 진핵세포는 세포 외부에 당질피질을 지니고 있다. 당질피질은 주로 다당체로 구성되어 있으며 세포의 종류에 따라 섬유상의 망상구조, 점액층, 협막과 같은 형태로 존재한다. 외부 물체의 표면에 부착하여 생물막(biofilm)을 형성하는 기능을 하며 중요한 수용체로 작용하여 신호전달 및 외부 환경에 대한 저항성을 부여한다.

(2) 진균류

진핵세포에서 화장품 오염에서 중요한 진균류(fungi)를 따로 기술하고자 한다. 진균은 현미경 없이도 관찰이 가능한 자실체 구조를 갖는 버섯을 포함한 진핵생물로서 인류가 최초로 인지한 미생물 중의 하나이다. 진균은 일반적으로 곰팡이, 효모, 버섯 등을 총칭하여 일컫는데, 약 90,000종류가 알려져 있다. 진균은 사람에게 이로운 면과 해로운 면을 모두 가지고 있다.

진균은 우리 주변 환경의 복잡한 유기물질을 간단한 유기 복합물과 무기분자로 분해할 수 있다. 진균은 식물, 동물, 사람에 대해 질병을 일으키기도 하지만, 빵, 와인, 맥주, 치즈, 된장, 항생제 등을 만드는 데 매우 중요한 역할을 하기도 한다. 진균류는 눈으로 보이는 버섯 등과 같은 대형진균류(macroscopic fungi)와 곰팡이(mold), 효모(yeast) 등의 소형진균류(microscopic fungi)의 두 군으로 분류할 수 있다. 대부분의 진균류는 단세포 형태나 대형진균류와 곰팡이의 경우에는 다세포의 특징을 보여 준다. 세포벽은 주로 키틴(chitin)이라는 다당류를 주성분으로 하여 세포막 성분으로는 스테롤(sterol), 에르고스테롤(ergosterol)을 함유하고 있다. 소형진균류는 곰팡이에서 발견되는 긴 축방향으로 분지하면서 신장하는 균사(hypha, 복수형 hyphae)가 모여 균사체(mycelium, 복수형, mycelia)로 이루어진 곰팡이(사상균, mold)와 단세포인 효모에서 발견되는 효모(yeast) 형태가 존재하며 일부 병원성 곰팡이에서는 환경 조건 변화에 따라 두 가지 형태가 모두 나타나기도 한다. 효모(yeast)는 단세포성인 진균으로 한 개의 핵을 가지고 있으며 출아로 증식한다. 크기는 일반적으로 세균보다 크지만 다양한 모양을 가지고 있다. 효모는 구형, 난원형, 레몬형, 모자형, 술병 모양 등의 단세포로 크기는 2~20 μm로 다양하며 3~4 μm가 일반적이다.

효모는 출아과정(budding)과 위균사(pseudohypha)의 형성과정으로 증식한다. 출아과정(budding)은 성숙된 세포 표면에 식물의 눈(bud)과 같은 작은 돌기가 생기고, 이것이

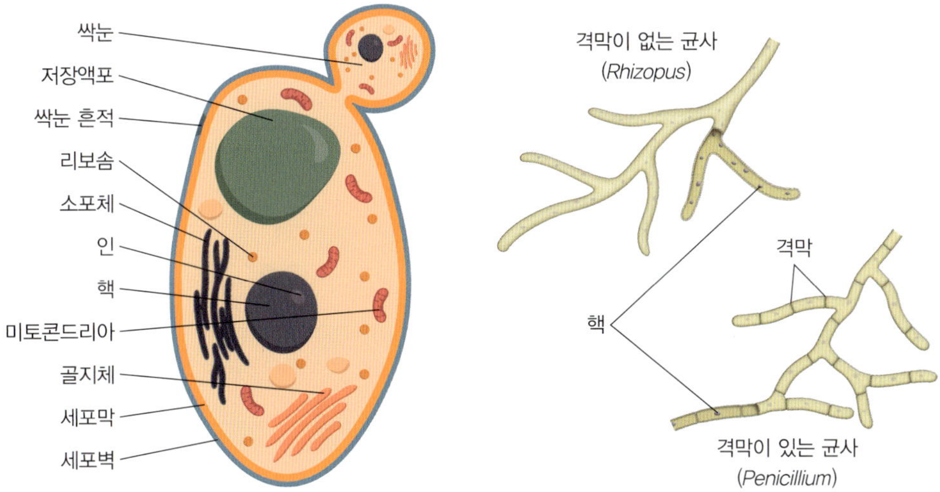

그림 11 효모와 곰팡이의 형태

점차 커져 핵이 둘로 나누어져 독립된 세포로 된다. 이때 원래의 세포를 모세포(mother cell), 출아로 생긴 세포를 딸세포(daughter cell)라고 한다.

진균류는 종속영양생물체(heterotroph)로서 다양한 종류의 물질을 분해 할 수 있는 효소들을 보유하고 있으며 영양물질이 부족한 환경이나 척박한 환경 조건에서도 생존이 가능하다. 일부 병원성 진균류는 진균감염증(mycose)을 일으키며 진균독소를 생산하기도 하며 알레르기(allergy)의 원인이 되기도 한다. 또한, 산업적으로 유용한 항생제, 알코올, 유기산, 빵, 비타민 등도 진균에 의해 생산되며 일부는 식용으로 바로 이용되거나 식품을 만들고 풍미를 더하는 데 이용되기도 한다. 화장품에서 진균은 수분이 적거나 pH가 낮은 제품에서 발견되는 대표적인 오염균이다. 곰팡이가 발생한 화장품은 상품 가치가 떨어질 뿐 아니라, 독소를 발생하는 진균도 있는데, 특히 *Candida albicans*는 병원균으로 구분되어 인체에 질병을 유발하기도 하므로 최근 유럽화장품협회와 ISO TC 217에서는 화장품에서 검출되어서는 안 되는 규제 미생물로 지정하고 있다.

대표적인 진균의 증식 방법은 외생포자(exospore)를 형성하는 것이다. 진균의 포자는 열악한 환경 조건에서의 생존, 세포의 증식, 유전자의 재조합 등 다양한 역할을 하며 작고 가벼워서 환경에 머리 퍼져나갈 수 있으며 생존에 적당한 조건을 만나게 되면 발아하여 진균류 콜로니를 형성한다. 진균류는 종류에 따라 매우 다양한 포자를 생성하며 포자의 형태와 구조가 진균류를 분류하는 기준이 된다.

① 무성포자(asexual spore)

하나의 모세포로부터 유사분열을 통하여 만들어지며 포자가 만들어지는 방법과 생식포자(reproductive hypha)의 특성에 따라 두 종류로 나눈다.

1) 포자낭포자(sporangiospore)

주머니 모양의 포자낭(sporangium) 안에서 분열을 통하여 만들어진다. 처음에는 포자가 주머니 안에 있다가 포자낭이 파괴되면서 외부로 방출된다.

2) 분생포자(conidiospore)

주머니에 둘러싸여 있지 않은 포자로 균사체의 말단에서 떨어져 나와 형성되거나 균사의 분절(segmentation)에 의해 만들어진다. 형태에 따라 다음과 같이 구분된다.

- 분절포자(arthrospore): 균사의 겹겹으로 된 층에서 형성된 분생포자
- 후벽포자(chlamydospore): 균사가 두꺼워져 형성된 공 모양의 분생포자
- 출아포자(blastospore): 효모처럼 싹이 나듯 형성된 분생포자
- 경자포자(phialospore): 꽃병 모양의 포자형성세포에서 만들어진 분생포자

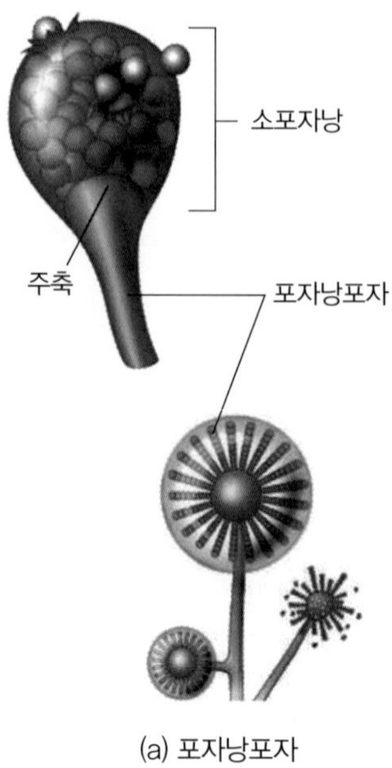

(a) 포자낭포자

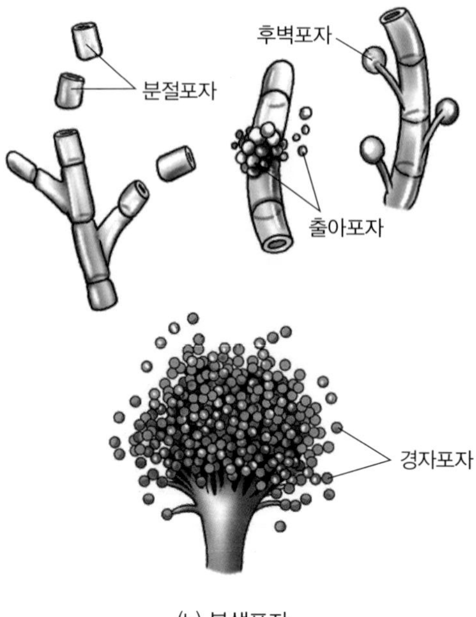

(b) 분생포자

② 유성포자(sexual spore)

두 종류의 모세포로부터 나온 핵이 융합하여 만들어진 포자로서 환경의 변화와 진화과정에서 적응을 통한 종의 생존에 더 유리하다.

1) 접합포자(zygospore)

두 종류의 대립균주의 균사가 융합되면 세포가 팽창되고 세포벽이 단단한 이배체(diploid)의 접합포자가 형성된다. 적당한 습기와 영양 조건의 환경을 만나면 세포벽이 파괴되고 발아하여 균사체를 형성하고 포자낭을 만든다. 이후 감수분열로 반수체(haploid)의 핵이 형성되어 무성포자인 포자낭을 만들고 포자낭포자로 된다. 무성생식의 포자낭포자와는 서로 다른 균주와 융합된 결과이기 때문에 유전적으로 다르다.

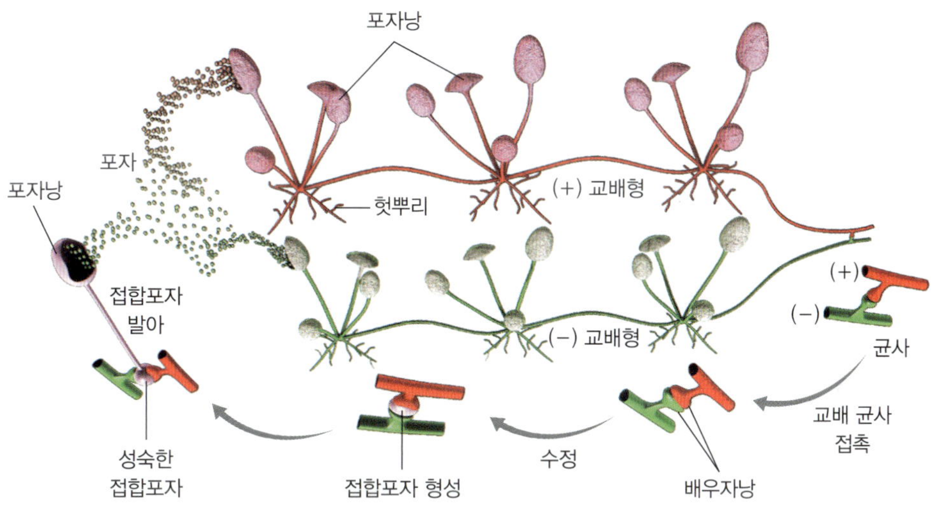

그림 12 *Rhizopus stolonifer*(검은 빵 곰팡이)에서의 접합포자 형성과정

2) 자낭포자(ascospore)

융합에 의해 만들어진 반수체의 포자는 자낭(ascus)이라는 주머니 모양의 구조에서 만들어진다. 완성된 지낭은 파괴되어 자낭포자를 형성하고 일부는 자낭을 보유한 형태인 자실체(fruiting body)를 형성하기도 한다.

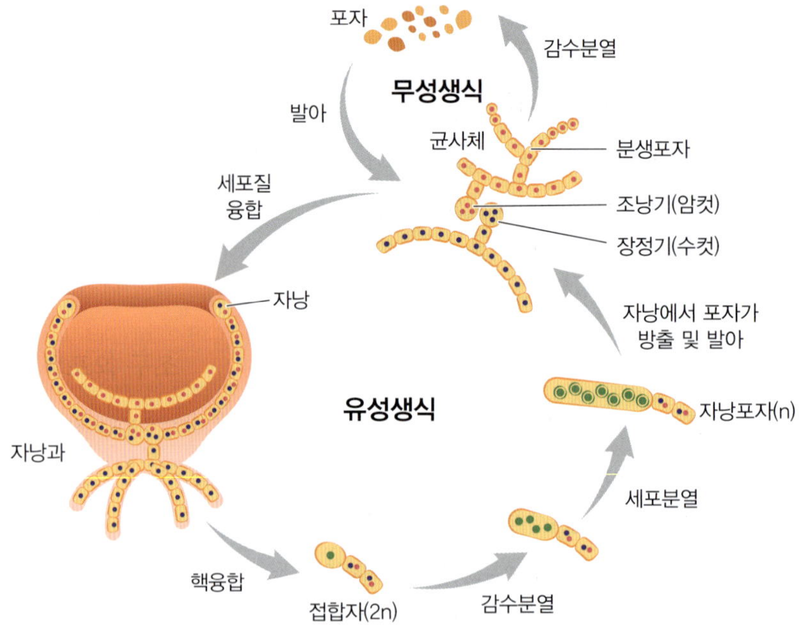

그림 13 주발버섯에서의 자낭포자 형성과정

3) 담자포자(basidiospore)

담자(basidium)라고 불리는 주머니 모양의 구조에서 만들어지며, 포자가 형성되는 과정은 자낭포자와 유사하다. 우리가 흔히 버섯이라고 부르는 구조이다.

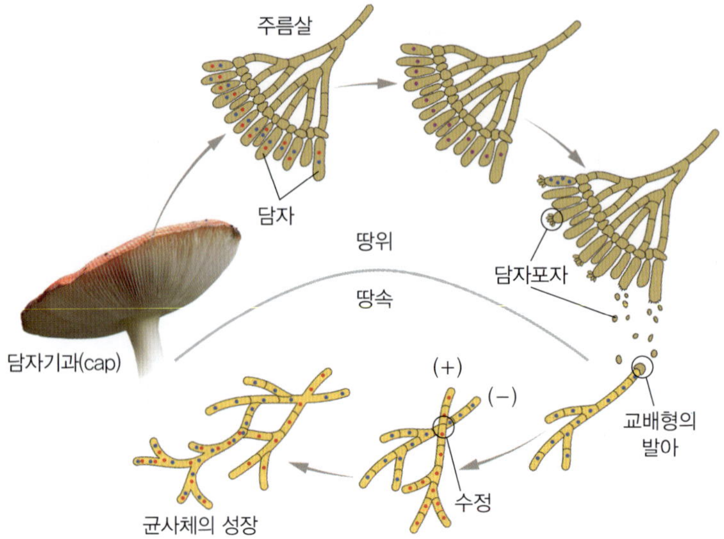

그림 14 담자균류에서의 유성포자 생성과정

Chapter

03

미생물 대사와 증식

모든 생물은 물질대사(metabolism)의 결과로 얻어지는 에너지로 생명을 유지하고 있다. 이러한 에너지는 유기물에서 공급되며, 이 유기물은 녹색식물이 광합성 과정을 통한 광에너지를 이용하여 무기물로부터 합성한다. 미생물도 유기물로부터 생활에 필요한 에너지를 얻는다. 대사란 생체세포 내에서 일어나는 모든 생화학반응을 말한다. 대사는 크게 나누어 고분자 물질을 저분자 물질로 분해하여 고에너지분자인 ATP(adenosine tri-phosphate, 아데노신삼인산염)를 발생시키는 이화작용(異化作用, catabolism; 분해대사)과 APT 에너지를 이용하여 저분자물질을 고분자물질로 축합하여 자신의 구성성분을 합성하는 동화작용(同化作用, anabolism; 합성대사)으로 나눌 수 있다.

즉, 물질대사(metabolism)는 생장, 합성, 수송, 소화, 에너지 방출과 소모, 운동을 포함하여 생물의 대사적 활동을 말하며 두 가지 작용으로 구분된다. 이 두 작용은 세포 내에서 물질대사의 균형을 유지하도록 연속적으로 순환하면서 상호작용한다. 효소(enzyme)는 이화작용과 동화작용을 위한 촉매 역할을 한다.

- 이화작용(catabolism): 큰 분자가 작은 분자로 분해되면서 에너지를 방출한다.
- 동화작용(anabolism): 작은 분자에서 에너지를 이용하여 큰 분자가 만들어 세포구조물들을 합성한다.

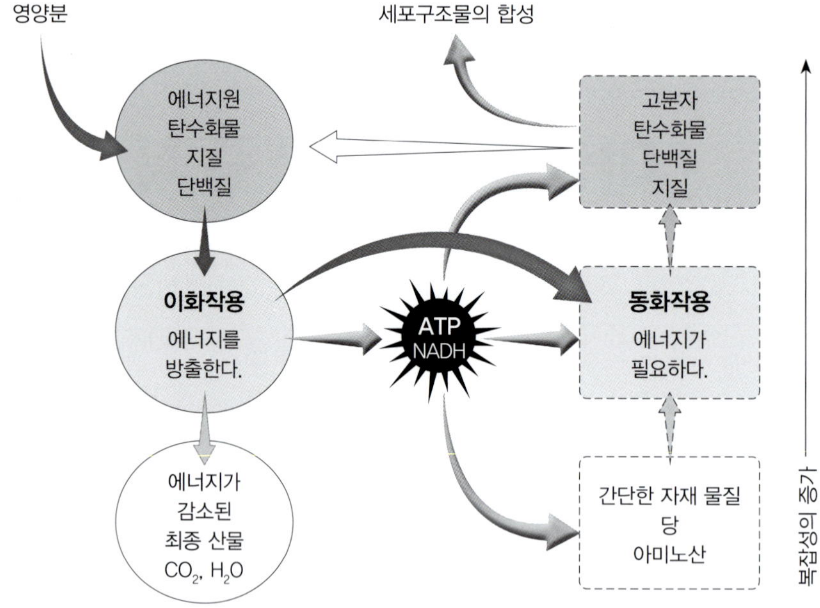

그림 1 물질대사: 동화작용과 이화작용

Tip 효소(enzyme)

효소(酵素, enzyme)는 기질과 결합해서 효소-기질 복합체를 형성하여 화학 반응의 활성화 에너지를 낮춤으로써 물질대사의 속도를 증가시키는 생체 촉매이다. 그리고 경우에 따라 속도를 조절하는 생체 보호기능을 수행하기도 한다. 효소는 기질을 생성물로 알려진 다른 분자로 전환시킨다. 세포의 거의 모든 대사 과정은 생명을 유지할 수 있을 만큼의 빠른 속도로 일어나야 하기 때문에 효소 촉매 작용을 필요로 한다. 대부분의 효소는 단백질로 구성되어 있고 비단백질 보조인자가 필요할 수도 있다. 예를 들어 과산화수소를 분해하는 카탈레이스(catalase)는 철(Fe)을 가지고, 산소를 포함시키는 산화효소는 철과 구리(Cu)를 금속보조인자를 가진다. 세포반응의 속도를 가속시키기 위해 유기촉매로 작용하며 화학반응을 진행하는 데 필요한 활성화 에너지를 낮춰 물질대사반응이 생명과 잘 조화할 수 있는 속도로 진행하게 한다. 모양, 특이성 기능이 독특한 특성을 가지며 기질이라는 표적 분자에 대해 활성부위를 제공해준다. 기질과는 밀접하게 결합하지만 반응산물과는 관련하지 않으며, 온도와 pH에 의해 크게 영향을 받는 특징이 있다. 아래 그림은 효소-기질 반응의 모식도이다.

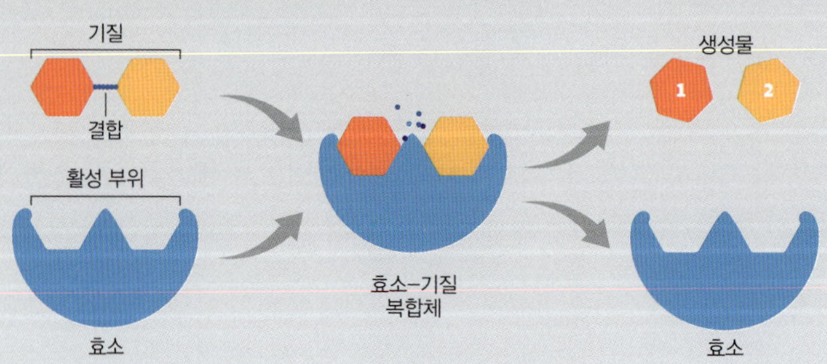

3.1. 이화작용

이화작용의 대표적인 예는 호흡(respiration)이다. 에너지 생성 대사인 세포호흡의 전 과정은 포도당이 여러 가지 효소작용에 의해 이산화탄소로 분해된다. 이때 나오는 에너지는 ATP에 저장된다. 호흡, 발효, 광합성, 화학독립영양과정은 고에너지 인산결합을 가진 ATP를 만들고 ATP는 ADP와 인산기가 가수분해되면서 발생하는 많은 에너지로 세포 내의 화학적인 일, 수송하는 일, 단백질합성, 물질의 능동수송, 근수축 등의 기계적인 일을 수행하면서 생명체가 살아갈 수 있게 한다.

탄수화물은 소화기관을 거치면서 포도당으로 분해되고, 각 세포로 운반된다. 그 후 세

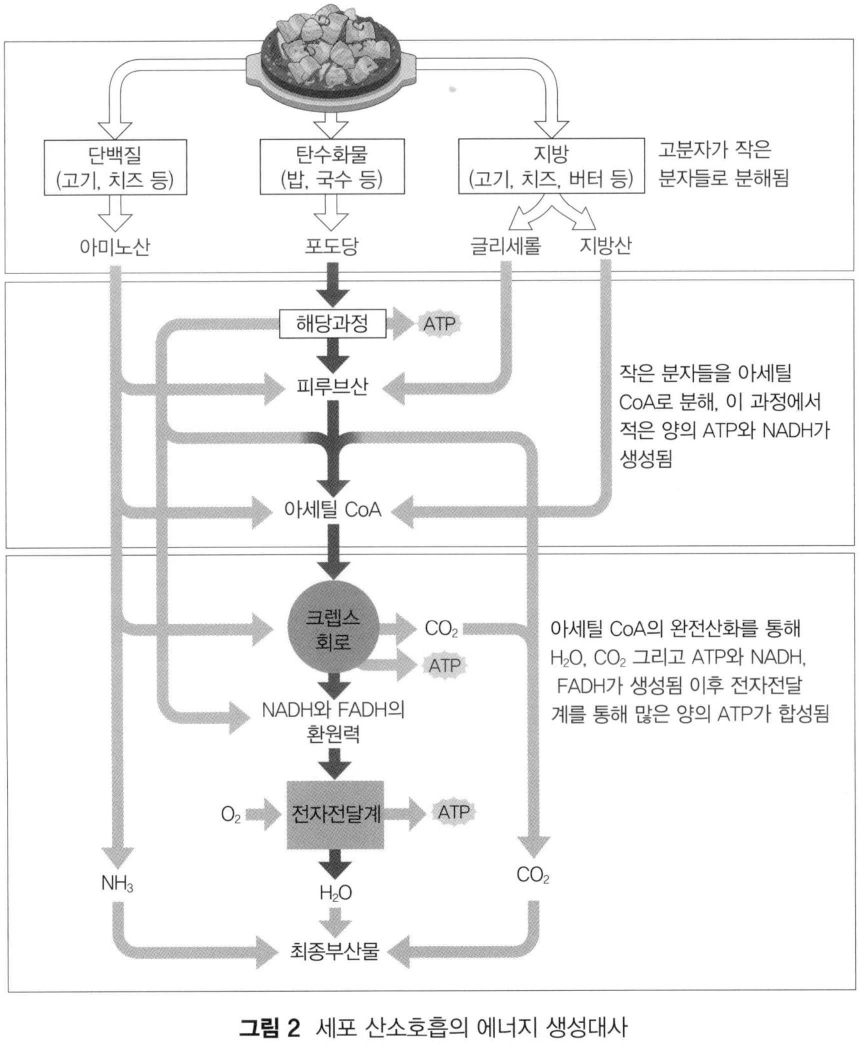

그림 2 세포 산소호흡의 에너지 생성대사

포질에서 해당과정(解糖作用, glycolysis, Embden–Meyerhof–Panas(EMP) 경로)을 거쳐 피루브산으로 다시 분해되고 TCA회로(tricarboxylic acid cycle, 크렙스 회로(Kreb's cycle) 또는 시트르산 회로(citiric acid cycle))에 투입되어 결국 이산화탄소와 물을 만든다. 그리고 이때 부가적으로 만들어진 물질들이 전자전달계(electron transport)를 거치면서 산소를 이용해 산화적 인산화(oxidative phosphorylation)를 통해 ATP 분자들을 만들어낸다. 이와 같이 이화작용은 여러 효소들의 작용에 의해 3단계인 "① 해당과정 → ② TCA 회로 → ③ 전자전달계(호흡사슬(respiratory chain))"로 진행된다.

산소의 유무에 따라 에너지 생성의 화학반응이 달라진다. 보통 호흡(respiration)은 산소의 존재 하에서 기질수준의 인산화와 산화적 인산화 모두를 수행하는 호기성산화(산소호흡)를 말하며, 산소가 없는 상태에서 유기화합물을 분해하여 에너지를 생성하여 기질수준 인산화만을 수행하는 반응, 즉 혐기성 산화를 발효(fermentation)라고 한다. 이화작용의 산화적 인산화에 의한 ATP를 생산하는 호흡은 호기성 호흡(산소호흡)과 혐기성 호흡(무산소호흡)으로 나눌 수 있다. 최종 전자수용체가 O_2이면 산소호흡이고 질산염, 탄산염, 황산염과 같은 무기물인 경우이면 혐기성 호흡이라 한다.

Tip 산화(oxidation) & 환원(reduction) (출처: 현대생활과 화학)

산화와 환원은 서로 반대되는 개념으로 산화란 고전적으로 산소와 결합한다는 의미이다. 금속이 산소와 결합하면 산소에 전자를 빼앗겨 양이온이 되고, 산소는 음이온으로 변한다. 현대에서는 전자와 수소를 잃으면(산화수 증가) 산화, 얻으면(산화수 감소) 환원이라고 부른다. 산화와 환원 반응의 일상적인 예로서 석탄의 연소, 철이 녹스는 것, 얼룩을 제거하는 표백제, 우리가 먹는 음식이 뇌와 근육을 위한 에너지로 전환되는 것 등이 있다. 물질의 환원된 형태는 높은 에너지(예: 음식, 석탄, 휘발유)이고 반대로 물질의 산화된 형태는 낮은 에너지(예: 이산화탄소, 물)이다.

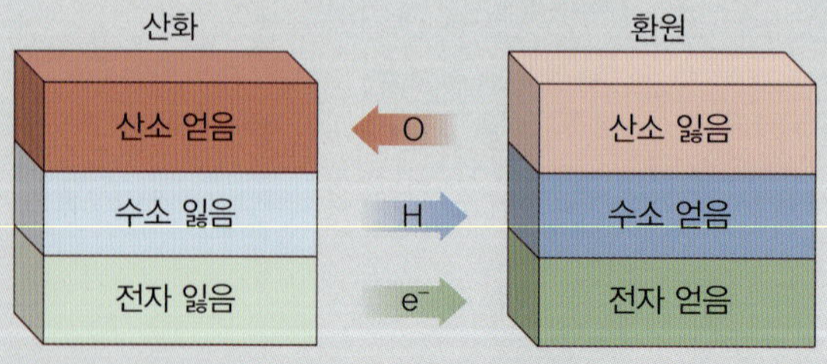

산화제는 환원되는 물질이고 본인이 환원되면 상대는 산화시킨다. 환원제는 산화되는 물질이고 본인이 산화되면 상대를 환원시킨다. 일상생활에서 산화제는 소독제, 살균제, 표백제 등으로 사용한다. 산화방지제(항산화제)로서 아스코르브산(비타민 C)은 공기 중의 산화를 막아 과일이 갈색으로 변하는 것을 막는 수용성 산화방지제이며 토코페롤(비타민 E)은 지용성 산화방지제로 알려져 있다.

(1) 산소호흡(aerobic respiration)

많은 세균과 진균, 원생동물, 동물, 식물 등 호기성 종속영양생물의 특성으로 포도당(glucose)을 탄산가스(CO_2)로 변환시키고 물(H_2O)을 만들어 내며 에너지를 발생시키는 해당작용, 크렙스 회로 및 호흡사슬이다. 산소(O_2)가 최종 전자수용체이며 단백질, 지질 및 탄수화물 합성의 경로 등 많은 생합성 경로에서 ATP 및 물질대사의 중간산물을 공급한다.

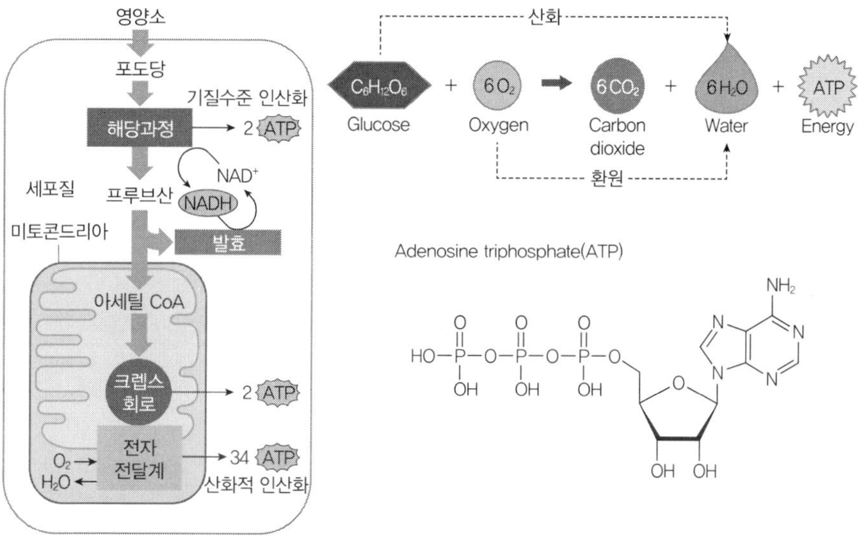

그림 3 산소호흡의 인산화 과정 및 ATP 구조

① 해당작용

포도당을 여러 단계를 거쳐서 피루브산(pyruvic acid)으로 전환시키는 공정이다. 2개의 ATP를 소모하고 기질수준 인산화를 통해 4개의 ATP를 합성하여 최종 2개의 ATP가 생산되고 NADH(Nicotinamide adenine dinucleotide, 산화형은 NAD^+, 환원형은 NADH로 약칭되는 보조인자 또는 조효소)를 방출한다.

1) 포도당(glucose)이 ATP에 의해 6번 탄소가 인산화되어 포도당-6-인산(glucose-6-phosphate)을 생성한다.
2) 포도당-6-인산은 이성체인 과당-6-인산(fructose-6-phosphate)으로 전환된다.
3) 한 분자의 ATP가 소모되면서 과당-6-인산의 첫 번째 탄소를 인산화하여 과당-1,6-이인산(fructose-1,6-diphosphate)을 생성한다.
4) 과당-1,6-이인산은 2개의 3탄소 구조인 글리세르알데하이드-3-인산(glyceralde-

hyde-3-phosphate, G-3-P)과 디히드록시아세톤인산(dihydroxyacetone phosphate, DHAP)으로 나누어진다. 이 두 분자는 이성질체이며 DHAP는 G-3-P로 전환된다.

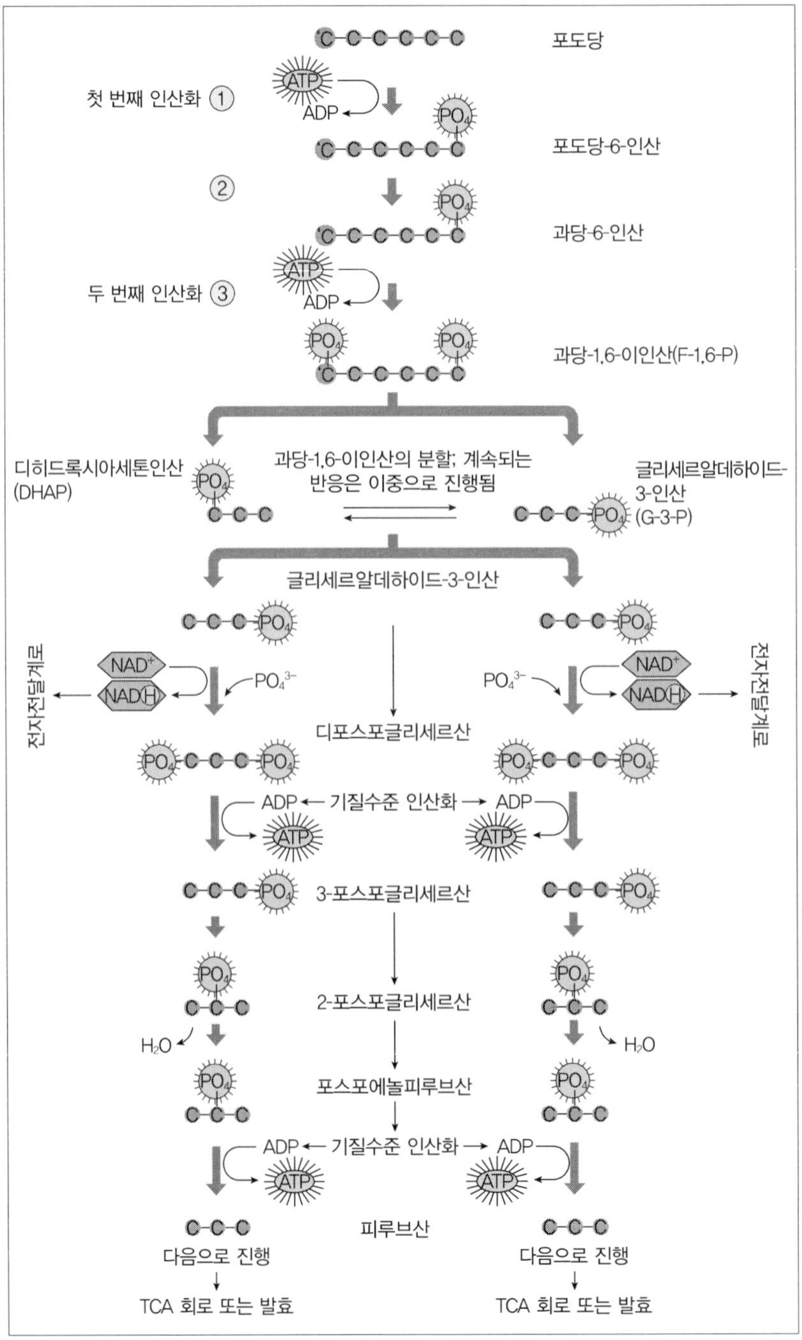

5) 조효소 NAD^+복합체는 글리세르알데하이드-3-인산에서 수소를 취해서 NADH를 생성한다. 또한 무기인산(PO_4^{3-})를 첨가해서 디포스포글리세르산(diphosphoglyceric acid, DPGA)를 생성한다.

6) 디포스포글리세르산의 고에너지인산 중 하나가 기질수준인산화(substrate-level phosphorylation)를 거쳐 ADP에 공급되어 ATP를 만든다. 이 과정에 산물은 3-포스포글리세르산(3-phosphoglyceric acid, 3-PGA)이다.

7) 3-포스포글리세르산에서 인산이 세 번째 탄소에서 두 번째 탄소로 이동하여 2-포스포글리세르산(2-phosphoglyceric acid, 2-PGA)으로 전환된다.

8) 2-포스포글리세르산에서 물 분자 하나가 제거되어 포스포에놀피루브산(phosphoenolpyruvic acid, PEP)으로 전환된다.

9) 포스포에놀피루브산이 고에너지 인산을 버리고 기질수준인산화를 거쳐 두 번째로 ATP를 생성한다. 이 과정에서 피루브산(pyruvic acid)을 생성한다.

② 크렙스 회로

해당작용 경로를 크렙스 회로와 연결시키기 위해서는 피루브산이 크렙스 회로로 들어가야 한다. 크렙스 회로는 유핵세포의 미토콘드리아 기질과 무핵세포에서는 세포질에서 일어난다. 피루브산이 산화, NAD^+ 의 NADH로의 환원 그리고 탄산가스의 방출을 유도하는 조효소 A를 필요로 하며, 피루브산의 2-탄소 아세틸기로의 탈탄산반응(decarboxylation)이 이루어지면서 아세틸 조효소 A(acetyl coenzyme A, acetyl CoA)를 형성하여 크렙스 회로로 들어간다.

1) 옥살로아세트산염은 아세틸-CoA에 있는 아세틸기와 결합하여 시트르산(citric acid)을 만들고 조효소 A를 방출한다.

2) 시트르산염은 이성질체인 이소시트르산염(isocitrate)으로 전환되어 다음 단계의 탈탄산반응과 산화환원반응을 위한 기질이 된다.

3) 이소시트르산염은 NADH 혹은 NADPH를 생성하는 반응에서 NAD^+나 NADP를 포함하는 효소복합체의 작용에 의해 이산화탄소를 배출하면서 알파-케토글루타르산염(α-ketoglutarate)으로 전환된다.

4) 알파-케토글루타르산염은 탈탄산반응과 조효소 A가 관여하면서 NADH를 생성하는 또 다른 산화환원반응을 위한 기질로 작용한다. 이 반응의 산물은 숙시닐 CoA(-

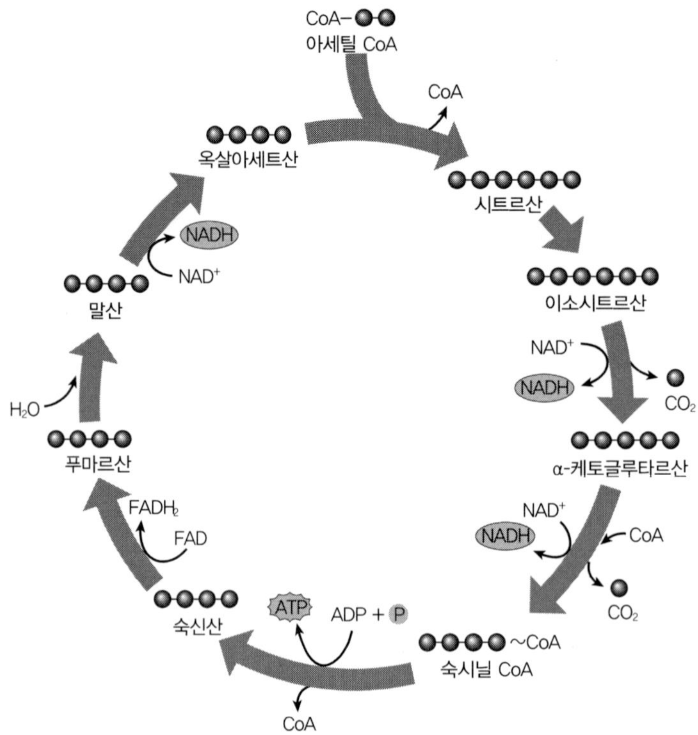

그림 4 크렙스 회로

succinyl CoA)이다.

5) 숙시닐 CoA는 기질수준인산화로 ATP를 생성하고 숙신산(succinate)을 생성한다.
6) 숙신산은 전자수용체로 플라빈 아데닌 디뉴클레오티드(Flavin adenine dinucleotide, FAD)와 숙시닐 탈수소효소(succinyl dehydrogenase)에 의해 $FADH_2$를 생성한다. 그 결과 푸마르산(fumarate)을 생성한다.
7) 푸마르산에 물 분자가 첨가되면 말산(malate)을 만든다.
8) 말산에 NADH를 생성하면서 탈수소화되어 옥살로아세트산(oxaloacetate)을 생성한다.

③ 호흡사슬

전자전달계(electron transport system, ETS)는 해당작용과 크렙스 회로에서 생성된 환원된 운반체(NADH, $FADH_2$)에서 전자를 받는다. 이후 전자의 흐름에 대한 역방향으로 ATP를 합성한다. 최종적으로는 산소가 전자와 H^+ (수소이온)을 받아 물을 생성하는 것이다.

1) 복합체 I은 NADH 탈수소효소라고 하는 다중효소로 구성되어 있으며 해당작용과 크렙스 회로부터 NADH를 받는다.

2) 복합체 II는 일련의 철-유황(FeS) 단백질로 구성되어 있으며 크렙스 회로의 단계에서 생성되는 $FADH_2$로부터 전자를 받는다.

3) 조효소 Q(coenzyme Q, CoQ) 혹은 유비퀴논(ubiquinone)은 막 내에 박혀있지 않는 이동운반체이며 복합체 I과 복합체 II로부터 모두 전자를 받아서 복합체 III에게 제공한다.

4) 복합체 III는 전자를 사이토크롬 c에게 전달하는 사이트크롬 b와 c_1을 가지고 있다.

5) 사이토크롬 c는 복합체 III로부터 전자를 받아 복합체 IV에 전달하는 이동 운반체이다.

6) 복합체 IV(사이토크롬 a/a_3)는 전자, 수소이온 및 산소 사이의 반응을 촉매하여 물(H_2O)을 생성하면서 전자전달 반응을 종결한다.

7) 복합체 I, III, IV는 기질에서 내외막 사이 공간으로 양성자를 퍼내어 전하적 기울기를 형성한다. 이러한 기울기를 회복하기 위해 ATP 합성효소(ATP synthase)를 통하여 기질로 들어오면서 ATP를 생성한다. NADH는 2.5개의 ATP를 생성하고 $FADH_2$는 1.5개의 ATP를 생성한다. 전자전달과 ATP 합성의 결합을 산화적 인산화(oxidative phosphorylation)라고 한다.

진핵세포에서 미토콘드리아는 전자전달계 산화적 인산화가 일어나는 곳이다. 미토콘드리아의 이중막은 2개의 분리된 구획을 만들어낸다. 내외막 사이 공간과 주름이 있는 내막인 크리스타(cristae)을 형성하고 있는 내막에 의해 완전히 둘러싸인 기질, 전자전달 단백질과 ATP 합성효소는 크리스타에 존재하고 물질대사 경로는 기질과 내외막 사이에서 진행된다.

원핵세포의 세균은 전자전달계(ETS)와 ATP 합성효소를 세포 원형질막에 내장하고 있다. ETS 운반체는 수소이온과 전자를 세포질에서 주변 세포질 공간으로 전달한다. 수소이온이 모여서 미토콘드리아에서 생긴 것처럼 결과적으로 내막을 경계로 한 수소이온의 농도 기울기를 만든다. 이렇게 기질 밖에 높은 농도로 존재하는 수소이온은 ATP 합성효소가 제공하는 통로를 통해 안으로 들어오고, 이때 ATP 합성효소에 결합되어 있던 ADP가 ATP로 산화적 인산화가 된다.

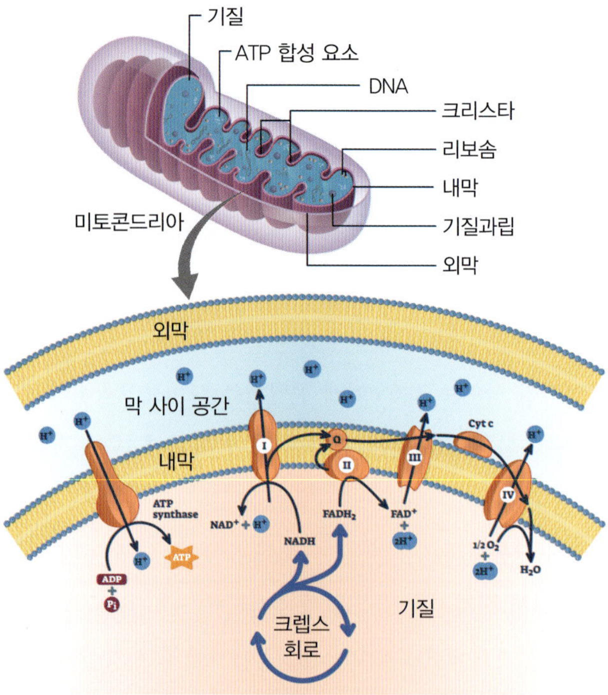

그림 5 진핵생물의 미토콘드리아 내 전자전달계

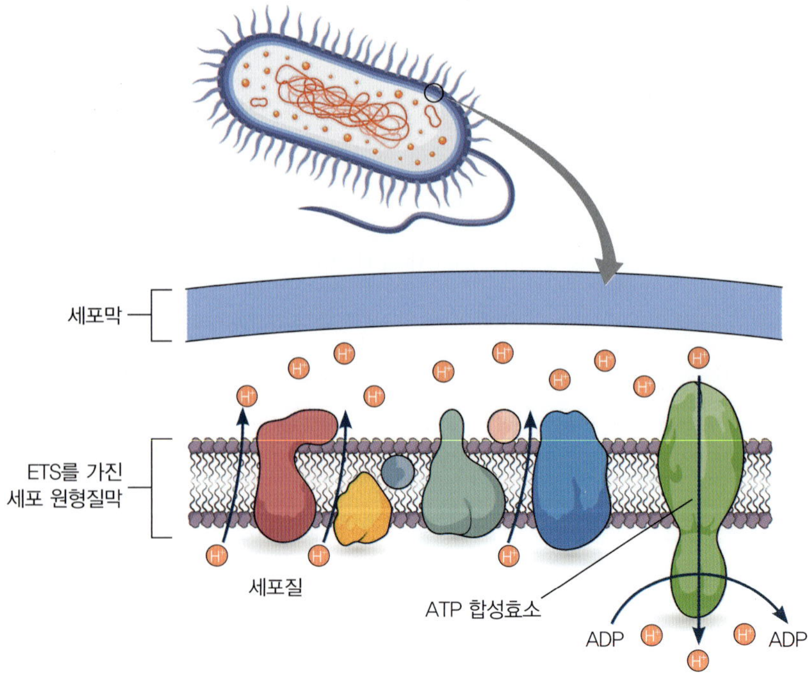

그림 6 원핵생물(세균)의 세포막 전자전달계

고에너지의 전자가 NADH나 $FADH_2$ 에서 나와 미토콘드리아 내막(크리스타)의 전자전달계를 지나면서 자신이 가지고 있던 에너지를 천천히 방출하게 된다. 내막에 위치한 막단백질들은 이 에너지를 이용해 수소이온을 기질 안에서 밖으로 퍼내고, 결과적으로 내막을 경계로 한 수소이온의 농도 기울기를 만든다. 이렇게 기질 밖에 높은 농도로 존재하는 수소이온은 ATP 합성효소가 제공하는 통로를 통해 안으로 들어오고, 이때 ATP 합성효소에 결합되어 있던 ADP가 ATP로 인산화되는 것으로 '산화적 인산화'라고 한다. 세균은 전자전달계와 ATP 합성효소를 세포막에 내장하고 있다. 전자전달계 운반체는 H^+과 전자를 세포막과 세포벽 사이에 있는 주변세포질 공간 내로 이동시켜 미토콘드리아와 비슷하게 H^+ 기울기를 만들어 내서 ATP를 합성하게 한다.

표 1 호기성 호흡의 ATP 생성 계산

경로 부분	에너지/중간체	ATP 당량*
포도당 → 2 피루브산 (해당작용)	2 ATP	2
	2 NADH	5
2 피루브산 → 2 아세틸-CoA + 2 CO_2	2 NADH	5
2 아세틸-CoA → 4 CO_2 (크렙스 회로)	6 NADH	15
	2 $FADH_2$	3
	2 ATP	2
포도당 → 6 CO_2		32

* 2.5 ATP / 1 NADH, 1.5 ATP / 1 $FADH_2$로 계산

(2) 무산소호흡(anaerobic respiration)

일부 혐기성 미생물은 무산소호흡에 의해 물질대사를 한다. 산소분자를 최종 전자수용체로 하지 않고 질산이온(NO_3^-), 황산이온(SO_4^{2-}), 탄산이온(CO_3^{2-})과 같은 산화된 이온을 최종 전자수용체로 이용한다.

(3) 발효(fermentation)

발효의 특징은 산소가 없는 상태에서 조건부 혐기성 미생물에 의해 최종 전자수용체가 유기화합물을 사용하여 호흡에 비하여 적은 양의 2개 ATP만 생성한다. 해당과정의 피루브산에 여러 미생물들이 작용하여 산, 알코올, 가스 등 산물을 생산한다(알코올발효, 젖

산발효 등). 발효는 산소분자 없이 생존과 성장을 할 수 있으며 융통성 있는 물질대사가 가능하게 된다. 즉, 호흡을 할 정도의 충분한 산소가 없거나 산소를 전자수용체로 이용할 수 없을 때 생존할 수 있는 전략을 제공한다.

Tip 발효 미생물의 산업적 활용 사례

1. 세균(bacteria): 분열에 의해 번식하는 하등 미생물
   1) 젖산균(lactic acid bacteria): 젖산생산, 김치류, 발효유제품
   2) 초산균(acetic acid bacteria): 식초의 생산
   3) 프로피온산균(propionic acid bacteria): 치즈의 숙성
   4) 낙산균(butyric acid bacteria): 버터 숙성, 아세톤, 부탄올 생산
   5) 바실러스: 각종 효소 생산, 청국장(납두균) 생산
   6) 알코올세균: 대체 바이오에너지 생산
   7) 방선균: 각종 항생제 (마이신 등) 생산
2. 효모(yeast): 출아에 의해 번식하는 고등미생물
   1) 알코올효모: 주류 및 주정의 생산
   2) 빵효모: 빵 반죽에 이용
   3) 유지효모: 미생물성 기름
   4) 식사료용효모: 균체 단백의 생산
3. 곰팡이(mold): 균사상의 고등미생물
   1) 누룩곰팡이(코지곰팡이): 당화효소 생산, 주류공업에 이용, 구연산 생산
   2) 거미줄곰팡이: 당화효소, 펙티나아제 생산
   3) 푸른곰팡이: 페니실린, 치즈 숙성

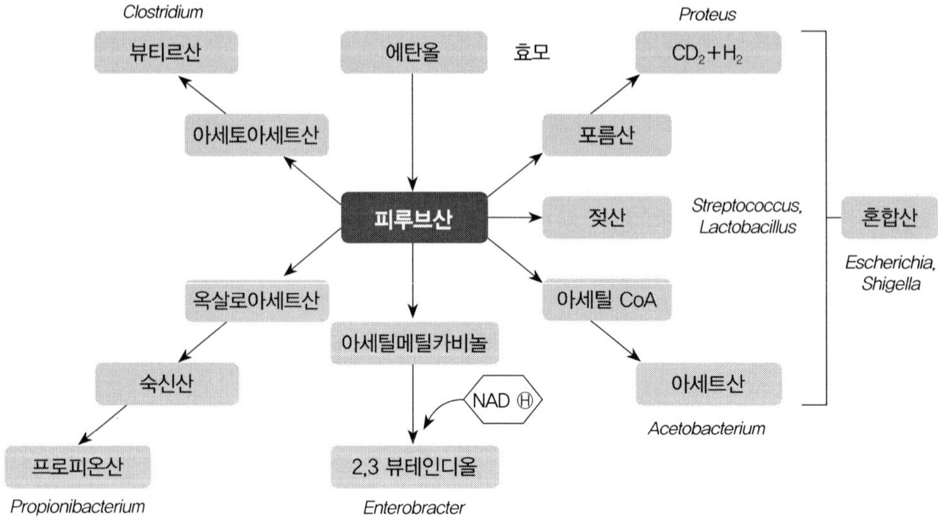

그림 7 세균들의 피루브산 발효와 여러 가지 산물

이와 같이 산소호흡, 무산소호흡 및 발효는 모두 해당작용으로 시작하지만 이용하는 경로, 전자수용체 및 ATP 수율이 다양하다.

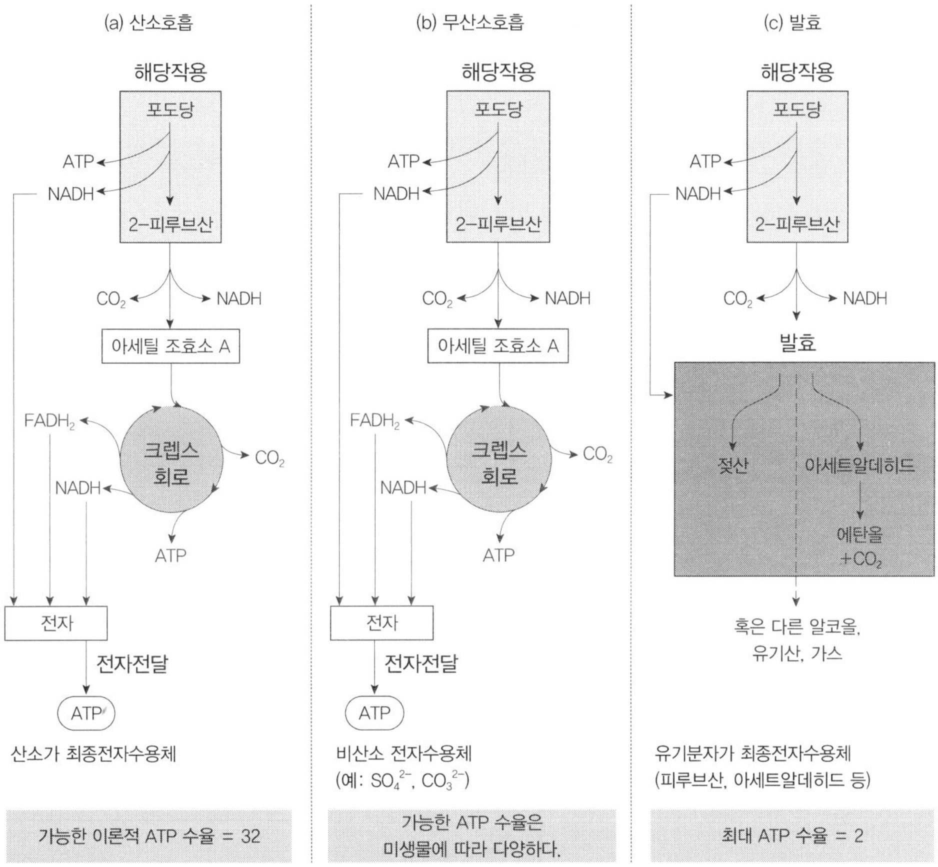

표 2 미생물 이화작용의 물질대사 비교

물질대사 전략	관여된 경로	최종 전자수용체	산물	주요 경로로 이용하는 미생물
산소호흡	해당작용, TCA 회로, 전자전달	O_2	ATP, CO_2, H_2O	호기성 미생물; 조건부 혐기성 미생물
무산소호흡				
발효	해당작용	유기분자	ATP, CO_2, 에탄올, 젖산*	조건부 혐기성 미생물, 미호기성 미생물, 절대 혐기성 미생물, 일부 조건부 혐기성 미생물
호흡	해당작용, TCA 회로, 전자전달	여러 가지 무기이온 (황산·탄산·질산이온)	CO_2, ATP, 유기산, H_2S, CH_4, N_2	

* 미생물 발표의 산물은 매우 다양하여 유기산, 알코올와 가스를 포함한다.

3.2. 동화작용

영양소를 이용하여 뉴클레오티드, 단당류, 아미노산, 지방산이 핵산, 단백질, 다당체, 지질로 고분자를 각각 생성한다. 이후에 각각의 세포소기관 등 세포 구성물질을 합성하는 단계이다. 독립영양생물은 세포를 합성하기 위해 탄소원으로 CO_2와 몇몇 무기물만 필요하며 종속영양생물은 유기탄소원에서 세포 구성물질을 합성한다. 피루브산과 아세틸 조효소 A와 같은 중간대사 화합물은 단백질이나 지방으로 전환될 수 있다. 포도당의 이화작용은 아미노산, 지방, 핵산과 탄수화물을 합성하는 동화작용 경로를 위한 수많은 중간물질을 공급하며 세포의 여러 가지 구성요소를 만들기 위한 고분자 합성에 사용된다.

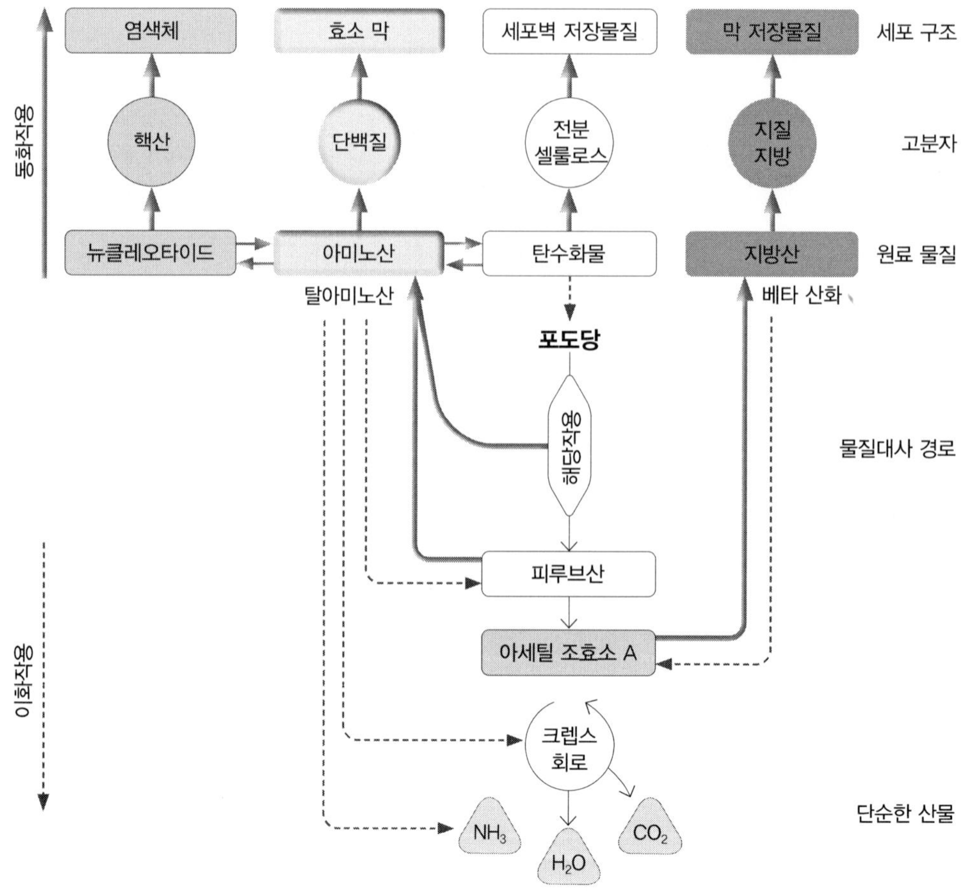

그림 8 동화작용과 이화작용의 물질대사 관계성

3.3. 미생물 성장

(1) 영양분

영양분(nutrient)은 생물이 생명을 유지하기 위해 환경으로부터 얻는 화학 화합물의 형태이며 세포 내에 흡수, 동화되어 세포의 대사 생장, 에너지 등 기능을 위해 사용된다. 화장품에는 미생물의 영양원이 되는 탄소원, 질소원 등이 풍부하게 포함되어 있어 제조 공정에서 위생관리가 불충분하면 쉽게 미생물이 증식한다. 또한 정제수와 같은 영양원이 적은 상태에서도 쉽게 증식하는 미생물이 있다.

필수영양분(essential nutrient)은 생명 유지를 위해 반드시 공급되어야 하는 영양분으로 그 양에 따라 다음과 같이 구분된다.

① 다량영양분(macronutrient): 비교적 많은 양을 필요로 하며 세포의 구조물질, 물질대사에 중요한 역할을 한다. 탄소, 수소, 산소를 포함한 화합물이 속한다.
② 미량영양분(micronutrient): 세포 내에 요구되는 양이 적으며 효소의 기능이나 단백질의 구조유지에 필요한 성분으로 망간, 아연, 니켈 등이 이에 속한다.

탄소 함량에 따라 구분하는 방법으로는

① 유기영양분(organic nutrient): 탄소와 수소로 구성된 기본골격을 가지고 있는 분자로 탄수화물, 지질, 단백질 및 핵산이 속한다.
② 무기영양분(inorganic nutrient): 탄소나 수소로 이루어지지 않은 영양분으로 금속류(황산마그네슘, 질산화합물 등)와 기체류(산소, 질소) 등이 속한다.

(2) 미생물 성장의 영향을 주는 환경인자

① 수분

모든 생물체는 생명 보존을 위해 수분을 필요로 하는데, 그 이유는 물이 기질(substrate)을 용해시키고 효소를 수화시키려면 세포 사이의 물질 수송에 수분이 필요하기 때문이다. 따라서 물이 전혀 존재하지 않거나 반대로 순수한 물에서는 미생물이 증식할 수 없다. 물에는 결합수와 자유수가 있으며, 미생물이 이용할 수 있는 물은 자유수뿐이다.

수분 활성도는 미생물이 이용할 수 있는 자유수를 나타내는 척도로서 미생물의 수분 활성도(water activity; Aw)가 최적 수준 이하로 되면 생육의 유도기가 연장되어 증식 속도가 느려져 균체량도 감소한다. 또한 미생물의 증식이 가능한 Aw 범위는 0.90~0.62, 최적 범위는 0.99~0.93이며 일반적으로 대부분의 세균이 곰팡이나 효모에 비해 성장 시에 물을 많이 필요로 한다. 일반적으로 수분활성도가 0.75 이하의 화장품 원료와 제품은 미생물이 증식하기 어려워 일반적으로 미생물학적으로 오염 리스크가 낮지만 엄격한 품질관리로 미생물과 수분의 혼입을 정확하게 제어하는 전제조건이 지켜져야 한다.

미생물 종류	최저 수분활성
녹농균(*Pseudomonas aeruginosa*)	0.97
대장균(*Escherichia coli*)	0.395
고초균(*Bacillus subtilis*)	0.945
황색포도상구균(*Staphylococcus aureus*)	0.86
호염성세균(halophilic bacteria)	0.75
효모(yeast)	0.88
곰팡이(molds)	0.80
호건성균(xerophiles)	0.65

↑ 수분 함유량이 높은 환경에서 잘 자람

↓ 수분 함유량이 낮은 환경에서 잘 자람

Tip 수분활성도(Water activity)

수분활성도는 미생물이 이용할 수 있는 물질 중의 수분을 수분활성이라고 하는데, 수분활성은 액체 또는 고체에 접촉되어 있는 공기 중의 수증기압에 관계한다. 순수한 증류수의 수분 활성도는 1로서 용액의 증기압($P_{solution}$)과 순수한 물의 증기압(P_{water})의 비율로 나타낸다.

$$Aw=P_{solution}/P_{water}$$

용액이나 고체의 수분활성도는 밀폐된 공간에서 평형상태에 도달했을 때의 상대습도를 측정하여 알 수 있다. 밀폐된 공간에 시료를 두었을 때 밀실의 상대습도를 95%라고 했을 경우 같은 온도에서 순수한 물을 넣어두었을 때 공기 중에 포함된 수분의 함량을 100으로 보고 이것의 95%를 포함하고 있다는 의미이다. 이때 상대습도는 95%이고 시료의 수분 활성도는 0.95가 된다. 수분활성도는 삼투압에 반비례하고 용액의 삼투압이 높으면 수분활성도는 낮다.
수분활성도는 제품 내 화학적으로 결합된 결합수가 아닌 미생물이 이용 가능한 자유수를 나타내는 지표이고, 수분함량(moisture content, %)은 제품에 함유되어 있는 물의 형태인 자유수와 결합수 전부를 포함하는 양이다.

표 3 화장품에서 미생물 증식에 필요한 수분활성 비교

수분활성	pH	생육 가능한 미생물	화장품의 예
0.98~1.0	5.9	대부분의 그람양성균	샴푸, 에멀젼 제품
		그람음성균	
0.95~0.97	5~9	대부분의 그람양성균	리퀴드 메이크업
		그람음성균	눈 주위 사용 화장품
	5.5 이하	그람음성균 일부, 대부분의 그람양성균	헤어컨디셔너 제품 일부
0.92~0.95	약 5.5	그람음성균 아주 일부, 대부분의 그람양성균	고형 파우더 일부
0.9~0.92	5~9	그람양성 *Lactobacilli*와 *Staphylococcus*	rouges 일부(무스 베이스)
0.8~0.9	5~9	*Staphylococcus*, 곰팡이, 효모	무수 립스틱
0.7~0.8	5~9	곰팡이, 효모	탈크 일부
0.65~0.7	5~9	내삼투압성 효모(Osmotolerent yeasts)	Antiperspirants 일부
0.6~0.7	5~9	Osmotolerent and xerophilic molds	

② 온도

미생물은 온도 조절기능을 하지 못하므로 주변의 온도가 생육에 중요하다. 온혈동물은 대사 과정을 통하여 열 에너지를 발산하거나 저장하는 생리 기능이 있으나, 세균들은 그러한 기능이 없으므로 주변의 온도가 세균 체내의 효소계에 직접적으로 영향을 미치게 되므로 미생물 생육에 중요한 요인이다. 효소의 활성은 대개 일정한 온도 범위를 가지고 있다. 예를 들면 효소로서의 활성을 갖는 최저온도와 최고온도를 가지며, 효소 반응이 가장 빠르게 진행될 때의 온도를 최적온도라 한다. 최저온도 이하 또는 최고온도 이상의 조건에서는 효소는 불활성화된다. 또한 낮은 온도에서는 효소는 더 천천히 작용하므로 미생물 증식도 느려진다. 최고온도 이상에서 효소는 파괴되어 불활성화되지만, 낮은 온도에서는 효소의 근본적인 파괴가 일어나지는 않는다. 미생물은 고온에서는 단백질인 효소와 lipid membrane의 파괴 등에 의한 세포 손상으로 죽게 된다. 최고온도 이상에서 생명 대사에 관여하는 효소는 파괴되어 불활성화되지만 저온에서는 효소의 파괴가 일어나지 않는다. 화장품은 미생물이 증식하기 쉬운 온도에서 제조되고 사용되므로 화장품에서 문제를 일으키는 대부분의 미생물은 중온균(증식온도 15~45℃)에 속한다.

미생물 생장의 온도 범위로서

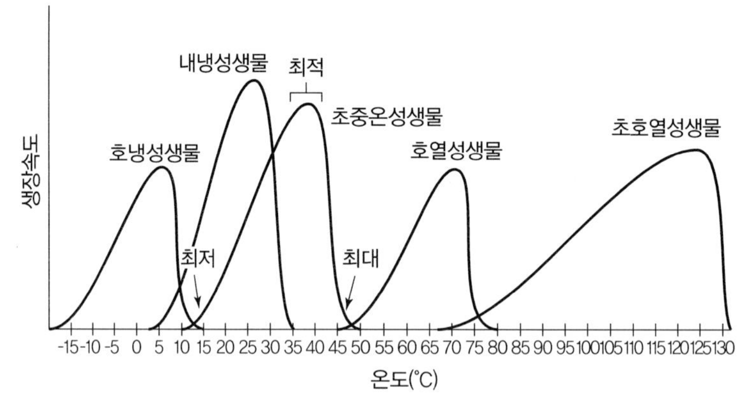

그림 9 적응온도에 따른 미생물 분류

- 최저온도(minimum temperature): 미생물의 생장과 물질대사를 허용하는 가장 낮은 온도
- 최고온도(maximum temperature): 미생물의 생장과 물질대사를 허용하는 가장 높은 온도
- 최적온도(optimum temperature): 최저온도와 최고온도 사이의 중간이며 미생물의 가장 빠른 생장 속도와 물질대사가 이루어진다.

온도에 의한 미생물을 분류하면 다음과 같다.

- 호냉성 생물(psychrophile): 15℃ 이하의 최적온도를 지니고 대체로 0℃에서 성장할 수 있는 미생물로서 낮은 온도에 절대적이어서 20℃ 이상에서는 자랄 수 없다.
- 호중온성 생물(mesophile): 최적 생장온도는 20~40℃의 범위 안에 있다. 인간의 체온과 비슷하므로 대부분의 병원균은 30~40℃ 범위의 최적 생장온도를 지닌다.

Tip 호열성 미생물(thermophile)의 Taq 중합효소

Taq 중합효소(Taq polymerase)는 온천이나 열수분출공에 사는 호열성세균(thermophilic bacterium)인 *Thermus aquaticus*의 DNA 중합효소이다. '택 폴' 또는 '택'이라는 축약어로 불리고, 짧은 DNA 절편을 복제, 증폭하기 위한 방법인 중합효소 연쇄반응(polymerase chain reaction, PCR)에 사용된다. Taq 중합효소는 중합효소 연쇄반응에서 요구되는 단백질 변성 조건인 고온을 견딜 수 있는 효소이므로 활용이 가능하다. PCR은 다양한 분자생물학, 의료, 범죄 수사, 생물의 분류, 병원체 검출(예: 코로나바이러스감염증-19 진단) 등에서 활용되며 현대 생물학에서 쓰이지 않는 곳이 없다. Taq 중합효소의 최적 활성온도는 75~80℃이며, 92.5℃에서 반감기는 2시간이 넘고, 95℃에서 40분, 97.5℃에서 9분이다. 이는 72℃에서 10초 이내에 DNA 가닥 1,000 염기쌍을 복제할 수 있다.

- 호열성 생물(thermophile): 45℃ 이상의 온도에서 잘 자라는 미생물이다. 화산활동과 관련된 토양과 물, 퇴비 그리고 태양에 직접 노출된 환경에서 자란다. 일반적으로 45~80℃의 생장온도 범위를 나타낸다.
- 초극한호열성 생물(hyperthermophile): 80~121℃에서 자라는 세균과 고세균이 속한다.

③ 산소

미생물의 생장에 큰 영향을 미치는 대기 가스는 산소(O_2)이다. 생물의 호흡 현상은 에너지 획득에 있어서 필수적인 생리현상이다. 살아있는 세균 세포들은 생장, 세포분열, 운동을 위한 여러 가지 체내의 화학반응을 수행해야 하며 필연적으로 에너지가 요구된다. 그러므로 호흡작용에 의해서 세균들은 대사물질을 산화함으로써 에너지를 얻고 있는 것이다. 세균의 산소요구성은 세균의 종류에 따라 매우 다양하다.

1) **호기성 생물(aerobe)**: 산소를 물질대사에 이용하며 독성 있는 산소 물질을 처리하는 효소를 가지고 있다.

- 절대호기성 생물(obligate aerobe): 산소 없이 살 수 없는 생물로서 대부분의 진균과 원생동물, 많은 세균이 이에 속하며 물질대사에 산소를 절대적으로 요구한다.
- 조건부 혐기성 생물(facultative anaerobe): 물질대사에 산소가 필요하지는 않고 산소 없이도 살 수 있는 호기성 생물이다. 산소가 있을 때는 산소호흡(aerobic respiration)에 의한 물질대사를 하고 산소가 없을 때는 발효(fermentation)와 같은 물질대사를 선택한다. 많은 병원성 세균이 이에 속한다.
- 미호기성 생물(microaerophile/aerotolerant anaerobes): 정상적인 산소농도 대기상태에서는 자라지 못하나 물질대사에 적은 양의 산소농도만(1~15%)을 요구한다.

2) **혐기성 생물(anaerobe)**: 산소를 이용하기 위한 물질대사 효소들을 가지고 있지 않다

- 절대혐기성 생물(obligate anaerobe): 독성이 있는 산소를 처리할 효소를 지니지 않기 때문에 산소에 노출되면 죽는다. 깊은 토양 속, 호수, 해양 등의 환경에 서식한다. 절대혐기성 미생물을 배양하기 위한 특수장치가 필요하다.
- 내기성 혐기성 생물(aerotolerant anaerobe): 산소를 이용하지 않지만 산소가 있는 조건에서 생존할 수 있다.

Oxygen Tolerance	Superoxide Dismutase	Catalase	Examples
절대호기성 생물	+	+	*Pseudomonas, Bacillus*
조건부 혐기성 생물	+	+	*Stephylococci, Enterobacter*
미호기성 생물	+	−	*Enterococcus* spp.
절대혐기성 생물	−	−	*Clostridium* spp.

산소농도 기울기를 만들 수 있는 환원성 배지인 싸이오글리콜레이트(thioglycolate) 배지를 이용하여 미생물의 산소요구성을 검증해볼 수 있다. 접종된 세균의 생장이 일어나는 지점의 상대적인 위치가 산소 이용에 대한 미생물의 적응을 나타내는 척도가 된다. 혐기성 세균의 배양을 위해서는 아래 그림과 같은 anaerobic chamber나 jar을 사용한다.

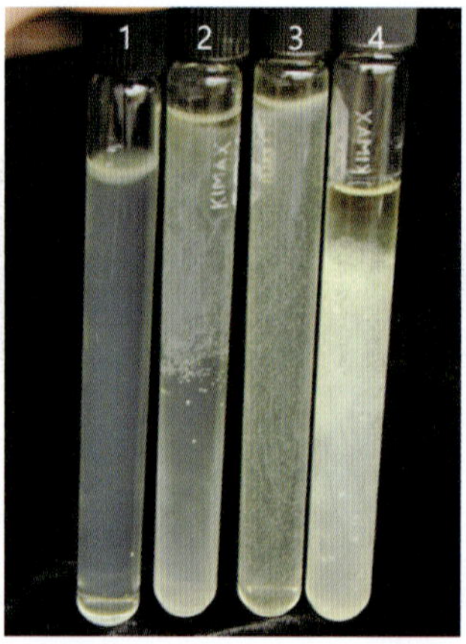

1. 호기성
2. 조건부혐기성
3. 조건부혐기성
4. 절대혐기성

그림 10 싸이오글리콜레이트 배지의 세균

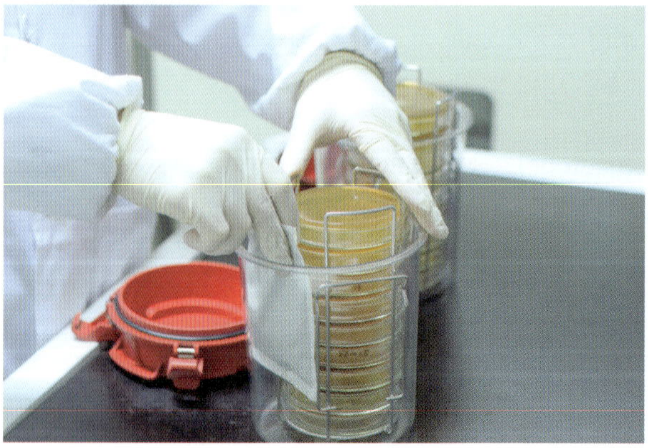

그림 11 혐기성 미생물 배양기

④ pH

미생물의 환경에서는 수소이온 농도가 미생물 생장에 매우 중요한 역할을 한다. 수소이온 농도는 pH로 표시하며, 미생물의 효소 활성을 좌우한다. 즉, 새로운 원형질 합성에 관여하는 여러 종류의 효소들은 수소이온 농도에 따라 활성이 좌우되므로 pH 조건은 미생물의 생장과 직결되는 환경 요인이다. 미생물은 pH 1부터 10 사이의 환경에서 자라지만, 잠재적 병원성 균은 일반적으로 pH 5.5와 8.0 사이에서 자라며, 부패에 관련되는 미생물들은 pH 5.5 이하나 8.0 이상에서 자란다. 따라서 만일 제품의 pH가 4.5 이하이거나 10 이상이라면 제품에서 병원균의 증식은 일어나기 어렵다. 그러나 이러한 제품에도 보존제를 첨가하는 것은 잠재적인 부패 미생물을 제어하기 위한 목적이다. pH가 3 이하 또는 10 이상이면 병원균의 증식은 어렵지만, 대다수의 화장품의 pH는 약산성, 중성에 가깝기 때문에 미생물이 증식하기 쉬운 조건을 가지고 있다.

- 호중성 미생물(neutrophile): pH 5.5~8.0 범위에서 자라는 미생물
- 호산성 미생물(acidophile): pH 0~2.0 범위에서 자라는 미생물
- 호염기성 미생물(alkalinophile): pH 12 이상에서 자라는 미생물

⑤ 영양원 (질소, 탄소)

미생물은 발육과 증식을 하기 위하여 외계에서 필요한 영양소를 취하고 이것을 분해하여 에너지를 얻고 있다. 또한 그 분해산물을 이용하여 자기균체성분을 합성하고 있다. 탄소원의 대부분은 에너지원으로 이용되며 이것으로 세균 내 물질이 합성된다. 미생물이 생육에 가장 많이 이용하는 탄소원은 포도당이며, 질소원으로는 주로 아미노산을 분해하여 만들어진 NH_2 화합물을 이용한다. 단백질 분해효소를 생성하는 균종은 단백질을 분해하여 얻어진 아미노산을 이용한다. 그 외에 NH_4, NO_3, NO_2 화합물, 공기 중의 화합물도 질소원으로 이용한다.

⑥ 삼투압

삼투(滲透, osmosis)는 서로 다른 농도를 가진 두 용액 사이에 용매를 통과시키나 용질을 통과시키지 않는 반투과성막으로 막아놓았을 때, 농도가 낮은 쪽에서 높은 쪽으로 용매가 이동하는 현상이다. 삼투 현상으로 생기는 압력을 삼투압(滲透壓, osmotic pressure)이라고 한다.

대부분의 미생물은 저장성이거나 등장성인 조건에서 생존한다. 세균의 성장은 세포막을 출입하는 수분량에 따라서 근본적으로 좌우된다. 어떤 생물의 주변에 저장액(hypotonic solution)이 있다면, 그 생물은 보다 높은 삼투압(osmotic pressure)을 가지게 된다. 몇몇 해양 생물을 제외하고는 이러한 저장액의 환경 조건은 대부분의 세균에게 그다지 해로운 상태가 되는 것은 아니다. 세균의 세포막은 매우 견고하므로 약간의 막 팽창은 잘 나타나지 않는다. 한편 그와는 반대로 세균들이 고장액(hypertonic solution)에 처하게 되면 세균들의 생장이 현저하게 억제되는 것을 볼 수 있는데 그 억제 정도는 용질의 종류와 세균의 유형에 따라 좌우된다. 생장이 억제되는 고장액의 배지에서는 세균 세포의 세포질이 탈수되어 위축되기 때문에 세포벽과 원형질이 분리되는 원형질 분리 현상을 초래하게 된다. 고농도의 용질에서 자랄 수 있는 미생물들을 삼투압내성균(osmotolerant)이라고 한다.

- 호삼투성 생물(osmophile): 높은 용질 농도를 지닌 환경에서 자란다. 그 예로서 높은 농도의 염분(salt)농도에서 생존하고 성장하는 형태인 호염성 미생물(halophile)이 있다.
- 절대호염성 미생물(obligate halophile): 염분 호수 및 고염분 서식지에 존재하며 25% 이상의 염화나트륨 용액이 최적이지만 생장을 위해서는 최소 9%의 염화나트륨을 요구한다.
- 조건부 호염성 미생물(facultative halophile): 고염분 농도의 환경에 서식하지는 않지만 염분(0.1~20%)에 내성이 있다.

이외에 고농도의 당에 내성을 지닌 효모와 같은 호당성 미생물(saccharophile), 심해환경과 같은 고압의 조건에서 생존하는 호압성 미생물(barophile)이 있다.

표 4 미생물의 성장조건

물	수분이 있는 곳에서 증식, 수분활성도 / 적절한 삼투압
온도	세균: -11~90℃, 효모: -5~50℃, 곰팡이: -8~60℃
가스요구성	대부분의 화장품 오염 미생물은 산소 요구
pH	세균: pH 5.5~8, 효모나 곰팡이: pH 3.5 이상
영양원	환경의 탄소와 질소 공급원을 다양하게 이용

(3) 미생물 성장 방법

미생물이 필요한 영양분과 적절한 환경에 처하면 생장한다. 세포가 구성성분을 합성하여 크기를 증가시키고 세포의 수를 늘어나게 된다.

세균류는 이분법(binary fission)에 의해 세포분열을 하여 성장하는데 하나의 세포가 두 개의 세포로 나누어지는 것이며 모세포가 확장하고 염색체를 복제하여 두 개의 딸세포로 나누어진다. 이 과정을 반복하여 집단의 개체 수가 증가하게 된다.

표 5 세균 이분법 분열 단계

단계
1. **세포 주기 초기의 모세포**: 세포분열을 위해 합성과 활성을 촉진한다.
2. **염색체 복제와 세포 확장**: 모세포는 염색체를 복제하고 딸세포를 준비하는 단계로서 세포를 확장시키는 새로운 구조물을 합성한다.
3. **염색체 분열과 격막 형성**: 염색체는 세포골격에 부착되어 새로 형성되는 세포 속으로 분리된다. 세포는 벽에 의한 새로운 세포의 분리를 위해 격막을 쌓기 시작한다. 다른 세포 구성성분(리보솜)은 새로 생성되는 두 세포에 균등하게 분배된다.
4. **세포 칸막이의 완성**: 세포 중심 부분을 관통하는 격막의 합성이 완료되며 세포막은 그 자체가 조각조각 붙어서 2개의 분리된 세포방이 된다.
5. **세포분열 주기의 종료**: 딸세포는 현시점에서 독립된 단위가 된다. 어떤 종은 여기서 보이는 것과 같이 완전히 분리되지만 다른 종은 붙은 채로 남아서 사슬 모양이나 쌍을 이루는 모양을 한다.

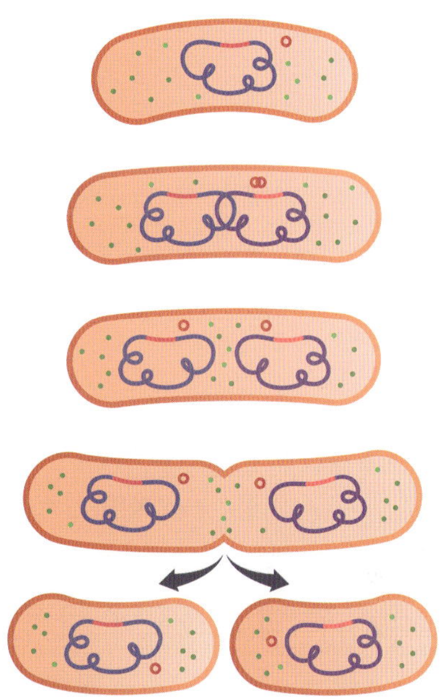

① 생장곡선(growth curve)

세대시간(generation time) 또는 배가시간(doubling time)은 부모세포에서 2개의 새로운 자식세포까지 걸리는 시간이다. 세균의 경우 이분법에 의해 1개의 세포가 2개가 되고 이는 다시 분열하여 4개가 된다. 일반적인 세균의 세대시간은 30분이고 효모의 세대시간은 60분 정도 되는데 한 개의 균이 하룻밤 안에 수백 개로 증식할 수 있기 때문에 미생물이 증식하지 않도록 제조환경, 제조공정을 청결히 관리해야 한다. 미생물의 증식과 함께 배지 내의 영양분은 감소되고 노폐물은 증가하게 되기 때문에 성장정체기에 이어 사멸기로 간다. 이와 같이 미생물 증식 과정에서 생균 수와 배양시간 사이 관계 생장곡선

미생물의 생장
$b=2^n a$ (b: final number, a: initial number, n: generation)

예) 한 번 분열하는 시간이 30분인 경우

시간 경과	30분 후	1시간 후	2시간 후	10시간 후	23시간 후
1마리의 미생물	2마리	4마리	16마리	1,048,576마리	10^{585}마리

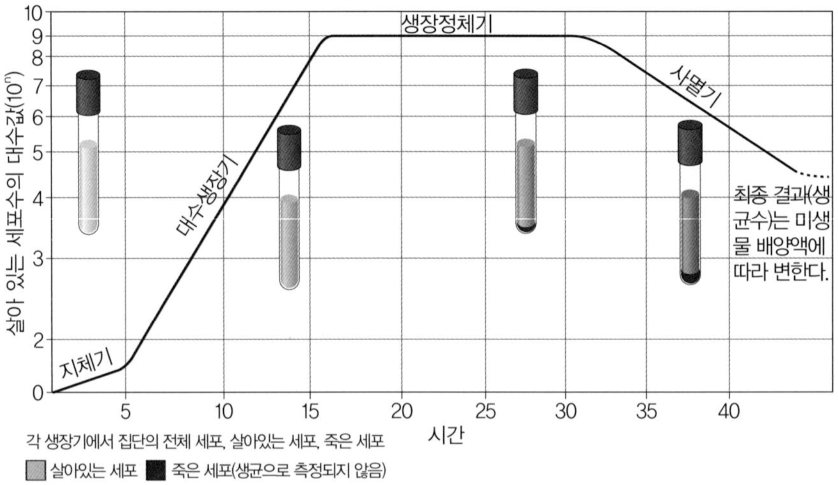

그림 12 세균의 생장곡선

(growth curve)이라고 하며 일반적으로 S자 모양의 곡선으로 나타난다.

1) 지체기(lag phase, 유도기): 초기에 나타나는 생장이 나타나지 않는 구간으로 대수 생장 속도보다 더 느리게 자랄 때를 나타내는 구간(평평한 구간)으로 새로 접종된 미생물은 적응, 확장, DNA, 효소 등 합성을 위한 준비 기간을 말한다.
2) 대수생장기(exponential growth phase, logarithmic phase, log phase): 세포분열 속도가 최대에 도달한다. 이 시기는 적절한 영양분이 있고 좋은 환경이 유지되면 계속 이 기간이 지속된다. 이 기간에 세대시간을 측정한다.
3) 생장정체기(stationary growth phase): 영양분과 산소가 점차 고갈되고 세포 밀도의 증가로 인한 종종 유기산과 같은 독성 생화학 물질 이 축적되면서 세포가 사멸하기 시작한다. 또한, 살아있는 세포의 수는 최고치에 도달한다. 즉, 세포 저해 속도와 세포증식 속도와 균형을 이룬다. 어떤 세포는 더 느리게 분열하거나 완전히 분열을 중단하고 사멸하기도 한다.

4) 사멸기(death phase): 생장 제한인자가 많아지면 세포 수가 줄어들기 시작하고 생장곡선은 하강한다.

② 미생물생장 측정 방법

1) **평판생균 계수법**: 배양되고 있는 미생물 배지에서 일정량을 추출하여 콜로니(colony)가 형성되도록 고체배지 위에 도말하여 측정하는 방법으로 집락형성단위(colony forming unit, CFU)로 측정된다. 살아있는 세포를 측정하는 방법이다. 살균된 액체배지 속에 적은 수의 세포를 넣고 몇 시간 동안 배양한다. 배양하는 동안 일정 시간 간격으로 배양액 표본을 취해 고체배지 위에 도말(plating, spreading)한 후 고체배지를 배양하여 콜로니 수를 센다.

표 6 평판계수법

500 mL	60분 (0.1 mL)	120분 (0.1 mL)	180분 (0.1 mL)	240분 (0.1 mL)	300분 (0.1 mL)	360분 (0.1 mL)	420분 (0.1 mL)	480분 (0.1 mL)	540분 (0.1 mL)	600분 (0.1 mL)
표본을 액체 한천배지로 희석하여 고체화된 배지의 표면에 붓거나 편다.	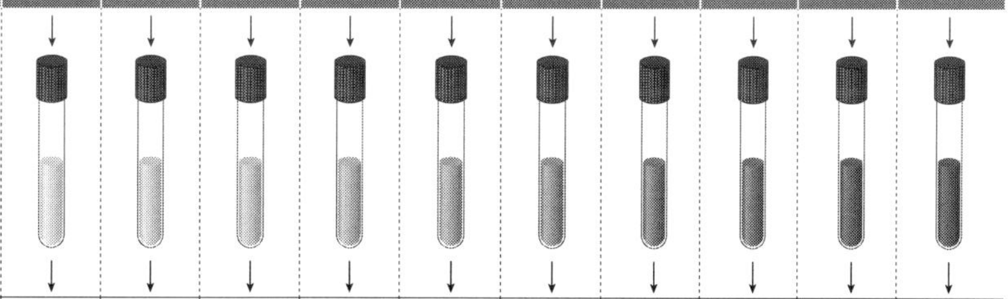									
평판을 배양하여 집락의 수를 헤아린다.	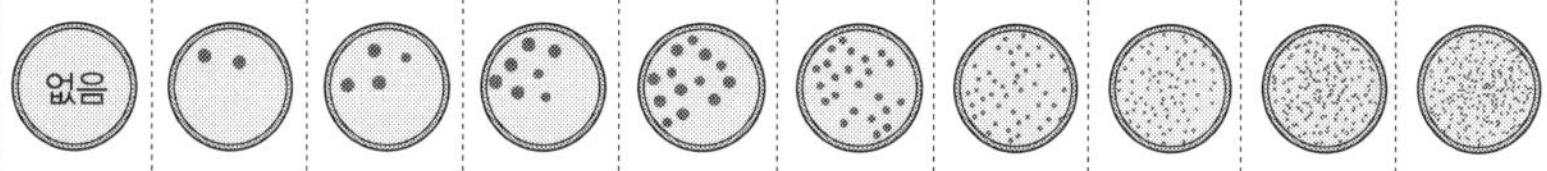									
0.1 mL당 집락의 수	<1	2	4	7	13	23	45	80	135	230
플라스크 내에 있는 총 세포 집단의 추정치	<5,000	10,000	20,000	35,000	65,000	115,000	225,000	400,000	675,000	1,150,000

* 플라스크에 접종한 뒤 동일한 시간 간격을 두고 표본(0.1 mL)을 채취한다.

2) **탁도측정법**(turbidometry): 배양액 속에 미생물이 자람에 따라 탁해지는 원리를 이용한다. 탁도의 차이는 흡광도(absorbance)라는 현상, 즉 빛이 액체 배양액을 통과할 때 세포가 빛을 분산시키는 정도를 측정하는 분광광도계(spectrophotometer)를 이용한다.

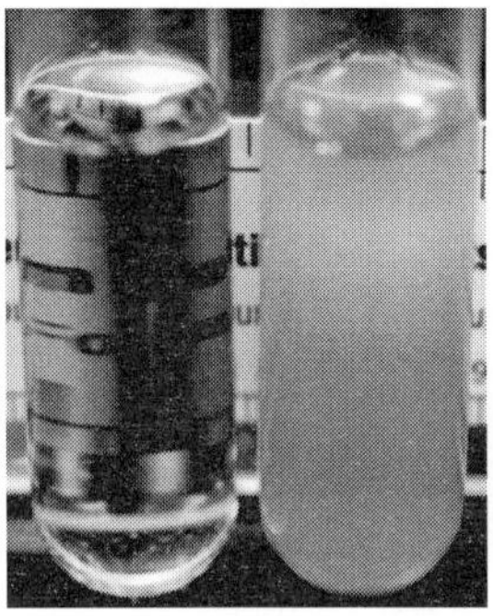

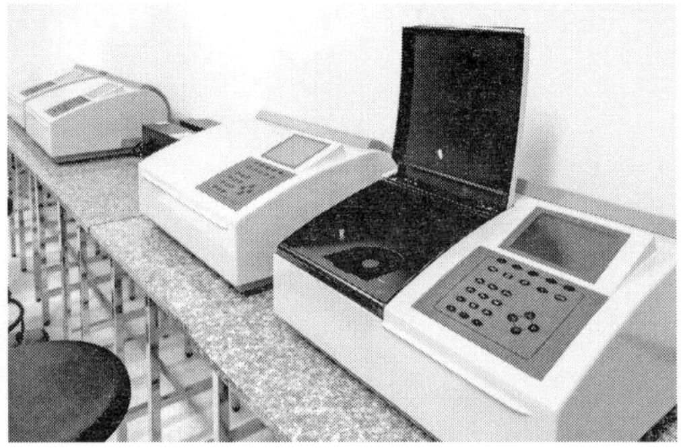

3) **직접세포계수법**(direct cell count): 보다 직접적인 세포의 수를 측정하는 방법으로 세포의 수를 세포계산기(cytometer)를 이용하여 측정한다. 적은 양의 균주 표본을 격자 위에 올리고 커버글라스로 덮어 현미경 관찰을 한다. 세포의 생사에 상관없이 계수될 수 있다.

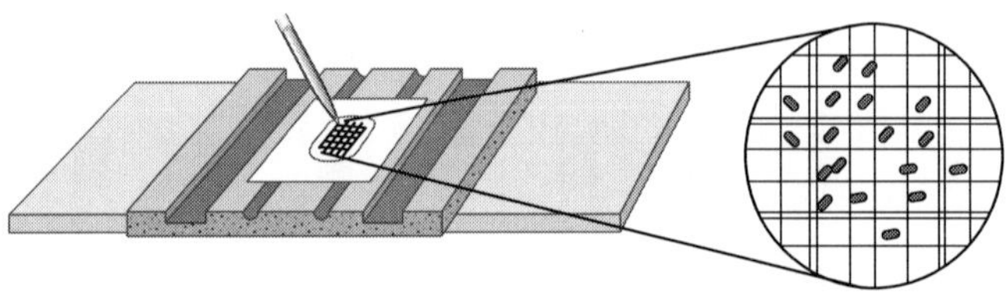

그림 13 현미경에 의한 세균의 직접 계수

Chapter 04 미생물실험의 기초

4.1. 미생물 배양 및 분리

(1) 순수배양

배양(culture or incubation)이란 영양배지(nutrient medium)에 미생물 시료를 접종(inoculation)하여 증식시키는 과정을 말한다.

- 계대배양(subculture): 잘 독립된 콜로니에서 적은 양의 세포를 또 다른 배지에 옮기는 과정
- 멸균(sterile): 미생물 배양 시에 오염을 방지하기 위해 배지, 실험기구 등을 살균시키는 과정
- 무균(aseptic): 배양과정에서 다른 미생물에 오염을 방지하며 순수배양(pure culture) 상태로 유지하는 과정

미생물분리(isolation)는 고체배지에서 하나의 미생물로부터 다른 미생물들과 구별되어 있고 적절한 영양분이 공급되면 독립된 단일 종의 미생물 세포의 군락을 이루는 데 이것을 콜로니(colony) 또는 집락이라고 하며 다음과 같은 방법으로 분리할 수 있다.

① 획선평판법(streak plate method)

배지 표면에 백금이 또는 루프(loop)의 접종 도구로 점차 희석되도록 하여 분리하는 기술이다. 백금이로 균을 채취하여 시험관에 균을 이식할 경우는 백금이 끝부분에 너무 가깝게 잡으면 오염될 수 있으므로 시험관 깊이보다 더 뒤쪽을 잡아야 한다. 백금이는 사용 전과 사용 후에 반드시 화염 멸균한다. 백금이의 멸균법은 우선 니크롬선 부분이 붉은색을 띨 때까지 가열한 후, 백금선 전체의 약 1/3 정도까지 천천히 화염에 통과시킨다. 이때 백금이를 곧바로 온도가 높은 바깥 산화염에 넣지 말고 우선 안쪽 환원염 내에 넣었다가 서서히 산화염으로 옮겨 멸균하는 것이 좋다. 그 이유는 급하게 가열하면 균이 튀어나와 감염될 우려가 있기 때문이다. 이처럼 멸균된 백금이는 균이 없는 배지에 접촉시켜 식히거나 공기 중에 약간 흔들어 식힌 후 균을 채취해야 한다. 백금이를 이용하여

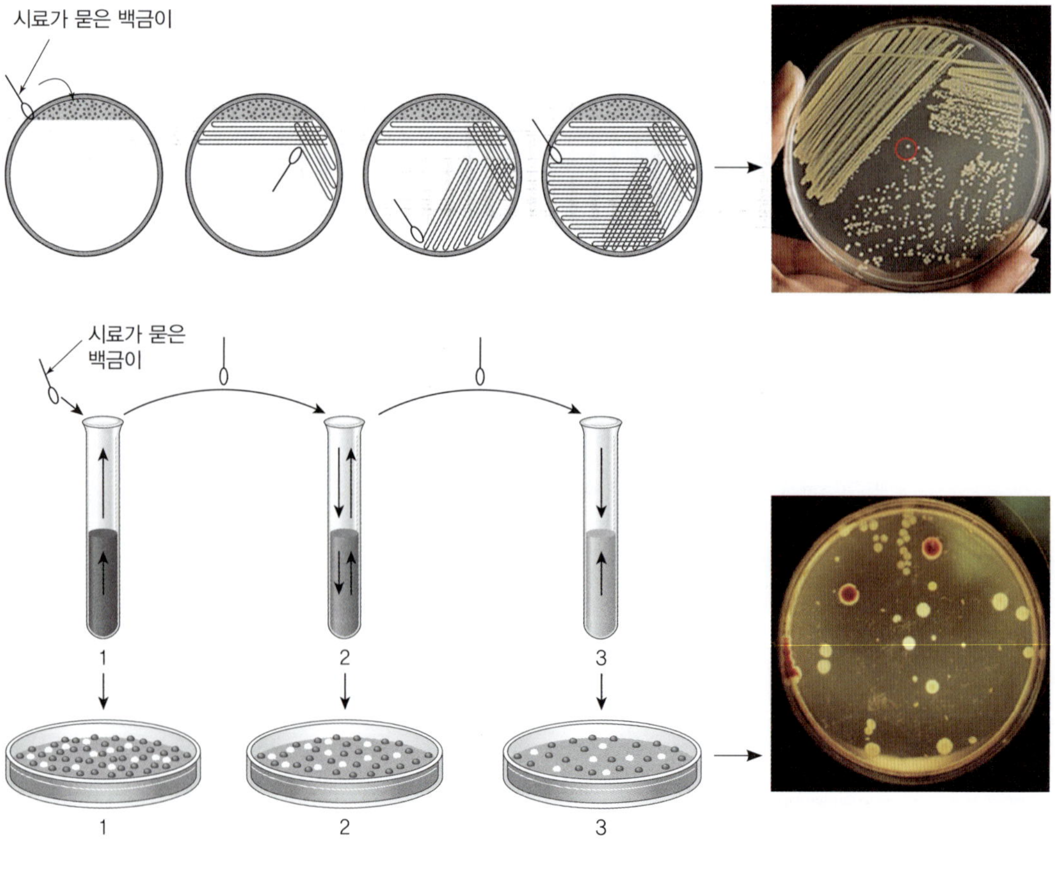

그림 1 획선평판법과 백금이희석법(주의: 이 방법에서 사용하는 접종 도구(주로 백금이)는 1~3까지의 각 단계를 거치는 사이사이 재살균(불에 쪼임) 과정을 거쳐야 한다.)

집락을 채취할 때 백금이가 집락 밑의 배지까지 들어갈 가능성이 있기 때문에 배지에 직각으로 접촉시켜서는 안 된다. 특히 선택배지에서 집락을 채취할 때는 특히 조심해야 한다. 그 이유는 하나의 집락 아래 발육이 억제된 다른 종류의 균이 있을 수 있기 때문이다. 따라서 분리배지 표면과 백금이는 평행에 가까운 상태로 집락의 윗부분을 가볍게 취하는 것이 좋다.

② 도말평판법(spread plate method)

희석된 미생물 배양 시료에 피펫으로 고체배지 표면에 붓고 무균의 도말기구(종종 유리막대)로 넓게 배지 표면에 펼쳐지게 하여 분리하는 기술이다. 배양접시에 한천배지를 부어 굳힌 평판배지를 준비한다. 평판 배지에 균액 또는 시료를 넣고 멸균된 유리막대 spreader를 이용하여 균액을 평판배지에 균질하게 도말하는 방법이다. 이때 평판 배지 표면은 완전히 건조시켜 사용하는 것이 좋고 spreading에는 최소 0.1 mL의 균액을 사용한다.

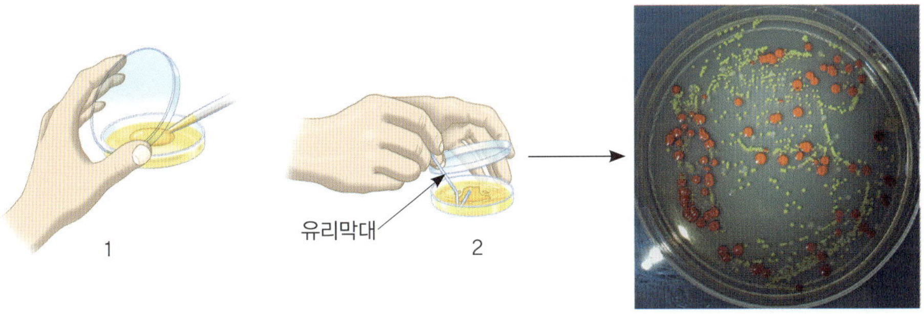

그림 2 도말평판법

③ 혼합평판법(pour plate method)

배양 접시에 균액 또는 시료를 일정량 놓은 후 멸균하여 녹인 고체배지를 45℃ 이하로 식혀 15~20 mL 정도 부어 평판 배지로 굳히는 방법이다. 이때 배지를 부은 배양접시를 균액이 잘 섞이도록 천천히 흔들어 준다.

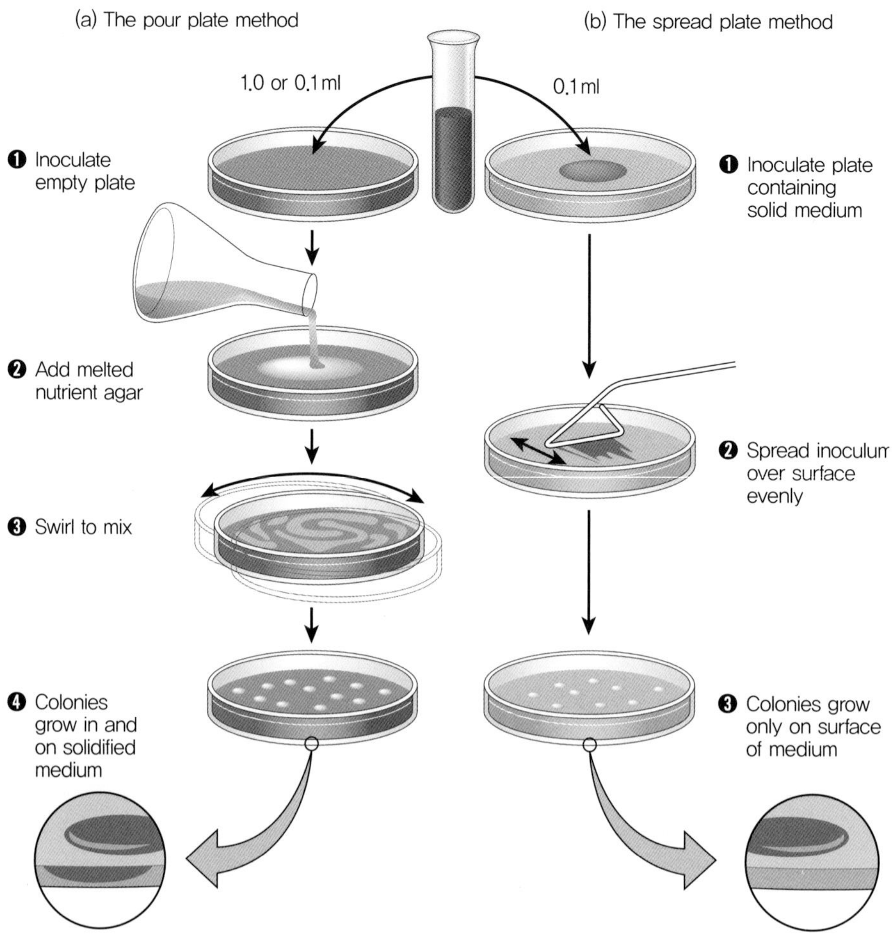

그림 3 혼합평판법(좌)과 도말평판법(우)의 비교

Tip **동결건조 앰플재생법** (출처: 농촌진흥청 씨앗은행 제공)

미생물실험을 위해 동결건조 앰플 상태로 분양받아 건조 균체로부터 미생물을 재생하고자 하는 방법을 소개한다.

1. 앰플의 중간 부위에 검정으로 표시된 흠집을 확인한다. 이 표시는 사용자의 편의를 위해 글라스 커터로 미리 흠집을 내었다.
2. 앰플 윗부분을 쥐고 앰플 바닥 부위를 테이블에 가볍게 두드려 앰플 내벽으로부터 건조 균체가 분리되도록 한다. 너무 세게 두드리면 흠집 부위에서 앰플이 깨지므로 주의한다.
3. 70% 에탄올을 적신 천이나 종이 타월로 앰플 표면을 닦아서 소독하고 앰플 전체를 감싼다. 앰플 개봉에 익숙하지 않은 사람은 개봉 과정 중 손을 다칠 수 있으므로 천이나 타월로 앰플을 감싸는 것이 좋다.
4. 그림과 같이 흠집이 몸체 바깥쪽에 위치하도록 쥔 후 양손 엄지손가락으로 밀면서 순간적으로 힘을 주어 부러뜨린다. 정상적인 앰플은 작게 '뻥' 소리가 나지만, 사용에는 문제가 없다. 나무젓

가락을 부러뜨릴 정도의 힘으로 충분히 개봉할 수 있으며, 앰플 개봉이 힘든 경우에는 흠집 여부, 개봉 자세 및 방향을 재확인한다. 필요 시 글라스커터로 흠집을 더 깊게 낸다.

5. 건조 균체를 멸균 증류수에 현탁한 후, 적정 배지에 접종하여 적정 조건에서 배양한다. 건조 균체는 0.2~0.5 mL의 증류수에 현탁하여, 적정 배지에 접종하여 사용한다. 건조 균체 일부를 나누어 보관하는 경우 균주 활력이 감소되므로 한 번에 모두 사용한다. 부득이한 경우, 증류수에 현탁하여, 냉장 보관 후 수일 이내에 사용한다. 세균의 경우, 액체배지에 직접 접종하는 경우, 활력이 낮고 오염이 나타날 수 있으며, 추천하지 않는다. 고체배지에 획선도말 한 후, 형성된 콜로니를 액체배지에 접종한다. 곰팡이의 경우, 건조 균체를 MP(malt peptone : malt extract 10g, bacto-peptone 10g in 1L, pH 7.4 with KOH) 배지 2 mL에 바로 접종하여 25℃에서 24시간 동안 진탕 배양한 후 세균 오염여부를 판단한다. 생장이 빠른 균주는 균사체 덩어리가 관찰되며 배지가 맑아진다. 배지가 여전히 뿌옇고 균사체가 없다고 판단될 경우에는 배지 일부를 취하여 광학현미경 하에서 세균 존재 여부를 관찰한다. 세균이 없다고 판단되면 배양액 일부 또는 균사체 덩어리를 취하여 적정 배지에 접종한다.
6. 사용한 앰플은 멸균해서 버린다.

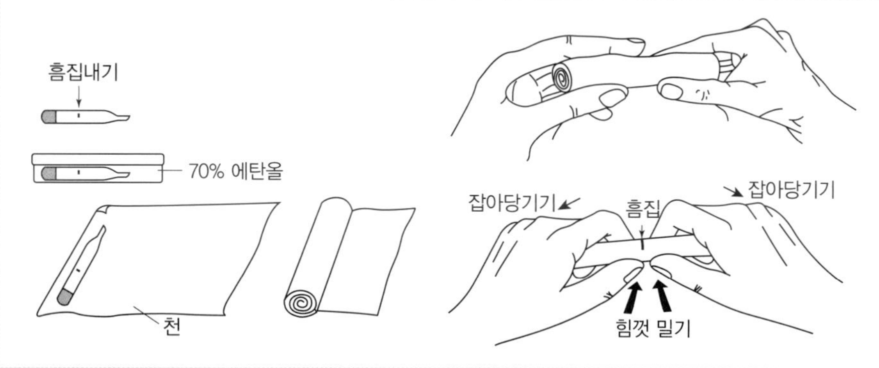

그림 4 동결건조 앰플재생법

(2) 세척과 멸균

① 초자기구 세척법

최근에는 일회용 플라스틱 웨어를 많이 사용하지만 유리로 제작된 초자기구는 수돗물에서 1~2시간 끓여 알칼리를 닦아내어 사용한다. 또한 실험에 사용한 초자기구 중 미생물을 사용한 것은 세척 전 반드시 멸균하고 충분히 수세한 후 건조기에서 건조한다.

② 멸균법

미생물 시험에 사용되는 초자기구나 배지 등은 반드시 사용 전 멸균하여 무균 상태를 유지하도록 해야 한다. 멸균법의 종류는 다음과 같으며 멸균 대상물의 재질과 목적에 적합한 방법을 선택한다.

1) 건열(Dry heat)

- 화염멸균(burning sterilization): 물체를 직접 화염 속으로 통과시켜서 표면에 있는 미생물을 살균하는 방법으로, 화염멸균으로 완전하게 무균은 되지만 급격한 가열에 의해 피멸균물이 파손되는 경우가 있다. 일반적으로 금속제와 같은 불연물질에 대해 적용한다. 주로 백금이, 백금선, 유리기구나 핀셋 등의 멸균에 사용된다.
- 건열멸균(dry heat sterilization): 주로 유리기구, 시험관, 피펫, 배양접시 등의 멸균에 이용되는 방법이다. 멸균하려고 하는 재료를 건열 멸균기에 넣어 온도를 높여 160℃에서 2시간 가열하던가, 180℃에서 1시간 동안 가열하여 미생물을 산화 또는 탄화시켜 멸균하는 방법이다. 멸균기 내부 온도가 100℃ 이하로 내려간 후 내용물을 꺼낸다.

2) 습열멸균(Moist heat)

- 자비소독(boiling water sterilization): 가장 간편한 방법으로 주사기, 가위, 피펫, 유발 등의 멸균에 이용된다. 끓는 물 중에서 약 15분간 멸균한다. 이 방법으로는 아포(spore)는 사멸되지 않는다. 탄산나트륨 1~2%를 물에 첨가하면 살균력이 높아지고 금속의 부식도 방지할 수 있다.
- 고압증기멸균(autoclaving): 포화수증기에 의해 멸균하는 방법으로 주로 배지의 멸균에 이용된다. 고압증기 멸균기(autoclave)를 이용하여 121℃ 15lb psi(pound per square

Autoclave

Indicator tape

inch)에서 15~20분간 멸균한다. 이 멸균법으로는 아포까지도 사멸시킬 수 있다. 배지 등의 멸균에 가장 널리 사용하는 방법이다. 멸균이 완전히 된 경우 테이프가 검은색으로 변하는 indicator tape로 확인할 수 있다.

- 저온살균: 파스퇴르에 의해 고안된 방법으로 62~65℃에서 30분간, 또는 75℃에서 15분간 가온함으로써 영양가를 유지하면서 소독하는 방법이다. 결핵균, 살모넬라균 등의 감염을 방지하기 위한 목적으로 사용되며 우유 등의 멸균에 사용된다.

3) 여과멸균

열을 가할 수 없는 액체 배지나 물의 멸균에 사용하는 방법이다. 멸균할 배지나 물을 pore size가 작은(0.2~0.45 μm) 여과지를 통과시켜 여과지에 미생물이 걸러지도록 하여 멸균하는 방법이다. 액체 배지나 실험에 사용되는 용액을 여과하거나 화장품 제조소에서 액상의 원료나 제품을 여과할 때 사용되는 카트리지 타입의 여과기도 있다.

4) 자외선 멸균법

자외선(ultraviolet, UV)이 갖는 살균력을 이용한 방법으로 자외선 조사에 견디는 것에 적용한다. UVC 200~280 nm 부근에서 가장 살균력이 강하며, 조사의 사각이 되는 부분에는 작용하지 않는다. 또한 투과력이 약해 주로 물질의 표면층밖에 작용하지 않는다. 대부분의 경우 물, 공기, 의약품, 화장품 제조 및 미생물 시험 등의 시설, 설비 등에 사용되며, 조사 거리에 따라 살균력과 살균에 필요한 시간이 다르다. 자외선은 피부, 점막에 자극적으로 작용하므로 특히 살균 등을 직시할 경우 눈에 염증을 일으켜 실명이 될 수 있다.

Tip 자외선(UV radiation)

태양광선은 파장에 따라 감마선, 자외선, 가시광선, 적외선, 라디오파 등으로 구성되어 있다. 자외선은 가시광선의 자색보다 짧은 광선이란 의미로 파장이 짧고(대략 10~400 nm) 에너지 준위가 높은 광선으로 UVA, UVB, UVC로 나눌 수 있다.

- UVA(320~400 nm): 에너지는 약하지만 유리를 통과하며 피부 진피 망상층까지 침투하여 피부를 흑화시키며, 콜라겐과 엘라스틴을 변형시켜 피부 노화를 유발한다.
- UVB(280~300 nm): 짧은 파장의 고에너지 광선으로 단시간에 표피와 진피 상부에 침투하여 피부 홍반, sunburn, 화끈거림, 물집 등을 유발하며 suntan을 일으킨다.
- UVC(200~280 nm): 대기상의 오존층, 수증기, 먼지 등에 흡수, 산란되나 피부암의 원인이 되는 것으로 알려져 있다.

5) 방사선 조사 멸균

X선, γ선, β선 등을 사용하며 비용이 많이 들고 특수한 장치가 필요하므로 실용성이 없다. γ선으로 의료용 재료 등에 투과력이 매우 강해 내부의 균도 충분히 사멸시킬 수 있다.

6) 산화 에틸렌가스 멸균(Ethylene oxide gas)

열에 민감하여 증기멸균이나 고압멸균에 견딜 수 없는 고무 제품이나 플라스틱 제품, 일회용 제품 등의 멸균에 사용한다. 멸균 효과는 산화에틸렌가스의 농도, 온도, 습도, 가스 노출시간에 의존한다. 세균, 진균, 바이러스 등 모든 미생물에 효력이 있으나 독성과 발암성, 인화성, 폭발성이 있으므로 CO_2와 혼합하여 사용한다.

4.2. 미생물 배지

미생물 배양에 사용하는 미생물 증식에 필요한 모든 영양소를 포함하고 있는 혼합물을 배지(culture medium)라 한다. 미생물은 종류에 따라 생육에 필요한 영양소와 생육조건이 다르기 때문에 미생물을 배양하고 분리·동정하기 위해서는 미생물의 종류 및 실험 목적에 따라 적절한 배지를 선택하여 사용해야 한다. 배지란 미생물을 지속적으로 증식, 생육시키기 위해 여러 영양성분을 혼합하여 만든 조성물이다. 이들 배지는 사용 목적, 배지의 성분, 배지의 물리적 성상에 따라 구분된다. 배지의 주요성분은 펩톤, 육즙성분, 효모추출물, 젤라틴(gelatin), 한천(agar) 등이 있으며 사용 전 반드시 autoclave를 이용하여 121℃에서 15분간 멸균하여 사용한다.

(1) 배지의 주요성분 및 제조법

① 종류

- 펩톤(peptone): 우유 단백질인 카제인(casein), 동물의 육류 등의 단백질을 펩신(pepsin) 또는 트립신(trypsin) 등의 단백질 분해효소로 분해시켜 작은 분자의 황색 분말로 만든 것으로 분해 방법에 따라 trypticase, tryptone 등이 있다. 세균 대사에 필요한 탄소원 및 질소원을 제공한다.
- 육즙성분(beef extract): 쇠고기 근육부분에서 수용성 침출물을 추출해서 농축 분말화한 것으로 아미노산, 핵산성분, 염류, 핵산성분, 비응고단백을 제공한다.

- 효모추출물(yeast extract): 효모에서 추출한 수용성 침출물질로 담황색 분말이다. 염류, 핵산성분, 당분, 아미노산, 비응고단백질 등 세균 대사에 이용된다.
- 한천(agar): 해조류 우뭇가사리 등을 끓여서 식혀 만든 끈끈한 다당류(polysaccharides) 물질로서 녹는 온도는 100℃이고 1.5~2.0%의 용액은 43~45℃에서 응고되어 탄성 있는 고체가 된다. 배지의 영양성분이라기보다 배지를 고형화시키는 성분이다.
- 젤라틴(gelatin): 동물의 뼈, 피부, 인대 등을 끓여서 그 액체를 건조시킨 황갈색의 분말로 아교라고도 한다. 처음에는 고형배지에 활용되었으나 용해 온도가 37℃ 이하이기 때문에 최근에는 단백질분해시험으로서 젤라틴분해효소 검출을 위해서 사용된다.

② 제조법 및 주의사항

1) 배지를 담고 멸균할 용기로는 경질 유리 제품을 사용하고, 만들고자 하는 배지 양의 2배 이상 크기이어야 한다. 물은 특별히 언급된 경우가 아니면 증류수를 사용한다.
2) 배지의 재료는 순서대로 첨가한다. 인산염은 일부의 양이온, 특히 칼슘 또는 철 이온과 반응하여 불용성 화합물을 형성하기도 하므로 각각 멸균하여 첨가하여야 한다. 당과 아미노산은 가열 시 메일라드 반응을 일으키므로 필요한 경우에는 당을 별도로 멸균한 후 식혀서 첨가한다. 무기염류 등의 미량성분은 진한 농도의 원액(stock solution)을 만들어 놓고 사용할 때 일정량을 첨가한다. 열에 불안정한 비타민, 항생물질 등은 고온고압멸균하지 않고 여과하여 제균한 후 첨가한다.
3) 배지는 적절한 pH를 유지해야 하며, 필요한 경우에는 염산 (HCl), 수산화나트륨(NaOH), 탄산나트륨(Na_2CO_3) 등을 사용하여 pH를 조정한다. 낮은 pH의 한천배지를 만들 때는 pH를 조정하여 멸균하면 한천이 굳지 않으므로 배지 성분과 한천을 따로 멸균한 후 혼합하거나 중성 부근에서 멸균한 후 pH를 조정한다.
4) 물에 녹인 배지는 특별히 불용성 성분이 함유된 경우를 제외하고는 투명해야 하며, 필요할 때는 여과하여 불용성 물질을 제거한다.
5) 시험관, 플라스크, 병의 나선형 뚜껑 등은 약간 느슨하게 닫아서 멸균 시 용기가 깨어지거나 내용물이 넘치지 않도록 한다.
6) 배지는 일반적으로 autoclave를 사용하여 121℃에서 15~20분 멸균한다. 가열 시간이 짧으면 완전한 멸균이 이루어지지 않을 수 있고, 가열 시간이 너무 길면 배지 성

분이 파괴되어 쓸 수 없게 된다. 배지에 따라 특별한 멸균 방법이 필요한 경우에는 이를 지켜야 한다.

7) 멸균이 끝난 후 autoclave의 온도가 100℃ 이하로 충분히 식은 후 내용물을 꺼내야 하며, 이때 꼭 내열성 장갑을 끼고 취급해야 한다.

8) 만든 배지는 냉암소에 보관하고 장기간 보관하지 않도록 한다.

9) 개봉한 건조 분말 배지는 완전 밀봉하여 냉암소에 보관한다. 건조흡수성이 강하고 광선에 의해 변질될 수 있다.

(2) 배지의 종류

① 물리적 상태에 따른 구분

- 액체배지(liquid media): 배지에 한천 성분이 없는 액상 상태의 배지로 broth라고도 하며 미생물의 생리·화학적 연구, 대사산물 생산 및 대량 배양에 사용된다. 접종법은 액체배지를 약간 기울여 loop를 시험관 기벽에 대고 접종한 후 접종된 균이 골고루 섞이도록 흔들어 준다.
- 반고체배지(semisolid media): 실온에서 단단히 굳지는 않지만 물렁한 상태로 굳어지게 하는 물질(한천, 젤라틴)을 포함한 배지이다. 배지에 한천 농도가 0.3~0.5% 함유된 배지로 반고체 상태를 이룬다. 세균의 운동성 관찰과 세균의 보존 및 수송에 이용된다.
- 고체배지(solid media): 액체배지에 한천(agar), 젤라틴(gelatin) 등의 고형화 물질을 첨

표 1 배지의 분류

물리적 상태(배지의 경도)	화학조성(배지 성분의 화학적 유형)	기능적 유형(배지의 목적*)
1. 액체 2. 반고체 3. 고체(액화될 수 있음) 4. 고체(액화되지 않음)	1. 합성(화학적으로 제한적) 2. 비합성(복합적이며 화학적으로 적해져있지 않음)	1. 일반적인 목정 2. 농화배지 3. 선택배지 4. 분별배지 5. 혐기성 배양 6. 시료 운송 7. 분석 8. 계수

* 일부 배지는 한 가지 이상의 기능을 가진다. 예를 들어, 뇌-심장 혼화물과 같은 배지는 일반적인 목적과 농화배지 기능을 가지며, 만니톨 염분 한천배지는 선택과 분별 기능을 모두 가진다.

가하여 만든 배지로 상온에서 고체이다. 고형화 물질로는 한천이 가장 많이 사용되며, 보통 1.5%를 사용한다. 미생물의 순수분리, 보존 배양, 집락의 계수 및 관찰 및 생화학적 검사 등에 쓰인다. 형태에 따라 평판배지(plate medium), 사면배지(slant medium), 고층배지(butt medium) 등이 있다. 평판배지(plate media)는 배양접시에 배지를 약 4 mm 두께(15~20 mL) 정도 넣어 굳힌 것으로 주로 세균의 분리배양, 집락의 관찰, 항균제 감수성 검사 등에 이용된다. 사면배지(slant media)는 시험관에 고체배지를 넣고 멸균한 후에 시험관에 배지가 약 45° 경사가 되도록 뉘어 굳힌 것으로 세균의 증식, 보존 등에 쓰인다. 고층배지(butt media) 시험관에 고체배지를 넣고 멸균한 후에 세운 채로 배지를 굳힌 것으로 반유동배지이며, 주로 세균의 성상검사나 균주의 보존, 세균의 운동성 등에 이용된다. 세균이 운동성 관찰과 균주 보존에 이용된다. 백금선을 시험관 하단 5 mm 부위까지 뚫어서 흔들리지 않도록 조심하여 뺀다. 운동성이 있는 미생물이 증식할 경우 백금선 접종 주변이 현탁된다.

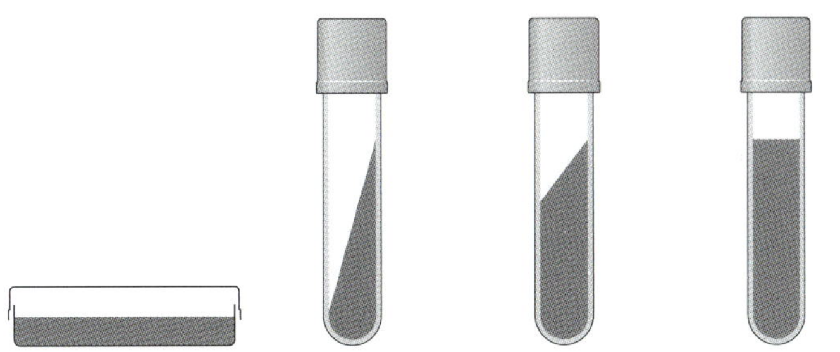

그림 5 고체배지의 종류

Tip **샬레** (출처: Wikipedia)

샬레(독일어: Petrischale) 또는 페트리디쉬(Petri dish)는 뚜껑이 달린 얕고 둥근 유리 접시 그릇 용도의 실험기구이다. 보통 샬레라고 하지만 독일에서는 페트리샬레라 부른다. 페트리디쉬는 독일의 세균학자인 페트리(Julius Richard Petri)가 로베르트 코흐의 조수로 있던 1887년에 고안했다. 이 접시는 관찰물 보관 및 운반과 관찰이 쉽고, 생물체의 경우 배양하면서 관찰할 수 있어서 흔히 사용한다. 한천이나 젤라틴 등으로 배양액 배지를 만들어 세균을 배양하는 데에도 많이 쓰인다. 보통은 유리 혹은 플라스틱으로 만든 뚜껑과 쌍을 이루며, 크기는 여러 종류가 있다.

② 화학적 조성에 따른 분류

- 합성배지(synthetic media): 화학적으로 제한된, 즉 분자 조성분을 알 수 있는 배지로서 미생물의 필요한 영양성분을 정확히 알고 있는 경우에 유리하다.
- 복합배지(complex media): 배지조성의 정확한 구분을 할 수 없으며, 여기에는 각종 조직의 추출물, 펩톤, 소화물 등이 포함된다. 복잡한 영양분을 필요로 하는 미생물을 배양하는 데 유리하다.

③ 기능적 유형에 따른 분류

- 일반 목적배지(general-purpose media): 미생물 생장에 특별한 요구가 없는 광범위한 미생물 배양에 이용되는 증균용 배지로서 일반적인 복합영양분을 두루 포함한다.
- 농화배지(enriched media): 미생물 생장에 필수적으로 필요한 생장 인자(growth factor)가 포함된 배지이며 생장 인자는 주로 스스로 합성할 수 없는 비타민, 아미노산 등이다.
- 선택배지(selective media): 특정 미생물만이 자랄 수 있는 배지로서 다른 미생물의 생장을 제한하는 산(acid)이나 항미생물제를 포함하기도 한다. 즉, 두 종 이상의 미생물이 혼합된 검체로부터 원하는 미생물을 분리하거나 동정을 목표로 사용한다. 일반적으로 원하지 않는 미생물 억제제가 함유되어 있거나 반응물질과의 반응을 판정하기 위한 지시약이 함유되어 있는 경우가 있다. 선택배지의 성분과 기능의 예시로 에오신·메틸렌 블루 배지(eosin methylene blue(EMB) agar)의 선택성분인 담즙, 염료가 시료에서 대장균을 분리하는 데 사용되는데, 담즙과 염료인 에오신과 메틸렌 블루는 그람양성균에 독성을 나타내 성장을 억제한다.
- 분별배지(differential media): 몇 가지 종류의 미생물이 자라지만 눈으로 확인할 수 있도록 분리되어 나타나게 하는 배지 주로 콜로니의 크기, 색, 배지의 색변화, 기포나 침전물의 생성 등으로 구분된다. 미생물의 생화학적 성질을 이용하여 여러 종류의 미생물이 같이 존재하는 상태에서 특정 미생물을 판별 또는 확인하기 위해 만들어진 배지로 생육 촉진물질, 생육 억제물질, 지시약 등을 함유하고 있다. 분별배지의 분별을 일으키는 성분의 예시로 맥콘키 한천배지(MacConkey agar)의 젖당을 에너지원으로 사용하여 젖산으로 발효시키면 pH를 낮추게 되어 뉴트럴레드는 적색으로 보이는데 세균의 발효 여부로 분별한다. 에오신·메틸렌 블루 배지는 젖당, 에오신, 메틸

렌 블루가 분별을 일으키는 성분이다.

- 운송배지(transport media): 분석을 하기 전에 일정 기간 유지할 필요가 있을 때 보존하기 위한 배지로서 세포의 파괴를 막아주는 완충제, 흡착제 등을 함유하지만 생장을 촉진시키지는 않는다.
- 분석배지(assay media): 미생물의 특성을 분석, 확인하기 위해 사용되는 배지이다.

Tip **배지 폐기 방법**

미생물실험에 사용한 배지는 미생물이 함유되어 있으므로 반드시 멸균처리하여 미생물을 완전하게 사멸시킨 후 폐기하여야 한다.

한천배지

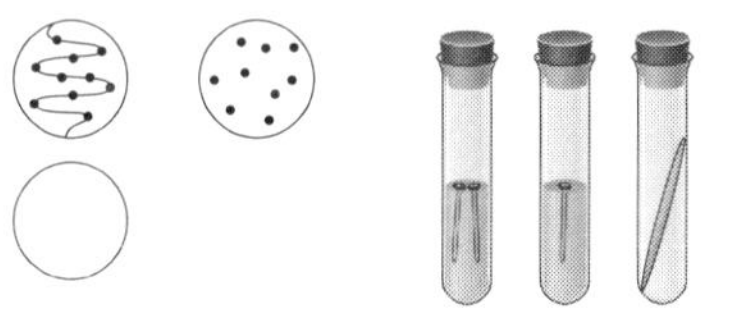

실험에 사용한 배지(균이 발생되지 않는 배지 포함)

autoclave 멸균
(121°C, 15~20분)

- 배지–비닐봉지에 넣어 폐기
- 플라스틱 제품: 배지가 굳기 전에 배지를 제거하여 폐기
- 재생 가능한 기구: 세정하여 사용

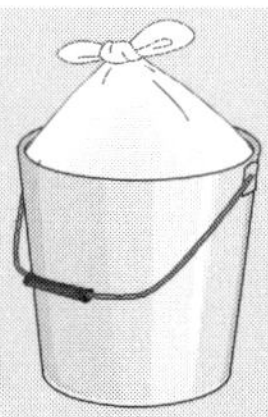

전부 불연물로 처리할 경우에는 멸균백에 넣어 autoclave 멸균 후 폐기

액체배지

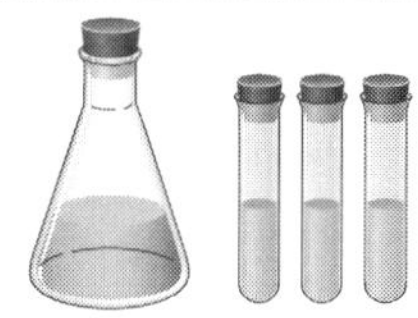

실험에 사용한 배지(균이 발생되지 않는 배지 포함), 완충액 등 시험에 사용한 시약, 기구류

멸균통에 넣어 autoclave 멸균(121°C, 15~20분)

플라스틱 제품은 불연물로 폐기,
재사용 가능한 것은 세정하여 사용

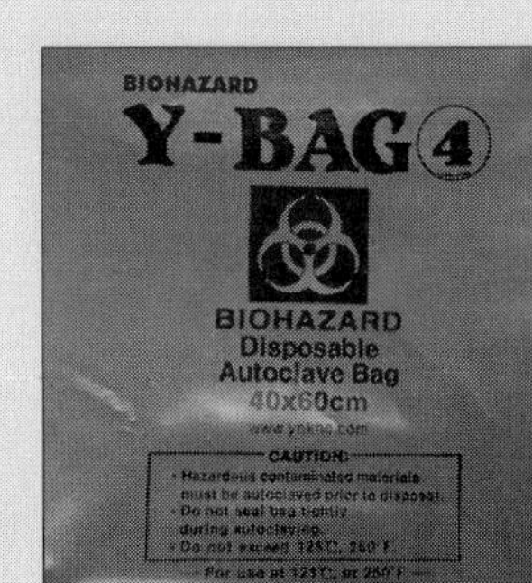

멸균봉투는 미생물 배지나 미생물실험에 사용된 용기 등을 폐기하기 위해 안에 넣고, autoclave 멸균 시에 사용된다.

(3) 화장품 미생물 시험에 사용되는 시험 장비

화장품 미생물 시험에 사용되는 기기 및 기구에는 어떤 종류가 있는지와 시험에 사용되는 기기의 calibration(교정) 빈도는 어떤지에 대하여 미국화장품협회(PCPC)에서 제공되는 정보이다.

표 2 미생물 실험 장비 calibration 주기

	status	빈도
온도 조절 장비 (항온기, 냉장고, 냉동고)	Temperature ± limits Indicator lights Power failures	매일 또는 지속적
Autoclave	Sterility controls Steam or EtO source	매주
Safety hoods or cabinets	Air flow configuration	6개월마다
Humidified chambers	Humidity ± limits	매일 또는 지속적
원심분리기	Calibration temperature	6개월마다
현미경	Inspection	연 1회
Dispensers	Calibration	6개월마다
pH meter	Standard buffer determination	매일 또는 지속적
Lyophilizers	Standard controls Vacuum compressor	정기적으로
저울	Calibration	3개월마다
분광광도계	Calibration	6개월마다
Homogenizers, stomachers	Efficacy	연 1회
Distillation apparatus, deionizer	Conductivity	3개월마다
콜로니 계측기	정확도	연 1회
Timers, Stopwatches	정확도	연 1회
전자레인지	시간 조절	연 1회
초음파처리기(Sonicators)	Efficacy	연 1회
혐기 chamber	Standard controls	정기적으로
Blenders	Efficacy	정기적으로
섬광계수기(Scintillation counters)	Calibration	연 1회

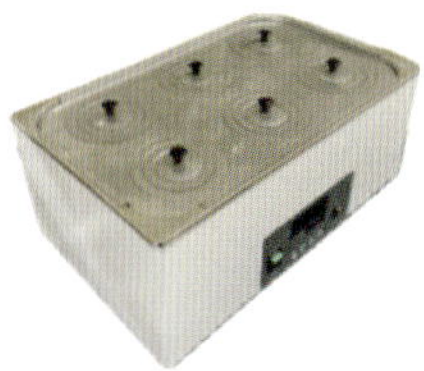
Water bath

Incubator

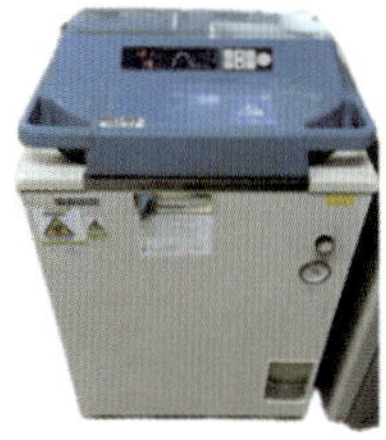
Autoclave

Deep freezer

Safety hood

Clean bench

원심분리기

현미경

pH meter

Lysophilizer

저울

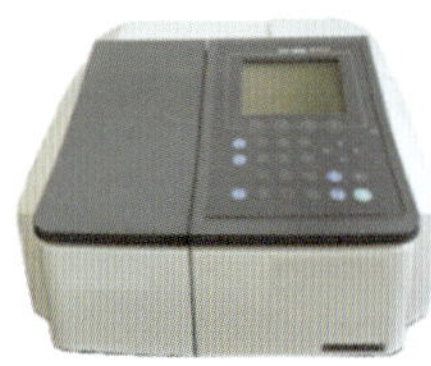
분광광도계

Homogeniger

4.3. 미생물 제어

바람직하지 않거나 원치 않는 오염균(contaminant)을 파괴하거나 제거하는 오염제거를 하는 과정을 의미한다.

- 소독(disinfection): 영양세포 상태의 병원체들은 파괴하거나 제거할 수 있지만, 세균의 내생포자들은 파괴하지 못한다. 보통 무생물 물질들에만 사용된다.
- 멸균(sterilization): 모든 살아있는 미생물을 완전히 파괴하거나 제거하는 공정으로 무생물 물질들에 사용되며 이 살균과정을 거친 물질을 무균(sterile)이라고 부른다. 특히, 세균 중에서 내생포자(endospore)를 파괴하는 것이 중요하다.

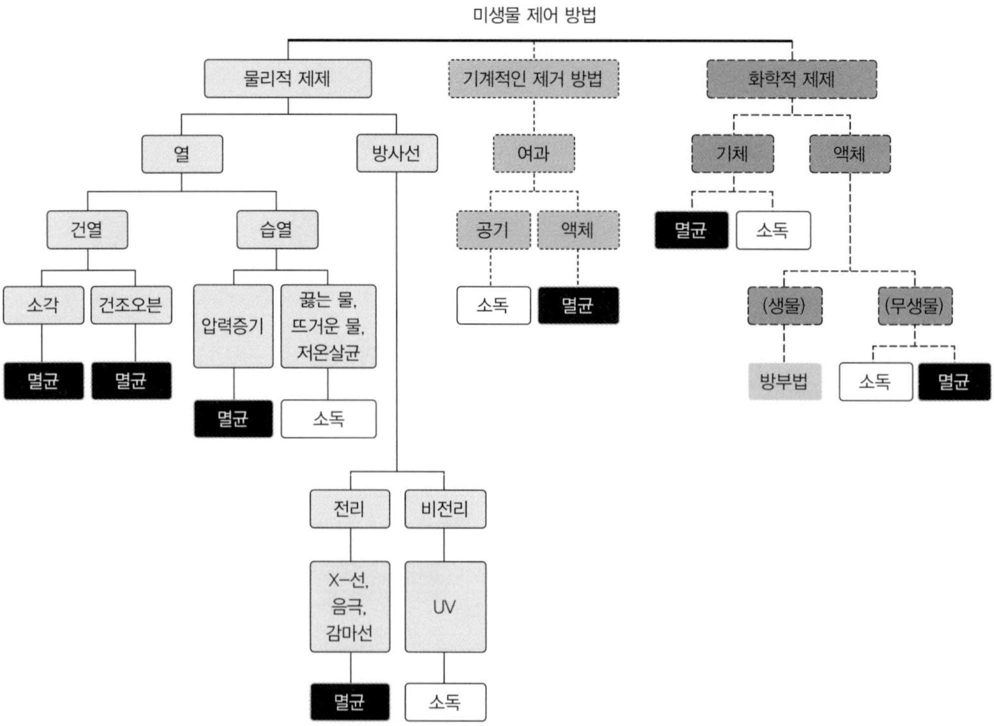

그림 6 미생물 제어의 방법

- 방부(preservation): 영양세포 상태의 병원체들을 파괴하거나 억제하기 위해 주로 신체 표면에 화학 물질을 적용하는 방법이다.
- 살세균제(bactericide): 내생포자 상태에 있는 세균을 제외한 영양세포 세균을 파괴하는 물질이다.
- 살진균제(fungicide): 진균의 포자, 균사, 효모를 파괴하는 물질이다.
- 살바이러스제(virucide): 바이러스, 생체조직에 있는 바이러스를 불활성화시키는 물질이다.
- 살포자제(sporicidal agent): 세균의 내생포자를 파괴하는 물질이다.
- 정미생물제(microbistatic agent): 미생물을 파괴하지 않고 증식을 억제하는 물질이다.

(1) 물리적 제어

① **열(heat)**: 미생물 제어에 물리적 조건인 습기와 건조 조건에 따라 습열(moist heat)과 건열(dry heat) 두 가지로 나눈다. 세균의 내생포자는 높은 저항성을 나타내며 영

표 3 습열과 건열로 멸균을 완수하기 위한 시간과 온도

	온도(℃)	멸균 시간(분)
습열	121 125 134	15 10 3
건열	121 140 160 170	600 180 120 60

습열	온도/시간(℃/분)	건열	온도/시간(℃/분)
Bacillus subtilis	121/1	*Bacillus subtilis*	121/120
B. stearothermophilis	121/12	*B. stearothermophilis*	140/5
Clostridium botulinum	120/10	*Clostridium botulinum*	120/120
C. tetani	105/10	*C. tetani*	100/60

양세포 상태의 세균과 진균은 습열, 건열 모든 조건에서 저항성이 약하다. 보통 내생포자의 파괴조건은 미생물에 따라 다르다. 주로 사용되는 효과적인 멸균 방법은 압력-온도의 조합을 통한 방법이며 고압습윤멸균기(autoclave)를 사용한다.

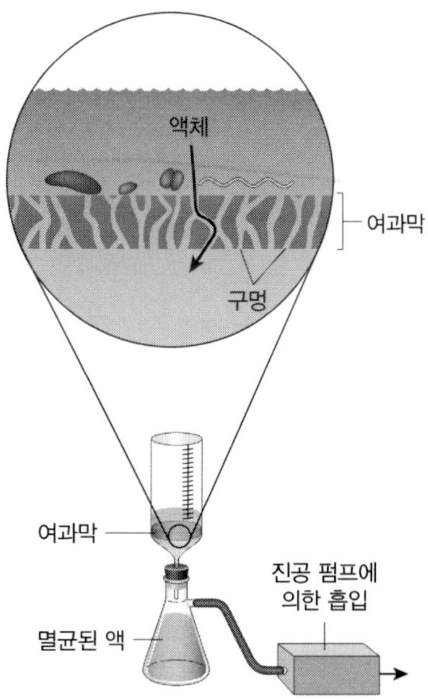

② 방사선(radiation): 미생물 제어에 감마선, X-선, 자외선이 해당된다. 주로 유전물질인 DNA를 손상시켜 돌연변이를 일으키거나 세포소기관에 독성을 나타낸다.

③ 여과(filtration): 액체는 통과시키고 미생물은 통과되지 않는 여과기(filter)를 통해 이용된다. 여과기로 사용되는 물질은 초산셀룰로스(cellulose acetate), 폴리카보네이트(polycarbonate), 나일론 등이다.

(2) 화학적 제어

화학적 제어에 사용되는 물질은 10,000종 이상이 있으며 사용 시 고려되어야 할 조건은 다음과 같다.

- 낮은 농도에서도 신속히 작용하고 용해도와 안정성이 좋을 것
- 독성이 적으며 넓은 범위의 미생물 제어가 가능
- 침투력은 좋으나 부식시키거나 염색시키지 않아야 함
- 적당한 가격과 용이한 수급

여기에 많이 사용되는 물질은 클로르헥시딘(chlorhexidine), 과산화수소, 염소, 할로겐, 알코올, 아이오딘 등이 있다.

PART 2

화장품 미생물 오염

Chapter 05 화장품 산업에서 중요한 미생물

화장품은 사람이 무균 상태가 아닌 일상생활에서 사용하는 제품이다. 화장품 오염 미생물의 특징은 공기가 있는 조건(호기성)에서 보통 온도(20~45℃)에서 자라는 세균, 효모, 곰팡이 중에서 배양시킬 수 있는 것으로 한정 지을 수 있다.

표 1 화장품 오염에서 나타나는 미생물 종류

	곰팡이	효모	박테리아
생육 온도	20~30℃	25~30℃	25~37℃
생육 영양소	전분질 식물성 식품	당질 식물성 식품	단백질·아미노산 동물성 식품
생육 pH 영역	산성	산성	약산성~약알칼리성
공기(산소) 요구성	호기성	호기성~혐기성	호기성 보통 혐기성 있음
주요 생산물	산류	알코올, 산류, 탄산가스	아민, 암모니아, 산류, 탄산가스
대표 오염균	푸른곰팡이 – *Penicillium* 그 외 곰팡이 – *Aspergillus* – *Rhizopus*	빵효모 – *Saccharomyces* 칸디다 알비칸스 – *Candida albicans*	시든풀균 – *Bacillus subtilis* 황색포도구균 – *Staphylococcus aureus* 대장균 – *Escherichia coli* 녹농균 – *Pseudomonas aeruginosa*

화장품이 미생물로 오염되었다면 냄새, 변색, 수상/유상 분리 등을 통해 소비자는 알 수 있다. 화장품 오염방지에서 말하는 미생물은 공기가 있는 조건에서 (호기성), 사람이 화장품을 유통하며 사용하는 보통 온도(20~40℃)에서 자라는 세균, 효모, 곰팡이 중 배양시킬 수 있는 것으로 한정하여 다룬다. 미생물을 지칭할 때 학명(學名)을 사용하는데 생물학에서 생물의 종에 붙인 분류학적인 이름이다. 학명은 전 세계 어디서나 동일하게 쓰이며, 하나의 학명은 오직 하나의 생물 종만을 가리키기 때문에 생물학의 표준으로 사용된다. 학명은 최초 고안자인 린네의 제안에 따라 라틴어 또는 라틴어화한 낱말로 구성되며, 속의 이름과 종의 이름을 나란히 이어 쓴다. 학명 뒤에 이름을 붙인 사람과 이름 붙인 연도를 밝히는 경우도 있다. 원칙적으로 대문자로 시작되는 속명과 소문자로 시작되는 종명을 같이 쓰는 이명법(二名法, binomial nomenclature)을 사용하고 속명은 라틴어의 실명사(實名詞) 또는 실명사로 사용되는 형용사의 단수로 쓰고 대문자로 시작하며 약자 표기가 가능하며 종명은 소문자로만 표기한다. 속명 및 종명은 이탤릭체로 써서 다른 것과 구분하기 쉽게 하며 손으로 쓸 때는 밑줄 표기한다. 속 이상의 위계명(과, 목 등)은 이탤릭체를 쓰지 않으며 복수형으로 한다. 예를 들어 대장균의 학명은 *Escherichia coli*이며 *Escherichia*는 속명(generic name), *coli*는 종명(specific name)이다.

미생물 학명	이름이 담긴 의미
Escherichia coli	대장균; 독일 연구자 Eschrich가 대장(colon)에 발견하다.
Staphylococcus aureus	황색포도상구균; 금(aureus)색을 띠는 포도알(Staphylo) 모양의 색소를 형성한다.
Salmonella typhi	연어(salmon)에서 발견된 간균; 설치류에서 장티푸스(typhoid fever) 유발한다.
Saccharomyces cerevisiae	설탕곰팡이; 설탕(Saccharomyces), 맥주(cerevisiae), 맥주를 발효한다.

5.1. 제조 현장에서 나타나는 미생물 특징

제조 현장의 미생물 특징으로 세균은 수분이 많은 환경을 좋아하기 때문에 대부분의 화장품 종류에서 증식이 가능하다. 곰팡이는 세균에 비해 건조한 환경에서도 생존할 수 있기 때문에 수분이 적은 원료와 제품에 증식하고 세균에 비해 증식 결과를 육안으로 확인할 수 있는 경우도 많다. 효모는 양조업에서 이용되듯 알코올 농도와 염 농도가 높은 곳 또는 곰팡이와 유사하게 수분이 적은 경우에도 생육 가능한 종도 있다. 미생물은 대개 고온, 70% 에탄올 등의 제조환경의 일반적인 살균조건에서 제어할 수 있지만, 보존제와 항균성 성분에 저항성이 있는 미생물의 경우에는 제어가 어려움이 있다. 제조 과정에서 증식한 경우, 보존제로 살균하면 출하 시 미생물 검사에서는 합격일 수 있으나 실제로는 대량의 미생물 사체, 균의 대사산물을 포함하고 있기 때문에 품질상 문제가 된다.

(1) 순화균

순화(馴化, acclimatization)란 생물이 다른 토지의 기후 조건, 또는 동일 지역의 기후 변동에 적응하는 것으로 순화균이란 주위 환경에 적응해 저항성을 가지는 균을 말한다. 세균에는 보존제와 항균성 성분에 대해 순화하고 저항성을 나타내게 되는 순화균이 많아 제조 현장 유래의 가장 성가신 미생물 오염을 유발하기 쉽다. 순화균은 제조공정 중에서 보존제가 희석되어버리는 부분, 예를 들면 설비 내의 세정수가 체류해 버리는 부분에서 특히 발생하기 쉽다. 일단 저항성을 획득한 세균은 처방 농도보다 훨씬 높은 보존제 농도에서도 제어하지 못하고 증식하면서 다른 보존제에도 저항성을 나타낼 수 있다. 제품 출하 시의 미생물 검사에서는 검출되지 않을 정도의 소수 순화균이라고 해도 소비자의 손에 닿을 무렵의 제품 안에서 폭발적으로 증식해 버릴 가능성이 있기 때문에 제조공정 중에 절대로 발생되어서는 안 된다.

(2) 내성균

내성(耐性)균은 진균의 순화 현상은 세균만큼 일반적이지는 않지만, 처음부터 보존제에 저항성이 있는 내성균의 경우에는 제품과 원료에 혼입되어 트러블의 원인이 될 수 있다. 드물게 세균에도 내성균이 존재하는데, 순화균 대책으로는 막을 수 없기 때문에 제조환경 중에 미생물의 침입을 최대한 줄이는 기본적인 제어가 중요하다.

(3) 아포균

아포(芽胞)균은 세균의 일종이며 생육조건이 까다로운 경우 아포를 형성해 휴면상태에 있지만, 생육조건이 갖춰지면 증식을 재개한다. 아포는 건조한 환경과 고온, 70% 에탄올에도 견딜 수 있으므로 제조환경에서 일반적으로 사용되는 방법으로는 제어 불가능하다. 고압증기 멸균과 고농도의 차아염소산(hypochlorous acid)을 사용하면 살균할 수 있지만 제조 현장에서의 응용은 제한되기 때문에 세정으로 제거하는 것 이외에는 제어 방법이 없다.

5.2. 화장품 오염에서 검출되는 미생물

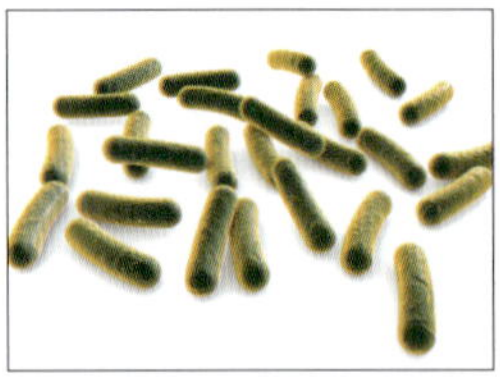

Pseudomonas aeruginosa

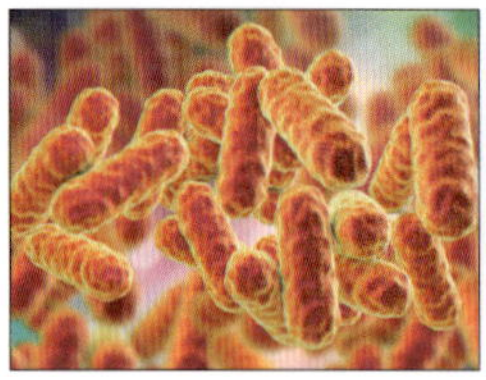

Serratia marcescens

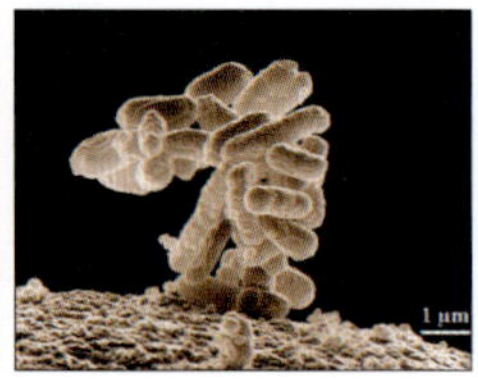

Escherichia coli

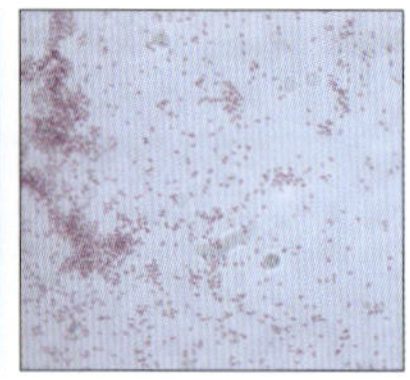

Enterobacter cloacae

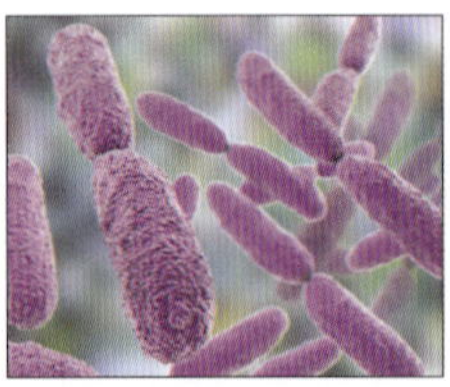

Klebsiella pneumoniae

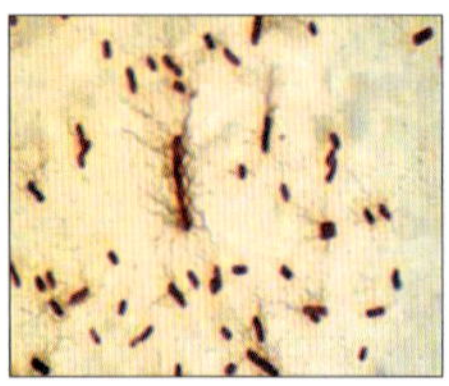

Proteus vulgaris

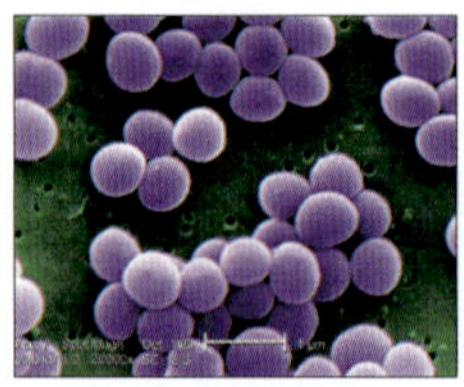

Staphylococcus aureus

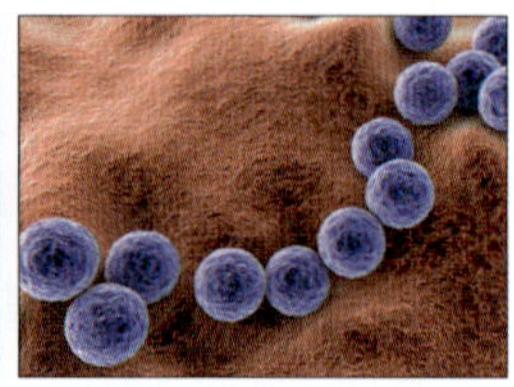

Streptococcus pyogenes

(출처: paramedicsworld.com)

(1) *Pseudomonas* 속

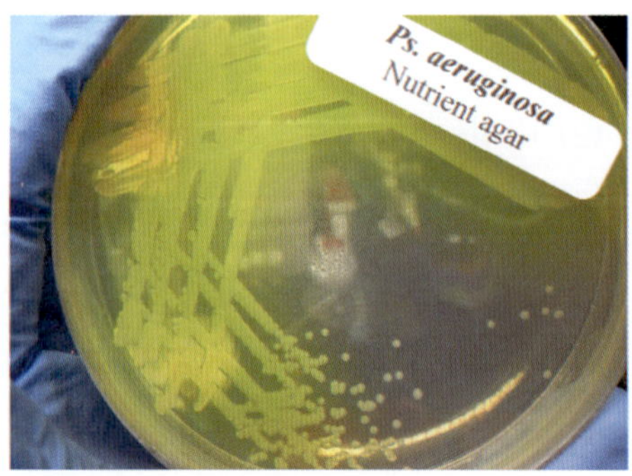

그람음성 간균으로 편모가 있어 운동성이 있고 형광성 색소를 생산하는 호기성 세균으로 다양한 환경에서 널리 발견되며 영양 능력과 적응이 매우 뛰어나다. 살균제를 포함한 hydrocarbon ring 구조를 갖는 다양한 물질들을 분해할 수 있는 대사 능력이 있으며, 항균제를 포함한 새로운 독성물질에 노출되었을 때 쉽게 적응할 수 있고 인체의 상처 감염, 폐렴을 유발한다. *P. aeruginosa*, *P. maltophilia*, *P. cepacia* 등이 오염된 화장품이나 물, 토양, 오수 등 환경에서 관찰된다. 화장품 제조 시 관리가 어려운 water system, 파이프 말단 같은 제조설비 등에 생물막(biofilm)을 형성하기도 한다. 특히, 녹농균이라 불리는 *P. aeruginosa*가 눈에 감염되면 위험할 수 있으므로 화장품 산업에서 매우 주의할 미생물로서 화장품 규제대상 미생물로 분류되고 있다.

Tip 바이오필름(Biofilm)이란?

바이오필름은 미생물의 집합체로, 부착표면에 미생물 세포들이 서로 달라붙은 것을 말한다. 생물막이라고도 하며, 이러한 세포들은 종종 스스로 생산한 세포 외 고분자물질의 망 내부에 조밀하게 끼워져 있다. 미생물이 고형물 표면에 부착해 증식하면서 스스로를 생성하는 다당류 등으로 덮인 구조체로, 제조환경에서 형성되면 제거하는 데 어려움이 있다. 일반적인 고온살균 조건으로 살균할 수 없는 경우도 있고, 제조설비의 액 접촉면 등에 형성되면 70% 에탄올이나 차아염소산 등을 사용해도 표면만 살균할 수 있다. 제조설비에서는 연마가 불충분한 액 접촉부 표면에 형성되기 쉬우며, 생물막을 제조설비 내에 형성시키지 않기 위해서는 적절한 때에 확실하게 세정과 살균을 하는 것이 중요하다.

그림 1 바이오필름의 형성 과정

(2) *Serratia* 속

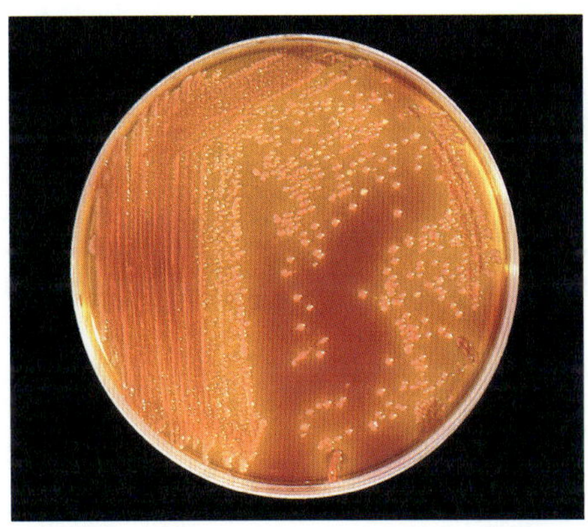

Enterobacteriaceae과에 속하는 장내세균으로 운동성 있는 그람음성 간균으로 일반적으로 병원균으로 간주되지는 않는다. 적색 색소를 생성하기도 하며 색소 생성은 불안정하여 계대 배양을 반복하면 색소 생산력을 잃을 수도 있다. 당을 피루브산으로 분해하고 피루브산은 부탄디올(butanediol), 에탄올, 이산화탄소로 더 환원되어 다양한 최종 산물을 발효한다. 토양, 하수 및 수산물 등에 널리 분포하며 소독제와 계면활성제를 오염시키며 토양, 하수 및 수산물 등에 널리 분포되고 화장품 제조설비에서 자주 발견되는 균으로, 제조설비의 세척이 불완전하거나 제조설비에 화장품이 잔류할 때 오염되는 것으로 생각된다.

(3) *Escherichia* 속

Enterobacteriaceae과에 속하며 사람이나 동물의 장내세균의 대표적인 세균으로 그람음성 간균이고 운동성이 있다. *E. coli*는 아마도 가장 많이 연구되고 실험적으로 사용된 박테리아이며 물에 대변 오염이 존재하는 경우로 인해 수질오염의 지표 물질로 이용된다. 일부 균주는 위장 장애를 유발하여 장염 또는 요로감염을 일으킨다. 포도당, 맥아당, 유당 등을 분해하여 산과 가스를 발생시키며 소장에서 물과 chloride의 과다분비를 유발하는 장독소(enterotoxin)를 생산하여 설사를 일으키며 water system에서 오래되었거나 생물막이 있는 파이프에 주로 발견된다. 화장품 산업에서 규제 대상 미생물로 간주된다.

(4) *Enterobacter* 속

그람음성 간균인 장내세균으로 발효를 통해 부탄디올(butanediol), 에탄올, 이산화탄소를 생산한다. 토양에 발견되고 인체에 병을 유발하지는 않으나 오염된 계면활성제나 컨디셔너에서 발견된다. 가정의 생활용품에 주로 오염되고 방부가 잘 안 되는 제품에서 발견된다. *E. agglomerans*, *E. gergoviae*, *E. cloacae* 등이 오염된 화장품에서 관찰된다.

(5) *Klebsiella* 속

Enterobacteriaceae과의 장내세균에 속하는 그람음성 간균으로 운동성은 없다. 두꺼운 협막을 가지는 것이 특징이며 주로 토양과 물에서 관찰된다. 화장품 오염균으로는 *K. pneumoniae*를 들 수 있으며 사람에게 폐렴을 일으킬 수 있다. 맥콘키(MacConkey) 한천배지에서 유당(lactose)을 분해하여 적색의 점액성 군락을 형성한다.

(6) *Proteus* 속

그람음성 간균으로 운동성이 있다. 요소를 분해하여 암모니아와 이산화탄소를 분비하며 황화수소를 만들며 평판 배지 상에서 흔히 퍼져서 발육되는 현상(swarming phenomenon)을 보인다. 특히, *P. vulgaris*는 단백질을 분해하여 부패한 냄새를 내며 설탕을 분해하여 산과 가스를 낸다. 주로 사람이나 동물의 배설물로 오염된 곳에서 발견되며 인체에 감염되면 화농성 감염을 일으킨다. 계면활성제와 같은 원료의 오염이나 오염된 물을 사용할 때 나타난다.

(7) *Staphylococcus* 속

자연계 및 사람, 동물 등에 많이 분포되어 있고, 병원성과 비병원성균이 있으며 포도 모양을 한 그람 양성 구균이다. 이 균은 호기성 또는 통성 혐기성이며 한천배지 상에서 집락의 색깔로 그 종류를 구분한다. 병원성이 강한 황색포도상구균(*S. aureus*)은 혈액 한천배지 상에서 적혈구를 용해시키는 독성의 생성으로 β형 용혈환(hemolysis)을 일으킨다. 응고효소(coagulase) 생산능과 만니톨(mannitol) 분해능에 의해 *S. aureus*와 *S. epidermidis*로 분류하기도 한다. *S. aureus*는 병원성 균으로 부스럼, 농가진, 결막염, 식품 부패 등을 일으키며 감염 시 고름을 생성한다. *S. epidermidis*는 인간 피부에 존재하는 비병원성균이다. 화장품에서 이 미생물의 존재는 사람에 의한 오염을 의미하며, *S. aureus*는 화장품에서 검출되어서는 안 되는 규제 대상 병원성균이다.

Tip 혈장 응고효소(coagulase)

혈액의 액체 성분인 혈장(plasma)에 작용하여 피브리노겐(fibrinogen, 혈장 단백질)을 피브린(fibrin, 섬유소) 응고물(혈전)로 만드는 미생물에 의해 생성된 효소로 면역세포의 식작용을 저지한다. 미생물의 병원성(virulence factor)과 밀접한 관계가 있다. 튜브 검사는 토끼 혈장을 사용하고 황색포도상구균 접종한 튜브를 37°C에서 1시간 반 배양한다. coagulase 양성은 혈장이 응집하며 응고물이 생긴다.

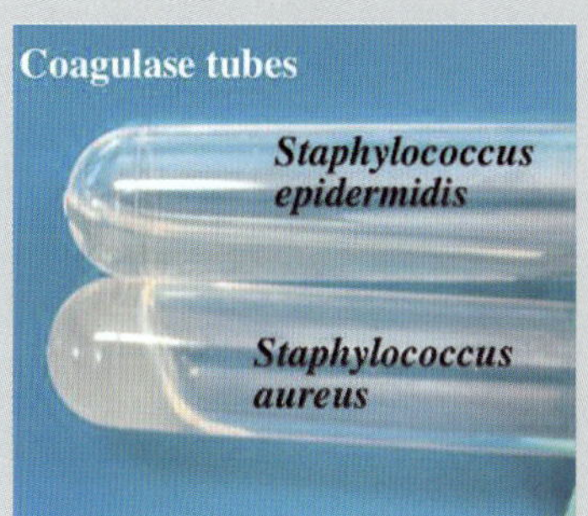

(출처: medical-labs.net)

그림 2 응고효소 검사와 혈액의 응고 과정

Tip **만니톨(mannitol)**

당알코올의 일종인 만니톨을 당원으로 사용하는 균주는 만니톨을 분해하여 산이 생성하면 기존 주황색이었던 배지 색이 콜로니 주변으로 노란색으로 변화하고 만니톨을 분해하지 않는 균은 붉은색을 나타낸다.

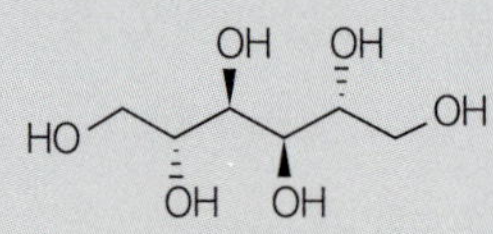

만니톨(mannitol)

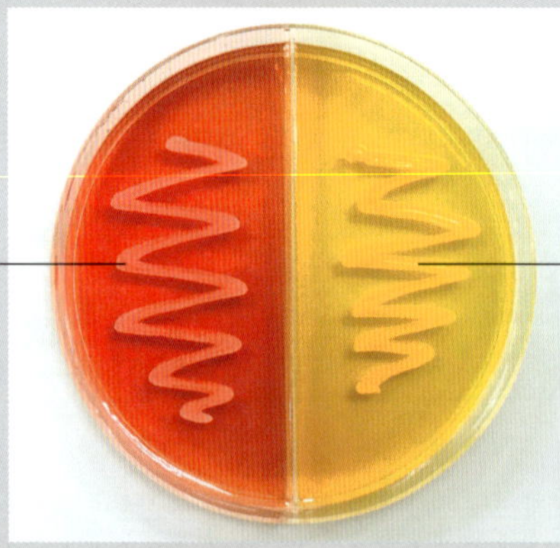

그림 3 만니톨 염분 한천배지(Mannitol Salt Agar)

(8) *Streptococcus* 속

그람양성 구균으로 연쇄상 구균의 형태로 관찰된다. 호기적, 혐기적 모든 조건에서 잘 자라며 보통 배지에서 잘 증식되지 않고 배지에 혈액, 조직액, 효모 침출액 등을 첨가하

Tip **용혈 작용(hemolysis)**

세균이 blood agar에서 배양되면 용혈 작용을 일으키는데, 이는 세균을 분류하는 데 사용되며, 특히 Streptococci(연쇄상구균)의 분류에 이용된다.

(출처: Encyclopedia Britannica)

***Streptococcus* 속의 용혈 작용 유형**
α-hemolysis(*S. pneumoniae*)
β-hemolysis(*S. pyogenes*)
ɣ-hemolysis(*S. salivarius*)

면 잘 자란다. 용혈 작용(hemolysis) 정도에 따라 3가지로 구분하는데 혈액 한천배지(blood agar)에 배양 시 α-hemolysis는 적혈구를 불완전하게 파괴하여 녹색환(green zone)을 형성하고 β-hemolysis는 완전 용혈로 집락 주위가 투명하게 되며, γ-hemolysis는 아무런 변화가 없다. 화장품에서는 흔히 관찰되지는 않지만 발견되면 사람에 의한 위생관리가 불충분하거나 손을 통해 용기나 제품을 오염시키는 경우이다.

(9) *Bacillus* 속

호기성 간균으로 그람양성, 카탈라아제 양성 균주로 자연계에 널리 존재한다. 타원형의 내생포자를 형성하며 열에 저항성이 강하며 배양이 까다롭지 않다. 공기와 먼지로부터 오염되며 쌀, 감자, 고기 같은 음식에서 잘 자란다. 포자는 물, 토양, 공기 중에도 부유하고 자연계에 널리 존재하므로 화장품에 혼입될 기회가 많다. 화장품에서는 알로에 베라나 점토에 이 세균의 포자가 오염되기도 한다. 화장품 오염균은 주로 *B. cereus*가 관찰되며 병원성 세균은 아니지만, 독소를 분비하기도 하여 식중독을 일으키기도 한다. 내생포자의 오염은 주로 흙에서 기인하므로 이 세균이 발견되면 화장품 제조공정 상 문제

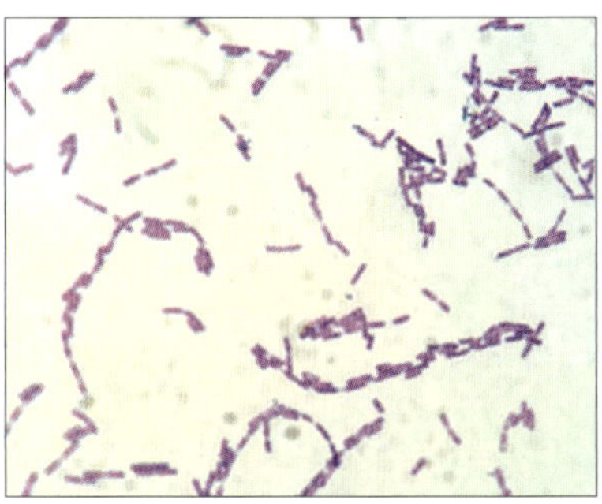

Bacillus cereus

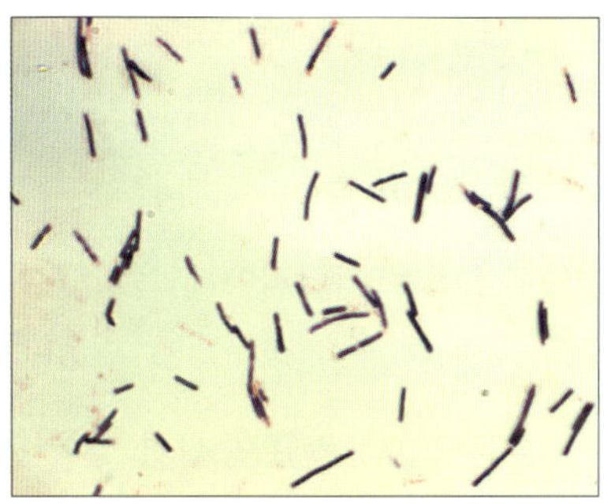

Clostridium perfringens

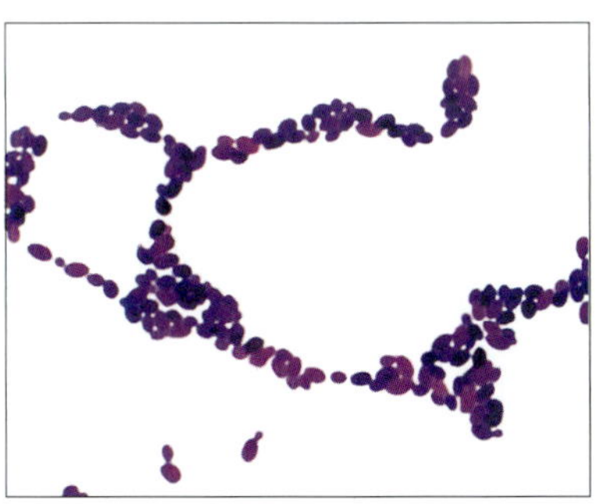

Candida albicans

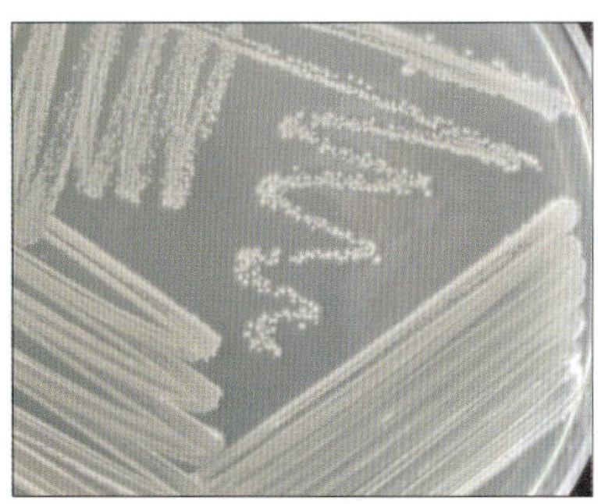

Bacillus subtilis

Tip 카탈라아제(catalase) test

Catalase는 과산화수소(H_2O_2, 체내 활성산소)가 분해되어 물과 산소가 만들어지는 반응을 촉매하는 효소로 절대혐기성균을 제외한 모든 세포에 존재한다. Cytochrome(산화환원 활성 단백질)을 가지고 있는 대부분의 편성 혐기성, 호기성 세균은 자기 보호를 위하여 catalase를 생산하여 대사 과정에서 생기는 유해 물질인 H_2O_2를 분해할 수 있다. 따라서 균이 catalase를 생산하는지는 균에 H_2O_2를 떨어뜨려 산소 거품(bubble)이 생기면 호기성 세균임을 판단할 수 있다.

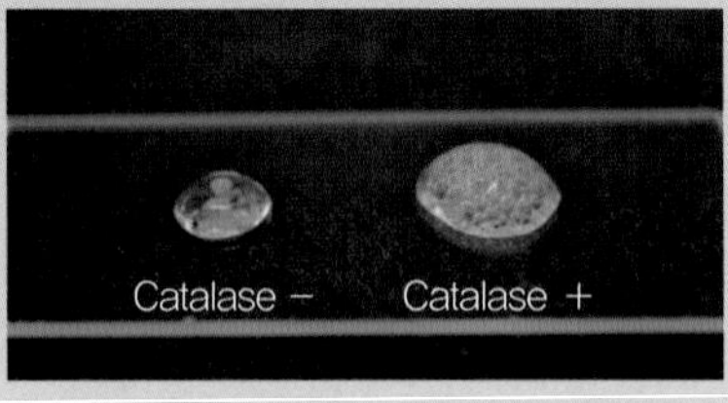

가 있음을 의미한다. 즉, *Bacillus* 포자의 오염은 흙에서 기인하므로 이 미생물의 출현은 제조공정 상 오물의 유입 표시가 되므로 바람직하지 않다. *B. anthracis*, *B. cereus*를 제외하고는 비병원성으로 *B. anthracis*는 탄저병(anthrax)을 일으키는데 감염 경로에 따라 호흡기 탄저병, 피부 탄저병 등으로 구분되며, 몇 시간 이내에 치명적으로 발명되어 사망률이 높다. 피부를 검게 하며 세포 괴사를 일으켜 명명되었으며, 급성 감염질환으로 생물 테러용 무기로 이용되기도 한다.

(10) *Clostridium* 속

그람양성 간균으로 카탈라아제 음성인 혐기성 균으로 내생포자를 형성하며 흙에 분포되어 있다. 정상적으로는 전염성이 없지만, 포자를 함유한 흙이 상처를 통해 인체로 유입될 경우 감염되어 신속한 증식이 일어나며, 다양한 효소를 함유한 독소를 생산한다. 유입된 독소는 광범위한 세포 파괴를 일으키며 미생물이 조직에서 탄수화물을 발효하여 가스가 발생되면 세포가 쉽게 손상된다. 외독소(exotoxin)를 분비하며 인체에 감염 시 가스를 발생하고 괴저(괴사되어 검게 변함)를 유발한다. 파상풍균(*C. tetani*)이 대표적이며 피부의 상처를 통해 흙을 통하여 감염되고 신경전달을 방해하고 근육을 위축시키며 큰 위해를 일으킨다. 이외에도 *C. botulinum*에 의해 분비되는 독소는 많이 희석하여 보톡스로 알려진 미용 제품으로 사용하기도 하며 화장품에서 발견되기는 어려우나 셰이빙크림, 에프터셰이브로션 등 혐기성 조건의 용기에 오염될 가능성을 주의해야 한다.

(11) *Candida albicans*

난형이나 효모 모양의 진균으로 배양상태에 따라 위성 균사체(pseudomycelium)를 형성하기도 한다. 이 진균은 체내의 위장관, 기도, 여성생식기 계통의 점막에 존재하기도 하며 칸디다증(candidiasis)이라는 질병을 유발하기도 한다. 칸디다증은 항생제의 장기투여, 당뇨병에 의한 저항성 저하, 악성종양, 전신쇠약, 결핵, corticosteroid 치료, 후천성 면역 결핍증 등 신체의 정상 균총이 깨졌을 때 *Candida* 속이 급속히 증가하여 일어나는 증상으로 구강 칸디다증, 피부 칸디다증, 기관지 폐칸디다증, 비뇨기 칸디다증, 장관 칸디다증, 전신성 칸디다증 등이 있다. 이 진균은 사람의 피부, 인후 점막 등에 분포하며 유럽에서 화장품에 발견되면 안 되는 규제대상 미생물이다.

표 2 화장품에 오염되는 미생물 사례

	소비자 유래	공장 제조 유래
Bacteria	*Pseudomonas aeruginosa* *Pseudomonas* spp. *Stenotrophomonas maltophilia* *Acinetobacter* spp. *Moraxella* spp. *Enterobacter* spp. *Citrobacter freundii* *Klebsiella pneumoniae* *K. oxytoca* *Serratia* spp. *Staphylococcus aureus* *S. epidermidis* *Sarcina* spp. *Propionibacterium* spp. *Corynebacterium* spp. *Streptococcus mutans* *Bacillus* spp. *Clostridium perfringens* *C. tetani*	*Burkholderia cepacia* *B. picketii* *Pseudomonas aeruginosa* *Pseudomonas* spp. *Acinetobacter* spp. *Moraxella* spp. *Enterobacter* spp. *Citrobacter freundii* *Klebsiella pneumoniae* *K. oxytoca* *Serratia marcescens* *Serratia* spp. *Salmonella* spp. *Ochrobactrum anthropi* *Proteus* spp. *Aeromonas sobria* *Bacillus* spp.
Fungi	*Candida albicans* *Rhodotorula* sp. *Penicillium* spp. *Aureobasidium pullulans* *Scopulariopsis* sp.	*Candida lipolytica* *Saccharomyces cerevisiae* *Penicillium* spp. *Aureobasidium pullulans* *Paecilomyces variotii*

Chapter 06
원료, 제조환경 및 화장품에서의 미생물 오염

화장품법 식약처 고시에서 "오염"이란 제품에서 화학적, 물리적, 미생물학적 문제 또는 이들이 조합되어 나타내는 바람직하지 않은 문제의 발생을 말한다. 또한 "위생관리"란 대상물의 표면에 있는 바람직하지 못한 미생물 등 오염물을 감소시키기 위해 시행되는 작업을 말한다. 특히, 화장품법에 명시된 화장품제조업자의 의무와 우수화장품 제조 및 품질관리 기준에 관한 세부 사항을 고시로 정해 권장함으로써 우수한 화장품을 제조·공급하여 '소비자보호 및 국민 보건 향상에 기여함'을 목적으로 하는데, 이번 장과 더불어 8장, 9장에서 더욱 세부적으로 기술할 것이다.

화장품에는 다량의 물이 함유되어 있으므로 세균이나 진균에 의한 오염이 일어나기 쉽다. 화장품은 일반적으로 *Aspergillus*, *Cladosporium* 또는 *Penicillium* 등의 원료에 의한 오염과 제조환경에 의한 오염이 발생할 수 있다. 또한 복합 오염균으로는 보편적인 진균과 *Chaetomium*이 파우더 제품에 나타날 수 있고, 크림, 로션에는 *Aureobasidium*, *Fusarium*, *Phialophora* 등이 특징적으로 나타날 수 있다. 전자는 원료 중의 탈크(talc), 셀룰로스(cellulose)에 주로 발생하며 후자는 오염된 물에서 발견되는 진균이다.

이번 장에서는 제조 중 미생물 오염이 발생하기 쉬운 요인에 대해 살펴보고자 한다. 화장품의 미생물 오염이 우리에게 주는 부정적인 측면은 두 가지로 요약할 수 있다. 첫 번째는 소비자의 건강에 미치는 위해성이고, 두 번째는 상품 가치의 하락이다. 화장품은 대부분 사용 방법이 피부에 도포하는 특징을 가지고 있는데, 미생물이 오염된 제품을 피부에 도포할 경우 상처를 통해 유입된 미생물로 인해 염증이나 피부 트러블이 발생할 수 있다. 특히 병원성 미생물이 오염되었을 때는 건강에 심각한 문제를 일으킬 수도 있다. 그 외 곰팡이나 세균이 증식된 제품은 변취나 유화의 파괴와 같은 물리적인 변화를 가져와 상품의 가치를 하락시키는 결과를 가져온다. 따라서 화장품이 미생물에 오염되지 않도록 처방 구성부터 제조, 포장에 이르기까지 발생할 수 있는 다양한 오염 요인들을 파악하고 대책을 세우는 것이 필요하다. 화장품에서 미생물 오염을 유발하는 요인으로는 크게 원료의 오염, 제조환경에 의한 오염으로 구분할 수 있다. 화장품 원료는 무기물, 유기물, 액상, 분말 등 다양한 물성을 가지고 있어 공기, 물, 토양 등 다양한 환경과 접촉하므로 이런 경로를 통해 미생물 오염이 자연스럽게 일어날 수 있다. 따라서 미생물 수를 줄일 수 있는 가열과 같은 처리 과정이 많은 원료의 경우 미생물 오염 가능성이 작을 수 있다. 또한, 화장품은 여러 단계의 제조공정을 가지고 있어 미생물 오염 가능성이 큰데, 제조공정 중 어느 한 부분에 대해 물리적 또는 화학적 처리를 한다고 미생물 오염을 완벽하게 막을 수 있는 것은 아니다. 화장품의 미생물 오염방지는 제조공정의 다양한 미생물 오염 경로를 모두 차단할 수 있어야 한다. 만약 이러한 미생물 제어가 충분하지 못할 때 제품 내에서 미생물 증식이 일어나게 된다.

화장품 미생물 오염의 일반적인 원인은 앞에서 설명한 바와 같이 원료의 오염, 제조나 포장 설비, 제품 저장통 등의 불완전한 세정. 멸균과정과 미생물 오염을 방지하기에 불충분한 방부시스템 등을 들 수 있다. 따라서 미생물 오염을 방지하기 위해서는 이 모든 조건 모두를 충족시켜야 한다. 먼저 제조환경으로부터 검출된 미생물을 전부 정확하게 조사하여 검출균의 종류, 균수나 성상 등을 파악한다. 그다음 미생물적 품질보증이 필요한 제품에 대해서는 제형이나 품목마다 설정되어 있는 미생물 품질 기준을 벗어나는 제품이 생기지 않도록 오염 원인을 규명해야 한다. 그래서 품질면에서 문제가 되는, 오염 가능성이 있는 제조공정이나 제품류, 오염이 자주 일어나는 장소 등을 밝힌다. 다음에 특징지은 제조공정이나 물품, 제조장에 대한 미생물 제어 요인을 검토하여 제품의 미생물적 품질 기준을 만족시킬 수 있다고 판단되는 미생물 제어 대책과 그 관리 방법을 확립하고 관리하여 미생물이 발생하지 않도록 해야 한다.

화장품의 미생물 오염은 원료오염과 제조 과정 중 발생할 수 있는 1차 오염과 소비자 사용 중에 발생할 수 있는 2차 오염으로 크게 나눌 수 있다. 이러한 오염 때문에 방지를 위해 원료관리, 공정상 품질관리, 포장디자인이 중요한 역할을 하게 된다.

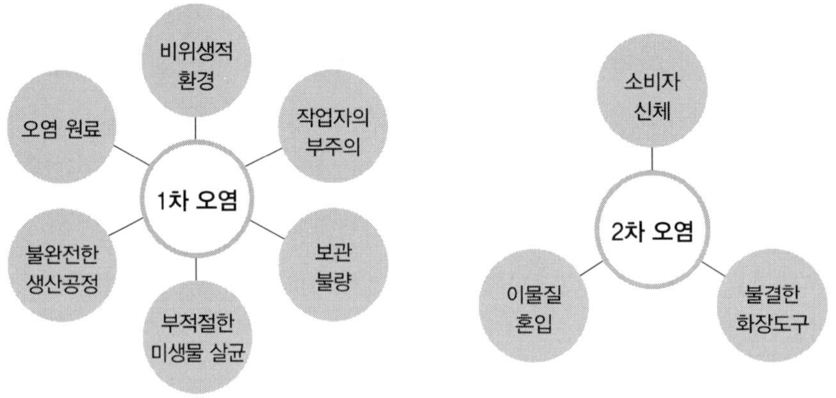

6.1. 1차 오염

화장품은 무균상태의 원료로 만들어야만 하는 것은 아니다. 그러나 원료의 품질이 제품의 품질력을 결정하는 주된 요인이 되므로 화장품에 사용되는 원료에 존재하는 미생물 수는 규제되어야 한다. 특히 원료의 가장 큰 비중을 차지하는 제조수와 미생물 오염 가능성이 많은 천연 동식물 추출물, 발효 생산물, 수분이 많은 원료들은 세균 오염이 발생하기 쉬운 원료들이고 탈크, 셀룰로스와 같은 분말 원료에는 특히 곰팡이가 오염되기 쉽다. 따라서 미생물에 오염되기 쉬운 원료들은 별도의 관리를 통해 원료 사용 중 미생물이 오염되지 않도록 세심한 주의가 필요하다. 비위생적인 환경 속에서 불완전한 제조공정과 원료 및 제품의 부적합한 보관으로도 발생된다.

(1) 원료의 미생물 오염

자연에 널리 분포되어 있는 세균, 효모, 진균과 같은 미생물 중에는 화장품 원료를 분해하여 에너지원으로 이용할 수 있는 능력을 가지고 있는 미생물도 있다. 또한 화장품 원료는 다양한 물성을 가지므로 미생물 생장에 좋은 조건을 가지는 원료도 있다. 따라서 원료에 존재하는 미생물 종류와 오염정도는 미생물의 원료 이용도와 미생물 생육조건의 민감도에 따라 달라진다. 즉, 원료가 미생물에 오염되면 당연히 이를 사용하여 제조된 제품 또한 미생물로 오염된다. 원료의 미생물 오염을 방지하기 위해서는 원료의 특성을 잘 이해해야 한다. 원료를 장기 보관하는 경우 적절한 보관 방법과 방부력 확보가 중요하다.

세균과 진균은 증식 방법이 서로 다르지만, 미생물들은 최적의 조건에서 주위의 '영양분'을 흡수하면서 증식한다. 미생물은 증식에는 적당한 '수분과 온도'가 반드시 필요하다. 그 외에도 적당한 유기탄소를 필요로 하는데, 당, 전분, 단백질, 아미노산, 비타민, 유기산, 알코올, 지질에서 이런 탄소를 얻는다. 미생물에 따라 유기탄소 이용도에는 차이가 있으며, 유기탄소 외에 질소, 황, 인 기타 미네랄과 이온 물질들이 미생물 증식에 필요하다. 화장품에 오염된 미생물들은 원료로부터 이런 영양분을 얻게 되며 특히 *Pseudomonas* 속 미생물은 다양한 유기물들을 이용할 수 있는 능력을 가지고 있다. 화장품 원료의 미생물 오염은 미생물의 원료 이용 능력과 오염된 미생물의 종류 및 오염정도에 따라 좌우된다. 다음은 미생물의 주요 화장품 원료 이용 가능성과 오염에 대해 정리하였다.

① 정제수

물은 화장품의 주원료 중 하나로 미생물 생장에 꼭 필요한 요소이다. 일반적으로 수돗물은 그 안에 미네랄이나 염(salt)을 함유하고 있다. 일반적으로 수돗물에 함유된 염은 제품의 향, 안정성, 투명도 등에 영향을 미칠 수 있으므로 수돗물은 화장품 제조수로 적합하지 못한다. 따라서 화장품 제조사들은 염을 제거하기 위해 양이온, 음이온 이온 교환수지를 통과시킨다. 이렇게 염소처리 과정을 거쳐 정제하면 병원성 균인 그람음성균(*Salmonella, Shigella, E. coli*) 등을 제거할 수 있지만, 이런 처리로도 문제가 되는 미생물을 완벽하게 제어하지는 못하므로 미생물 오염에 대해 항상 주의를 기울여야 한다.

화장품 오염의 대부분은 오염된 물이 원인 경우가 많으므로 오염된 화장품에서 분리된 대부분의 균은 물에서 매우 증식이 잘된다. 증류수에서 발견되는 미생물로는 *Achromobacter, Flavobacterium, Pseudomonas aeruginosa, Pseudomonas cepacia* 등이 있다. 연구 결과에 따르면 수돗물에서 검출되는 pigmented bacteria가 색소를 형성하지 않는 세균보다 염소에 대한 저항성이 강하다는 보고도 있다. 탱크에서 가열하는 정제수에 세균이 검출된 사례도 있는데 정제수를 가열용 탱크 안에서 온도, 시간을 설정에 살균공정하고 있었지만, 온도가 낮은 원수가 가열 탱크 내에 지속적으로 공급되어 살균온도 유지 불가한 경우이다. 이는 탱크에서의 가열처리 중에는 원수 유입을 방지하도록 프로그램 설정하고 또한 탱크 내 온도 저하를 방지하기 위해 원수는 열교환기에 의해 가온 후에 탱크에 유입하도록 한다. 정제수는 아니지만 천연수나 해양심층수를 원료로 사용한 사례에서 수용된 대용량 컨테이너 그대로 장기 보관하여 개봉 후 사용할 때마다 미생물이 혼

Tip **우수화장품 제조 및 품질관리기준(CGMP) 수처리 시스템 예시**

○ 우수화장품 제조 및 품질관리기준

제14조(물의 품질) ① 물의 품질 적합 기준은 사용 목적에 맞게 규정하여야 한다.

② 물의 품질은 정기적으로 검사해야 하고 필요 시 미생물학적 검사를 실시하여야 한다.

③ 물 공급 설비는 다음 각 호의 기준을 충족해야 한다.

1. 물의 정체와 오염을 피할 수 있도록 설치될 것
2. 물의 품질에 영향이 없을 것
3. 살균처리가 가능할 것

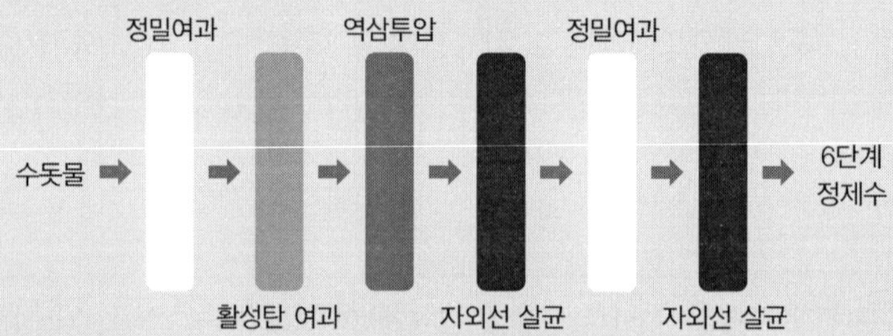

그림 1 정제수의 생성과정 6단계

입될 가능성이 있어 소량 구입하여 사용하고 잔량 폐기하는 것이 좋다.

② 산, 알칼리와 염

일반적으로 미생물은 중성에서 잘 자란다. 대부분의 효모와 곰팡이는 산성 조건에서 잘 자라지만, pH가 4 이하이거나 10 이상의 조건에서는 많은 미생물들이 손상(stress)을 입어 미생물 오염 문제는 적다. 그러나 pH가 강산 또는 강알칼리에서도 생존하는 미생물이 있다는 점을 간과해서는 안 된다. 건조한 무기염(marine salts, sea salts, dead sea salts)들은 물이 적어 미생물이 자라기에 적합하지 않으나 적은 수의 미생물이 존재한다. 무기염은 미생물의 물 이용성을 억제하여 생장을 억제한다.

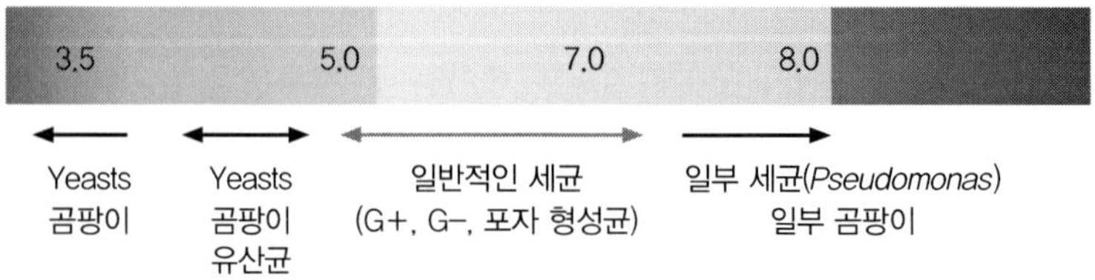

그림 2 pH와 미생물

③ 오일, 왁스와 파라핀

무수지질(anhydrous lipids)은 미생물이 성장하지 못한다. 그러나 물이 혼입된 상태로 보관하면 계면에서 미생물 증식이 일어나 미생물 에너지원으로 이용할 수 있게 된다. 미생물이 생산하는 리파아제(lipase)나 포스포리파아제(phospholipase) 등은 트리글리세라이드(triglyceride)나 포스포리피드(phospholipid)를 분해할 수 있다. 미생물 중에는 *Pseudomonas* 속 미생물이 다양한 물질을 가장 잘 이용하는 것으로 알려져 있다.

④ 지방산, 알코올과 에스터

지방산, 알코올, 에스터(esters)는 물이 없이는 미생물에 영향을 끼칠 수 없기 때문에 미생물 문제가 거의 없는 원료들이다. 라우르산(lauric acid), 미리스트산(myristic acid) 같은 lipophilic acids는 세포막에서 산화물들의 이동을 저해하기 때문에 항균 효과를 보인다. 지방산 중 그람양성균이 가장 잘 이용하는 포화지방산 C_{12}이고 불포화 지방산으로는 $C_{18:2}$가 있다. 지방산들은 그람음성균에 대해서는 영향을 미치지 않는 것으로 알려져 있다. 용해도를 높이기 위해 첨가되는 알코올은 점성 조절물질, cooling 효과, 방부 효과 등의 역할을 한다. 사슬 길이가 짧을수록 미생물 제어 효과가 더 뛰어난 것으로 알려져 있는데, C_8보다 짧은 알코올이 수용액 시스템에서 세포막을 잘 통과하기 때문으로 생각된다. 이소프로필알코올도 일부 원료의 용매로 사용되며 에탄올과 유사한 항균력을 가지고 있다. 에스터(ester)류는 방부 효과가 없는 것으로 알려져 있으나 linoleamidopropyl PG(propylene glycol)–diammonium chloride phosphate와 cocamidopropyl PG–diammonium chloride phosphate는 방부 효과를 가지고 있다.

⑤ 계면활성제

계면활성제는 제품에서 세정제, 유화제, 습윤제, 기포제, 분산제의 역할을 하는데, 분말 상태에서는 미생물 성장에 영향을 주지 않는다. 음이온 계면활성제는 그람양성균에는 효과가 있으나 그람음성균은 오히려 탄소원으로 이용할 수 있다. 양이온 계면활성제는 대부분 항균력을 가지는데, 벤잘코늄클로라이드는 항균제로 광범위하게 사용되고 있다. 비이온 계면활성제는 보존제인 *p*–하이드록시벤조익애씨드 에스터 활성에 저해 영향을 주는 원료이므로 제품에 적용할 때 주의가 필요하다.

⑥ 보습제

보습제 건조를 막거나 피부 수분공급을 위해 사용되는 원료이다. 화장품에서 주로 사용되는 보습제는 글리세린, 프로필렌글라이콜(propylene glycol), 부틸렌글라이콜, 솔비톨(sorbitol)이 있는데 이들은 수분 활성도를 낮춰주는 역할을 하며 미생물 성장을 억제한다. 글리세린은 95%나 99%농도에서 미생물 성장을 막고, 솔비톨 83%, 100% 프로필렌글리콜 등도 미생물의 성장을 억제하는 역할을 한다.

⑦ 탈크(Talc)와 점토(Clay)

탈크(talc)나 점토(clay)는 주로 토양으로부터 얻어지는 원료이므로 미생물이 함유된 경우가 많다. 이들 원료의 미생물 오염도는 원료 상지에 따라 차이가 있으며, 카올린이나 벤토나이트에서 10~1,000 마리/g의 미생물이 검출되었다는 보고가 있다. 이외에도 탈크는 보존제 활성에 영향을 많이 주는 원료이므로 제품에 사용할 때 주의해야 한다.

⑧ 단백질 가수분해물, 전분, 식물성 원료, 검(gum)류 및 레진(resin)류

화장품에 사용되는 많은 천연 기원 원료들은 성장, 수확 가공 중에 토양, 물, 대기와 같은 여러 오염 요인에 노출된다. 화장품 원료로 사용하는 단백질은 산 가수분해 과정을 거칠 때 미생물이 사멸되지만, 그 이후 과정에서 오염될 가능성이 있다. 원료의 가공 공정 중 건조 분말화 과정에서 많은 미생물이 사멸되지만, *Bacillus* 포자까지 없애지는 못하므로, 가공과정에 주의를 기울여야 한다. 전분은 주로 곡물에서 가공하여 얻어지는 원료로, 미생물이 이용하기에 가장 좋은 탄소 에너지원이 된다. 이외에 알로에베라 같은 식물성 원료들도 미생물이 잘 이용하는 원료이다. 구아검(guar gum), 카라야검(karaya gum) 같은 gum류도 미생물 오염이 잘되는 원료다. 특히, xanthan gum은 *Xanthomonas campestris*의 발효 과정을 통해 얻어지는데 건조 과정에서 미생물이 모두 사멸될 수 있도록 신경 써야 한다. 또한 천연 검, 단백질 분말, 전분 등은 제조공정 중 물에 용해될 때 미생물이 증식할 수 있다.

⑨ 색소

색소에서도 미생물이 자랄 수 있으며, 물이 혼입될 수 있거나 물을 희석해서 사용하는 공정에서 오염될 수 있다. 따라서 원료의 제조공정 과정에 특히 유의해서 사용한다.

⑩ 보존제, 항산화제, 금속이온 봉쇄제

보존제, 항산화제, 금속이온 봉쇄제들은 화장품의 물리적, 생물학적, 화학적 안정성을 위해 사용된다. 이중 보존제는 자체 방부력이 있기 때문에 액상으로 사용해도 큰 문제가 생기지 않는다. 보존제가 미생물에 오염되지 않는다고 여겨 원료 용기를 개방한 채 방치하는 등의 운용상 미비로 인해 보관 중 흡습이 원인이 되어 오염될 수 있다. 보존제에 내성이 있는 공기 부유 곰팡이를 원료에 혼입시킬 수 있으니 원료 용기를 개방한 채로 방치하지 않는 등의 작업위생 확보와 함께 보관장소의 청정도 개선과 온습도를 관리하여야 한다. 항산화 물질로 가장 보편적으로 많이 사용되는 butylated hydroxyanisole(BHA)과 butylated hydroxytoluene(BHT)은 자체적 항균력을 가지고 있다. EDTA와 같은 금속이온 봉쇄제는 보존제의 효과를 증진시키는 목적으로도 사용된다.

⑪ 향료와 에센셜 오일(Fragrance and essential oil)

이 원료들은 오일로서 물을 포함하지 않고 자체적으로 항균 성분을 함유하고 있는 경우가 많으며 수분활성도가 매우 낮아 미생물이 증식하지 않는다.

⑫ 원료의 미생물 오염 평가

화장품에 사용되는 원료는 살균처리 할 수 없는 것이 많다. 따라서 화장품에 사용되는 원료는 미생물 오염 가능성 정도에 따라 분류하고 미생물 오염도 시험을 분류 구분에 따라 수행해야 한다. 다음 표에는 화장품 원료의 미생물 오염에 대한 민감도를 5가지 단계로 분류하였다. 1등급에 속하는 원료는 미생물 증식에 필요한 영양원을 공급하지 못하므로 미생물이 증식할 수 없으며, 미네랄 오일, 바셀린, 스테아린산 등과 같은 원료들로 매

표 1 원료의 미생물 오염 가능성 등급 및 관리 방법

등급	미생물 오염 가능성	샘플링 및 분석 빈도	원료 유형
0	전혀 없음	미생물실험이 필요하지 않다.	보존제, 산, 알칼리, 알코올
1	전혀 없음	기록을 위해 가끔 한다.	미네랄 오일, 바셀린, 스테아린산
2	낮음	1년에 한 번 수행한다.	글리세린, 솔비톨수용액
3	보통	매 로트마다 수행한다.	알로에겔, 단백질 수용액
4	높음	사용할 때마다 수행한다.	정제수

우 낮은 수분활성을 보인다. 2등급에 속하는 원료는 물에 희석되면 미생물 증식에 필요한 기질을 공급할 수 있다. 글리세린, 솔비톨수용액 등이 여기에 속한다. 3등급 원료에는 알로에겔, 단백질 수용액 등이 속하며 적당한 보존제가 원료에 함유되지 않을 경우 미생물이 증식할 수 있다. 4등급 원료에는 정제수처럼 미생물 증식에 적합한 환경을 제공할 뿐 아니라 미생물에 의해 심하게 오염될 수 있는 원료들이 속한다. 여기에서 한가지 유의할 부분은 미생물은 매우 다양하고, 다른 물질에 대한 적응력을 획득할 수 있는 가능성이 있다. 미생물 오염 가능성 등급이 낮은 보존제와 같은 원료도 조건에 따라 미생물에 분해될 수 있음을 잊지 말아야 한다.

(2) 제조환경의 미생물 발현

제조환경이란 제조와 관련된 모든 환경을 일컫는다. 건물, 제조기기 및 제조 과정, 포장기기 및 포장 과정, 작업자 등 모든 것이 제조환경에 속한다. 이러한 제조환경은 제품의 미생물 오염 유무가 결정적인 역할을 하게 되므로 미생물에 오염되지 않은 좋은 제품을 제조하기 위해서는 제조환경을 잘 관리하여야 한다.

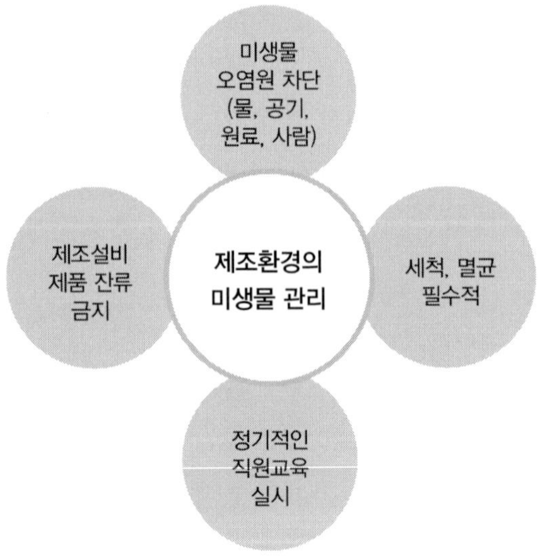

① 미생물 관리 필요성

수분이 함유된 화장품은 미생물에 오염되기 쉽다. 따라서 제조공정을 관리함으로써 완제품에서 미생물 오염이 일어날 수 있는 조건이 발생하지 않도록 항상 주의해야 한다.

화장품은 무균제품은 아니므로 제품 생산에 사용되는 원료뿐 아니라 제조설비, 제조 기구 및 포장 재료까지 무균 처리할 필요는 없다. 그러나 제조 현장의 관리자와 작업자가 제조설비를 세정부족과 건조부족 상태로 방치하는 것이 미생물 증식에 필요한 물, 영양원, 온도, 시간을 주고 보존제로의 순화를 수반하는 폭발적인 미생물의 증식을 허용해 버릴 수 있음을 제조 현장은 명심해야 한다. 화장품 제조 중 비위생적인 환경을 만들지 않도록 다음과 같은 사항을 주의해야 한다.

1) 물과 공기는 주된 미생물 오염원이므로 철저한 관리가 필요하다. 특히 물은 미생물 오염원인의 90% 이상을 차지하며 물이 존재하지 않는 환경에서는 미생물이 증식할 수 없다. 배관의 구부러진 부분, 하수구, 세척 후 건조되지 않은 설비, 온도 차에 의한 벽면 습기 등을 조심해야 한다.
2) 온도는 미생물 증식의 중요한 요인으로 세균은 32±2℃, 곰팡이와 효모는 25±2℃가 최적 조건으로 계절적 온도 차이도 고려해야 한다.
3) 공기로부터 유래하는 미생물 오염 가능성이 있는 제조공정이 없도록 한다.
4) 연속공정의 경우 잔류하는 희석된 제품은 보존제에 저항성을 갖는 미생물 오염을 유발할 수 있다.
5) 철저한 세척과 멸균이 필수적으로 배관, 벽에 남아있는 제품이 미생물의 영양원이 될 수 있다. 그러나 잘못된 공장설비는 실질적으로는 이런 관리가 불가능할 수 있다.
6) 상수 처리는 일반적으로 염소소독 하는데 염소는 강한 산화력에 의한 살균력이 좋고 취급과 조작이 용이하며 경제적인 장점이 있다. 지속적인 소독력을 유지하기 위해서는 잔류염소 0.2~0.4 ppm을 유지하는 것이 좋다. 단점으로는 독성과 냄새가 강하다.

② 제조장

제조환경 미생물은 사람, 공기, 물 등 다양한 경로를 통해 오염된다. 따라서 이런 다양한 경로를 통해 유입되는 미생물로부터 제품을 보호하기 위해서는 원료의 관리와 제조공정 확인 및 철저한 세척 살균이 필요하며, 작업자에 대한 교육 강화는 매우 중요하다.

제조환경에서 검출되는 미생물은 다양한 세균과 진균이 있다. 제조환경 중 특히 제조용수나 세정수는 미생물이 증식하여 오염의 원인이 되기 쉬우므로 제조수 등의 물과 관련된 환경에 대해서는 각별한 주의가 필요하다. 특히 그람음성균은 물에 오염되었을 때 증식하는 경향을 보인다. 물에 오염된 미생물의 멸균법으로는 이온수를 80℃ 이상을 유지하도록 순환시키거나 여과법, 역삼투압법, 자외선 살균 등을 이용할 수 있다. 또한 배관 등에 잔류하는 물은 미생물이 증식할 수 있으므로 제조를 할 때 배관 내에 잔류하던 물은 일정시간 방류한 후 사용하는 것이 좋다.

③ 제조설비

제조설비는 장비의 세척과 멸균이 쉽도록 디자인된 것을 선택하는 것이 중요하다. 제품이 접촉하는 제조설비의 표면은 세척과 멸균이 용이한 비다공성(예; stainless steel) 재질을 선택하고 세척이 용이한 디자인으로 설계해야 한다. 제조수, 원료 및 제품 이송 배관 시스템은 L자, T자, 굴곡 등이 최소화되도록 설계하여 내용물의 흐름이 정체될 수 있는 구조는 되도록 피한다. 또한 미생물이 증식할 수 있는 관의 막힌 끝(dead ends)을 없애기 위해 사용하지 않는 밸브나 라인들은 제거하는 것이 좋다. 접합관 밸브 같은 부속품들은 세척이 용이하며 위생적인 것을 사용하고 필요에 따라 분해할 수 있도록 하는 것이 좋다.

○ 우수화장품 제조 및 품질관리기준

제6조(직원의 위생) ① 적절한 위생관리 기준 및 절차를 마련하고 제조소 내의 모든 직원은 이를 준수해야 한다.

② 작업소 및 보관소 내의 모든 직원은 화장품의 오염을 방지하기 위해 규정된 작업복을 착용해야 하고 음식물 등을 반입해서는 아니 된다.

③ 피부에 외상이 있거나 질병에 걸린 직원은 건강이 양호해지거나 화장품의 품질에 영향을 주지 않는다는 의사의 소견이 있기 전까지는 화장품과 직접적으로 접촉되지 않도록 격리되어야 한다.

④ 제조구역별 접근권한이 없는 작업원 및 방문객은 가급적 제조, 관리 및 보관구역 내에 들어가지 않도록 하고, 불가피한 경우 사전에 직원 위생에 대한 교육 및 복장 규정에 따르도록 하고 감독하여야 한다.

④ 작업자 교육

화장품 미생물 오염의 주요 원인 중 하나로 사람에 의한 균의 유입을 둘 수 있다. 인체는 성인의 경우 전표면적이 약 1.6 m^2의 피부로 덮여 있어, 여기에 존재하는 미생물 수는 매우 많다. 보통 10^3~10^4 CFU/cm^2이고 밀도가 높은 곳은 10^6 CFU/cm^2 정도이다. 인체 피부 마이크로바이옴의 90% 이상은 세균으로, Actinobacteria(52%), Firmicutes(24%),

Proteobacteria(16%), Bacteroidetes(6%)의 4가지 타입으로 구분된다. 그 세균 중 coagulase-negative staphylococci로서 *Staphylococcus epidermidis*는 10^3~10^4 CFU/cm^2, 혐기성균인 *Cutibacterium acnes*(이전 명칭: *Propionibacterium acnes*, 일명 여드름 원인균으로 알려짐), *Corynebacterium*, *Micrococcus*, *Streptococcus*와 *Acinetobacter*가 대부분을 차지한다.

표 2 피부상재균(skin normal flora)의 부위별 균 수

인체 피부	피부상재균 수	인체 피부	피부상재균 수
두피	10^6 CFU/cm^2	전박	10^4 CFU/cm^2
이마	10^4~10^5 CFU/cm^2	겨드랑이	5×10^5 CFU/cm^2
침	10^8 CFU/cm^2	배	4×10^4 CFU/cm^2
손	10~10^3 CFU/cm^2	촉촉한 흙(비교군)	10^6~10^8 CFU/cm^2

피부에 상재하는 균의 수는 측정 부위, 측정 방법, 샘플 채취법, 계절, 측정자의 나이, 직업 등에 따라 다르다. 피부에 서식하는 미생물은 일과성으로 공생관계가 약한 통과균(transient flora)과 숙주와 강한 공생관계인 상재균(resident flora)으로 구분되는데, 이들은 피부 표면에서 서로 균형 상태를 유지하고 있다. 이처럼 피부에 존재하는 미생물들이 작업자 손이나 타액 등을 통해 화장품에 유입되어 미생물 오염을 유발할 수 있다. 따라서 작업자들은 제조장에서 작업을 할 때 반드시 CGMP에 따라 작업을 수행할 수 있도록 훈련받아야 한다. 복장은 청결해야 되며, 머리에는 작업모를 써야 하고, 청결한 장갑과 손가락 씌우개를 착용해야 한다. 모든 작업자는 작업 전 따뜻한 물과 비누로 반드시 손을 세척하고 건조시켜야 한다. 또한 작업자들을 위한 정기적인 교육 프로그램을 운영하는 것이 바람직하다. 작업자 유래 미생물이 제품에 혼입된 사례로서 작업자가 바닥에 흘린 제품을 닦아낸 손으로 설비의 액 접촉 부분을 만져서 발생하여, 설비 접촉부를 만지기 전에는 장갑 교환이나 알코올 분무에 의한 장갑 살균을 해야 한다. 또한 설비환경을 건조하게 하여 웅덩이가 생기지 않도록 유의해 작업 위생과 제조환경 개선을 통해 미생물 혼입 방지할 수가 있다. 에어샤워 문손잡이에 특정 미생물에 의해 오염된 사례도 있는데 입실 전 작업자가 정해진 방법으로 손을 씻지 않고 손이 젖은 상태에서 알코올을 손에 스프레이하고 핸드 드라이기 입구에 손을 닿게 하여 말리는 등의 행동도 조심하고

손 세정제와 알코올 스프레이를 적절히 보충하지 않고 빈 상태로 방치하지 않도록 관리한다. 올바른 손 씻기 방법 포스터를 게시하고 손 세정제와 알코올 스프레이 관리를 SOP에 정해 이행되도록 하며 핸드 드라이기를 종이 타월로 대체하여 대응하기도 한다.

⑤ 세척, 멸균 프로그램의 관리유지

Tip **피부상재균총(normal flora)**

태아가 모체 내에 있을 때는 피부가 무균 상태이지만, 출산 후 신생아는 폐에 의한 공기 호흡을 시작하면서 공기 중의 부유 세균을 호흡하게 되며, 모체의 산도를 통과하면서 모체와 외계로부터 세균을 받게 된다. 이렇게 얻어진 균 중 표피에 적응한 균이 상재균으로 서식하게 된다. 피부상재균은 온도, 습도, 영양소 및 기타요인에 의해 그 증식성이 영향을 받는다. 피부상재균의 기능은 숙주와 공생관계를 유지하여 병원균의 침입에 대한 방어벽 역할을 한다. 피부상재균 중 *Staphylococcus* 속 같은 호기성균은 피부 표면 가까이 서식하고 *Propionibacterium* 속 같은 혐기성균은 모포 심부에 서식한다. 또한 지질 요구성이 높은 균은 피지선이 많이 분포하는 피부에 서식한다. 피지선과 땀선이 많은 겨드랑이 부위에서는 *Staphylococcus* 속 이외에 호기성균인 *Corynebacterium* 속이 많이 검출된다. 사람의 피부에 있는 균 수는 10대 중반부터 급격하게 증가하여 20대 중반에 최대가 되고, 나이와 함께 감소한다. 10대 중반까지는 호기성균이 혐기성균보다 많지만, 10대 중반 이후부터는 혐기성균, 특히 *Cutibacterium acnes*가 증가하여 피지 증가와 여드름 발생 시기가 일치하게 된다. 이처럼 나이에 따른 상재균 수의 변화는 나이가 증가함에 따라 생리기능이 저하되기 때문에 피부상재균 수도 감소한다고 생각되고 있다.

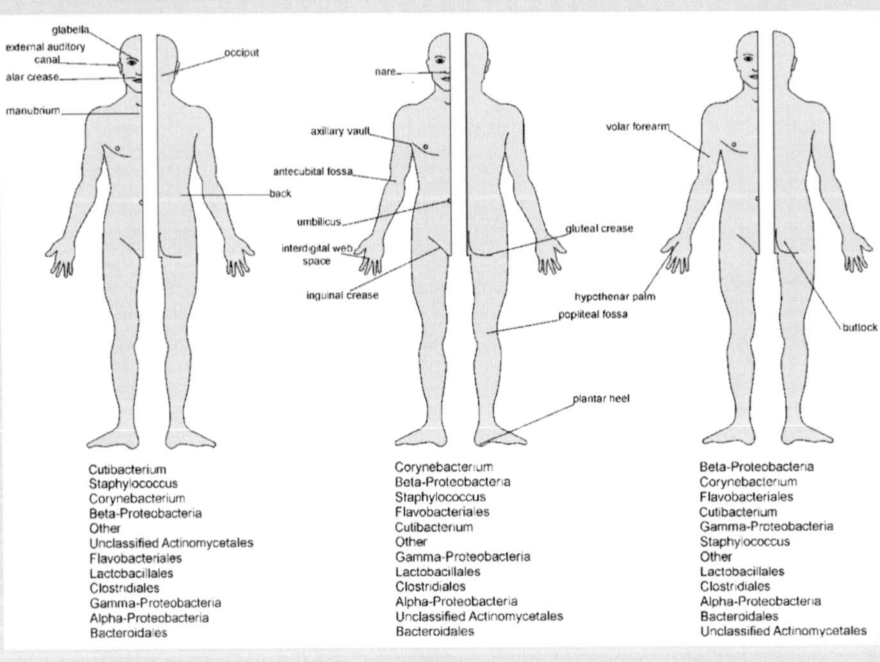

그림 3 피부 표면의 세균 분포 (출처: Microorganisms, 2021.)

화장품 제조장은 항상 청결하게 유지되어야 한다. 특히, 피스톤 filler의 O-ring 부위는 깨끗하게 세척하기가 힘들기 때문에 제품이 소량 잔류할 수 있다. 그러나 이렇게 잔류된 제품은 미생물의 영양원으로 이용되기 쉽고, 제품이 잔류한 곳에서 생존한 미생물들은 화장품의 방부시스템에 잘 적응하게 된다. 그러므로 제조에 사용되는 장비를 건조하여 보관하는 것은 화장품의 미생물 오염을 방지하는 방법 중 하나이다. 따라서 모든 제조설비는 깨끗이 세척하여 건조시키고 사용하지 않는 동안은 오염을 방지할 수 있도록 커버를 씌워놓는 것이 바람직하다. 좀 더 구체적인 제조설비의 관리 방법에 대해서는 8장에서 설명하기로 한다.

6.2. 2차 오염

제조 유통된 제품을 소비자가 구매한 후 화장품 사용 중에 발생하는 미생물 오염을 2차 오염이라고 한다. 오염 원인으로 소비자의 손 및 화장도구와 제품을 연 후 발생하는 낙하균에 의해 발생할 수 있다.

(1) 소비자의 손

인체에는 부위별로 차이는 있지만 많은 미생물이 존재한다. 보고에 따라 균 수에 차이가 있기는 하지만 손에는 약 10^5 CFU/cm^{2}의 미생물이, 타액에는 10^8 CFU/mL의 미생물이 존재한다는 보고도 있다. 따라서 매일 사용되는 화장품은 사용자인 소비자의 손에 의

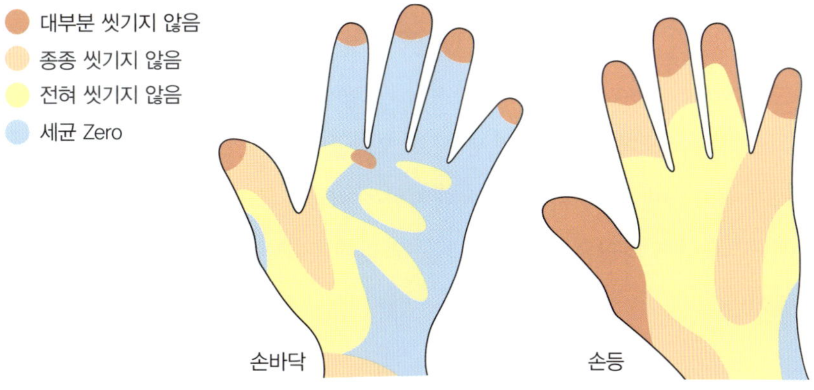

그림 4 올바른 손 씻기를 하지 않았을 때 손에 남아있는 병원성 미생물

해 2차적으로 오염될 수 있다. 따라서 화장품은 되도록 사용할 만큼의 양만 덜어 사용하고 한 번 덜어낸 제품을 다시 용기 안에 넣지 않도록 관리하는 것이 좋다. Jar 타입은 spatula(작은 주걱)를 이용해서 사용하는 것도 좋다.

(2) 낙하균

낙하균은 특히 jar type 용기 형태에서 고려되어야 하는 문제이다. 일반가정에서 낙하균 수를 10분간 직경 9 cm의 배양접시 1개당 100마리로 가정할 경우 제품의 뚜껑을 10분간 열어놓을 때 확률적으로 직경 3 cm의 크림 용기에는 10마리가 오염되고 직경 2 cm의 로션 병에는 5마리가 오염되므로 뚜껑을 여는 시간이 짧을수록, 제품 용기 입구 크기가 작을수록 오염은 적게 일어날 수 있다. 또한 제품의 용량이 적은 경우는 사용 기간이 짧아 반복 조작에 의한 오염을 감소시킬 수 있다.

(3) 화장도구: 스펀지, 퍼프, 브러시

화장도구는 두 가지 측면에서 오염 발생 가능성이 존재한다. 첫째는 화장도구에 존재하는 미생물 수에 의한 영향이다. 브러시로 사용되는 천연모(동물 기원)에는 미생물이 많이 존재한다. 따라서 부재료로 천연모가 사용될 경우에는 미리 부재료에 존재하는 미생물 수를 측정하여 그 수가 많을 때는 멸균 처리하여 입고하도록 조치가 취해져야 한다. 두 번째로는 팩트에 사용되는 스펀지나 립글로스 등에 사용되는 브러시 등은 소비자의 지속적인 사용에 의해 부재료에 미생물이 오염되어 제품에 영향을 미칠 수도 있다. 특히, 분체 메이크업 제품은 대부분 팁이나 퍼프 등의 보조기구를 이용하는 제품이 많으므로 2차 오염은 피부상재균이나 수지에 부착된 세균이 화장용구를 통해 제품에 유입되어 발생하는 경우가 많다. 화장용구는 100%가 2차 오염되며 균종은 표피성 상재균의 주요 미생물인 *Staphylococcus*가 80%를 차지하고 *Diphtheroids*, *Streptococcus* 등 보통 피부로부터 검출되는 세균이 많다. 따라서 이차 오염균이 제품 중에서 증식하지 않는 처방상의 배려가 필요하며, 특히 리퀴드파운데이션을 머금은 스펀지를 휴대용 콤팩트 용기에 담은 쿠션파운데이션 타입은 보존시스템을 잘 갖춰 미생물이 오염되지 않도록 조심해야 할 제품군이다.

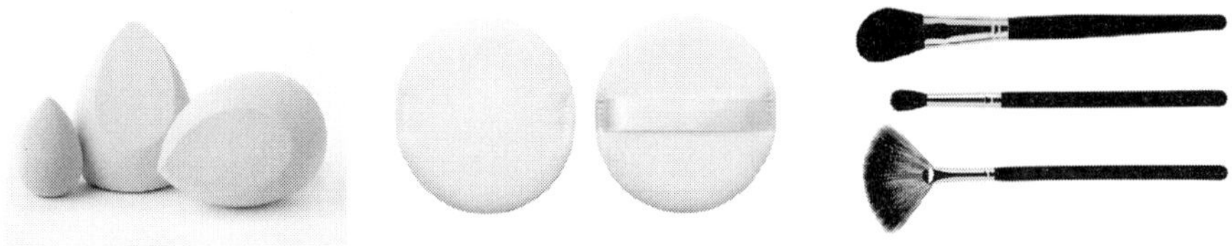

다음 표는 소비자가 화장품 사용할 때 빈번하게 오염되는 미생물을 분류한 것이다.

Gram-Negative Non-Fermenters	Gram-Negative Fermenters	Gram-Positive	Yeasts	Molds
Acinetobacter	*Citrobacter freundii*	*Bacillus*	*Candida*	*Absidia*
Alcaligenes	*Enterobacter cloacae*	*Staphylococcus aureus*	*Saccharomyces*	*Alternaria*
Burkholderia cepacia	*E. agglomerans*	*S. epidermidis*	*Torula*	*Aspergillus*
P. putida	*E. aerogenes*	*Enterococcus*	*Zygosaccharomyces*	*Citromyces*
P. fluorescens	*E. gergoviae*	*Micrococcus*		*Cladosporium*
P. paucimobilis	*Klebsiella oxytoca*	*Sarcina*		*Dematium*
P. aeruginosa	*K. pneumoniae*	*Streptococcus*		*Fusarium*
P. maltophilia	*Proteus*	*Propionibacterium*		*Helminthosporium*
	Serratia liquefaciens			*Hormodendrum*
	S. marcescens			*Mucor*
	S. odorifera			*Geotrichum*
	S. rubidaea			*Paecilomyces*
				Penicillium
				Phoma
				Aureobasidium
				Rhizopus
				Thamnidium
				Trichothecium
				Verticillium

6.3. 화장품의 미생물 오염 사례

화장품의 미생물 오염에 대한 실태가 여러 과학자들을 통해 보고된 후 화장품 산업에서 미생물 오염 방지를 위한 다양한 연구와 대책들이 수행되었다. 이런 연구 결과로 인해 최근 제조되는 대부분의 화장품에서는 미생물이 발견되지 않고 있지만, FDA 보고에 따르면 아직도 일부 화장품에서는 미생물이 검출되는 경우가 있다. 특히, 사용 중인 화장품으로부터는 병원성 미생물이 검출되는 사례도 있다. 다음에는 화장품 미생물 오염의 사례와 그 영향에 대해 알아보기로 한다.

(1) 화장품의 미생물 오염 사례

1946년 뉴질랜드에서는 베이비 파우더가 미생물에 오염되어 큰 문제가 발생한 사례가 있다. 일반적으로 베이비 파우더는 화장품에서 광범위하게 사용되고 있는 탈크로 만들어 진다. 보고에 따르면 미생물이 오염된 탈크에는 10,000 CFU/g 이상의 미생물이 오염되어 있으며 *Clostridium* spp, *Enterobacteriaceae*와 분변 유래의 *Streptococci* 등의 병원성 미생물도 검출된다고 한다.

이러한 보고 외에도 1966년 스웨덴에서 의약품인 갑상선 제제에 살모넬라균이 오염되어 200명 이상의 환자가 발생한 사건이 있었다. 1974년 Baird 보고에 의하면 사용하지 않은 147개의 화장품 중 99개 제품에서 세균이 검출되었으며, 특히 조사 제품 4.1%에서 녹농균이 발견되었다. 또한, 1977년 Rosmanund의 화장품 미생물 오염도 조사에 따르면 로션, 크림, 클렌저, 파운데이션, 아이섀도, 마스카라에서 미생물 오염도가 높았고 오염 제품으로부터 *Pseudomonas* 속 균이 많이 분리되었다고 보고하고 있다. 또한 화장품 사용 전·후의 미생물 오염 조사 결과에 의하면 사용 전 화장품은 12%(165개 중 22개)가, 사용 중 화장품은 49.5%(222개 중 110개)가 미생물에 오염되어 있었다. 화장품의 진균 오염에 대한 보고도 있는데, 이 경우는 전분, 탈크, 락토오스 등의 원료에 미생물 문제가 있었던 것으로 지적되고 있다. FDA를 통해 리콜된 화장품에 대한 미생물 오염 최근 보고에 따르면, 일부 화장품이 미생물에 오염되어 있으므로 화장품 제조관리나 미생물 오염 방지 대책이 필요함을 알 수 있다. 최근에는 제조환경에 대한 미생물 오염 방지를 위해 제조사들의 끊임 없는 노력과 제조 기술의 발전으로 화장품의 미생물 오염은 흔하게 발생되지는 않는다. 또한 제조된 제품에 대한 철저한 미생물 검사로 제조 중 미생물이 오염된 제품이 소비자에게 판매되지 않도록 하고 있다.

(2) 화장품의 미생물 오염이 인체에 미치는 영향

최근 화장품 회사의 미생물 제어를 위한 노력과 설비 보장 등으로 대부분의 화장품은 미생물이 오염되어 있지 않으며. 오염된 미생물에 의해 건강에 영향을 미친 예도 흔하지는 않다. 그러나 비병원성 미생물이라도 면역 기능이 떨어져 있는 소아나 신생아 또는 환자에게는 질병을 유발시킬 수 있으므로 화장품의 미생물 오염은 심각하게 다루어져야 한다. 미생물에 오염된 화장품에 의해 각막궤양과 같은 심각한 안질환 등 인체에 유해한 질병을 유발할 수도 있다. 이처럼 화장품의 미생물 오염은 소비자의 건강 상태에 따라 건강에 치명적인 영향을 미칠 수도 있다. 따라서 화장품의 미생물 오염을 방지하기 위한 대책이 제조장 관리뿐 아니라 제품 처방 측면에서도 고려되어야 한다.

(3) 미생물 오염으로 인한 화장품의 변질

미생물이 오염된 제품은 다음과 같은 품질 저하 현상을 나타낼 수 있다.

① **향취 이상**: 미생물이 오염된 제품은 미생물 고유의 향취뿐 아니라 미생물 대사에 의해 유화수소, 아민, 암모니아, 알코올 발효취, 지방산의 변취와 같은 향취 이상이 생길 수 있다.

② **색상 변화**: 미생물 대사 산물의 pH 변화 또는 미생물로부터 분비되는 색소에 의한 제품의 색상 변화를 가져올 수 있다.

③ **점도 변화**: 미생물에 의한 점증제나 유화제 분해는 유화를 파괴시켜 제품의 점도 변화가 발생할 수 있다.

④ **질감(texture)**: 미생물에 의한 유화 분리로 제품이 뭉글뭉글해지는 등의 질감 변화를 가져오기도 한다.

⑤ **곰팡이 발생**: 육안으로 확인 가능한 미생물 오염 현상이다. 일반적으로 크림과 같이 점도가 높거나 용기의 입구가 크고 사람의 손에 의해 연속적인 미생물 오염이 가능한 제품들은 곰팡이가 발생할 수 있으며 곰팡이 발생에 의해서도 제품의 점도나 향취, 색상 등이 변할 수 있다.

(4) 화장품에 오염되는 미생물의 종류

제조환경에서 화장품에 오염되는 미생물은 그람음성균이 대부분이며, 그람양성균이 저농도로 오염되기도 한다. 1977년 Baird 보고에 의하면 크림 로션·클렌저·파운데이션·아이섀도·마스카라의 미생물 오염도가 높았으며, 오염제품으로부터는 *Pseudomonas* 속균이 가장 많이 분리되는 것으로 보고되고 있다. 또한 Spooner는 눈연고, 세정제, 스테로이드 크림, 마우스워시, 마스카라 등이 녹농균(*P. aeruginosa*)에 오염되었다고 보고하고 있으며, 샴푸와 스킨로션 사용 중 오염에 대한 다른 보고에 의하면 샴푸에는 *Enterobacter*, *Citrobacter freundii*, *Serratia* 등의 오염이 많고 로션에는 *Pseudomonas*, Yeast, Mold 오염이 많았다. 화장품의 진균 오염 조사보고에 따르면 전분, 탈크, 락토오스 등

원료에 미생물 오염 문제가 있었다고 지적하고 있다. 화장품에서 발견되는 인체에 유해한 미생물로 *Pseudomonas*, *Proteus*, *Serratia*, *Staphylococcus*, *Streptococcus*, *Penicillin*, *Aspergillus*, *Candida* 등을 분류하고 있다. 다음 표는 2012~2016년에 해외에서 발생한 미생물 한도 초과에 의한 리콜 사례인데 다양한 화장품에서 오염된 것을 볼 수 있다.

표 3 미생물 한도 초과에 의한 리콜 사례(FDA, 2016, ACCC 2016)

연도	초과 대상 기준·규격	제품 구분	업체명	발생 국가
2012	*Staphylococcus*	Baby lotion	Aveno	캐나다
2012	Microorganisms	Lash serum	Estee Lauder	호주
2013	Microorganisms	Foundation	Nude By Nature Sales	
2013	Microorganisms	Eye cream, Face moisturizer	Australian Lavender Essentials	
2014	*Enterobacter gergoviae*	Cream	Arbonne Europe Sarl	
2013	*Candida parapsilosis*	Eye cream	Valeant Pharmaceuticals	미국
2013	Mold	Moisturizing lotion	Sunflower hill	
2014	Microorganisms	Massage gel	Trigg Laboratories	
2014	*Pseudomonas aeruginosa/ fluorescens*	Foaming soap	Kiss my face	
2014	Aerobic Plate Count > 100 CFU/g	Moisturizing lotion	Kutol products	
2014	*Pseudomonas aeruginosa*, *Pseudomonas putida*	Moisturizing lotion	Kutol products	
2014	*Burkholderia cepacia*	Biotin, Collagen Conditioner	Vogue International	
2014	*Pseudomonas cepacia*	Body butter	Demdaco	
2014	*Bacillus cereus*	Eye color	Juice Beauty	
2015	Mold	Eye mask	Diamond wipes International	
2015	*Bacillus cereus*	Eye area products	Gemdo Cosmetics	
2015	*Pseudomonas aeruginosa*, *Enterobacter gergoviae*	Shampoo	Gilchrist & Soames	
2015	Mold	Face cream	Sensible Organics	
2016	*Enterobacter gergoviae*	Oil Face cream	Josie Maran Cosmetics	
2016	Bacteria	Shower gel	Gilchrist & Soames	

연도	초과 대상 기준·규격	제품 구분	업체명	발생 국가
2016	Mold, *Bacillus lentus*, *Pseudomonas putida*, *Achromobacter xylosoxidans*	Mascara	Santee Cosmetics	미국
2016	*Bacillus cereus*, *Staphylococcus epidermidis*, *Staphylococcus warneri*	Mascara	Genosco DBA Kleancolor	

PART 3

화장품 미생물 관리

Chapter 07
국내외 화장품 미생물 규제와 법규

7.1. 화장품법 체계

1999년에 제정되고 2000년에 시행된 화장품법은 화장품을 약사법에서 의약품 등의 범위에 포함하여 의약품과 동등하거나 유사하게 규제를 하고 있어 외국 화장품과 동등한 경쟁여건 확보를 위한 시의적절한 대응이 어려운바, 화장품의 특성에 부합되는 적절한 관리와 동 산업의 경쟁력 배양을 위한 제도의 도입이 요망되어 약사법 중 화장품과 관련된 규정을 분리하여 별도의 화장품법이 제정되었다. 국가법령정보센터(https://www.law.go.kr)에서 제공되며 법령 내용 순서는 '편 → 장 → 절 → 조 → 항 → 호 → 목' 순서로 세부적으로 구분되어 기술되었다.

화장품 법령 체계 (출처: 식품의약품안전처)

다음 그림은 법령 체계도의 상하위법으로서 본서에서 인용한 법과 고시를 나타낸 것이다. 법령은 수시로 제·개정되기 때문에 현행법을 항상 확인해야 한다. 그 외의 식약처에서 발간하는 가이드라인(민원인 안내서)은 식품의약품안전처의 입장을 기술한 것으로 대외적으로 법적 효력을 가지는 것이 아니므로 본문의 기술방식('~해야 한다' 등)에도 불구하고 참고만 하도록 되어있다.

화장품법의 목적은 1장에서 기술했듯이 국민보건향상과 화장품 산업의 발전에 기여하는 것이다. 대한화장품협회에서 정리한 우리나라 화장품의 안전관리 체계는 법률에 의한 의무 규정과 시장 경쟁에 의한 자율 관리 시스템이 함께 작동되어 매우 엄격하게 통제되는 시스템으로, 전 세계가 유사한 시스템으로 관리하고 있다. 화장품의 법률은 제조·유통, 원료·제품의 안전기준, 표시·광고, 제조·수입·판매 등의 금지, 보고와 감시 등 감독에 이르기까지 전 과정에서 안전성을 확보하기 위한 엄격한 규제가 적용된다. 시장 경쟁에 의한 자율 관리 시스템이란 치열한 경쟁이 이루어지는 시장에서 소비자로부터 자신의 제품을 선택받을 수 있게 하도록 법률에서 정한 기준보다 더 높은 수준으로 관리하는 데서 기인하는 것으로 화장품의 안전관리 체계와 관련하여 법과 자율 관리 시스템으로 이루어지는 주요한 관리는 다음과 같다. 먼저 화장품과 관련하여 영업을 하려는 자(화장품책임판매업자)는 반드시 식약처로부터 요건을 확인받고 등록을 한 후 영업을 할 수 있도록 하고 있다. 화장품을 제조하려는 자(화장품제조업자)는 제조에 적합한 시설기준을 갖추어야 하고, 제조 또는 수입한 화장품의 유통·판매를 하려는 자(화장품책임판매업자)는 화장품의 품질관리 및 책임판매 후 안전관리에 관한 기준과 일정한 자격을 갖춘 책임판매관리자를 선임하여 식약처에 등록하도록 하고 있으며, 등록한 사람들에게 품질 안전에 대한 준수사항을 의무로 부과하여 관리한다. 이는 일정한 요건이나 자격을 갖춘 사람만이 시장 진입을 하도록 하며, 품질 안전에 대한 의무와 책임을 명확하게 하여 화장품의 안전을 확보하고자 하는 것이다. 그리고 화장품의 제조에 사용하는 화장품 원료와 화장품의 안전관리가 매우 엄격하게 이루어지고 있다. 화장품 원료는 최초 개발 단계에서 독성시험, 인체적용시험, 안정성시험 등 각종 시험을 통해 안전성, 유효성, 안정성과 품질관리를 위한 기준 및 시험방법을 확보하여 제조단계에 공급된다.

현재 3만여 종 이상의 원료가 수록되어 있는 미국의 화장품 성분 사전 즉 국제화장품원료집(ICID; International Cosmetic Ingredient Dictionary), 현재 2만 4천여 종이 수록되어 있는 우리나라 화장품 성분 사전(KCID; Korea Cosmetic Ingredient Dictionary) 등에 등록되어 공개되며, 전 세계에서 화장품 제조에 사용되고 사용되는 중에 발생한 문제는 원료 개발 단계에 피드백되어 개선됨으로서 다시 검증된다. 보존제, 자외선 차단제, 염모제 성분, 색소 등 특별한 관리가 필요한 원료는 포지티브 시스템으로 허용되는 원료목록을 정해놓고 각 원료별 사용농도 및 사용조건 등을 제한하고 있다. 이 경우에는 해당 목적으로 사용할 때 정부에서 정한 원료 이외에는 사용할 수 없다. 나머지 원료에 대하여는 업체의 책임하에 안전성 등을 확보하여 사용할 수 있도록 네거티브 시스템으로 관리하고 있다. 우리나라뿐 아니라, 유럽, 미국 등 전 세계 많은 국가가 이러한 원료 규제 방식을 채택하고 있다. 또한, 업체에서는 제품 연구단계에서 인체첩포시험, 사용성시험 등을 통해 다시 한번 안전성을 확인한다. 의도하지 않은 물질이 제품에 혼입된 경우에 대해서는 "화장품 안전기준 등에 관한 규정의 유통화장품 안전관리 기준"이라는 규정에 따라 엄격하게 관리되고 있다. 화장품이 유통된 후에는 업계 등에서 보고된 제품의 제조에 사용된 원료정보와 보고되는 위해 사례 정보를 분석하여 한국의 식품의약품안전평가원, 미국의 화장품 원료 검토 위원회(CIR), 유럽의 소비자안전과학위원회(SCCS) 등 각국의 위해 평가 기관에서 안전성에 대한 재평가를 하여 필요한 조치를 함으로써 다시 한번 안전성이 검증되고 있다. 또한, 소비자가 제품을 구매하고, 사용할 때 필요한 정보를 제공하고 있다. 그리고 우리나라 화장품법에서 보존제를 연구개발하여 새롭게 지정받는 대상으로서 "화장품 원료 사용기준 지정 및 변경 심사에 관한 규정"에 따라 심사를 신청할 수 있는데, 「화장품 안전기준 등에 관한 규정」(식품의약품안전처 고시) 별표2에 따라 고시되지 '아니한' 보존제로서 가능하다. "화장품 원료 사용기준 지정 및 변경 심사에 관한 규정" 고시의 목적은 화장품법 제8조에 따라 화장품에 사용할 수 없는 원료 및 사용상의 제한이 필요한 원료에 대해 그 사용기준을 지정하고, 유통화장품 안전관리 기준에 관한 사항을 정함으로써 화장품의 제조 또는 수입 및 안전관리에 적정을 기하고자 한다. 여기서 '사용기준'이라 함은 「화장품 안전기준 등에 관한 규정」 제4조에 따른 사용상의 제한이 필요한 원료에 대한 사용한도, 사용 시의 농도 상한, 적용부위 및 유형 등에 대한 기준을 말한다.

화장품법에 따라 화장품의 포장에는 화장품의 명칭, 영업자의 상호 및 주소, 화장품 제조에 사용된 모든 성분, 내용물의 용량 또는 중량, 제조번호, 사용기한 또는 개봉 후 사용기간, 가격, 사용할 때 주의사항 등이 표시된다. 이를 통해 소비자가 제품을 구매 및 사용하고, 문제 발생 시 처리에 필요한 정보를 제공하도록 함으로써 제품을 안전하게 사용할 수 있도록 하고 있다. 화장품책임판매업자는 품목별로 제조에 사용된 모든 성분을 식품의약품안전처에 보고하고 있다. 만약 특정 성분에 대한 문제가 발생할 경우, 정부가 제품에 대한 정보를 신속하게 파악하여 필요한 조치를 취하게 된다. 소비자가 화장품 사용 중 발생한 바람직하지 않고 의도되지 않은 유해사례에 대하여 업계, 소비자 관련 단체가 정부에 보고하도록 하여 필요한 조치를 할 수 있도록 법률에 따른 시스템을 운영하고 있다. 또한, 정부는 국민 보건에 위해를 끼칠 우려가 있는 화장품에 대하여 회수나 폐기 명령을 할 수 있는 강력한 사후관리 권한을 가지고 있다. 이러한 방식을 통해 화장품은 사전과 사후에 매우 촘촘하게 관리되지만, 혹시라도 문제 발생 시 신속하게 조치할 수 있는 시스템이 마련되어 있다. 결론적으로 "화장품은 법률에 의한 의무 규정과 치열한 시장 경쟁에 의한 자율 관리 시스템으로 매우 안전하게 관리되어 매우 안전한 물품"이라고 할 수 있다.

7.2. 국내외 화장품 미생물 규제

다음은 현행 화장품법 상하위법 법령 체계도로서 주로 본서에서 다루는 미생물 품질관리 관련 법령(밑줄 표시)을 파악하고자 하였다.

- 법률 화장품법 [시행 2022. 2. 18.] [법률 제18448호, 2021. 8. 17., 일부개정] 본문 3단비교 판례등
  - 시행령 화장품법 시행령 [시행 2023. 12. 12.] [대통령령 제33913호, 2023. 12. 12., 타법개정]
    - 시행규칙 화장품법 시행규칙 [시행 2023. 6. 22.] [총리령 제1887호, 2023. 6. 22., 일부개정]
      - 행정규칙
        - 고시 기능성화장품 기준 및 시험방법 [시행 2020. 12. 30.] [고시 제2020-132호, 2020. 12. 30., 일부개정]
        - 고시 기능성화장품 심사에 관한 규정 [시행 2023. 9. 21.] [고시 제2023-61호, 2023. 9. 21., 타법개정]
        - 고시 맞춤형화장품조제관리사 자격시험 운영에 관한 규정 [시행 2022. 2. 18.] [고시 제2022-11호, 2022. 2. 18., 일부개정]
        - 고시 맞춤형화장품판매업자의 준수사항에 관한 규정 [시행 2022. 1. 14.] [고시 제2022-3호, 2022. 1. 14., 일부개정]
        - 고시 소비자화장품안전관리감시원 운영 규정 [시행 2021. 11. 2.] [고시 제2021-85호, 2021. 11. 2., 일부개정]
        - 고시 수입화장품 품질검사 면제에 관한 규정 [시행 2020. 2. 25.] [고시 제2020-12호, 2020. 2. 25., 타법개정]
        - 고시 어린이보호포장대상공산품의 안전기준 [시행 2017. 8. 29.] [고시 제2017-337호, 2017. 8. 29., 일부개정]
        - 고시 영유아 또는 어린이 사용 화장품 안전성 자료의 작성·보관에 관한 규정 [시행 2020. 7. 24.] [고시 제2020-66호, 2020. 7. 24., 제정]
        - 고시 우수화장품 제조 및 품질관리기준 [시행 2020. 2. 25.] [고시 제2020-12호, 2020. 2. 25., 타법개정]
        - 고시 인체적용제품의 위해성평가에 관한 규정 [시행 2022. 8. 29.] [고시 제2022-63호, 2022. 8. 29., 폐지제정]
        - 고시 천연화장품 및 유기농화장품 인증기관 지정 및 인증 등에 관한 규정 [시행 2019. 3. 14.] [고시 제2019-20호, 2019. 3. 14., 제정]
        - 고시 화장품 가격표시제 실시요령 [시행 2020. 2. 25.] [고시 제2020-12호, 2020. 2. 25., 타법개정]
        - 고시 화장품 바코드 표시 및 관리요령 [시행 2020. 2. 25.] [고시 제2020-12호, 2020. 2. 25., 타법개정]
        - 고시 화장품 법령·제도 등 교육실시기관 지정 및 교육에 관한 규정 [시행 2022. 1. 14.] [고시 제2022-2호, 2022. 1. 14., 일부개정]
        - 고시 화장품 사용할 때의 주의사항 및 알레르기 유발성분 표시에 관한 규정 [시행 2022. 6. 19.] [고시 제2022-33호, 2022. 4. 27., 일부개정]
        - 고시 화장품 안전성 정보관리 규정 [시행 2022. 2. 18.] [고시 제2022-12호, 2022. 2. 18., 일부개정]
        - 고시 화장품 원료 사용기준 지정 및 변경 심사에 관한 규정 [시행 2023. 9. 21.] [고시 제2023-61호, 2023. 9. 21., 타법개정]
        - 고시 화장품 표시·광고 실증에 관한 규정 [시행 2020. 9. 4.] [고시 제2020-80호, 2020. 9. 4., 일부개정]
        - 고시 화장품 표시·광고를 위한 인증·보증기관의 신뢰성 인정에 관한 규정 [시행 2020. 2. 25.] [고시 제2020-12호, 2020. 2. 25., 타법개정]
        - 고시 화장품의 생산·수입실적 및 원료목록 보고에 관한 규정 [시행 2022. 6. 19.] [고시 제2022-33호, 2022. 4. 27., 타법개정]
  - 행정규칙
    - 훈령 식품의약품안전처 과징금 부과처분 기준 등에 관한 규정 [시행 2021. 12. 9.] [훈령 제193호, 2021. 12. 9., 일부개정]
    - 고시 맞춤형화장품조제관리사 자격시험 운영에 관한 규정 [시행 2022. 2. 18.] [고시 제2022-11호, 2022. 2. 18., 일부개정]
    - 고시 천연화장품 및 유기농화장품의 기준에 관한 규정 [시행 2019. 7. 29.] [고시 제2019-66호, 2019. 7. 29., 일부개정]
    - 고시 화장품 안전기준 등에 관한 규정 [시행 2024. 2. 7.] [고시 제2024-9호, 2024. 2. 7., 일부개정]
    - 고시 화장품의 색소 종류 및 기준 [시행 2023. 9. 21.] [고시 제2023-61호, 2023. 9. 21., 일부개정]

화장품 미생물 품질관리 관련 법령

우리나라는 급격한 화장품 산업의 고속 성장에 맞추어 위생과 안전에 대한 개념을 강화하기 위해 정책적 기반을 다져왔다. 2000년 미생물 오염관리를 위해 '화장품 원료 지정과 기준 및 시험방법에 관한 규정'을 제정하여 현재는 '화장품 안전기준 등에 관한 규정'으로 운영하고 유통 과정 또는 사용기간 동안 미생물에 의한 화장품의 변패를 방지하기 위한 살균·보존제를 국가에서 지정하여 사용할 수 있도록 하였다. 배합한도와 배합금지

표 1 국내 화장품법 개정 사례 및 주요 내용

일자	구분	주요 개정 내용
00.07.01.	화장품법 제정	• 약사법 중 화장품과 관련된 규정을 분리하여 별도의 화장품법 제정
00.07.01.	화장품원료지정과 기준 및 시험방법에 관한 규정	• '화장품 원료지정과 기준 및 시험방법에 관한 규정' 제정 • 화장품법 시행에 따라 안전성 유효성이 확보된 화장품원료를 지정·고지, 배합한도성분 및 배합금지성분, 화장품 기준 및 시험방법 등에 관한 사항을 정함
05.11.18.	화장품 기준 및 시험방법	• '화장품 원료지정과 기준 및 시험방법에 관한 규정' 중 '화장품 기준 및 시험방법' 분리 제정
08.09.11.	화장품법 시행규칙 일부 개정	• 화장품 유형 확대(액상비누를 화장품에 포함 > 화장품 유형을 어린이용, 목욕용, 인체 세정용, 눈 화장용, 방향용, 염모용, 색조화장용, 두발용, 손발톱용, 면도용 또는 기초화장용 제품으로 분류함)
13.02.17.	화장품 안전기준 등에 관한 규정 전부 개정 고시 (제2013-2호)	• 화장품 원료지정에 관한 규정 전부 개정 > 화장품안전기준 등에 관한 규정 • '화장품 기준 및 시험방법' 폐지
14.05.30.	화장품 안전기준 등에 관한 규정 일부 개정 고시 (제2014-118호)	• 유통화장품의 미생물한도시험법 개정 – 미생물한도 기준이 화장품 전 유형으로 확대됨에 따라 제형별 특성을 반영한 미생물한도시험법 확립 필요 – 제형별 전처리 방법 및 시험법 적합성 검증 시 '항균활성에 대한 중화제'를 예시하는 등 구체적으로 제시한 미생물한도 시험법 개정 – 국제기준에 부합되도록 미생물한도시험법을 개정하여 명확한 시험법을 제시함으로써 제조(판매)업자의 품질관리 시 유통화장품의 안전·품질 확보
15.07.10.	화장품 안전기준 등에 관한 규정 일부 개정 고시 (제2015-43호)	• '물휴지'에 대하여 '미생물한도' 기준 신설(안 제5조)
15.12.29.	화장품 안전기준 등에 관한 규정 일부 개정 고시 (제2015-110호)	• 유통화장품 안전관리 시험방법의 명확화 – '검체'를 '주자재를 제외한 화장품의 내용물'로 정의하고, 시험방법을 규정함

기준을 설정하여 관리하는 원료인 Negative system 운영, 사용기한 또는 개봉 후 사용기한 표시 의무에 대한 내용은 2000년 제정 이후 개정이 진행되어 왔으나, 실질적인 미생물 시험법에 대한 개정은 2014년 5월 30일 '제형별 시험법', '국제 조화' 등을 주요 주제로 진행되었다.

화장품의 주성분은 물과 기름이고 다른 영향 성분들을 포함할 수 있기 때문에 제조 및 유통 과정 중에 오염된 미생물이 화장품에서 증식할 가능성이 있다. 오염된 미생물은 화장품의 품질을 저하시키고 소비자의 피부 건강에 나쁜 영향을 미칠 수 있으므로 화장품 제조업자 및 제조판매업자는 화장품의 품질, 안전성, 유효성을 확보하기 위해 화장품 원료, 화장품과 직접 접촉하는 용기나 포장 및 최종제품의 미생물 오염을 방지해야 한다. 「화장품법」 제15조 제2호 및 제3호에서는 '전부 또는 일부가 변패된 화장품, 병원미생물에 오염된 화장품을 판매하거나 판매할 목적으로 제조 수입 보관 또는 진열하여서는 아니된다'라고 규정하고 있으므로 이에 대한 관리가 필요하다.

미생물한도시험은 화장품에 혼입되어 살아있는 세균과 진균의 수를 측정하여 그 한도 기준을 정하고, 특정 세균의 검출 여부를 정한 것으로 화장품이 미생물에 오염되었는지를 확인할 수 있으며 화장품을 제조 및 판매하는 데 있어 위생과 안전에 대한 개념을 강조하여 궁극적으로 소비자에게 안전한 화장품을 공급하기 위함이다.

o 화장품법 고시 '화장품 안전기준 등에 관한 규정' 제6조 유통화장품의 안전관리 기준에 고시되어 있는 미생물한도는 다음 각 호와 같다.

1. 총 호기성 생균수는 영·유아용 제품류 및 눈화장용 제품류의 경우 500개/g(mL) 이하
2. 물휴지의 경우 세균 및 진균 수는 각각 100개/g(mL) 이하
3. 기타 화장품의 경우 1,000개/g(mL) 이하
4. 대장균(*Escherichia coli*), 녹농균(*Pseudomonas aeruginosa*), 황색포도상구균(*Staphylococcus aureus*)은 불검출

우리나라 미생물한도 규제에서는 영·유아용 제품류는 영·유아가 사용하기 때문에 안전에 더욱 주의해야 하고 눈화장용 제품류도 눈 점막으로 쉽게 미생물 감염이 될 수 있는 부위의 사용 제품이므로 기타 일반화장품의 기준보다 더욱 엄격한 기준으로 총호기성 생균수를 관리한다고 볼 수 있다. 2015년 물휴지가 영유아 피부에 많이 사용되는 물품으로 화장품으로 편입되고 미생물한도 기준이 설정되었다. 다음은 한국, ISO, 미국의 미생물규제를 정리 비교한 표이다.

표 2 한국, ISO, 미국의 미생물규제

- 화장품 안전기준 등에 관한 규정

국가·기관	제품별 기준·규격			
한국 / 식품의약품안전처		영·유아용 제품류 및 눈화장용 제품류	물휴지	그 외 제품
	총 호기성 생균수	≤ 500 CFU/g(mL)	세균 ≤ 100 CFU/g(mL) 진균 ≤ 100 CFU/g(mL)	≤ 1000 CFU/g(mL)
	Escherichia coli	불검출		
	Pseudomonas aeruginosa			
	Staphylococcus aureus			

- ISO 17516 - Cosmetic - Microbiology - Microbiological Limits

국가·기관	제품별 기준·규격		
ISO		3살 이하 유아용 제품, 눈 주위 혹은 점막 주위용 제품	그 외 제품
	Enumeration limits	≤ 100 CFU/g(mL)	≤ 1000 CFU/g(mL)
	Escherichia coli	불검출 (샘플 1 g(mL) 당)	
	Pseudomonas aeruginosa		
	Staphylococcus aureus		
	Candida albicans		

- USP/EP/JP Harmonized Chapters

국가·기관	제품별 기준·규격		
USP		피부 사용 제품	구강 복용을 위한 수정제제
	총 호기성 세균수	≤ 100 CFU/g(mL)	
	총 호기성 진균수 (효모+곰팡이)	≤ 10 CFU/g(mL)	
	Escherichia coli	–	불검출 (샘플 1 g(mL) 당)
	Pseudomonas aeruginosa	불검출 (샘플 1 g(mL) 당)	–
	Staphylococcus aureus		–
	모든 제품은 인체에 유해하거나 제품의 품질을 손상시킬 수 있는 미생물 함량을 가지면 안 된다.		

• Microbiological Guidelines - Establishing Microbiological quality of personal care products

국가·기관	제품별 기준·규격		
USP		유아용 및 눈 주위 제품	그 외 제품
	총 호기성 생균수	≤ 100 CFU/g(mL)	≤ 1000 CFU/g(mL)
	모든 제품은 인체에 유해하거나 제품의 품질을 손상시킬 수 있는 미생물 함량을 가지면 안 된다.		

• BAM Chapter 23 - Microbiological Methods for Cosmetics

국가·기관	제품별 기준·규격		
미국 / FDA		눈 주위 제품	그 외 제품
	총 호기성 생균수	≤ 500 CFU/g(mL)	≤ 1000 CFU/g(mL)
	주요 병원균과 기회병원균	눈 주위 제품의 경우 *S. aureus*, *Streptococcus pyogenes*, *P. aeruginosa*, *Klebsiella pneumoniae* 등이 ≤ 400 CFU/g(mL)	

주요 국제 화장품 안전관리 기관의 관리 체계를 살펴본 결과 기준·규격 대상 미생물을 관련 사고 및 화장품 안전성, 안정성의 문제 발생사례와 보고되고 있는 직접적이고 잠재적 인체 위험성 수준 등 다양한 지표에 따라서 결정하고, 관련 시험법을 제공하여 관리 수준에 대한 정기적인 점검을 수행하고 있다. 국내 검사 대상 미생물을 중심으로 세계 유관기관을 대상으로 조사한 기준·규격 현황이다.

표 3 기관별 검출한도 대상 미생물 종류

기관	검사 대상 미생물	
한국 / 식품의약품안전처	• 총 호기성 생균수 • *Escherichia coli*	• *Pseudomonas aeruginosa* • *Staphylococcus aureus*
미국 / FDA	• 총 호기성 생균수 • 병원균 및 기회병원균	
ISO	• 총 호기성 생균수 • *Escherichia coli* • *Pseudomonas aeruginosa*	• *Staphylococcus aureus* • *Candida albicans*
USP/EP/JP	• 총 호기성 생균수 • *Escherichia coli*	• *Pseudomonas aeruginosa* • *Staphylococcus aureus*

표 4 대표 유관기관의 규정별 화장품 미생물 기준규격 현황

검사 대상 미생물	규정				
	MFDS	ISO	USP/EP/JP	PCPC	BAM
총 호기성 생균수	O	O	O	O	O
Escherichia coli	O	O	O	O	–*
Pseudomonas aeruginosa	O	O	O	O	O
Staphylococcus aureus	O	O	O	O	O
Candida albicans	X	O	O	O	–*

* FDA의 경우 시험법 내에서 특정 미생물 대상 전체에 대한 정보를 제공하고 있지 않음.

- MFDS: Ministry of Food and Drug Safety (식품의약품안전처)
- ISO: International Organization for Standardization (국제표준화기구)
- USP: United States Pharmacopeia (미국약전)
- EP: European Pharmacopoeia (유럽약전)
- JP: Japanese Pharmacopoeia (일본약전)
- PCPC: Personal Care Products Council (미국화장품협회)
- BMA: FDA(Food and Drug Administration, 미국식품의약국)'s Bacteriological Analytical Manual

Chapter

08

제조소의 미생물 품질관리

보존제를 최소한으로 사용해 방부력을 최대한 발휘하도록 하는 방부처방 설계기술이 지금보다 더 중요해지고 있다. 그러나 최신기술을 응용해서 어렵게 방부처방과 공정 설계를 한 제품이라도 공장 제조단계에서 관리가 소홀해지면 허용범위를 벗어나는 미생물의 수나 종류들이 제품에 혼입될 가능성이 있고 이를 1차 오염이라 한다. 즉, 방부처방 설계와 제조현장의 위생관리는 미생물 제어의 양쪽 바퀴로 잘 조화를 이뤄야 한다. 화장품, 퍼스널케어 제품의 제조현장에서 미생물은 어떻게든 살아남으려고 필사적으로 자신의 성질을 변화시켜서라도 제조관리의 빈틈을 노리고 있으며 현장을 설계 운용하는 사람의 조그만 방심이 그 빈틈을 주게 된다. 점점 천연원료 도입이 많아지고 제품 처방의 다양화, 과도한 생산량 등이 진행되면 더욱 문제가 발생할 것이다. 제조현장의 미생물 오염은 학문적 지식만으로 오염 원인을 포함하여 그것을 미리 알고 예방하는 것은 매우 어렵다. 따라서 많은 기업은 과거 자사의 문제를 해석하고 그 실패의 경험이 중요하게 결부된다고 인식하게 된다.

이에 이번 장에서는 기본적인 제조환경의 미생물품질관리 지식과 화장품, 퍼스널케어 제품의 미생물 제어 사례 경험을 바탕으로 제조현장에서 실제로 일어난 미생물 트러블을 포함하여 정리하였다. 우수한 품질은 검사가 아니라 공정에서 만든다고 하는 제조 철칙을 명심해야 한다. 이후 9장에서 우수화장품 제조 및 품질관리기준에 대해 전체적으로 다루겠지만, 이번 장에서는 제조소의 미생물 품질관리의 기본적인 사항과 대응 사례를 위주로 기술하였다.

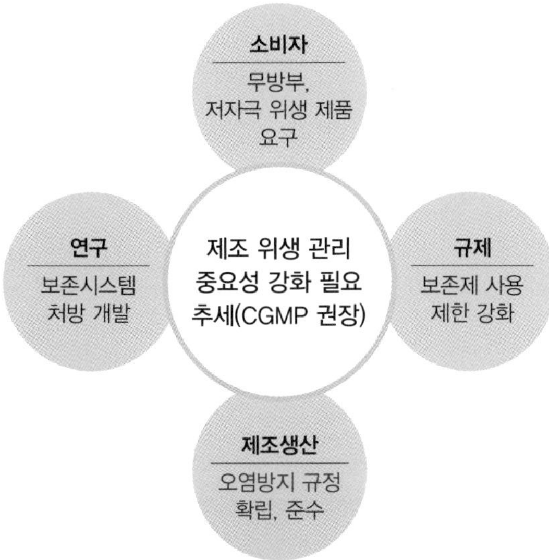

오염방지 중요성 강화

미생물 허용 한도 내의 미생물 오염이 없는 제품을 제조하기 위해서는 제조환경에 대한 미생물 평가가 선행되어야 하며, 평가 결과에 따라 차별화된 미생물 제어를 해야 한다. 즉, 제품의 각 공정마다 미생물 혼입을 방지하는 관점에서 필요한 제조 청정구역을 정하고 그 기준에 맞는 제조장의 청정화를 통한 미생물 억제가 필요하다. 본 장은 화장품 산업에서 각각의 제조환경에 대한 평가, 제조환경 모니터링 기술 및 구체적인 미생물 제어법에 대해 설명하기로 한다.

8.1. 제조환경의 미생물 평가

제조환경의 여러 가지 조건들은 제조된 제품의 품질 결정에 크게 영향을 미친다. 제조환경은 건물, 설비, 사람 그리고 살균소독과 각종 관리 요인으로 나눌 수 있다. 제조장들은 각각 독특한 환경적 특성이 있으므로 제조자들이 자신의 설비에 가장 적합한 프로그램을 이용하여 제조장을 관리해야 한다.

(1) 제조환경의 영향

① 건물

건물 내부의 자재는 내구성이 있고 청소가 용이하며 관리하기 좋은 자재를 선택해야 한다. 미생물, 먼지나 오물의 유입을 방지하기 위해 환기구에 필터를 장착하거나 배기구에 트랩을 설치하여 교차 오염을 방지할 수 있도록 하는 것이 좋다. 공조시설 재질도 다공성이나 부식성 물질이 아닌 것이 좋다. 건물설계시 제조실, 포장실과 창고, 사무실, 탈의실 등을 벽으로 분리해야 하며 제조실이나 포장실에는 사람이나 원재료의 통행을 최소화할 수 있도록 한다.

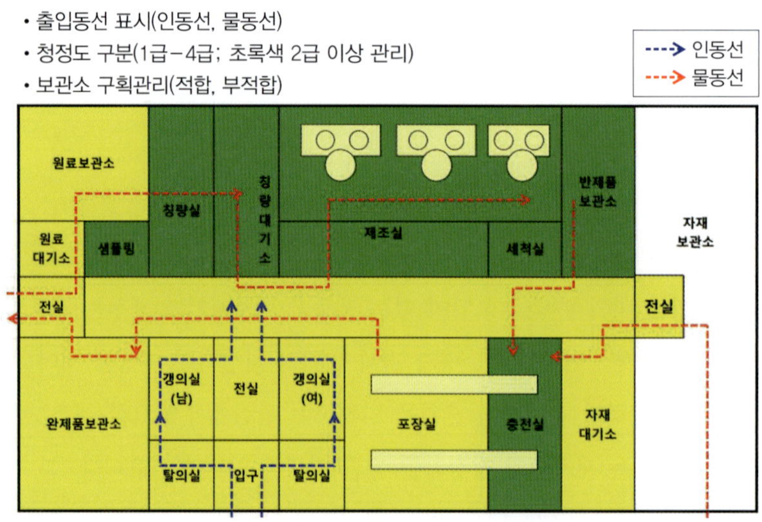

CGMP 레이아웃의 예시 (출처: kolmar korea)

○ 우수화장품 제조 및 품질관리기준

제7조(건물) ① 건물은 다음과 같이 위치, 설계, 건축 및 이용되어야 한다.

1. 제품이 보호되도록 할 것
2. 청소가 용이하도록 하고 필요한 경우 위생관리 및 유지관리가 가능하도록 할 것
3. 제품, 원료 및 포장재 등의 혼동이 없도록 할 것

② 건물은 제품의 제형, 현재 상황 및 청소 등을 고려하여 설계해야 한다.

제8조(시설) ① 작업소는 다음 각 호에 적합해야 한다.

1. 제조하는 화장품의 종류·제형에 따라 적절히 구획·구분되어 있어 교차오염 우려가 없을 것
2. 바닥, 벽, 천장은 가능한 청소하기 쉽게 매끄러운 표면을 지니고 소독제 등의 부식성에 저항력이 있을 것

3. 환기가 잘 되고 청결할 것
4. 외부와 연결된 창문은 가능한 열리지 않도록 할 것
5. 작업소 내의 외관 표면은 가능한 매끄럽게 설계하고, 청소, 소독제의 부식성에 저항력이 있을 것
6. 수세실과 화장실은 접근이 쉬워야 하나 생산구역과 분리되어 있을 것
7. 작업소 전체에 적절한 조명을 설치하고, 조명이 파손될 경우를 대비한 제품을 보호할 수 있는 처리절차를 마련할 것
8. 제품의 오염을 방지하고 적절한 온도 및 습도를 유지할 수 있는 공기조화시설 등 적절한 환기시설을 갖출 것
9. 각 제조구역별 청소 및 위생관리 절차에 따라 효능이 입증된 세척제 및 소독제를 사용할 것
10. 제품의 품질에 영향을 주지 않는 소모품을 사용할 것

제9조(작업소의 위생) ① 곤충, 해충이나 쥐를 막을 수 있는 대책을 마련하고 정기적으로 점검·확인해야 한다.

② 제조, 관리 및 보관 구역 내의 바닥, 벽, 천장 및 창문은 항상 청결하게 유지되어야 한다.

③ 제조시설이나 설비의 세척에 사용되는 세제 또는 소독제는 효능이 입증된 것을 사용하고 잔류하거나 적용하는 표면에 이상을 초래하지 아니해야 한다.

④ 제조시설이나 설비는 적절한 방법으로 청소해야 하며, 필요한 경우 위생관리 프로그램을 운영해야 한다.

② 장비

장비의 재질은 표면이 매끄러우며 다공성이 아닌 스테인리스스틸을 사용하는 것이 좋다. 밸브나 게이지(gauges)는 쉽게 분해가 가능한 것을 선정하며, 장비가 살균소독 및 세척을 효율적으로 쉽게 할 수 있는지도 고려해야 한다.

o 우수화장품 제조 및 품질관리기준

제8조(시설) ② 제조 및 품질관리에 필요한 설비 등은 다음 각 호에 적합해야 한다.

1. 사용목적에 적합하고, 청소가 가능하며, 필요한 경우 위생·유지관리가 가능해야 한다. 자동화시스템을 도입한 경우도 또한 같다.
2. 사용하지 않는 연결 호스와 부속품은 청소 등 위생관리를 하며, 건조한 상태로 유지하고 먼지, 얼룩 또는 다른 오염으로부터 보호할 것
3. 설비 등은 제품의 오염을 방지하고 배수가 용이하도록 설계, 설치하며, 제품 및 청소 소독제와 화학반응을 일으키지 않을 것
4. 설비 등의 위치는 원자재나 직원의 이동으로 인하여 제품의 품질에 영향을 주지 않도록 할 것
5. 용기는 먼지나 수분으로부터 내용물을 보호할 수 있을 것
6. 제품과 설비가 오염되지 않도록 배관 및 배수관을 설치하며, 배수관은 역류되지 않아야 하고, 청결을 유지할 것
7. 천정 주위의 대들보, 파이프, 덕트 등은 가급적 노출되지 않도록 설계하고, 파이프는 받침대 등으로 고정하고 벽에 닿지 않게 하여 청소가 용이하도록 설계할 것
8. 시설 및 기구에 사용되는 소모품은 제품의 품질에 영향을 주지 않도록 할 것

③ 사람

깨끗한 작업복을 입어야 하며 작업장에 따라서는 작업모나 장갑 등을 착용하도록 한다. 제조자들의 개인위생에 대해서는 철저하게 주지시켜야 하며 주기적으로 위생교육을 실시한다. 작업장 출입 시 작업복과 모자를 반드시 착용하고 신발은 작업장과 외부 신발을 구분한다. 작업복 착용 시 방해가 되는 불편한 액세서리 반지, 목걸이, 귀걸이 등은 청정도 지정구역에서는 착용해서는 안 된다. 내부 옷이 작업복 밖으로 나오지 않도록 한다. 화장실 출입 시 나올 때 손 씻기와 신발을 갈아신도록 한다. 작업자는 멸균함에 보관된 장갑을 착용하고 충진라인 작업자는 마스크, 토시를 착용하며 매주 세탁한다. 손 소독은 작업장 출입 및 작업 중 수시로 손 소독을 한다(우수화장품 제조 및 품질관리기준, 제6조 참고).

o 우수화장품 제조 및 품질관리기준

제6조(직원의 위생) ① 적절한 위생관리 기준 및 절차를 마련하고 제조소 내의 모든 직원은 이를 준수해야 한다.

② 작업소 및 보관소 내의 모든 직원은 화장품의 오염을 방지하기 위해 규정된 작업복을 착용해야 하고 음식물 등을 반입해서는 아니 된다.

③ 피부에 외상이 있거나 질병에 걸린 직원은 건강이 양호해지거나 화장품의 품질에 영향을 주지 않는다는 의사의 소견이 있기 전까지는 화장품과 직접적으로 접촉되지 않도록 격리되어야 한다.

④ 제조구역별 접근권한이 없는 작업원 및 방문객은 가급적 제조, 관리 및 보관구역 내에 들어가지 않도록 하고, 불가피한 경우 사전에 직원 위생에 대한 교육 및 복장 규정에 따르도록 하고 감독하여야 한다.

④ 살균소독 및 관리

제조장은 규정에 따라 정기적으로 청소하여 깨끗한 상태를 유지하도록 한다. 적절한 세척제를 사용하여 뱃치(batch)마다 제조설비의 청소나 소독을 수행하고 세척 후 건조시켜 보존한다. 세척은 이물 제거 → 세제를 사용한 열수세척 → 이온수세척 → 건조과정을 거치며 물이 잔류하지 않도록 완전한 건조가 매우 중요하다. 세척실은 매일 작업완료 후 물기를 제거하는데 바닥의 물이 다른 작업장으로 옮겨지지 않도록 관리되어야 한다. 정기적으로 바닥 및 벽을 2주에 1회는 세척하고 별도 소독제로 진행한다.

(2) 제조설비 표면의 미생물 측정법

제조설비 표면에 존재하는 미생물들은 생산된 화장품의 품질에 영향을 많이 미칠 수 있으므로 환경 모니터링이 필요하며 다양한 방법을 사용하여 미생물을 측정한다. 이외에도 벽이나 바닥처럼 제품에 직접 닿지 않는 표면에 존재하는 미생물도 제조환경의 기초적인 미생물 수를 결정하는 요인이 되므로 점검해야 한다.

① 면봉법(Swabbing method)

손이 닿기 어려운 설비의 내부 표면에 존재하는 미생물을 채취하는 방법이다. 무균액을 미리 적신 멸균 면봉으로 시험 부위 표면을 문지르고 보존제 불활성제가 함유된 적당한 희석액이나 한천배지에 담그거나 문질러 접종하여 단위 면적당 미생물 수를 측정한다.

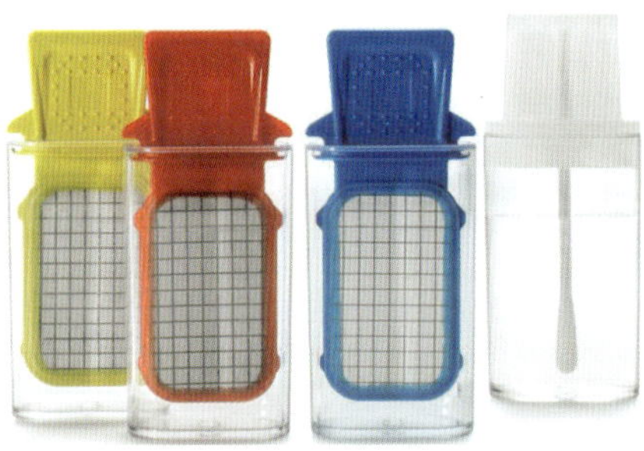

dips & swabs 시험 키트 (출처: Merck Millipore)

② 접촉평판법(Contact plate method)

고체배지가 볼록하게 나온 배양접시 표면을 시험 부위 표면에 밀착시켜 균을 채취하여 단위 면적당 미생물 수를 측정하는 방법이다. 이 방법은 한천 플레이트에 평평하고 불침투성 표면에 직접 미생물이 접촉하여 샘플링과 접종을 한 번에 수행할 수 있고 직접 접촉을 통해 검사 부위 내 미생물의 분포를 관찰할 수 있다. 접촉아가플레이트는 취급이 쉽고 오염 미생물을 수집하기에 가장 쉬운 방법이다. 단점으로는 고르지 않은 표면에는 적합하지 않고, 콜로니가 충분히 분리되지 않은 미생물이 동시에 성장하여 혼동을 일으킬 수 있다.

③ 출구 모니터링(Exit monitoring)

생산장비의 내부 표면이나 제품과 직접 접촉하는 다른 표면들의 오염도를 측정하는 데 사용할 수 있다. 이 시험법은 멸균 상태의 적당한 세척용액으로 시험 대상 표면을 씻어내어 시험 부위의 미생물 수를 정량적으로 측정하는 방법으로서 막 여과(membrane filtration), 주입 평판법(pour plates), 도말 평판법(spread plates) 혹은 희석법이라고도 하는 최확수법(MPN, most probable number) 등이 있다.

(3) 공기 중의 미생물 측정법

공기 중의 박테리아 및 곰팡이와 포자는 바이오에어로졸(bioaerosol; 0.02~100 μm 크기의 생물 기원성 입자로 바이러스, 세균 및 곰팡이와 같은 미생물 외에도 곰팡이 포자, 미생물 독소, 꽃가루, 사람의 몸에서 발생한 기침, 체액 등의 다양한 형태를 포함) 형태로 존재하거나 오랫동안 부유하는 매우 작은 입자 형태로, 혹은 표면에 빠르게 침전되는 큰 덩어리 및 응집체 형태로 존재할 수 있다.

제조장의 공기 중에 존재하는 미생물을 채취하는 방법으로는 여러 가지 방법이 있으며, 각 제조장의 여건에 따라 적합한 방법을 선택하여 사용할 수 있다. 일정 시간 내에 일정 면적에 자연 낙하한 미생물량을 측정하는 공중낙하균 측정법이나 일정 용적의 공기를 강제 흡입하여, 표본 공기 중에 포함된 미생물을 측정하는 공기 중 부유균 측정법이 대표적이다.

① 평판 방치

카제인 대두 소화 한천배지나 다른 적당한 배지가 든 배양 접시를 채취할 장소에 놓고 배양접시의 뚜껑을 연 다음 일정 시간 동안 방치한 후에 배양하여 나타나는 균의 집락수를 세는 방법으로 낙하균 측정법이라고도 한다.

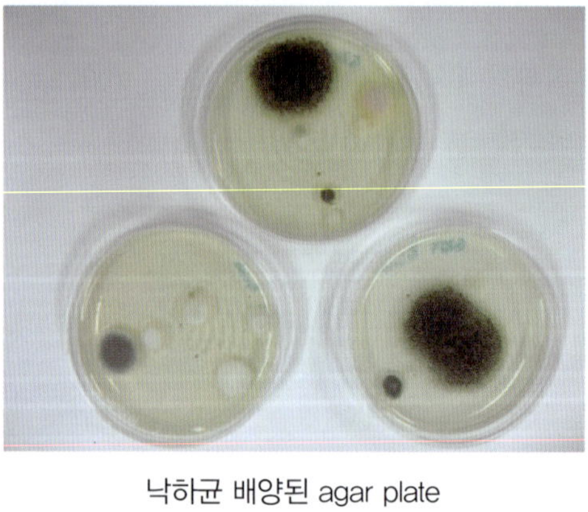

낙하균 배양된 agar plate

Tip **건조필름베지**

배지를 직접 제작하지 않아도 되므로 인건비와 시간이 절감되나 비용은 상대적으로 비싸다. 건조필름 배지의 상위 필름을 열고 검체 1 mL를 수직으로 접종하여 접종된 곳을 누름판으로 지그시 누른다. 5분간 상온에서 배지가 굳을 때까지 방치합니다. 배지를 최대한 펼쳐서 배양기에서 배양한다. 낙하균이나 부유균을 검사할 때도 사용할 수 있다.

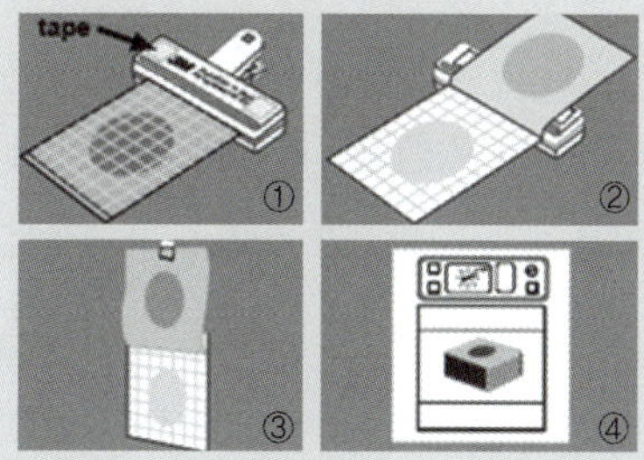

1. Pretreatment(젤화)
   - 1시간 전에 1 mL의 멸균 희석액을 사용하여 수화시킨다.
2. Fixation(고정)
   - 테이프 등을 이용하여 열어서 고정한다.
3. Exposure(노출)
   - 15분 이내로 공기 중에 노출시킨다.
   - 종료되면 상위 필름을 덮는다.
4. Incubation(배양)
   - 투명한 면이 위를 향하도록 20장 이하로 쌓아서 배양한다.
5. Interpretation(판독)
   - 식품공전 및 AOAC(Association of Official Analytical Chemists)의 판독법에 따라 해석한다.

건조필름배지의 종류 (출처: 3M)

② 충돌법

고정배양지 표면에 샘플 공기를 고속으로 충돌시켜 미생물 입자가 관성력에 의해 포집되는 방법이다. 공중 부유균의 측정으로 가장 많이 이용되고 있다. 균의 포집효율이 높다는 것과 포집효율을 이론적으로 예측할 수 있다는 것이 특징이다. 대표적인 측정법(측정기)에는 앤더슨 시브(Andersen-Sieve) 채취기의 구조를 살펴보면, 6개의 평판 배지가 수직으로 들어 있으며 각각 다른 크기의 입자가 내려앉게 되어 있다. 따라서 각 단계의 평판배지에서 나온 미생물 수를 계수하여 어떤 크기의 입자까지 미생물이 있는지를 알 수 있는 방법이다. 앤더슨 샘플러는 다공판과 평판배지를 6단으로 조합한 것이다. 각단에 수백 개의 구멍이 있고 구멍은 하단으로 향하고 단계적으로 작아져 샘플 공기의 충돌속도가 하단으로 갈수록 고속이 되는 구조로 되어 있다. 상단에 큰 입자가 포집되고 하단으로 갈수록 작은 입자가 포집된다.

③ 충돌 세정법

공기 포집기의 튜브를 통해 빨아들인 공기를 액체 배지에 통과시키고 그 액체 배지를 적당히 희석하여 평판 배지에 접종하고 배양하여 균 집락수를 측정한다.

④ 원심분리형 공기 채취기(Centrifugal air sampler)

압축기(impeller)를 이용하여 공기를 바깥쪽으로 뿌려주면 그 공기는 바깥쪽에 있던 가늘고 긴 조각(strip) 형태의 한천배지에 부딪히게 된다. 그 배지를 배양한 후 일정 공기 안에 들어 있는 미생물 수를 측정하는 방법이다.

Air Sampler (출처: Infitek)

⑤ 여과법

여과막을 통해 공기를 포집한 후 그 여과막을 배지가 들어 있는 페트리접시에 올려놓고 적당한 시간 동안 배양한 후 여과막 표면에 배양된 균 집락수를 측정한다.

⑥ 입자 계수법

샘플 공기 중에서 입자 계수로 측정하고, 분진농도로부터 미생물 입자 농도를 추정하는 방법이다. 이 방법은 균 수와 입자 수와의 사이에 상관관계가 있는 경우를 전제로 하고 있다.

Tip **우수화장품 제조 및 품질관리기준 가이드라인과 첨단바이오의약품 제조 및 품질관리기준 가이드라인의 미생물 청정도 등급 비교**

표 1 청정도 기준

청정도 등급	대상 시설	해당 작업실	청정공기 순환	구조 조건	관리 기준	작업 복장
1	청정도 엄격 관리	Clean bench	20회/hr 이상 또는 차압 관리	Pre-filter, Med-filter, HEPA-filter, Clean bench/booth, 온도조절	낙하균: 10개/hr 또는 부유균: 20개/m^3	작업복, 작업모, 작업화

청정도 등급	대상 시설	해당 작업실	청정공기 순환	구조 조건	관리 기준	작업 복장
2	화장품 내용물이 노출되는 작업실	제조실, 성형실, 충전실, 내용물보관소, 원료 칭량실, 미생물시험실	10회/hr 이상 또는 차압 관리	Pre-filter, Med-filter, HEPA-filter(필요시), 분진발생실 주변 양압, 제진 시설	낙하균: 30개/hr 또는 부유균: 200개/m^3	작업복, 작업모, 작업화
3	화장품 내용물이 노출되지 않는 곳	포장실	차압 관리	Pre-filter, 온도조절	갱의, 포장재의 외부 청소 후 반입	작업복, 작업모, 작업화
4	일반 작업실 (내용물 완전 폐색)	포장재보관소, 완제품보관소, 관리품보관소, 원료보관소, 갱의실, 일반시험실	환기장치	환기 (온도조절)	–	–

* 이미 포장(1차)된 완제품을 업체의 필요에 따라 세트포장하기 위한 경우에는 완제품보관소의 등급 이상으로 관리하면 무방하다.

* 갱의실의 경우 해당 작업실과 같은 등급으로 설정되는 것이 원칙이지만, 현재 에어샤워 등의 시설을 사용한 업체가 많은 상황 등을 감안하여 설정된 것으로 업체의 개별 특성에 맞게 적절한 관리 방식을 설정하여 관리할 필요가 있다.

- **첨단바이오의약품 제조 및 품질관리기준 가이드라인**

GMP(Good manufacturing practice)는 의약품제조업자가 우수 의약품 제조 및 품질관리를 위해 준수해야 할 사항으로 CGMP를 만들게 된 기준이라고 할 수 있고 더욱 엄격한 제한규격을 가지고 있다.

표 2 청정도 등급에 따른 미생물 모니터링 권장 최고한도

등급	부유균 CFU/m^3	낙하균 (지름 90 mm) CFU/4hr[1)]	표면균 (지름 55 mm) CFU/plate	글로브 프린트 다섯 손가락 CFU/glove
A[2)]	<1	<1	<1	<1
B	10	5	5	5
C	100	50	25	–
D	200	100	50	–

1) 낙하균은 4시간 미만으로 노출시킬 수 있다. 낙하균이 4시간 미만으로 노출되는 경우 표의 한도를 그대로 사용해야 한다. 낙하균 측정 플레이트는 주요 작업 지속시간 동안 노출시켜야 하고, 4시간 이후마다 교체해야 한다.

2) A 등급의 경우 예상 결과는 0 CFU로 검출되어야 하고, 1 CFU 또는 그 이상의 경우에는 조사를 수행해야 한다.

8.2. 제조환경의 미생물 제어

제조환경의 미생물 오염 요인은 [표 3]처럼 건물의 구조, 설비, 원재료, 작업자, 작업 내용 등 다양하므로 검출되는 미생물도 다양하다. 따라서 미생물 오염 방지를 위해서는 요인 하나하나에 대해 검토하여 요인별로 검출되는 미생물에 대한 적절한 대응을 하는 것이 필요하다. 에어샤워의 설치, HEPA(high efficiency particulate air) 필터에 의한 공조설비, 양압의 확보(외부의 오염된 공기가 침투하지 못하도록 하고 제독을 위한 공기가 자연스럽게 외부로 흐를 수 있도록 한 대기압보다 약간 높은 압력을 말하며, 양압이 높을수록 외부 오염 공기의 침투 방지에 효과적임)에 의한 크린룸화 등도 필요하다. 또한 제조에 사용되는 설비에 대해서도 설계 단계부터 세정이나 소독이 잘 되고 제품 내용물이 남지 않는 위생(sanitary) 배관을 사용하는 것이 좋다. 건물, 제조설비뿐 아니라 시설

표 3 제조환경에 있어서 주된 미생물 오염의 요인

주요인	오염 원인(예시)
제품, 중간제품, 원료, 자재, 포장재 등의 관리	• 살균, 멸균, 세정 제균 등 미생물 제어의 미흡 • 혼입 부착균의 생존, 증식, 확산 • 보관 미흡 • 제제 설계 미흡 • 제조공정의 오염
제조환경 관리	• 공기 관리 미흡 • 온도, 습도, 관리의 미흡 • 방충, 방서 대책 부재 • 혼입 부착균의 생존, 증식, 확산 • 세정, 살균소독 처리 미흡
작업 관리	• 청정도에 따른 구획 부재 • 작업 동선 관리 부재 • 기계장치, 계측 기기의 오작동 • 작업 위생 부재
직원 관리	• 혼입 부착균의 확산 • 위생교육, 훈련 미흡 • 건강관리 부재
물 관리, 배수, 폐기물 관리	• 미생물 관리의 부재 • 살균, 멸균 등 미생물 제어 부재 • 배관 등의 위생 설계 부재
시험 검사법, 점검, 확인	• 미생물 모니터링의 부재 • 점검, 확인법 미흡

의 일상적인 운영과 관리와 같은 소프트적인 측면의 대책까지도 필요하다.

제조환경의 미생물 제어에는 물리적인 방법과 살균제, 소독제 등을 이용하는 화학적인 방법이 있다. 그러나 살균제, 소독제 자체의 미생물 오염 사례도 있어 약제에 의한 완벽한 미생물 억제는 어려울 수도 있으므로 물리적 방법에 의한 미생물 제어를 우선으로 처리하고 약제에 의한 화학적 방법을 수행하는 것이 좋다. 또한 제조환경의 미생물 제어에 살균·소독제를 사용하여, 충분한 기대 효과를 얻기 위해서는 적절한 약제의 선택, 사용법에 충분히 주의를 기울이는 것이 필요하다.

(1) 세정

세정은 환경의 살균소독 효과를 높이기 위해서 살균 작업 전에 수행되어야 한다. 세정을 통해 유기물을 먼저 제거해야 살균제의 효과를 높일 수 있다. 세정에서 중요한 것은 세정제를 사용하기 전에 물리적인 조작으로 청소와 세정을 하는 것이다. 제조설비의 세정방법으로는 정치세정(CIP; Cleaning in place)과 분해세정(COP; Cleaning out of place)으로 크게 나눌 수 있다. 세정 방법으로는 일반적으로 증기나 열수(80~100℃)와 같은 물리적인 방법을 먼저 하는데, 유성 제품처럼 증기나 열수로 제거되지 않는 경우나 분해세정을 하는 경우에는 세정제를 사용한다. 가열살균된 정제수에도 세균이 검출되는 경우가 있는데, 배관 내부에 일반적인 가열살균 온도와 시간에도 견디는 바이오필름으로 인한 오염으로 의심된다면, 킬레이트제를 포함한 세정제로 반복 세정하는 것이 좋다.

다음은 세정에 사용되는 세정제의 조건이다.

- 공식적으로 허가된 세정제이어야 한다.
- 세정력이 우수하고 헹굼이 용이해야 한다.
- 기구, 장치의 재질에 대한 부식성이 없어야 한다.
- 폐수처리 문제가 없어야 한다.
- 가격이 저렴해야 한다.

세정제를 사용하는 경우에는 오염이 제거되었는지, 사용된 세정제가 잔류하지 않는지를 반드시 확인해야 한다. 또한 세정 후에 설비나 기구 등에 물이 남아 있지 않도록 건조시켜 두는 것이 미생물의 증식을 방지할 수 있어 중요하다.

(2) 살균·소독

살균·소독제는 제품과 접촉하여 모든 표면에 존재하는 미생물의 수를 감소시키기 위해 사용하는 화학적 또는 물리적 물질이다. 약제에 의한 제조환경의 살균, 소독에 우선하는 물리적인 소독법과 화학적 소독법이 있다. 특히 제품이 직접 접촉하는 제조설비에 대해서는 열수나 증기가 사용되며, 제조용수에 대해서는 자외선이 일반적으로 사용된다. *Bacillus* 포자는 화학 소독제에 의해서는 죽지 않는다. 염소는 우수한 살균제이지만 금속을 부식시키는 단점을 가지고 있다. 또한, 포르말린 용액은 장비 표면의 살균에 사용되는데, 0.5% 포르말린으로 10분 처리하면 된다. 또한 균의 종류와 약제의 효과에 대한 다음 표를 참고하여 사용 목적에 맞는 소독제를 사용하는 것이 중요하다.

① 물리적인 방법

1) 열처리

모든 오염 미생물을 파괴하는 데 가장 효과적인 방법이다. 제조 장비(line, filter, pump 등)에 따라 효과적인 처리시간을 적용해야 한다. 열처리 방법으로는 스팀 처리, 열수처리 등이 있으며 스팀을 지속해서 사용할 경우에는 최소 30분이면 충분하다. 공장에서는 100℃ 증기나 뜨거운 물(80~100℃)을 가하는 방법을 많이 사용한다. 열처리 방법 중 습열멸균이 건열 멸균보다 더 짧은 시간에 낮은 온도에서 효과적이다. 다른 화학적 소독 방법과 비교할 때 작은 틈으로도 침투할 수 있으며, 부식성이 없고, 다양한 미생물에 작용하며, 잔여물이 없고, 비용이 적게 든다는 장점이 있다.

2) 자외선 UVC 살균

200~280 mm의 UVC를 이용한 방법으로 화장품에서 제한적으로 사용된다. 이 방법은 침투력이 낮고 처리 시 물질이 개방되어 있지 않아야 한다. UV는 많은 양의 공기 정화나 개방된 공간에서는 별 효과가 없다. 또한 UV 램프 설치 탱크의 정제수가 탱크 내 UV 램프 조사량이 부족해 다수의 세균으로 오염될 수 있으니 UV 램프 교체하거나 살균에 적절한 조사량을 위해 UV 램프 교환 빈도를 정하고 표준작업절차서(SOP)에 추가하여 관리해야 한다.

② 화학적인 방법

소독제의 효과에 영향을 미치는 상기 요인 외에 살균, 소독제를 선택할 때는 대상 미생물에 대한 효과, 인체에 대한 안전성, 약제의 안정성 등을 고려하여 가장 적합한 소독제를 선택할 필요가 있다. 이상적인 소독제는 다음과 같은 특징을 가져야 한다.

- 미생물 사멸에 필요한 작용 시간과 작용 지속성: 미생물을 30~60초 이내로 빠르게 제거해야 하며 오염 미생물의 감소 효과(약 99.9%, 3 log 감소)가 있어야 한다.
- 대상 미생물의 종류와 수: 광범위한 미생물에 효과적(항균 스펙트럼)이어야 하며 내성균 출현 빈도도 낮아야 한다.
- 사용 방법의 간편성: 취급하는 사람에게 사용하기 간편해야 하며 농축된 형태와 사용 수준에서 안정해야 한다.
- 종업원의 안전성: 취급하는 사람에게 사용 수준에서 안전하고 무독성이어야 한다.
- 적용 방법(분무 침적·훈증 등): 약제 효과에 미치는 다른 물리적인 환경 요인의 영향이 고려되어야 하며 공식적으로 사용 허가된 제품이어야 한다.
- 다른 화학 물질과의 반응성: 다른 화학 물질과의 호환성(서로 다른 물질이 접촉했을 때 반응이 일어나지 않는 성질)이 있어야 한다.
- 대상이 되는 장비의 종류, 설치장소 및 사용하는 표면의 상태: 제품이나 설비와 반응하지 않아야 한다.
- 장치, 설비에 대한 부식성: 비부식성이어야 한다.
- 비용: 경제적으로 사용할 수 있어야 한다.
- 물에 대한 용해성: 물에 쉽게 용해될 수 있어야 한다.
- 잔류 시 제품에 혼입될 가능성: 헹굼이 가능해야 한다.
- 냄새, 잔류성: 불쾌한 냄새나 잔여물이 남지 않아야 한다.
- 폐수처리 방법의 용이성: 사용 후 생분해되어야 한다.

살균, 소독제는 외부적인 요인에 의해 영향을 받으므로 소독제를 선택할 때 다음과 같은 사항에 유의해야 한다.

- 사용 약제의 종류나 사용농도, 액성(pH 등)

- 균에 대한 접촉 시간(작용 시간) 및 접촉 온도
- 실내온도, 습도
- 다른 사용 약제와의 병용효과, 화학반응
- 단백질 등의 유기물이나 금속 이온의 존재
- 흡착성, 분해성
- 미생물의 종류, 상태, 균수
- 미생물의 성상, 약제에 대한 저항성 등의 유무
- 미생물의 분포, 부착, 부유 상태
- 작업자의 숙련도

소독제 종류	특징
Chlorine	물, 제조시설, 환경표면을 소독하는 데 유용하다. 사용농도는 유효염소 500~5,000 ppm이다. (예) 차아염소산 소다
Iodophor	아이오딘(Iodine)은 표면이나 피부 소독에 유용하다. 물 소독에 쓸 때도 있지만, 염소 대신 이차적으로 사용하기도 한다. 그람양성균, 그람음성균에는 효과가 있으나 세균 아포에는 효과가 작다. (예) 요오드팅크(요오드 0.5% + 알코올 70%), 요오드 수용액(1%)
Quaternary ammonium 화합물	그람양성균과 그람음성균에 유효하며 세균 아포에는 효과가 없다. 사용농도는 0.3%이다. (예) Tego 51(dodecyl-di(aminoethyl)-glycine을 기본 골격으로 하는 양쪽성계면활성제
Alcohol	소독용 에탄올은 70~90%를 사용하며 손을 소독하는 데 보통 사용된다. 세균포자나 사상균에는 효과가 없다. 아이소프로필 알코올은 30~50% 농도로 사용한다. (예) 에탄올, 아이소프로필 알코올
Phosphoric acid	공장 환경에 대해서만 사용하도록 제한되어 있다. Iodophor와 같은 다른 화합물과 함께 사용하며 타일이나 욕실 세척제로 사용된다.
Peracetic acid	강력한 산화제로 넓은 범위에 살균력을 보인다. 바이오필름에 대해 효과적인 것으로 알려져 있다. 눈과 코에 매우 자극적이지만 스테인리스스틸을 부식시키지는 않는다.

③ 살균·소독 방법

약제를 사용하는 살균, 소독의 일반적인 방법으로는 침적법, 분무법, 훈증법, CIP (clean in place, 정치세정) 등이 있다. CIP는 기계를 조립, 설치된 자리에 그대로 두고 물, 세제 또는 기타 화학물질을 분사 또는 순환시켜 세척하고 헹구어내는 세척 시스템을 말하는데 이때 세척액이나 헹굼액은 반드시 모든 중요표면에 접촉하여 오물, 이물질을 제거할 수 있어야 하고 대개 세척 프로그램은 컴퓨터로 제어된다. CIP는 주로 액체류의 식품 같은 액상 제품과 유동성 식품을 가공하는 공장에서 적용하는 방법으로 반자동화 또는 전자동화된 기계 자체에 부착된 장치이며 CIP를 사용할 때는 세정제 유형, 세정제 농도, 온도, 기구 설계 등을 고려해야 한다. 설비를 분해하지 않은 상태에서 세제를 작용시켜 제품과 접촉하는 표면을 세척하는 방식으로 의미한다. 따라서 CIP를 적용할 경우 설비를 분해하는 데 필요한 시간과 인력, 즉 비용을 절감할 수 있다. 살균·소독 수행 시에는 소독하는 대상물에 대한 환경 내의 다른 설비, 기기, 물품 등에 대한 영향을 충분히 고려하여 선택해야 한다. 반대로 설비를 별도의 장소에서 분해하여 세척하는 방식은 COP(clean out of plate, 분해세정)라고 부른다. COP는 설치되었던 장소에서 세척을 위한 장소로 옮기거나 일부를 분해하여 대개 수작업으로 세척하는 것을 말한다. 따라서 오염물질이 환경과 작업자에게 노출되므로 교차오염과 작업자에 의한 재오염 방지를 조심해야 한다.

- 침적법은 기구 등의 살균·소독 사용 방법으로 일정 농도의 약제에서 일정시간 동안 기구를 침적하여 약제를 충분히 접촉함으로써 살균·소독을 한다. 약제와 접촉하는 부분을 최대화하기 위해 분해 가능한 부분은 분해하여 침적할 필요가 있다.
- 청소법은 약제를 헝겊이나 스펀지 등에 함유시켜 바닥, 벽, 기구의 표면을 소독하는 방법으로 한 방향으로 청소하여 청소된 표면에 재오염이 일어나지 않도록 한다.
- 분무법은 분무기로 소독 대상물의 표면에 약액을 분무시키는 방법으로 복잡한 형태의 기구나 벽, 천장, 마루 등 넓은 표면을 가진 장소에 사용되는 살균 방법이다. 1회 분무로 효과를 얻지 못하는 경우가 있어서 1~2시간마다 2~3회의 약액 분무가 적당하다.
- 훈증법은 소독제를 증기처럼 만들어 사용하는 방법으로 포름알데하이드 가스로 작업실 전체의 살균·소독에 사용되는 것이 일반적이다. 이 방법은 훈련된 사람에 의해 폐쇄된 공간에서만 사용해야 하며, 훈증 종료 후에는 환기를 충분히 하여 가스가 없는 것을 확인 후 작업에 사용해야 한다. 특히, 분무법이나 훈증법은 마스크를 착용하여 작업자의 안전에도 충분한 배려를 해야 한다.

(3) 제조환경 청정화 프로그램

미생물 오염이 없는 제품을 제조하기 위해서는 어떤 공정에서 어떤 미생물이 오염될 가능성이 있는지를 조사하고 예측할 필요가 있다. 그 결과에 따라 세정법과 소독법을 검토하여 효과를 실증한 후 작업순서를 설정하여 관리한다. 예를 들어, 작업 시작 전 현장 정리와 먼지 제거 청소 후 작업을 진행하고, 작업 시 취약한 부분에 알코올 살균 소독하도록 하고, 눈높이 이상의 작업대에 주기적으로 먼지 제거하며, 포장기 등은 덮개와 필터 설치, 양압 설치를 통해 외부로부터 낙하균 유입 방지 등을 기준을 정한다. 선택한 소독제는 작업 순서도에 따라 실제 환경에 적용하고 기대되는 효과가 얻어지는지 확인한다.

살균·소독 프로그램의 설정과 실행 단계는 다음과 같다.

- 소독 프로그램 개발과 실행을 전담할 팀을 선정한다.
- 최신 살균, 소독법 리스트를 작성한다.
- 실제로 살균·소독하는 구역과 상황을 대조하여 부족한 항목을 추가한다.
- 각 방법의 타당성을 평가하여 최적의 방법을 선택한다.
- 프로그램의 설계와 개발을 한다. 필요에 따라 훈련 프로그램도 개발한다.
- 프로그램과 종업원의 훈련 계획을 책정한다.
- 일정 기간 실시 후 최초 감사 전에 프로그램에 문제가 없는지 검토하여 수정한다.
- 정기적으로 감사를 한다.
- 필요에 따라 프로그램을 갱신한다.
- 일정 기간마다 프로그램 실행 연습회를 개최한다.

8.3. 미생물 오염원에 대한 대책

화장품 미생물 오염의 일반적인 원인은 앞에서 설명한 바와 같이 원료의 오염, 제조나 포장 설비, 제품 저장통 등의 불완전한 세정, 멸균과정과 미생물 오염을 방지하기에 불충분한 방부시스템 등을 들 수 있다. 따라서 미생물 오염을 방지하기 위해서는 먼저 제조환경으로부터 검출된 미생물을 전부 정확하게 조사하여 검출균의 종류, 균수나 성상 등을 파악한다. 그다음 미생물적 품질보증이 필요한 제품에 대해서는 제형이나 품목마다 설정된 미생물 품질 기준을 벗어나는 제품이 생기지 않도록 오염 원인을 규명해야 한다.

그래서 품질면에서 문제가 되는 오염 가능성이 있는 제조공정이나 제품류, 오염이 자주 일어나는 장소 등을 밝힌다. 마지막으로 특정한 제조공정이나 물품, 제조장에 대한 미생물 제어 요인을 검토하여 제품의 미생물적 품질 기준을 만족시킬 수 있다고 판단되는 미생물 제어 대책과 그 관리 방법을 확립하고 관리하여 미생물이 발생하지 않도록 해야 한다.

(1) 미생물 오염의 원인

앞 장에서 기술한 바와 같이 화장품의 미생물 오염은 원료오염과 제조 과정 중 발생할 수 있는 1차 오염과 소비자 사용 중에 발생할 수 있는 2차 오염으로 크게 나눌 수 있다. 이러한 1차 오염 때문에 방지를 위해 원료관리, CGMP, 포장디자인이 중요한 역할을 하게 된다. 실제 사례를 통해 제어 및 대처법을 제시하였다.

① 오염된 원료의 사용

화장품은 무균상태의 원료로 만들어야만 하는 것은 아니다. 그러나 원료의 품질이 제품의 품질력을 결정하는 주된 요인이 되므로 화장품에 사용되는 원료에 존재하는 미생물 수는 규제되어야 한다. 특히, 원료의 가장 큰 비중을 차지하는 제조수와 미생물 오염 가능성이 많은 천연 동식물 추출물, 발효 생산물, 수분이 많은 원료들은 세균 오염이 발생하기 쉬운 원료들이고 탈크, 셀룰로스와 같은 분말 원료에는 특히 곰팡이가 오염되기 쉽다. 따라서 미생물에 오염되기 쉬운 원료들은 별도의 관리를 통해 원료 사용 중 미생물이 오염되지 않도록 세심한 주의가 필요하다.

사례 1 낮은 수분활성의 원료이어도 원료 보관 탱크 위 내벽에서 발생한 이슬이 원료에 떨어져 원료 표면의 수분활성이 부분적으로 상승해 세균 증식하는 사례도 있으니 조심해야 한다. 원료탱크 전체의 단열과 보온으로 이슬 맺힘을 방지하고 수분활성이 낮은 분체 원료에도 흡습 등에 의해 미생물 증식이 가능하다. 용기 뚜껑이나 봉투 입구를 확실히 밀봉하는 등의 기본적인 작업이 중요하다.

사례 2 탱크로리(액체, 기체를 운반하는 용도의 트럭)로 수송된 원료의 경우 탱크와 원료 수용설비 위생관리 문제가 된 사례도 있는데 원료업체와 협의해 탱크 내부의 세정 및 살균을 철저히 하고 살균 후의 닦아 낸 드레인 수 검사를 통해 확인한다. 노즐(액체를 고속으로 분출을 위한 유로(流路) 끝에 다는 가는 관)이나 배관의 세정, 살균, 건조방법을 정하여 작업하도록 한다. 수분활성이 낮은 유지원료라도 탱크로리나 수용설비 내에 물이 잔류에 미생물이 증식하고 있으면 제품에 반입될 가능성 있기 때문이다.

사례 3 원료를 보관하는 크라프트 봉투나 드럼통에 곰팡이가 오염된 경우도 있을 수 있으니 겉 포장지를 흡입 청소하고 물세정과 70% 에탄올로 닦아내어 원료에 곰팡이가 혼입되는 환경을 제어한다.

사례 4 색소는 소량 사용하므로 물에 희석해서 공정에 투입하였는데, 여러 로트에서 오염되어 추적한 결과로 발견되었다. 색소이므로 눈으로 확인하기 어렵고 번거로움으로 다량 만든 것이 원인이 되었으므로 자주 만들고 보관 환경을 관리하도록 SOP(standard operating procedure, 표준운영절차)를 작성하여 수행하였다.

② 불완전한 제조공정

1) 벌크제조 단계

제조공정은 최종제품의 품질에 많은 영향을 미친다. 곰팡이가 발생하기 쉬운 벽이나 천정의 응축수, 불완전한 급수장치 및 배수장치는 모두 미생물 오염원이다. 이외에도 완벽하게 세정되지 않은 제조 탱크나 파이프라인 등의 작업환경이 화장품의 미생물 오염원인이 된다. 특히, 잘 세척되지 않은 제조설비에 제품이 잔류할 경우, 보존제에 내성을 갖는 미생물이 발생할 수 있으므로 모든 제조환경은 사용 후에 반드시 세척해야 한다. 이외에도 보존제의 지나친 가열 등 제조공정상에 보존제 역가를 저하시키는 공정이 존재하는지 확인할 필요가 있다.

사례 1 원료탱크의 연결 배관이 길고 세정 후의 씻어내는 물이 건조하지 못해 잔류하고, 세정 부족으로 배관 내에 남아 있는 원료도 세균의 영양원이 될 수 있다. 철저한 세정과 즉시 제조하지 않는 경우 제균 에어로 배관 내에 남은 세정액을 완전히 건조해야 한다. 원료에 보존제가 함유된 경우 순화균이 증식할 수 있고, 원료 이송에 사용하는 flexible 배관의 경우 세정 후에 물이 떨어지지 않도록 매달아 보관한다.

사례 2 검증이 된 방부처방 설계에도 불구하고 신제품이 미생물에 오염된 경우로서 제조공정을 조사한 결과, 보존제 투입 후의 교반이 불충분한 것으로 나타났다. 따라서 보존제의 농도가 제품 중에서 불균일하게 되고 방부력을 확보할 수 없는 부분이 생겨 미생물의 증식을 일으키므로 점도에 따른 제제 특성을 고려해 균일한 교반을 할수 있는 조건을 확립한다.

사례 3 이소치아졸리논(isothiazolinone)계 보존제를 이용해 방부처방 설계한 제품에서 현저히 방부력이 저하된 제품이 제조됐다. 조사를 통해 개발 단계의 연구소의 방부력 평가에서는 문제가 확인되지 않았지만, 공장 실제 설비 제조에서는 pH가 다소 높아진데다 가열공정에서 보존제를 첨가하면서 이 보존제의 활성저하가 나타났다. Isothiazolinone 계열의 보존제는 알칼리 영역과 고온에 불안정하므로 최종제품의 pH로 조정한 후로 첨가 시의 공정 온도도 상온으로 하는 것으로 해결하였다. 보존제는 그 특성을 이해한 후에 제조공정을 설계 및 확인할 필요가 있다. 또한 실제 설비로 제조한 제품의 방부력은 유화 조건의 차이 등에 따라 실험실 제조품과 스케일 업 (scale up)된 시작품과 다를 수 있다는 점에서 사전 검토단계에서 제조 부문과 방부처방 설계 부문이 연계되어 충분히 확인해 둘 필요가 있다.

사례 4 설비의 증기살균을 과신하고 살균온도에 도달하지 않는 곳, 살균온도를 일정시간 유지하지 못하는 곳, 세정수나 응축수가 체류하는 곳을 파악하지 않았기 때문에 순화균을 증식시킨 사례가 있다. 증기의 도입 부분, 배출 부분을 재검토하여 살균온도와 살균시간을 충족하도록 하였다. 또한, 액의 정체가 생기는 장소에는 배출용 드레인을 설치하고 사용하지 않는 배관은 철거하는 등의 개선을 실시하는 것으로 해결할 수 있다.

2) 충진 단계

제조공정의 마지막 단계인 용기에 내용물을 충진에서 발생하는 미생물 오염 사례는 다음과 같다.

사례 1 화장품은 제형에 따라 충진 방법과 충진기도 여러 가지가 있으며 대체로 복수의 배관, 피스톤, 충진 노즐 등을 수반하는 미생물 제어상의 리스크를 간과하기 쉽다. 그 대응 방안의 기본은 청소를 철저히 하고 살균처리가 필요가 없을 정도의 완벽한 세정을 추구하는 자세가 중요하다. 특히, 알코올 등의 약제 살균을 채택하는 경우에는 더러움이 있으면 효과를 기대할 수 없고, 최종적으로 바이오필름을 만들게 되어버릴 수도 있다. 바이오필름은 증식하면서 결착력이 강해지고, 특히 *Pseudomonas aeruginosa*와 *Burkholderia cepacia*가 쉽게 증식할 수 있다. 충진 노즐이 다수 있고 그 일부에만 오염이 있는 경우에는 그 노즐을 통과한 제품이 출하 시의 미생물 검사의 샘플이 된다고는 할 수 없으므로 모든 노즐에 대한 관리를 게을리하지 않도록 하는 것이 중요하다.

사례 2 충진 초기제품이 대량의 미생물에 오염되고 충진 시간이 뒤로 갈수록 검출균수가 감소하는 경향이 확인된 경우는 충진 노즐기 구부에 세정수가 잔류하는 부분에서 미생물이 증식하는 경우이므로 충진 노즐 기구부의 살균 에어로 완전 건조를 해야 한다. 제품에서 순화균이 검출됐지만 같은 로트인데도 인데도 검출되지 않는 제품이 있는 경우 충진 노즐의 분해세정을 실시하지 않고 세정하지 못한 제품 잔액과 잔류하는 세정수가 원인으로 여러 개의 충진 노즐 중 하나에서 순화균이 증식한 것으로 생각되어 충진 노즐의 분해세정과 살균으로 철저하게 해결한다.

사례 3 충진 공정의 일부를 외부에 제조 위탁한 결과, 위탁한 충진품에만 미생물 오염이 발생했다. 제조 위탁처의 충진기에 세정·살균 조건이 자사 공장보다 느슨했던 것으로 나타났다. 외부 위탁공장의 충진기의 세정 및 살균조건에 자사 공장과 같은 미생물 제어 관리체제를 적용받도록 한다. 외부 위탁공장이 화장품 제조공장으로서 일반적인 위생 수준을 갖추고 있다고 하더라도 제조 위탁하는 제품 특성에 근거한 세정성 등의 정보교환을 하는 것이 중요하다.

사례 4 출하 대기에서 보관 중인 립스틱 표면에 곰팡이가 증식하고 변색과 이취 발생은 가온 용해한 립스틱 벌크액을 성형 금형에 부어 금형을 냉각수로 식히는 공정에서 미생물에 오염된 냉각수가 금형과 립스틱 벌크액의 틈새에 혼입된 것으로 나타났다. 금형과 립스틱 벌크액 틈새에 냉각수가 침입하지 않도록 수심과 유량을 조정하는 동시에 냉각수 교환 기준을 책정한다.

사례 5 가온 용융(溶融) 충진의 파운데이션 표면에 미생물이 증식하는 경우는 고체화 완료 전의 성형 직후에 용기 뚜껑을 닫고 포장까지 종료됐기 때문에 성형 시의 냉각에 의한 이슬 맺힘이 제품 용기 내에서 발생해 미생물의 증식으로 이어진 것으로 추정되어 냉각 고체화가 완료된 후 용기의 뚜껑을 닫고 포장한다.

사례 6 제품의 오염은 보존제 저항성을 나타내는 곰팡이가 용기의 세병 장치(air cleaner)와 정전기 제거 장치 등에서 발견됐다. 해당 장치는 지금까지 일절 미생물 제어 시점의 유지보수를 하지 않았다. 해당 장치의 정기적인 청소와 살균을 실시하는 동시에 충진실의 온도, 습도 관리와 부유균 저감으로 연결되는 모든 개선을 실시한다. 곰팡이 중에는 보존제에 대해 원래 저항성을 갖는 것도 확인된다. 따라서 제조환경에서 대량의 곰팡이 존재를 허용하면 보존제 저항성 곰팡이를 제품에 혼입시킬 위험을 높임으로 유의한다.

사례 7 용기 노즐이나 필름 등 용기의 부재료도 미생물 오염이 가능하니 관리가 필요하다. 또한 제조시설의 열악한 관리도 문제가 될 수 있다. 천장 패널의 이음새에 틈새가 생겨 먼지와 함께 아포균이 지속적으로 제품 충진기에 쏟아져 내려 제품에 혼입되어 오염사례는 천장 패널의 이음새를 다시 밀봉하는 것으로 충진기를 경유한 제품의 미생물 혼입을 방지하였다.

③ 부적합한 보관 방법

미생물 오염을 방지하기 위해 원료와 제품의 저장 시 주의가 필요하다. 원료의 경우에는 사용 중인 원료와 신규 구입 원료를 분리하여 저장해야 한다.

원료에서 분취와 계량 반복으로 인해 원료가 부패되어 원료 용기 내의 이취와 침전 발생은 사례가 있는데, 원료의 방부력이 비교적 약하고 분취와 계량을 반복하며 미생물 혼입 기회가 많아져 부패한 것으로 추정되므로 원료 입고 후 멸균 용기에 소분 보관하여 계량 시 오염 기회를 줄이고 사용하지 않을 때는 냉장 보관한다. 또한 원료에 여러 번의 분취에 견딜 수 있는 방부력 부여하여 관리하는 방법도 있다. 제품이나 원료를 보관하는 곳은 건조하고, 공기 오염이 안 되고, 온도 차이가 심하지 않으며, 사람의 왕래가 적은 곳이 좋다. 아무리 청결하게 제조된 제품이라도 그 보관이 잘못된다면 제품의 미생물 오염을 방지할 수 없으므로 미생물 오염을 방지할 수 있는 보관조건으로 관리하는 것이 좋다. 특히, 포장 후 남는 제품의 경우에는 포장 중 미생물이 오염되었을 가능성도 있으므로 새로 제조된 제품과 섞이지 않도록 관리해야 한다.

사례 1 방부력이 없는 반제품(제조공정 단계에 있는 것으로서 필요한 제조공정을 더 거쳐야 벌크 제품이 되는 것)의 미생물 오염된 사례로 반제품제조 며칠 후 제조를 재개해 완성품(벌크 제품)을 제조한 결과 제품에서 다량의 미생물이 검출된 경우로 반제품은 수분이 많고 보존제 투입은 그 후의 제조공정이었기 때문에 제조 재개까지의 시간 동안 미생물 증식한 경우로 반제품은 장시간 방치하지 않고 보존제 투입공정을 초기순서로 변경하는 것이 낫다.

사례 2 파우더파운데이션 성형을 위해 물을 첨가해 슬러리(미세한 고체입자가 물속에 현탁된 상태) 형태로 보존하던 결과, 곰팡이가 증식했다. 보존제는 최종제품의 2차 오염방지를 위해 설계됐기 때문에 물로 희석된 슬러리의 방부력은 본래 장기간 보관할 수 없는 수준으로서 건조공정을 수반하는 성형 직전에 물을 첨가해 슬러리 상태로 만드는 제조공정으로 변경해야 한다. 에어로졸 제품은 고압가스가 주입되어 산소분압이 낮고 사용 방법에도 2차 오염의 위험이 낮기 때문에 보존제 농도가 다른 제품보다 낮게 설계되었지만 충진 전의 벌크에 미생물 오염을 발생시킬 수 있다. 벌크 제조공정에서 충진까지의 벌크 대기 시간을 단축하고 미생물이 증식할 기회를 주지 않도록 한다.

사례 3 연속적으로 뱃치(batch, 제조 단위; 하나의 공정이나 일련의 공정으로 제조되어 균질성을 갖는 화장품의 일정한 분량) 제조를 하던 중 어떤 뱃치에서 세균이 검출됐다. 검출된 세균은 여러 종류이지만 아포균의 비율이 높았다. 조사 결과, 이 뱃치의 제조 전날은 휴일이라 제조가 없었으며, 그 사이에 방부력이 없는 원료인 용해조 벽면에 부착된 잔액 중에 다종 세균이 대량 증식했으며 이후 최종 혼합조에서 가열공정과 보존제 투입으로 의해 주로 아포균이 잔존한 것으로 판단했다. 제조품종이 바뀌지 않는 연속적인 뱃치 제조에도 제조하지 않는 날이 있을 경우에는 이전 뱃치의 제조 종료 후 즉시 설비의 세정·살균·건조를 실시하는 운용을 명확히 했다. 가열공정이 있으면 아포균만이 검출될 가능성이 있다. 남은 아포균이 최종제품 중에서 증식할 가능성은 적지만 증식한 모든 미생물의 대사산물 등은 잔존하고 있으며, 그것들이 품질에 악영향을 미칠 수 있으므로 증식 이력 조사와 그것을 사용해 제조한 최종제품의 품질 영향 조사도 필요하다. 제조공정 중에 미생물을 증식시키는 일이 있어서는 안 된다.

사례 4 다소 복잡한 벌크 제조공정에 있어서 오염이 의심됐지만 각 공정 중의 잔액 등에 대한 미생물 검사에서는 오염이 확인되지 않아 원인이 불분명했다. 최종적으로 설비 전체의 세정·살균을 철저히 함으로써 재발을 방지했다. 미생물은 검출될 때까지 배양에 시간이 걸리고, 그 사이에 제조현장의 상황이 바뀌어 원인을 특정할 수 없는 경우도 있다. 그 경우는 설비 전체의 완전한 세정·살균과 각 공정에서의 중간 제품의 고감도 미생물 검사를 통해 재발 방지의 조건을 찾도록 한다.

④ 부적합한 방부 처방

화장품은 제조나 포장뿐 아니라 사용 중에도 다양한 미생물에 노출될 수 있다. 물론 보존제는 2차 오염을 막기 위해 설계되었으나 제조소에서는 원료의 미생물 오염을 방지하기에 불충분한 방부 처방은 화장품의 미생물 오염을 유발할 수 있다. 또한, 제품의 방부 처방은 2차 오염을 위해서이기는 하지만 제품의 불완전한 보존제 처방에서 보존제 내성을 갖는 미생물이 발생하기 쉬우며, 이렇게 발생된 내성균은 단순하게 보존제 농도만을 증가시켜서는 제어하기 어렵다. 따라서 과다하게 보존제를 사용하지 않기 위해서 화장품에 사용하는 보존제 농도를 되도록 낮추는 것도 중요하지만, 미생물을 완전하게 제어할 수 있는 정도의 보존제를 사용하는 것이 미생물 오염을 방지하고 보존제에 대한 내성을 갖는 미생물 출현을 방지하는 중요한 방법이기도 하다. 이외에도 한 종류의 보존제를 사용하는 것보다는 여러 종류의 보존제를 혼합 사용하는 것이 보존제 간의 상승효과를 증가시켜 적은 농도의 보존제로도 큰 효과를 얻을 수 있다.

⑤ 부적절한 세척 및 살균과정

제조설비의 청소나 소독은 적절한 세척제를 이용하여 뱃치마다 규정에 따라 수행해야 한다. 세척 및 살균 작업이 불충분할 때 보존제에 적응력을 갖는 미생물이 출현하게 된다. 이처럼 보존제에 저항성을 갖는 미생물 오염은 제조 중 뱃치마다 클레임을 유발할 수 있으므로 세척, 살균은 철저하게 준수되어야 한다.

사례 1 설비를 세정, 살균, 건조한 다음 날 제조한 제품에서 규격 값을 넘는 세균이 검출됐다. 세정·살균은 확실히 실시됐지만, 복잡한 설비여서 건조가 불충분한 곳에서 세균의 증식이 된 것으로 완전 건조가 안 되는 경우는 시간의 공백을 두지 않고 제조를 시작하거나 그렇지 못하면 제조 직전의 살균을 필수로 했다. 단순한 설비를 제외하고 완전 건조에 한계가 있는 경우도 있고 살균 후에는 설비 내압이 낮아져 미생물이 침입할 수 있다는 점도 염두에 둬야 한다.

사례 2 위생용(sanitary) 배관의 접속부를 분해하지 않고 세정과 약제 살균을 하면 개스킷 (gaskit, 접촉면에서 가스나 물이 새는 것을 방지하기 위해 넣는 패킹) 부분에 바이오필름이 형성되어 순화균의 발생원이 될 수 있으니 위생용 배관은 접합부를 분해해 세정하는 것으로 하고, 개스킷은 세정 후에 70% 에탄올에 의한 담금 살균을 실시한다. 개스킷을 세정하지 않고 70% 에탄올에 담그는 것은 살균이 불완전해질 뿐만 아니라 담금액에 아포를 축적시킬 가능성도 있으므로 유의한다.

사례 3 제품 벌크 보관용 컨테이너에 설치된 제균 필터 내면에 대량의 아포가 오염된 사례는 내부 응축수로 미생물이 증식하고 제균 필터 부분의 알코올 살균 반복으로 인해 아포만 서서히 축적한 것으로 여겨지며 제균 필터는 세정할 수 없기 때문에 정기적인 오토클레이브 처리(고압증기멸균)를 실시하는 것으로 해결했다.

사례 4 제품에서 세균 검출이 계속되자 제조설비를 세정하고 증기 살균을 철저히 강화했다. 그로 인해 세균은 검출되지 않았지만 대신에 곰팡이가 검출되었는데, 이는 증기 살균을 강화함으로써 배기 증기가 제조실 내에 충만해졌고 그로 인해 천장이나 벽면에 증식한 곰팡이가 제품에 혼입되어 있는 것으로 나타났다. 벽면의 곰팡이를 제거하는 동시에 증기가 실외 방향으로 증기 배출설비를 설치하여 해결한다.

사례 5 알코올 살균 후에 샘플링용 국자의 닦아내기 검사를 실시한 결과, 다수의 미생물이 검출됐다. 증기를 살포해도 여전히 미생물을 검출했다는 점에서 스테인리스 재질 국자 표면의 미세한 흠집에 바이오필름이 형성되어 있는 것으로 의심되어 적절하게 연마된 국자를 이용한다.

사례 6 효모와 아포균에 의한 제품 오염이 발생한 건으로 제조현장에서 분해한 충진기의 부품을 70% 에탄올 안에 침지하고 살균했지만, 1주일에 걸쳐 이 침지액을 교환하지 않고 뚜껑도 열어 두었기 때문에 에탄올의 휘발성에 의해 살균효과가 저하되고 효모 오염까지 이어지고 있었다. 장기간 침지액을 교환하지 않았기 때문에 아포가 축적되고 그것들이 충진기의 부품을 오염시키고 있었다. 오염된 부품을 사용해 조립한 충진기로 충진함으로써 제품에 오염이 발생한 것으로 추정했다. 70% 에탄올의 농도를 유지하기 위해 뚜껑을 꼭 닫고 정기적인 담금액의 교환을 SOP로 정했다. 담금 살균에서는 분해되는 부품은 모두 분해해 충분히 세정한 후 살균액에 완전히 가라앉도록 담그는 것도 중요하다

⑥ 공기를 통한 미생물 오염

오염된 공기에 의해서는 특히 화장품의 곰팡이 오염이 많이 발생한다. 따라서 유입되는 모든 공기는 여과하여 사용하는 것이 바람직하며, 공기의 여과 수준은 작업장의 공기 청정도에 준하여 관리되도록 하는 것이 좋다. 공조기의 필터에 다수의 곰팡이가 증식하고 있는 경우는 필터를 교환하는 동시에 정기적인 검사에 의한 교환을 실시한다. 공조기의 유지보수 작업은 계획적으로 신중하게 실시하지 않으면, 반대로 유지보수작업 중에 곰팡이를 제조실로 확산시킬 수도 있으니 유의한다.

(2) 미생물 오염 대책

CGMP 관점의 대책 마련은 화장품의 1차 오염을 방지할 수 있고, 제품의 방부력 측면에서의 재검토와 용기 형태에 대한 배려는 2차 오염을 방지할 수 있다. 다음은 각 오염에서만 발생되는 미생물이다.

표 4 1차 오염과 2차 오염의 비교

분류		주 오염원	주 오염균
1차 오염	제조 중 오염	제조공정	물 유래, 그람음성균
		낙하균	효모
		원료	곰팡이, 아포균
		사람	액상: 그람음성균, 분말: 아포균, 곰팡이
		용기	곰팡이, 아포균
2차 오염	사용 중 오염	손가락	그람양성균, 효모
		사용 환경	곰팡이, 아포균, 욕실: 그람음성균

화장품에 대한 미생물 오염원은 공기·설비·기구·원료·자재 시설(벽, 마루), 작업자 등으로 크게 구분할 수 있으며, 이런 환경으로부터 미생물 오염을 방지하기 위해서는 우선 미생물이 오염되지 않도록 하고, 미생물이 오염되더라도 증식 및 확산이 되지 않도록 하는 것이 중요하다. 이렇게 하기 위해서는 우선 제품에 충분한 수준의 보존제를 사용해야 하며, 처방이나 제조 시 조건이 보존제 역가 감소를 일으키지 않도록 해야 한다. 또한 미생물 오염이 없는 원료 사용과 제조 과정 중 미생물 오염을 최소화할 수 있도록 CGMP에 준한 제조공정 및 세정방법을 준수하고 작업자의 부주의를 방지하기 위한 정기적인 교육과 훈련도 필요하다. 다음에는 미생물 오염을 최소화하기 위한 오염원 요인에 대한 관리 방법을 요점만 정리하였다.

① 제조수의 미생물 오염대책

제조수는 화장품에서 가장 큰 비중을 차지하는 원료이므로 제조수의 오염은 깨끗한 화장품을 제조하는 데 매우 중요하다. 미생물은 일반적으로 물이 있어야 생육할 수 있으므로 제조수는 특히 미생물 오염에 각별한 주의가 필요한 원료이다. 물에는 수도수, 이온 교환수, 미네랄수 등과 같은 다양한 물이 있으나 일반적으로 화장품 제조수로는 이온 교환수가 가장 많이 사용된다. 제조수에 오염되는 미생물은 비교적 열에 약하고, 약제 내성이 강해서 영양분이 없는 곳에서는 잘 증식하지만, 영양 배지로 옮기면 생육이 나빠지는 특성이 있다. 또한, 별도의 처리를 하지 않으면 제조수는 많은 양의 미생물에 오염되기 때문에 각 제조사마다 회사의 실정에 맞는 멸균 방법을 채택하여 제조수를 관리하고 있다. 제조수에는 *Pseudomonas* 속이 가장 많이 오염되는데, 이 균은 그람음성균으로 보존제에 대한 적응력이 매우 강한 균이다. 따라서 이 균에 대한 제조수의 오염방지에 각별한 주의가 필요하다.

제조수의 오염을 방지하기 위한 일반적인 방법들은 다음과 같다.

- 이온수 배관에 잔류하는 제조수는 제조하기 전 완전히 제거한다.
- 이온수 저장 탱크에는 침적형 자외선 살균 등을 복수 설치한다. 그러나 자외선 살균 등의 효과가 완벽하지는 않다는 점을 명심해야 한다.
- 탱크 및 라인 내의 물을 순환시킨다. 고여있거나 정체된 물은 미생물이 번식하기에 좋은 조건이 되므로 물이 정체되지 않도록 설비에 대한 배려가 필요하다.
- 파이프라인 중간에 유수형의 자외선 살균 등을 설치한다.
- RO(reverse osmosis, 역삼투압) system을 설치하거나, 제조수의 온도를 80℃ 정도로 항상 유지될 수 있도록 한다. 이 방법은 자외선 살균에 비해 완벽한 방법으로 설치비 또는 유지비가 많이 든다는 단점이 있으나 외국의 유명 화장품 제조사의 경우에 많이 채택하고 있다.
- 역삼투막 처리 후의 정제수는 살균조건(UV 램프, 가열)이 불충분하면 오염이 일어날 수 있으니 역삼투막으로 미생물이 제거된다고 해도 그 후의 설비, 배관 중에서 미생물 증식을 막기 위해서는 살균관리 필요하다.

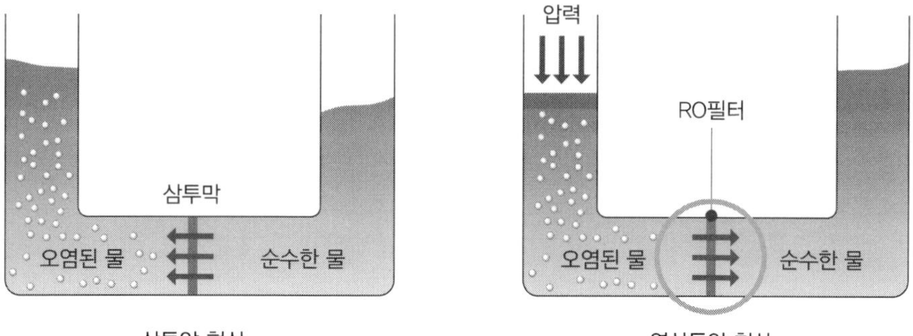

삼투압 현상 역삼투압 현상

탱크에서 가열하는 정제수에 세균이 검출된 사례도 있는데 정제수를 가열용 탱크 안에서 온도, 시간을 설정에 살균공정하고 있었지만, 온도가 낮은 원수가 가열 탱크 내에 지속해서 공급되어 살균온도 유지 불가한 경우이다. 이는 탱크에서의 가열처리 중에는 원수 유입을 방지하도록 프로그램 설정하고 또한 탱크 내 온도 저하를 방지하기 위해 원수는 열교환기에 의해 가온 후에 탱크에 유입하도록 한다. 정제수로 제조했음에도 제형 분리되어 뿌옇게 탁해진 제형이 나타나서, 조사 결과 제품 제조 전 휴업 중 정제수에 증식한 세균이 생산한 효소에 의해 처방 성분이 분해된 결과로 나타나 정제수 처리를 필터에서 가열살균으로 전환한 사례도 있다. 미생물이 증식한 적이 있는 물에는 미생물이 포함되어 있지 않아도 균체 성분과 대사산물 등이 남아 있어 최종제품의 품질에 영향을 줄 가능성이 있으므로 처음부터 미생물이 증식되지 않도록 관리해야 한다. 이외에도 배관 내 세균 증식을 억제하기 위한 slime(점액질) 부착 방지와 배수 경로를 청결하게 유지하여 역류 오염이 없도록 관리하는 것이 필요하다.

② 환경 미생물 제어법

미생물을 제어하기 위해서는 미생물에 대한 성질을 잘 아는 것이 중요하다. 일반적으로 미생물의 생육에 영향을 미치는 요인으로는 온도, 물, 효소, pH, 영양분 등이 있다. 이들 요인에 대해서는 3장에서 다루었으므로 이를 참고하여 제어법을 적용한다.

1) 제조 기기

제조에 사용되는 장비는 세척과 멸균의 용이성이 가장 먼저 고려되어야 한다. 제품과 접촉하는 장비의 표면은 비다공성 재질(스테인리스 스틸)로 기기의 구조가 간단하여 내부에 잔류하는 것이 없어야 한다. 또한 탱크는 밀폐할 수 있는 구조이어야 하며 분해, 세정, 살균이 가능한 구조나 재질을 가져야 한다. 순환실 가열시스템으로 살균한 정제수에 세균이 증식하는 경우가 있는데, 취수구(용수를 수로에 받아들이는 설비) 부근에 긴 곁가지 배관이 있어 순환되지 않고 살균온도에 도달하지 않는 정제수의 체류가 생길 수 있으니 순환시스템을 취수구 바로 앞까지 연장해서 곁가지 배관의 길이를 최단으로 바꾸는 것이 좋다.

2) 세정 · 살균

제조환경은 청결하게 유지되어야 한다. 세정과 살균은 정해진 세척, 멸균과정에 따라 수행되어야 한다. 또한 설비나 원료 및 중간 제품의 세정·살균방법의 기본 원리를 이해하고 적용하는 것이 필요하다.

3) 작업자에 대한 교육

작업자는 위생관리, 제조, 품질관리에 관한 지식과 제조현장의 각각의 조작 방법을 이해할 수 있도록 교육하는 것이 필요하다.

4) 제조환경과 설비

제조기기는 제조하기 쉽도록 배치되어야 하며 세정이나 살균 조작 등을 수행하기 편하도록 설비가 배치되어야 한다. 또한 낙하균에 의한 오염이 없는 작업 구역 설정도 필요하다. 바닥과 벽은 요철이나 균열이 없어야 하며, 미끄럽지 않고 소수성인 재질로 세정하기 쉬운 구조를 가져야 하며, 배수구 또한 청소하기 쉬운 구조여야 한다.

5) 원료

미생물 오염의 중요한 오염원이다. 특히, 천연계 원료는 오염되면 멸균이 곤란하므로 사용 중에 오염되지 않도록 관리해야 한다. 파우더처럼 가루가 날릴 수 있는 원료는 오염된 미생물이 확산될 수 있으므로 취급에 특히 주의한다.

③ 분체 메이크업 제품의 미생물 대책

기초제품류는 물 함유가 높아서 기본적으로 잘 관리하지만, 물 함유가 거의 없지만 매우 다양한 형태의 메이크업 제품도 특성에 맞게 주의해서 미생물 제어할 필요가 있다. 즉, 제형적인 면에서 물을 함유한 유화 제품, 물을 함유하지 않은 고형상의 분체 제품, oil 또는 wax에 색소, 안료 등이 분산된 lip stick 등의 stick상 제품 등 다양하다. 물을 함유하지 않은 제품은 비교적 미생물 오염 발생 가능성이 작으나 분체 제품에서도 곰팡이뿐 아니라, 세균 오염 사례도 발생하므로 원료나 제조공정 등에 대한 관리에 많은 주의가 필요하다.

1) 분체 메이크업 제품 특유의 미생물상의 문제점

분체 메이크업 제품에서 문제가 되는 미생물은 곰팡이로 보존제가 함유되지 않은 제품에서는 고온. 다습한 조건에서 제품 표면에 곰팡이가 증식하여 포자를 형성하기도 한다. 특히, 여름용 케이크상 파운데이션처럼 특정한 계절에만 사용되는 제품은 다음 계절에 재사용할 때 곰팡이가 발생하기도 한다. 따라서 분체 메이크업 제품도 1, 2차 오염방지를 위한 방부력이 필요하다. 메이크업 제품에 사용되는 원료 중에는 천연으로부터 얻어지는 원료가 많아 미생물이 오염되는 경우가 많다. 또한 원료의 산지에 따라서도 오염 정도에 차이가 크다. 이외에도 분체 원료의 사용감이나 보습성을 높이기 위해 가공 처리되는 분체 원료 중에는 미생물에 대한 오염 위험이 큰 원료들도 있다. 따라서 원료에 미생물이 혼입되지 않도록 하고, 보관 시 흡습 등에 주의하며 저온 보관을 하거나 보관 원료에 대해서도 주기적으로 원료의 미생물 오염 여부를 확인하는 것이 필요하다.

분체 원료의 오염대책으로는 일반적으로 가스살균이나 건열살균 등으로 처리하고 있다. 가스살균에는 ethylene oxide를 가장 많이 사용되며, 이 경우 살균효과에 영향을 미치는 요인으로는 가스 농도, 온도, 습도, 압력 및 처리시간 등이 있으므로 이를 고려하여 처리해야 좋은 효과를 얻을 수 있다. 특히, 가스 살균 시에는 제품에 가스가 남아 있지 않아야 한다. 건열 살균은 보통 180℃에서 30~60분이면 멸균이 가능하다. 이외에도 보존제가 미치는 원료의 영향을 고려하여 방부처방을 결정하는 것도 미생물 오염을 예방하는 데 중요하다.

Tip Ethylene oxide(산화에틸렌)

산화에틸렌 가스는 세포 단백질과 결합하여 미생물과 포자를 모두 사멸시킨다. 빠른 속도로 플라스틱, 랩 등으로 포장된 물질에 투과할 수 있는 효과적인 멸균제로 산화에틸렌의 농도, 온도, 습도는 멸균 속도에 영향을 준다. 또한, 독성이 강하므로 멸균한 물건은 바람이 잘 통하도록 하여 남아 있는 가스를 완전히 제거해야 한다. 일반 세균, 진균 포자, 바이러스 등 모든 타입의 미생물에 효과가 있으며, 일회용 배양 접시나 주사기 등 열에 약한 도구의 멸균에 사용된다.

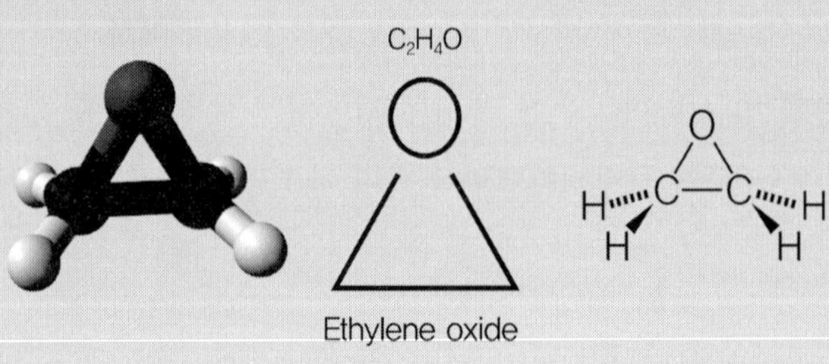

2) 제조공정의 문제점과 대책

분체 메이크업 제품은 제조 시 물의 사용이 없으므로 일반적으로 제조수로부터 유래하는 미생물 오염은 적다. 이 제품의 경우 제조, 충진 장치의 세정 또는 환경 정비가 미생물 오염 관점에서 더 중요하다. 오일 등의 배합이 적고 오염제거가 쉬운 경우에는 air 세정 후, 알코올 분무에 의한 살균 등 물을 사용하지 않는 세정이 미생물 오염 관점에서 유효하다. 오일 등의 사용이 많은 경우에는 세정제를 용해시킨 온수에 세정 후 열수로 살균한다. 그러나 기계 등에 잔류한 물로 미생물이 증식하여 오히려 오염을 일으킬 가능성도 있으므로 제조에 사용되는 모든 기구는 건조된 상태로 보관한다. 제조환경 측면에서 보면 정기적으로 낙하균을 평가하여 제조 충진 환경의 청정화 및 제조 충진 공정 중의 미생물 오염이 없는 환경을 만드는 것이 필요하다.

④ 맞춤형화장품 제조

개인의 피부 상태나 취향에 맞춰 원료를 배합해 만드는 제품을 말하는데 맞춤형화장품 조제관리사 자격증을 가진 사람이 화장품의 내용물을 소분하거나 화장품의 내용물에 식약처장이 정한 원료를 혼합한 화장품이다. 식품의약품안전처는 4년간 시범사업을 마치고 2020년 3월 14일부터 맞춤형화장품 판매업 제도를 본격적으로 시행하였는데, 취향을 중시하는 개인화 트렌드와 맞물리면서 업계에서는 맞춤형화장품이 뷰티 시장의 새로운 성장동력이 될 것으로 기대하고 있다. 맞춤형화장품 판매업 조제관리사가 맞춤형화장품 판매업의 판매장에서 직접 화장품 원료를 다루면서 완제품을 만드는 소규모이지만 처방을 결정하는 연구소와 제조소(공장)가 같이 있는 형태로, 이 역시 소분과 리필의 품질 안전 개념이 적용된다. 더 자세한 내용은 맞춤형화장품(소분·리필)의 품질·안전 및 판매장 위생관리 가이드라인(2021)을 부록으로 실었으니 참고하기를 바란다.

ㅇ 맞춤형화장품이란 다음과 같이 화장품법 제2조 3의 2에 정의되어있다.

가. 제조 또는 수입된 화장품의 내용물에 다른 화장품의 내용물이나 식품의약품안전처장이 정하는 원료를 추가하여 혼합한 화장품

나. 제조 또는 수입된 화장품의 내용물을 소분(小分)한 화장품. 다만, 고형(固形) 비누 등 총리령으로 정하는 화장품의 내용물을 단순 소분한 화장품은 제외한다.

Chapter

09
우수화장품 제조 및 품질관리기준(CGMP)

이 고시는 「화장품법」 제5조 제1항 및 같은 법 시행규칙 제11조 제2항에 따라 우수화장품 제조 및 품질관리 기준에 관한 세부사항을 정하고, 이를 이행하도록 권장함으로써 우수한 화장품을 제조·공급하여 소비자보호 및 국민 보건 향상에 기여함을 목적으로 한다.

화장품법 제5조(영업자의 의무 등) 제1항, 같은 법 시행규칙 제11조(화장품제조업자의 준수사항 등) 제2항에 따라 식품의약품안전처장이 정하여 고시하는 우수화장품 제조관리기준을 준수하도록 화장품 제조업자에게 권장할 수 있다.

이에 따라 식품의약품안전처에서는 우수화장품 제조 및 품질관리 기준에 관한 세부사항을 정하고 있는 「우수화장품 제조 및 품질관리기준」(Cosmetic Good Manufacturing Practice, 이하 "CGMP"라 한다)을 고시로 운영하고 있다. CGMP는 품질이 보장된 우수한 화장품을 제조·공급하기 위한 제조 및 품질관리에 관한 기준으로서 직원, 시설·장비 및 원자재, 반제품, 완제품 등의 취급과 실시 방법을 정한 것이다. 본 장은 우수화장품 제조 및 품질관리기준(CGMP) 해설서(민원인 안내서 제3개정, 2022년)를 위주로 설명하였다.

CGMP의 3대 요소로는 1) 인위적인 과오의 최소화, 2) 미생물오염 및 교차오염으로 인한 품질저하 방지, 3) 고도의 품질관리체계 확립이다. 화장품 제조업체에서 화장품 제조 및 품질관리 시 CGMP 이행을 통해 전반적으로 발생할 수 있는 위험과 잠재적인 문제를 상당히 감소시켜 유통화장품 품질확보에 따른 소비자보호 및 국민 보건 향상에 기여할 수 있을 것으로 기대되고, 생산성 향상도 기대할 수 있을 것이다.

화장품법 (제5조 1항)	화장품제조업자는 화장품의 제조와 관련된 기록시설기구 등 관리방법, 원료·자재·완제품 등에 대한 시험검사검정 실시 방법 및 의무 등에 관하여 총리령으로 정하는 사항을 준수하여야 한다.
시행규칙 (제11조 2항)	식약처장은 제1항에 따른 준수사항 이외에 식약처장이 정하여 고시하는 우수화장품 제조관리기준을 준수하도록 제조업자에게 권장할 수 있다.
고시	우수화장품 제조 및 품질관리기준
민원인안내서	우수화장품 제조 및 품질관리기준 해설서

화장품 GMP 관련 법령

o [화장품법 제5조 1항, 영업자의 의무] 화장품제조업자는 화장품의 제조와 관련된 기록 · 시설 · 기구 등 관리 방법, 원료 · 자재 · 완제품 등에 대한 시험 · 검사 · 검정 실시 방법 및 의무 등에 관하여 총리령으로 정하는 사항을 준수해야 한다.

o [화장품법 시행규칙 제11조, 화장품제조업자의 준수사항 등]

① 법 제5조제1항에 따라 화장품 제조업자가 준수해야 할 사항은 다음 각 호와 같다.

1. 별표 1의 품질관리기준에 따른 화장품책임판매업자의 지도 · 감독 및 요청에 따를 것
2. 제조관리기준서 · 제품표준서 · 제조관리기록서 및 품질관리기록서(전자문서 형식을 포함한다)를 작성 · 보관할 것
3. 보건위생상 위해(危害)가 없도록 제조소, 시설 및 기구를 위생적으로 관리하고 오염되지 아니하도록 할 것
4. 화장품의 제조에 필요한 시설 및 기구에 대하여 정기적으로 점검하여 작업에 지장이 없도록 관리 · 유지할 것
5. 작업소에는 위해가 발생할 염려가 있는 물건을 두어서는 아니 되며, 작업소에서 국민보건 및 환경에 유해한 물질이 유출되거나 방출되지 아니하도록 할 것
6. 제2호의 사항 중 품질관리를 위해 필요한 사항을 화장품책임판매업자에게 제출할 것. 다만, 다음 각 목의 어느 하나에 해당하는 경우 제출하지 아니할 수 있다.

가. 화장품제조업자와 화장품책임판매업자가 동일한 경우

나. 화장품제조업자가 제품을 설계 · 개발 · 생산하는 방식으로 제조하는 경우로서 품질 · 안전관리에 영향이 없는 범위에서 화장품제조업자와 화장품책임판매업자 상호 계약에 따라 영업비밀에 해당하는 경우

7. 원료 및 자재의 입고부터 완제품의 출고에 이르기까지 필요한 시험 · 검사 또는 검정을 할 것
8. 제조 또는 품질검사를 위탁하는 경우 제조 또는 품질검사가 적절하게 이루어지고 있는지 수탁자에 대한 관리 · 감독을 철저히 하고, 제조 및 품질관리에 관한 기록을 받아 유지 · 관리할 것

② 식품의약품안전처장은 제1항에 따른 준수사항 외에 식품의약품안전처장이 정하여 고시하는 우수화장품 제조관리기준을 준수하도록 제조업자에게 권장할 수 있다.

③ 식품의약품안전처장은 제2항에 따라 우수화장품 제조관리기준을 준수하는 제조업자에게 다음 각 호의 사항을 지원할 수 있다.

1. 우수화장품 제조관리기준 적용에 관한 전문적 기술과 교육
2. 우수화장품 제조관리기준 적용을 위한 자문
3. 우수화장품 제조관리기준 적용을 위한 시설 · 설비 등 개수 · 보수

제1장 총칙	제1조 목적 제2조 용어의 정의
제2장 인적자원	제3조 조직의 구성 제4조 직원의 구성 제5조 교육훈련 제6조 직원의 위생
제3장 제조	제7조 건물 제8조 시설 제9조 작업소의 위생 제10조 유지관리 제11조 입고관리 제12조 출고관리 제13조 보관관리 제14조 물의 품질 제15조 기준서 등 제16조 칭량 제17조 공정관리 제18조 포장작업 제19조 보관 및 출고
제4장 품질관리	제20조 시험관리 제21조 검체의 채취 및 보관 제22조 폐기처리 등 제23조 위탁계약 제24조 일탈처리 제25조 불만처리 제26조 제품회수 제27조 변경관리 제28조 내부감사 제29조 문서관리
제5장 판정 및 감독	제30조 판정 및 평가 제31조 우대조치 제32조 사후관리

화장품 GMP 고시 구성

9.1. 용어의 정의

CGMP 미생물 제어 품질과 관련하여 알아야 할 주요 용어의 정의는 다음과 같으며, 이는 이번 장의 내용을 전반적으로 이해하는 데도 도움이 된다.

- 제조: 원료 물질의 칭량부터 혼합, 충전(1차 포장), 2차 포장 및 표시 등의 일련의 작업을 말한다.
- 품질보증: 제품이 적합 판정 기준에 충족될 것이라는 신뢰를 제공하는데 필수적인 모든 계획되고 체계적인 활동을 말한다.
- 일탈(deviation): 제조 또는 품질관리 활동 등의 미리 정하여진 기준(예: 기준서, 표준작업지침(Standard Operating Procedures) 등)을 벗어나 이루어진 행위를 말한다.
- 기준일탈(out-of-specification): 규정된 합격 판정 기준에 일치하지 않는 검사, 측정 또는 시험 결과를 말한다.
- 원료: 벌크 제품의 제조에 투입하거나 포함되는 물질을 말한다.
- 원자재: 화장품 원료 및 자재를 말한다.
- 불만: 제품이 규정된 적합판정 기준을 충족시키지 못한다고 주장하는 외부 정보를 말한다.
- 회수: 판매한 제품 가운데 품질 결함이나 안전성 문제 등으로 나타난 제조번호의 제

품(필요 시 여타 제조번호 포함)을 제조소로 거두어들이는 활동을 말한다.

- 오염: 제품에서 화학적, 물리적, 미생물학적 문제 또는 이들이 조합되어 나타내는 바람직하지 않은 문제의 발생을 말한다.
- 청소: 화학적인 방법, 기계적인 방법, 온도, 적용 시간과 이러한 복합된 요인에 의해 청정도를 유지하고 일반적으로 표면에서 눈에 보이는 먼지를 분리, 제거하여 외관을 유지하는 모든 작업을 말한다.
- 유지관리: 적절한 작업환경에서 건물과 설비가 유지되도록 정기적·비정기적인 지원 및 검증 작업을 말한다.
- 주요 설비: 제조 및 품질 관련 문서에 명기된 설비로 제품의 품질에 영향을 미치는 필수적인 설비를 말한다.
- 교정: 규정된 조건에서 측정기기나 측정 시스템에 의해 표시되는 값과 표준기기의 참값을 비교하여 이들의 오차가 허용범위 내에 있음을 확인하고, 허용범위를 벗어나는 경우 허용범위 내에 들도록 조정하는 것을 말한다.
- 제조번호(또는 뱃치번호): 일정한 제조 단위분에 대하여 제조관리 및 출하에 관한 모든 사항을 확인할 수 있도록 표시된 번호로서 숫자·문자·기호 또는 이들의 특정적인 조합을 말한다.
- 반제품: 제조공정 단계에 있는 것으로서 필요한 제조공정을 더 거쳐야 벌크 제품이 되는 것을 말한다.
- 벌크 제품: 충전(1차 포장) 이전의 제조단계까지 끝낸 제품을 말한다.
- 제조 단위(또는 뱃치(batch) 또는 로트(lot)): 하나의 공정이나 일련의 공정으로 제조되어 균질성을 갖는 화장품의 일정한 분량을 말한다.

  ※ 동일 제조 그룹이 균질성을 갖는다는 것을 나타내는 과학적 근거가 있어야 한다. 과학적 근거란 몇 개의 소(小) 제조 단위를 합하여 같은 제조 단위로 할 경우에는 동일한 원료와 자재를 사용하고 제조조건이 동일하다는 것을 나타내는 근거를 말하며, 또 동일한 제조공정에 사용되는 기계가 복수일 때에는 그 기계의 성능과 조건이 동일하다는 것을 나타내는 것을 말한다.
- 완제품: 출하를 위해 제품의 포장 및 첨부문서에 표시공정 등을 포함한 모든 제조공정이 완료된 화장품을 말한다.
- 재작업: 적합 판정 기준을 벗어난 완제품, 벌크 제품 또는 반제품을 재처리하여 품

질이 적합한 범위에 들어오도록 하는 작업을 말한다.

- 수탁자: 직원, 회사 또는 조직을 대신하여 작업을 수행하는 사람, 회사 또는 외부 조직을 말한다.
- 공정관리: 제조공정 중 적합 판정 기준의 충족을 보증하기 위해 공정을 모니터링하거나 조정하는 모든 작업을 말한다.
- 감사: 제조 및 품질과 관련한 결과가 계획된 사항과 일치하는지와 제조 및 품질관리가 효과적으로 실행되고 목적 달성에 적합한지를 결정하기 위한 체계적이고 독립적인 조사를 말한다.
- 변경관리: 모든 제조, 관리 및 보관된 제품이 규정된 적합 판정 기준에 일치하도록 장하기 위해 우수화장품 제조 및 품질관리기준이 적용되는 모든 활동을 내부 조직의 책임하에 계획하여 변경하는 것을 말한다.
- 내부감사: 제조 및 품질과 관련한 결과가 계획된 사항과 일치하는지와 제조 및 품질관리가 효과적으로 실행되고 목적 달성에 적합한지를 결정하기 위한 회사 내 자격이 있는 직원에 의해 행해지는 체계적이고 독립적인 조사를 말한다.
- 포장재: 화장품의 포장에 사용되는 모든 재료를 말하며 운송을 위해 사용되는 외부 포장재는 제외한 것이다. 제품과 직접적으로 접촉하는지에 따라 1차 또는 2차 포장재라고 말한다.
- 적합 판정 기준: 시험 결과의 적합 판정을 위한 수적인 제한, 범위 또는 기타 적절한 측정법을 말한다.
- 소모품: 청소, 위생 처리 또는 유지 작업 동안에 사용되는 물품(세척제, 윤활제 등)을 말한다.
- 관리: 적합 판정 기준을 충족시키는 검증을 말한다.
- 제조소: 화장품을 제조하기 위한 장소를 말한다.
- 건물: 제품, 원료 및 포장재의 수령, 보관, 제조, 관리 및 출하를 위해 사용되는 물리적 장소, 건축물 및 보조 건축물을 말한다.
- 위생관리: 대상물의 표면에 있는 바람직하지 못한 미생물 등 오염물을 감소시키기 위해 시행되는 작업을 말한다.
- 출하: 주문 준비와 관련된 일련의 작업과 운송 수단에 적재하는 활동으로 제조소 외로 제품을 운반하는 것을 말한다.

9.2. 조직구성 및 직원의 위생

(1) 조직의 구성

제조소별로 독립된 제조부서와 품질보증부서를 두어야 한다. 제조관리와 품질관리의 적정을 기하기 위해 상호 종속관계가 아닌 독립된 권한을 가진 '제조부서'와 '품질보증부서'를 운영해야 하므로 조직을 구성할 때 반드시 고려해야 하는 사항은 제조 부문과 품질 부문을 각각 독립시키는 일이다. 따라서 제조부서와 품질보증부서 책임자는 1인이 겸직하지 못함은 물론 두 책임자는 업무상 상호 상하 관계에 있어서는 안 된다.

조직구조는 조직과 직원의 업무가 원활히 이해될 수 있도록 규정되어야 하며, 회사의 규모와 제품의 다양성에 맞추어 적절해야 한다. 화장품 품질은 원료의 품질, 적절한 설비 설계, 직원에 의한 일관된 업무 수행과 같은 주요 사항들과 관련이 있다. 화장품이 설정된 기준에 적합함을 보증하기 위해 제품의 제조, 포장, 시험, 보관, 출하, 관리에 관계된 직원들은 그들에게 할당된 의무와 책임을 수행해야 하며 교육, 훈련 등을 통해 자격을 갖추어야 한다. CGMP를 실행하려면 CGMP 운영 조직을 만들어야 한다. 제조소의 각 조직구조는 CGMP 규정에 부합하도록 구성되어야 하며, 조직구조는 회사의 조직과 직능을 명확하게 정의하도록 규정되어야 하며 문서화(documentation)되어야 한다.

조직을 구성할 때 반드시 고려해야 하는 사항은 제조 부문과 품질 부문을 각각 독립시키는 일이다. 품질 부문 내의 품질보증 단위(unit), 품질관리 단위와 같은 각 품질 단위는 독립성을 나타내야 한다. 품질보증과 품질관리 책임은 품질보증 단위와 품질관리 단위를 분리하여 책임을 맡거나 이 둘을 하나의 단위로 하여 책임을 맡을 수 있다. 그러나 제조 부문과 품질 부문의 책임자는 겸직해서는 안 된다.

조직구조는 회사 규모와 제품 종류에 따라 변화될 수 있다. 회사의 규모가 큰 경우 보관관리를 제조 부문 내에 독립된 부서가 담당할 수 있으나 보관 시 원료, 포장재 및 완제품의 품질을 확보하기 위해 제조 부문 및 품질 부문의 책임자가 보관조건 등에 관여한다. 품질 부문의 권한과 독립성은 어떤 경우에도 보장될 수 있도록 조직이 구성되어야 하나 회사 규모가 작은 경우, 보관관리 또는 시험책임자 밑의 담당자 일부는 겸직할 수 있다. 문서나 직원이 많은 경우 품질 부문에 문서관리 및 교육책임자를 별도로 두어 운영하는 것이 바람직하다. 제조소에는 제조 및 품질관리 업무를 적절히 수행할 수 있는 충분한 인원을 배치해야 한다.

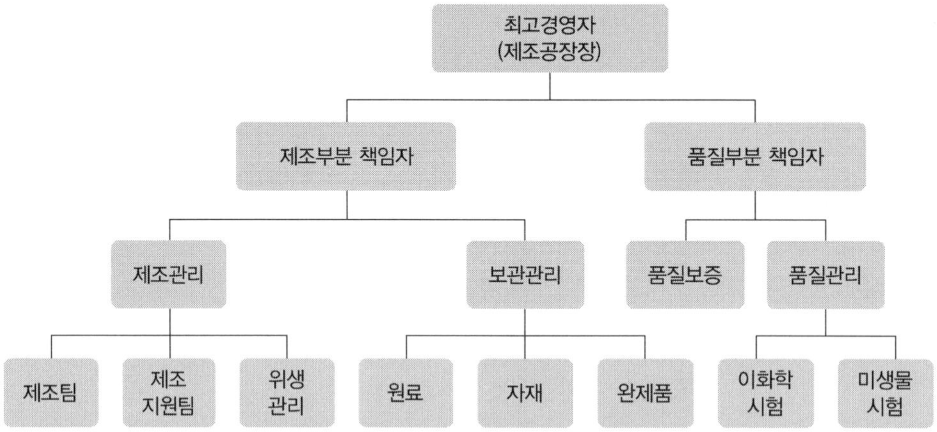

CGMP 조직도의 예시: 조직도는 회사의 규모에 따라 조정할 수 있다.

(2) 직원의 구성 및 위생

CGMP를 실행한다는 것은 조직, 업무 절차, 제조공정, 제조를 위한 자원을 준비하고 확립하여 그 내용을 문서화하고 실행하는 것이다. 항상 동일한 품질의 화장품을 제조하고 실수를 방지하기 위해서는 적절하고 유지관리가 된 건물, 설비 등을 운영하고 최신의 절차를 정한 절차서를 준비, 이에 따른 교육훈련을 받은 직원이 작업을 실시해야 한다. 직원은 자신의 위치, 업무 및 책임을 자각하고 문서를 읽고 내용을 이해해야 하며 작업은 절차서와 지시서 등의 문서에 따라 행하고 기록을 남겨야 한다. 또한, 필요한 교육훈련을 받고 위생관리 규정을 준수해야 한다. 그리고 일탈과 기준일탈 등은 적극적으로 책임자에게 보고해야 한다.

'품질보증 책임자'는 화장품의 품질보증을 담당하는 부서의 책임자로서 품질관리와 관련된 문서를 검토·승인·주관해야 한다. 사내 규정에 따라 별도 관리자에게 위임할 수

> **o 우수화장품 제조 및 품질관리기준 제4조(직원의 책임)**
>
> ② 품질보증 책임자는 화장품의 품질보증을 담당하는 부서의 책임자로서 다음 각 호의 사항을 이행해야 한다.
>
> 1. 품질에 관련된 모든 문서와 절차의 검토 및 승인
> 2. 품질검사가 규정된 절차에 따라 진행되는지의 확인
> 3. 일탈이 있는 경우 이의 조사 및 기록
> 4. 적합 판정한 원자재 및 제품의 출고 여부 결정
> 5. 부적합품이 규정된 절차대로 처리되고 있는지의 확인
> 6. 불만처리와 제품회수에 관한 사항의 주관

있으나, 완제품의 출하 승인 등에 대하여는 위임할 수 없다. 또한 규정에 따라 제품회수, 변경관리에 관한 사항을 주관 또는 승인한다. 특히, 부적합품이 부적절하게 처리되거나 사용되지 않도록 부적합품 처리 규정을 정하고 관리한다.

교육훈련은 제조 및 품질 업무와 관련 있는 직원뿐만 아니라 책임자 등을 포함하여 전 직원을 대상으로 실시한다. 효율적인 교육훈련을 위해 화장품의 특성, 제조, 품질, 위생관리 등에 대한 직종별, 경력별로 체계적인 연간 교육훈련 계획을 수립하여 교육훈련을 실시한다. 특히 신입사원은 철저히 교육훈련 시킨 후 작업에 참여하도록 하며, 계약직 사원에 대해서도 작업 내용에 따라 교육훈련을 실시한다.

적절한 위생관리 기준 및 절차를 마련하고 제조소 내의 모든 직원이 위생관리 기준 및 절차를 준수할 수 있도록 교육훈련 해야 한다. 작업소 및 보관소 내의 모든 직원은 화장품의 오염을 방지하기 위해 규정된 작업복을 착용해야 하고 음식물 등을 반입해서는 아니 된다. 피부에 외상이 있거나 질병에 걸린 직원은 건강이 양호해지거나 화장품의 품질에 영향을 주지 않는다는 의사의 소견이 있기 전까지는 화장품과 직접적으로 접촉되지 않도록 격리되어야 한다. 신규 직원에 대하여 위생교육을 실시하며, 기존 직원에 대해서도 정기적으로 교육을 실시한다. 직원의 위생관리 기준 및 절차에는 직원의 작업 시 복장, 직원 건강 상태 확인, 직원에 의한 제품의 오염방지에 관한 사항, 직원의 손 씻는 방법, 직원의 작업 중 주의사항, 방문객 및 교육훈련을 받지 않은 직원의 위생관리 등이 포함되어야 한다. 즉, 제조구역별 접근권한이 있는 작업원 및 방문객은 가급적 제조, 관리 및 보관구역 내에 들어가지 않도록 하고, 불가피한 경우 사전에 직원 위생에 대한 교육 및 복장 규정에 따르도록 하고 감독해야 한다. 직원은 작업 중의 위생관리상 문제가 되지 않도록 청정도에 맞는 적절한 작업복, 모자와 신발을 착용하고 필요할 경우는 마스크, 장갑을 착용한다. 작업복 등은 목적과 오염도에 따라 세탁을 하고 필요에 따라 소독한다. 작업 전에 복장 점검을 하고 적절하지 않을 경우는 시정한다. 직원은 별도의 지역에 의약품을 포함한 개인적인 물품을 보관해야 하며, 음식, 음료수, 껌 씹기 및 흡연 등은 제조 및 보관 지역과 분리된 지역에서만 섭취하거나 흡연해야 한다.

방문객 또는 안전 위생의 교육훈련을 받지 않은 직원이 화장품 제조, 관리, 보관을 실시하고 있는 구역으로 출입하는 일은 피해야 한다. 그러나 영업상의 이유, 신입 사원 교육 등을 위해 안전 위생의 교육훈련을 받지 않은 사람들이 제조, 관리, 보관구역으로 출입하는 경우에는 안전 위생의 교육훈련 자료를 미리 작성해 두고 출입 전에 "교육훈련"

을 실시한다. 교육훈련의 내용은 직원용 안전 대책, 작업 위생 규칙, 작업복 등의 착용, 손 씻는 절차 등이다. 아울러 방문객과 훈련받지 않은 직원이 제조, 관리 보관구역으로 들어가면 반드시 동행한다. 방문객과 훈련받지 않은 직원은 제조, 관리 및 보관구역에 안내자 없이는 접근이 허용되지 않는다. 방문객은 적절한 지시에 따라야 하고, 필요한 보호 설비를 갖추어야 하며 그들이 혼자서 돌아다니거나 설비 등을 만지거나 하는 일이 없도록 해야 한다. 또한 그들이 제조, 관리, 보관구역으로 들어간 것을 반드시 기록서에 기록한다. 그들의 소속, 성명, 방문목적과 입·퇴장 시간 및 자사 동행자의 기록이 필요하다.

수세 소독 관리기준 (작업장 입실 전 반드시 수세 및 소독)

수세 방법

1. 세척제(비누)를 사용하여 손을 깨끗이 씻는다.
2. Hand Dryer로 건조시킨다.

소독 방법

1. 소독제를 사용하여 손을 소독한다.
2. 손 전체를 빠짐없이 소독한다.

복장 관리기준 ①

방문자

- 위생모(귀가 덮이게 착용)
- 백색 가운
- 실내화

작용사항

- 방진복, 마스크, 위생 캡, 실내화
- 가운, 위생모, 마스크, 실내화(신발 커버)

준수사항

- 수세 및 소독

복장 관리기준 ②

1. 무진복은 캡 → 상의 → 하의 순서로 갱의한다(내용물이 노출되는 작업실).
2. 무진모 및 마스크, 장갑를 착용할 경우
   - 마스크를 귀에 걸어 착용 후, 모진모로 머리카락이 나오지 않게 하고 귀를 덮어 착용한다.
   - 라텍스 장갑을 착용한다.
3. 무진복 착용 전에는 장신구 등을 모두 제거한다.
4. 탈의는 갱의의 역순으로 수행한다.

9.3. 건물 및 시설 작업소의 위생

(1) 건물

화장품 제조 시설(facilities, premises, buildings)이란 화장품을 제조하는 설비와 기기가 들어있는 건물, 작업실, 건물 내의 통로, 갱의실, 손을 씻는 시설 등을 포함하여 원료, 포장재, 완제품, 설비, 기기를 외부와 주위 환경 변화로부터 보호하는 것이다. 화장품 제조에 적합하며, 직원이 안전하고 위생적으로 작업에 종사할 수 있는 시설이 갖추어져야 한다.

화장품 제조 시설은 화장품의 종류, 양, 품질 등에 따라 변화하므로 각 제조업자는 화장품 관련 법령, GCMP 해설서 등을 참고하여 업체 특성에 맞는 적합한 제조시설을 설계하고 건축해야 한다.

> **○ 화장품법 시행규칙 제6조(시설기준 등)**
>
> ① 법 제3조 제2항 본문에 따라 화장품제조업을 등록하려는 자가 갖추어야 하는 시설은 다음 각 호와 같다.
>
> 1. 제조 작업을 하는 다음 각 목의 시설을 갖춘 작업소
>
> 가. 쥐 · 해충 및 먼지 등을 막을 수 있는 시설
>
> 나. 작업대 등 제조에 필요한 시설 및 기구
>
> 다. 가루가 날리는 작업실은 가루를 제거하는 시설
>
> 2. 원료 · 자재 및 제품을 보관하는 보관소
>
> 3. 원료 · 자재 및 제품의 품질검사를 위해 필요한 시험실
>
> 4. 품질검사에 필요한 시설 및 기구

원료보관소

제조실

포장실

품질 시험실

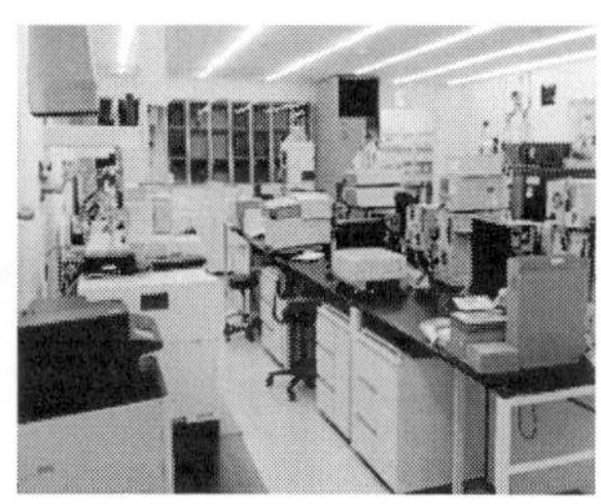

기기분석 시험실

제조소에 필요한 시설 등 (출처: COSVISION)

제조에 필요한 시설 및 기구를 갖춘 후에 필요한 것은 시설 및 기구를 운영·관리하는 규정(SOP) 제정과 그것에 대한 작업자들의 교육훈련이다. 배치(layout) 결정은 반드시 제조되는 화장품의 유형과 현재 상황, 청소 방법을 고려해야 한다. 시설은 이물, 미생물 또

는 다른 외부 문제로부터 원료·자재, 벌크제품 및 완제품을 보호하기 위해서 위치, 설계, 유지해야 한다. 이것은 다음에 의해 가능하다.

- 수령, 저장, 혼합과 충전, 포장과 출하, 관리, 실험실 작업 및 설비와 기구들의 청소·위생처리와 같은 작업들의 분리(위치, 벽, 칸막이 설치, 공기 흐름 등으로 분리)
- 혼입과 오염을 방지할 수 있도록 설비와 물품을 순서대로 배치할 수 있는 적절한 공간
- 청소 및 위생처리를 위한 물의 저장과 배송을 위한 시설·설비 시스템들의 설계와 배치
- 해충 방지와 관리를 위한 적절한 프로그램들의 규정
- 효과적인 유지관리 규정

▶ 일반 건물(General Building)

- 제조 공장의 출입구는 해충, 곤충의 침입에 대비하여 보호되어야 하며 정기적으로 모니터링되어야 하고, 모니터링 결과에 따라 적절한 조치를 취해야 한다. 또한, 필요한 경우에는 방충 전문 회사에 의뢰하여 진단과 조치를 받을 수 있다.
- 배수관은 냄새의 제거와 적절한 배수를 확보하기 위해 건설되고 유지되어야 한다.
- 바닥은 먼지 발생을 최소화하고 흘린 물질의 고임이 최소화되도록 하고, 청소가 용이하도록 설계 및 건설되어야 한다.
- 화장품 제조에 적합한 물이 공급되어야 한다. 공정서 등에 적합해야 하고, 정기적인 검사를 통해 적합한 물이 사용되는지 확인해야 한다.
- 강제적 기계 상의 환기 시스템(공기조화장치 등)은 제품 또는 사람의 안전에 해로운 오염물질의 이동을 최소화시키도록 설계되어야 한다. 필터들은 점검 기준에 따라 정기(수시)로 점검하고 교체 기준에 따라 교체되어야 하고 점검 및 교체에 대해서는 기록되어야 한다.
- 관리와 안전을 위해 모든 공정, 포장 및 보관지역에 적절한 조명을 설치한다.
- 심한 온도 변화 또는 큰 상대 습도의 변화에 대한 제품의 노출을 피하기 위해 원료, 자재, 반제품, 완제품을 깨끗하고 정돈된 곳에서 보관한다. 보관지역의 온도와 습기는 물질과 제품의 손상을 방지하기 위해서 모니터링해야 한다.
- 물질과 기구는 관리를 용이하게 하기 위해 깨끗하고 정돈된 방법으로 설계된 영역에 보관해야 한다.

- 건물 또는 시설 내에 작업자(인동선)와 지게차(물동선)의 이동 흐름은 제품의 혼입 또는 오염을 방지할 수 있도록 설계되어야 한다.

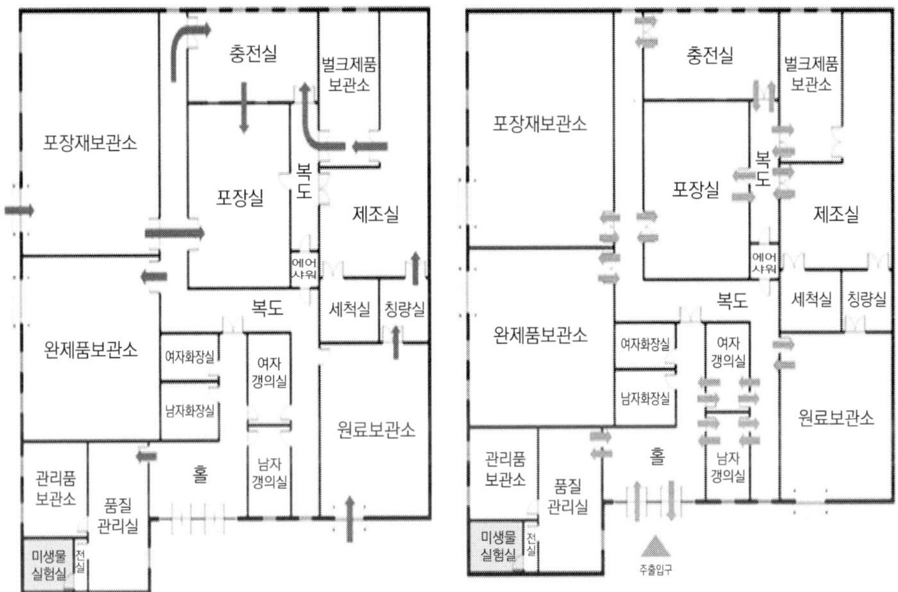

제품 동선　　　　　　　사람 동선

제조소 평면도의 예시 (출처: 식품의약품안전처)

(2) 시설

> **○ 우수화장품 제조 및 품질관리기준 제8조(시설)**
>
> ① 작업소는 다음 각 호에 적합해야 한다.
>
> 1. 제조하는 화장품의 종류·제형에 따라 적절히 구획·구분되어 있어 교차오염 우려가 없을 것
> 2. 바닥, 벽, 천장은 가능한 청소하기 쉽게 매끄러운 표면을 지니고 소독제 등의 부식성에 저항력이 있을 것
> 3. 환기가 잘 되고 청결할 것
> 4. 외부와 연결된 창문은 가능한 열리지 않도록 할 것
> 5. 작업소 내의 외관 표면은 가능한 매끄럽게 설계하고, 청소, 소독제의 부식성에 저항력이 있을 것
> 6. 수세실과 화장실은 접근이 쉬워야 하나 생산구역과 분리되어 있을 것
> 7. 작업소 전체에 적절한 조명을 설치하고, 조명이 파손될 경우를 대비한 제품을 보호할 수 있는 처리절차를 마련할 것
> 8. 제품의 오염을 방지하고 적절한 온도 및 습도를 유지할 수 있는 공기조화시설 등 적절한 환기시설을 갖출 것
> 9. 각 제조구역별 청소 및 위생관리 절차에 따라 효능이 입증된 세척제 및 소독제를 사용할 것
> 10. 제품의 품질에 영향을 주지 않는 소모품을 사용할 것

▶ 보관 구역

- 통로는 적절하게 설계되어야 한다.
- 반품 등을 포함한 보관지역에서는 물품의 입·출고에 관한 사항을 관리해야 한다.
- 통로는 사람과 물건이 이동하는 구역으로서 사람과 물건의 이동에 불편함을 초래하거나, 교차오염의 위험이 없어야 한다.
- 정해진 보관관리 기준을 일시적으로 충족하지 못하는 부득이한 경우에는 예외적으로 위험성 평가를 통해 제품에 영향을 미치지 않는 조건에서 보관할 수 있다.
- 손상된 팔레트는 수거하여 수선 또는 폐기 한다.
- 매일 바닥의 폐기물을 치워야 한다.
- 동물이나 해충이 침입하기 쉬운 환경은 개선해야 한다.
- 용기(저장조 등)들은 닫아서 깨끗하고 정돈된 방법으로 보관한다.
- 적절한 환경 조건 하에서 보관되어야 한다.

▶ 원료 취급 구역

- 원료보관소와 칭량실은 구획되어 있어야 한다.
- 엎지르거나 흘리는 것을 방지하고 즉각적으로 치우는 시스템과 절차들이 시행되어야 한다.
- 모든 드럼의 윗부분은 필요한 경우 이송 전에 또는 칭량 구역에서 개봉 전에 검사하고 깨끗하게 해야 한다.
- 바닥은 깨끗하고 부스러기가 없는 상태로 유지되어야 한다.
- 원료 용기들은 실제로 칭량하는 원료인 경우를 제외하고는 적합하게 뚜껑을 덮어 놓아야 한다.
- 원료의 포장이 훼손된 경우에는 봉인하거나 즉시 별도 저장조에 보관한 후에 품질상의 처분 결정을 위해 격리해 둔다.
- 선입 선출이 용이하도록 구분하여 적재하고, 상부의 물품으로 인하여 하부 물품의 변형이 생기지 않도록 방지해야 한다.

▶ 제조 구역

- 모든 호스는 필요 시 청소 또는 위생처리를 한다. 청소 후에 호스는 완전히 비워져

야 하고 건조되어야 한다. 호스는 정해진 지역에 바닥에 닿지 않도록 정리하여 보관한다.

- 모든 도구와 이동 가능한 기구는 청소 및 위생처리 후 정해진 지역에 정돈 방법에 따라 보관한다.
- 제조구역에서 흘린 것은 신속히 청소한다.
- 탱크의 바깥 면들은 정기적으로 청소되어야 한다.
- 모든 배관이 사용될 수 있도록 설계되어야 하며 우수한 정비 상태로 유지되어야 한다.
- 표면은 청소하기 용이한 재료질로 설계되어야 한다.
- 페인트를 칠한 지역은 우수한 정비 상태로 유지되어야 한다. 벗겨진 칠은 보수되어야 한다.
- 폐기물(예, 여과지, 개스킷, 폐기 가능한 도구들, 플라스틱 봉지)은 주기적으로 버려야 하며 장기간 모아놓거나 쌓아 두어서는 안 된다.
- 사용하지 않는 설비는 깨끗한 상태로 보관되어야 하고 오염으로부터 보호되어야 한다.

▶ 포장 구역

- 포장 구역은 제품의 교차 오염을 방지할 수 있도록 설계되어야 한다.
- 포장 구역은 설비의 팔레트, 포장 작업의 다른 재료들의 폐기물, 사용되지 않는 장치, 질서를 무너뜨리는 다른 재료가 있어서는 안 된다.
- 구역 설계는 사용하지 않는 부품, 제품 또는 폐기물의 제거를 쉽게 할 수 있어야 한다.
- 폐기물 저장통은 필요하다면 청소 및 위생 처리되어야 한다.
- 사용하지 않는 기구는 깨끗하게 보관되어야 한다.

▶ 직원 서비스와 준수사항

- 화장실, 갱의실 및 손 세척 설비가 직원에게 제공되어야 하고 작업구역과 분리되어야 하며 쉽게 이용할 수 있어야 한다. 또한 깨끗하게 유지되어야 하고 적절하게 환기되어야 한다.
- 편리한 손 세척 설비는 온수, 냉수, 세척제와 1회용 종이 또는 접촉하지 않는 손 건조기들을 포함한다.

- 음용수를 제공하기 위한 정수기는 지정된 구역 내에서 위생적이고 잘 정비된 상태로 유지되어야 한다.
- 구내식당과 쉼터(휴게실)는 위생적이고 잘 정비된 상태로 유지되어야 한다.
- 음식물은 생산구역과 분리된 지정된 구역에서만 보관, 취급해야 하고, 작업장 내부로 음식물을 반입하지 않도록 한다.
- 개인은 직무를 수행하기 위해 알맞은 복장을 갖춰야 한다.
- 개인은 개인위생 처리 규정을 준수해야 하고 건강한 습관을 지녀야 한다. 손은 모든 제품 작업 전 또는 생산 라인에서 작업하기 전에 청결히 해야 한다.
- 제품, 원료 또는 포장재와 직접 접촉하는 사람은 제품 안전에 영향을 확실히 미칠 수 있는 건강 상태가 되지 않도록 주의사항을 준수해야 한다.

흐름은 사람과 물건의 움직임을 의미하며, 이 움직임의 설계는 혼동 방지와 오염방지를 목적으로 한다. 새로운 건물의 설계 시와 구건물의 증, 개축 시뿐만 아니라 현 건물에 있어서 흐름의 재검토를 실시하여 제조 작업의 합리화를 도모한다. 그 주요사항은 다음과 같다.

- 인동선과 물동선의 흐름 경로를 교차 오염의 우려가 없도록 적절히 설정한다.
- 교차가 불가피할 경우 작업에 "시간차"를 만든다.
- 사람과 대차가 교차하는 경우 "유효폭"을 충분히 확보한다.
- 공기의 흐름을 고려한다.

제조 구역 내에 있는 바닥, 벽, 천장 및 창문은 청소와 필요하다면 위생처리를 쉽게 할 수 있도록 설계 및 건축되어야 하고 청결하고 정비가 잘 되어 있는 상태로 유지되어야

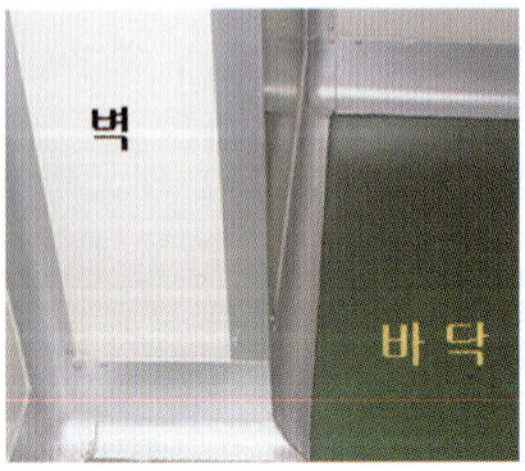

바닥, 벽, 천장이 접하는 부분은 틈이 없어야 하고 먼지 등의 이물질이 쌓이지 않도록 둥글게 처리되어야 한다.

바닥, 벽, 천장 등 예시 (출처: 식품의약품안전처)

한다. 생산 구역 내에 건축 또는 보수 공사 시에는 적당한 청소와 유지관리가 고려되어야 한다. 가능하다면 청소용제의 부식성에 저항력이 있는 매끄러운 표면을 설치한다.

CGMP에서는 '환기가 잘 되고 청결할 것'이라고 하고 있으나 공기 조절 없이 밀폐된 실내에서 화장품을 제조하는 것은 불가능하다. 동일한 품질의 화장품을 연중 생산하기 위해서는 환기 설비와 함께 온·습도관리 설비를 갖춘 시설이 필요하다. 그러나 공기 조절에는 많은 투자가 따르고 그 관리에도 비용이 소요되므로 필요 최소한의 공기 조절 시설로 해야 할 것이다.

▶ 공기 조절의 정의 및 목적

공기 조절이란 "공기의 온도, 습도, 공중미립자, 풍량, 풍향, 기류의 전부 또는 일부를 자동으로 제어하는 일"이다. 공기 조절의 목적은 제품과 직원에 대한 오염방지이지만 한편으로는 오염의 원인이 되기도 한다. 공기 조절은 기류를 발생시킨다. 기류는 먼지, 미립자, 미생물을 공중에 날아 올라가게 만들어서 제품에 부착시킬 가능성이 있다. 그래서 공기 조절 시설을 설치한다면 일정한 수준 이상의 시설로 해야 한다. CGMP 지정을 받기 위해서는 청정도 기준에 제시된 청정도 등급 이상으로 설정해야 하며 청정등급을 설정한 구역(작업소, 실험실, 보관소 등)은 설정 등급의 유지 여부를 정기적으로 모니터링하여 설정 등급을 벗어나지 않도록 관리한다.

▶ 공기 조절의 방식

여름과 겨울의 온도차가 크고, 외부 환경이 제품과 작업자에게 영향을 미친다면 온·습도를 일정하게 유지하는 에어컨 기능을 갖춘 공기 조절기를 설치한다. 공기의 온·습도, 공중미립자, 풍량, 풍향, 기류를 일련의 덕트를 사용해서 제어하는 "센트럴 방식"이 가장 화장품에 적합한 공기 조절이다. 흡기구와 배기구를 천장이나 벽에 설치하고 굵은 덕트로 온·습도를 관리한 공기를 순환 또는 외기를 흐르게 한다. 이 방법은 많은 설비 투자와 유지비용을 수반한다. 한편 환기만 하는 방식과 센트럴 방식을 겹친 "팬 코일+에어컨 방식"은 비용적으로 바람직한 방식이다. 온·습도 제어를 실내에서 급배기 순환하는 패키지 에어컨에 맡기고 공중미립자와 풍향 관리를 팬 코일로 하는 방식이다. 패키지 에어컨의 기류를 제어하는 것은 어렵기 때문에 센트럴 방식보다 공기류의 관리 성능은 떨어지지만, 화장품 제조에는 적합한 공기 조절 방식이라고 생각한다.

▶ 공기 조화 장치

공기 조화 장치는 청정등급 유지에 필수적이고 중요하므로 그 성능이 유지되고 있는지 주기적으로 점검·기록한다(청정도 기준표는 8장의 [표 1] 참고).

표 1 공기 조절의 4대 요소

	4대 요소	대응 설비
1	청정도	공기정화기
2	실내온도	열교환기
3	습도	가습기
4	기류	송풍기

AHU(Air Handling Unit)

FFU(Fan Filter Unit)

그림 1 공기 조화 장치 (출처: 대한크린텍)

• AHU(Air Handling Unit)

특징	표준 공기조화기장치: 건축 시부터 설계에 반영
기능	가습, 냉난방, 공기 여과, 급·배기
장단점	관리 용이(중앙제어), 실내 소음이 없음, 설비비가 높음

• FFU(Fan Filter Unit), ACCU(Air Cooling Control Unit)

특징	간이 공기조화기장치: 설비비가 비교적 저렴함, 기존 건물에 시공이 용이함
기능	공기 여과, 급·배기
장단점	실별 조건에 맞게 제작 가능, 실내 소음이 발생함

어느 공기 조절 방식을 채택하더라도 에어필터를 통해 외기를 도입하거나, 순환시킬 필요가 있다. 가정용 방충망 정도의 필터를 설치한 흡기 팬만의 작업장에서 화장품을 제조하는 것은 재검토되어야 한다. 화장품 제조에 사용할 수 있는 에어필터의 종류, 설치 장소의 예, 취급 방법, 조립 예는 다음과 같다. 공기를 순환하여 사용할 경우에는 생산구역의 먼지가 함께 순환되지 않도록 해야 하며, 제조 중 공기를 오염시킬 수 있는 장소에는 적절한 배기장치나 오염방지를 해야 한다.

표 2 에어필터의 종류와 특징

PRE Filter (세척 후 3~4회 재사용)	MEDIUM Filter	HEPA(High Efficiency Particulate) Filter
• Medium Filter 전처리용 • Media: Glass Fiber, 부직포 • 압력손실: 9 mmAq 이하 • 필터 입자: 5 μm	• Media: Glass Fiber • HEPA Filer 전처리용 • B/D 공기정화, 산업공장에 사용 • 압력손실: 16 mmAq 이하 • 필터 입자: 0.5 μm	• 0.3 μm의 분진 99.97% 제거 • Media: Glass Fiber • 반도체공장, 병원, 의약품, 식품산업에 사용 • 압력손실: 24 mmAq 이하 • 필터 입자: 0.3 μm

구분	특징
PRE Filter / PRE BAG Filter	1. HEPA, MEDIUM 등의 전처리용 2. 대기 중 먼지 등 인체에 해를 미치는 미립자(10~30 μm)를 제거 3. 압력손실이 낮고 고효율로 먼지 포집량이 큼 4. 틀 또는 세제로 세척하여 사용할 수 있어 경제적임(재사용 2~3회) 5. 두께 조정과 재단이 용이하여 교환 또는 취급이 쉬움 6. Bag type은 처리용량을 4배 이상 높일 수 있음
MEDIUM Filter / MEDIUM BAG Filter	1. 포집 효율 95%를 보증하는 중고성능의 필터 2. Clean Room 정밀기계공업 등에서 HEPA의 전처리용 3. 공기정화, 산업공장 등에서 최종 필터로 사용 4. Frame은 P/Board or G/Steel 등으로 제작되어 견고함 5. Bag type은 먼지 보유용량이 크고 수명이 김 6. Bag type은 포집 효율이 높고 압력손실이 적음
HEPA Filter	1. 사용온도 최고 250℃에서 0.3 μm 입자들 99.97% 이상 2. 포집 성능을 장시간 유지할 수 있는 필터 3. 필름, 의약품 등의 제조공정에 사용 4. 반도체, 의약품 Cleam Oven에 사용

화장품 제조라면 적어도 중급성능의 필터 설치를 권장하며, 고도의 환경 관리가 필요하면 고성능의 필터(HEPA 필터) 설치가 바람직하다. 필터는 그 성능을 유지하기 위해 정해진 관리 및 보수를 시행해야 한다. 이를 소홀히 하면 필터의 성능이 유지될 수 없고,

기대하는 환경을 얻을 수 없다. 고성능 필터를 설치할수록 환경이 좋아진다고 생각해서 초고성능 필터를 설치하는 기업이 있지만, 이 생각은 잘못된 것이다. 초고성능 필터를 설치했을 때는 정기적인 포집 효율 시험이나 필터의 완전성 시험 등이 필요하게 되고 고액의 비용이 드는데, 이 시험들을 시행하지 않으면 본래의 성능이 보증되지 않는다. 또한 초고성능 필터를 설치한 작업장에서 일반적인 작업을 하면 바로 필터가 막혀버려서 오히려 작업 장소의 환경이 나빠질 수 있다.

따라서 목적에 맞는 필터를 선택해서 설치하는 것이 중요하다. 특히, HEPA 필터의 완전성을 주기적으로 점검하고 필요한 경우에는 교체해야 한다.

▶ 차압

공기 조절기를 설치하면 작업장 실압을 관리하고 외부와의 차압을 일정하게 유지하도록 한다. 청정등급의 경우 각 등급 간 공기의 품질이 다르기 때문에 등급이 낮은 작업실의 공기가 높은 등급으로 흐르지 못하도록 어느 정도의 공기압에 차가 있어야 한다.

필터를 통과한 공기는 작업 구역 및 주변 구역에서 양압(수치 기준 필요)을 유지해야 하며, 주변의 낮은 청정도 등급 쪽으로 공기가 흐르도록 공급되어야 한다(예: 충전실(2급) → 포장실(3급)). 즉, 높은 청정등급의 공기압은 낮은 청정등급의 공기압보다 높아야 한다. 일반적으로는 4급지 < 3급지 < 2급지 순으로 실압을 높이고, 외부의 먼지가 작업장으로 유입되지 않도록 설계한다. 단, 작업실이 분진 발생, 악취 등 주변을 오염시킬 우려가 있을 경우(예: 파우더 충진실 등)에는 해당 작업실을 음압으로 관리할 수 있으며, 이 경우 적절한 오염방지대책을 마련해야 한다. 실압 차이가 있는 방 사이에는 차압 댐퍼나 풍량 가변 장치와 같은 기구를 설치하여 차압을 조정한다. 이들 기구는 옆방과의 사이에 있는 문을 개폐했을 때의 차압 조정 역할도 하고 있다.

온도는 1~30℃, 습도는 80% 이하로 관리하며, 제품 특성상 온습도에 민감한 제품의 경우에는 해당 온습도를 유지할 수 있도록 관리하는 체계를 갖추도록 한다. 온습도의 설정을 정할 때는 결로 현상에 신경을 써야 한다. 따뜻한 방에 차가운 것을 반입하면 방 온도와 습도에 의해 반입한 것의 표면에 결로가 쉽게 발생한다. 이러한 결로 현상은 곰팡이 발생으로 이어지므로 피해야 한다.

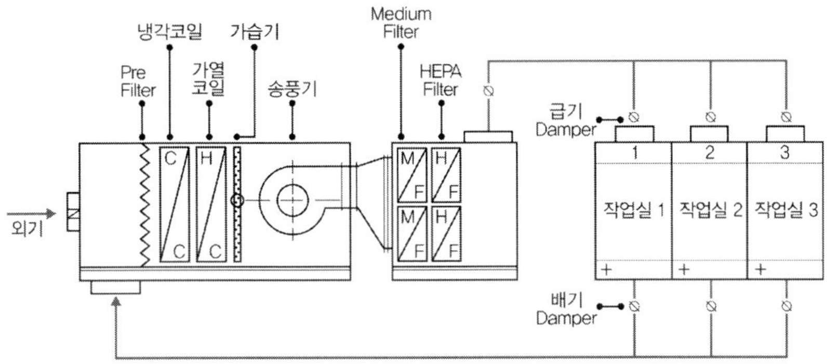

① AHU - 공기 흐름도(양압의 예: 급기 > 배기)

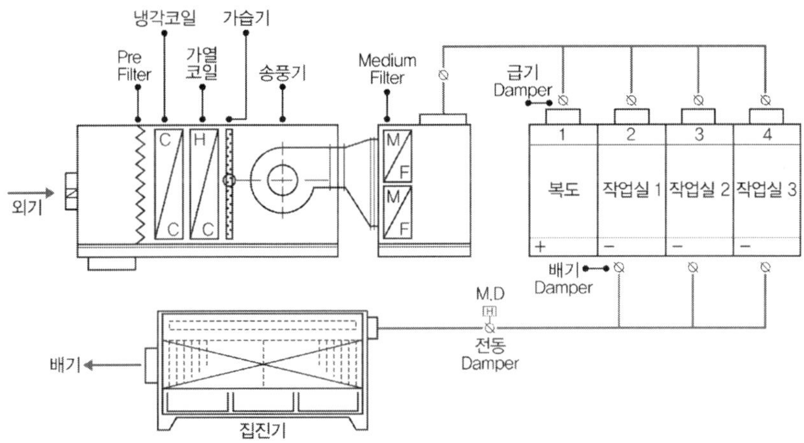

② AHU - 공기 흐름도(음압의 예: 급기 < 배기)

그림 2 차압

o 우수화장품 제조 및 품질관리기준 제8조(시설)

② 제조 및 품질관리에 필요한 설비 등은 다음 각 호에 적합해야 한다.

1. 사용목적에 적합하고, 청소가 가능하며, 필요한 경우 위생·유지관리가 가능해야 한다. 자동화시스템을 도입한 경우도 또한 같다.
2. 사용하지 않는 연결 호스와 부속품은 청소 등 위생관리를 하며, 건조한 상태로 유지하고 먼지, 얼룩 또는 다른 오염으로 부터 보호할 것
3. 설비 등은 제품의 오염을 방지하고 배수가 용이하도록 설계, 설치하며, 제품 및 청소 소독제와 화학반응을 일으키지 않을 것
4. 설비 등의 위치는 원자재나 직원의 이동으로 인하여 제품의 품질에 영향을 주지 않도록 할 것
5. 용기는 먼지나 수분으로부터 내용물을 보호할 수 있을 것
6. 제품과 설비가 오염되지 않도록 배관 및 배수관을 설치하며, 배수관은 역류되지 않아 야 하고, 청결을 유지할 것
7. 천정 주위의 대들보, 파이프, 덕트 등은 가급적 노출되지 않도록 설계하고, 파이프는 받침대 등으로 고정하고 벽에 닿지 않게 하여 청소가 용이하도록 설계할 것
8. 시설 및 기구에 사용되는 소모품은 제품의 품질에 영향을 주지 않도록 할 것

배관, 배수관 및 덕트는 다음의 사항을 만족해야 한다.

- 물방울과 응축수의 발생을 방지한다.
- 역류 방지 대책이 있어야 한다.
- 청소를 쉽게 하도록 노출한 배관은 벽에서 거리를 두고 설치한다.

화장품 생산 시에는 많은 설비가 사용된다. 분체혼합기, 유화기, 혼합기, 충전기, 포장기 등의 제조설비뿐만 아니라, 냉각장치, 가열장치, 분쇄기, 에어로졸 제조장치 등의 부대설비와 저울, 온도계, 압력계 등의 계측기기가 사용된다. 이들을 통합하여 '화장품 생산 설비'라고 한다.

제조하는 화장품의 종류, 양, 품질에 따라 사용하는 생산 설비는 다양하게 사용될 수 있다. 화장품 생산 설비에 필요한 사항은 설계, 설치, 검정, 세척, 소독, 유지관리, 소모품, 사용기한, 대체 시스템이 있다.

자동화 시스템을 포함한 제조 등 화장품에 사용되는 모든 설비와 용구는 의도된 목적에 적합하도록 깨끗하게 유지되어야 하며, 계획적이어야 하고, 적절하게 유지되고 검정되어야 한다.

최종 시스템 설계는 각 원료와 완제품을 개별적으로 고려해야 한다. 그러나 일반적으로 공정시스템은 제품의 오염을 방지해야 하고 화학적으로 반응이 있어서는 안 되며, 흡수성이 있지 않아야 한다. 또한 원료와 자재 등은 공급과 출하가 체계적으로 이루어지도록 관리해야 한다(선입선출). 정돈과 효율 및 안전한 조작을 위한 충분한 공간을 제공해야 하며, 표면이나 벌크제품과 닿는 부분은 제품의 위생처리와 청소가 용이해야 하고 제품의 안정성을 고려해야 한다. 다음으로 설비의 아래와 위에 먼지의 퇴적을 최소화해야 한다. 확실하게 라벨로 표시하고 적절한 문서 기록을 하고, 측정, 칭량, 기록, 관리 설비를 일정 주기로 적절한 방법에 의해 교정하고 점검해야 한다.

제품 용기들(반제품 보관 용기 등)은 환경의 먼지와 습기로부터 보호되어야 한다. 사용하지 않는 이동 호스와 액세서리는 깨끗해야 하며 건조하게 유지되고 먼지, 얼룩 또는 다른 오염으로부터 보호되어야 한다. 청소되고 위생 처리된 휴대용 설비와 도구는 적절한 위치에 보관되도록 설계해야 한다.

포장 설비의 선택은 제품의 공정, 점도, 제품의 안정성, pH, 밀도, 용기 재질 및 부품 설계 등과 같은 제품과 용기의 특성에 기초를 두어야 한다. 포장 설비 설계는 제품 오염을 최소화하고, 화학 반응을 일으키거나, 제품에 첨가되거나, 흡수되지 않아야 한다. 다음의 사항들을 고려한다.

- 효율적이며 안전한 조작을 위한 적절한 공간이 제공되어야 한다.
- 제품과 최종 포장의 요건을 고려해야 한다.
- 부품 및 받침대의 위와 바닥에 오물이 고이는 것을 최소화한다.
- 물리적인 오염물질 축적의 육안식별이 용이하게 해야 한다.
- 제품과 포장의 변경이 용이해야 한다.
- 보수와 유지관리 작업에 의해 제품 품질에 어떤 위해가 가해져서는 안 된다.

포장 설비는 설계되고 의도된 바에 따라 지속적인 성능을 보증하기 위해서 충분히 유지관리 되어야 한다. 설비 사용 시에는 많은 소모품이 사용되는데, 소모품은 화장품 품질에 영향을 주어서는 안 된다. 예를 들어, 필터, 개스킷, 보관 용기와 봉지의 성분이 화장품에 녹아 흡수되거나 화학반응을 일으키거나 부착해서는 안 된다. 소모품을 선택할 때는 재질, 표면, 제품과의 상호작용을 검토하여 신중하게 고른다.

(3) 작업소의 위생

o 우수화장품 제조 및 품질관리기준 제9조(작업소의 위생)

① 곤충, 해충이나 쥐를 막을 수 있는 대책을 마련하고 정기적으로 점검·확인해야 한다.
② 제조, 관리 및 보관 구역 내의 바닥, 벽, 천장 및 창문은 항상 청결하게 유지되어야 한다.
③ 제조시설이나 설비의 세척에 사용되는 세제 또는 소독제는 효능이 입증된 것을 사용하고 잔류하거나 적용하는 표면에 이상을 초래하지 아니해야 한다.
④ 제조시설이나 설비는 적절한 방법으로 청소해야 하며, 필요한 경우 위생관리 프로그램을 운영해야 한다.

① 곤충, 해충이나 쥐를 막을 수 있는 대책

▶ 원칙

벌레가 좋아하는 것을 제거하고 빛이 밖으로 새어 나가지 않게 하며 발생 원인을 조사하여 대책을 마련한다.

▶ 방충 대책의 구체적인 예

- 벽, 천장, 창문, 파이프 구멍에 틈이 없도록 한다.
- 개방할 수 있는 창문을 만들지 않는다.
- 창문은 차광하고 야간에 빛이 밖으로 새어 나가지 않게 한다.
- 배기구, 흡기구에 필터를 단다.
- 폐수구에 트랩을 단다.
- 문 하부에는 스커트를 설치한다.
- 골판지, 나무 부스러기를 방치하지 않는다(벌레의 집이 된다).
- 실내압을 외부(실외)보다 높게 관리한다.
- 청소와 정리 정돈
- 해충, 곤충의 조사와 구제를 실시한다.

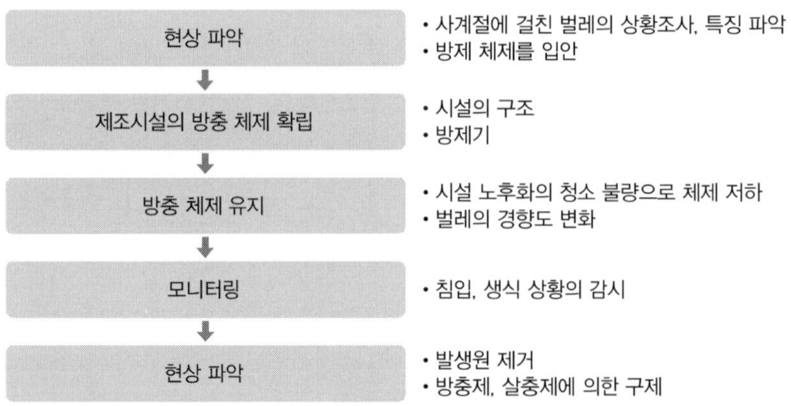

② 외부업체 운영 시 관리

- 업체 선정 시 적합한 업체인지 조사 및 평가한다.
- 방충·방서 모니터링 보고서를 수령하여 검토하고 이상 발생 시 대책 수립을 논의·요청한다.
- 사용 약제(사용 시) 정보 등을 수령하여 유해성 여부를 평가한다.
- 업체에서 관리하더라도 내부적으로 점검할 항목을 추가할 수 있다.

위생 프로그램이 건물 안의 모든 공간에서 이용할 수 있어야 한다. 청소 방법과 위생처리에 대한 사항은 다음과 같다.

- 공조시스템에 사용된 필터는 규정에 의해 청소되거나 교체되어야 한다.
- 물질 또는 제품 필터들은 규정에 의해 청소되거나 교체되어야 한다.
- 물 또는 제품의 모든 유출과 고인 곳 그리고 파손된 용기는 바로 청소 또는 제거되어야 한다.
- 제조공정 또는 포장과 관련되는 지역에서의 청소와 관련된 활동이 기류에 의한 오염을 유발해 제품 품질에 위해를 끼칠 것 같은 경우에는 작업 동안에 해서는 안 된다.
- 청소에 사용되는 용구(진공청소기 등)는 정돈된 방법으로 깨끗하고, 건조된 지정된 장소에 보관되어야 한다.
- 오물이 묻은 걸레는 사용 후에 버리거나 세탁해야 한다.
- 오물이 묻은 유니폼은 세탁될 때까지 적당한 컨테이너에 보관되어야 한다.
- 제조공정과 포장에 사용한 설비 그리고 도구들은 세척해야 한다. 적절한 때에 도구들은 계획과 절차에 따라 위생 처리 및 기록되어야 한다. 적절한 방법으로 보관되어야 하고, 청결을 보증하기 위해 사용 전 검사되어야 한다. (예: 청소 완료 표시서 등)
- 제조공정과 포장 지역에서 재료의 운송을 위해 사용된 기구는 필요할 때 청소되고 위생 처리되어야 하며, 작업은 적절하게 기록되어야 한다.
- 제조 공장을 깨끗하고 정돈된 상태로 유지하기 위해 필요할 때 청소가 수행되어야 한다. 그러한 직무를 수행하는 모든 사람은 적절하게 교육되어야 한다. 천장, 머리 위의 파이프, 기타 작업 지역은 필요할 때 모니터링하여 청소되어야 한다.
- 제품 또는 원료가 노출되는 제조공정, 포장 또는 보관구역에서의 공사 또는 유지관리 보수 활동은 제품 오염을 방지하기 위해 적합하게 처리되어야 한다.
- 제조 공장의 한 부분에서 다른 부분으로 먼지, 이물 등을 묻혀가는 것을 방지하기 위해 주의해야 한다.

적절한 청소와 위생처리 프로그램이 모든 설비를 위해 준비되어야 한다. 청소와 세제와 소독제는 확인되고, 효과적이어야 한다. 모든 세제와 소독제는 적절한 라벨을 통해 명확하게 확인되어야 하고 원료, 포장재 또는 제품의 오염을 방지하기 위해서 적절히 선정, 보관, 관리 및 사용되어야 한다.

같은 제품의 연속적인 뱃치의 생산 또는 지속적인 생산에 할당받은 설비가 있는 곳의 생산 작동을 위해, 설비는 적절한 간격을 두고 적절히 세척되어야 하며 필요할 때는 소독해야 한다. 설비의 세척은 제조하는 화장품의 종류, 양, 품질에 따라 변화하는데, 세척의 종류를 잘 이해하고 자사의 설비세척의 원칙에 따라 세척하고, 판정하고 그 기록을 남겨야 한다. 제조하는 제품의 전환뿐만 아니라 연속해서 제조하고 있을 때도 적절한 주기로 제조설비를 세척해야 한다. 언제 어떻게 설비를 세척하는지의 판단은 제조책임자의 중요한 책무이다. 설비, 도구의 세척, 소독 시에는 세척 대기, 세척 중, 세척 완료 등으로 상태를 표시해야 한다.

설비의 세척에는 많은 종류가 있다. 세척대상 물질 및 세척대상 설비에 따라 적절한 세척을 실시해야 하며, 제조 작업자뿐만 아니라 화장품 제조에 관련된 전원이 세척을 잘 이해해야 한다. 세척이 완료되면 적절한 절차로서 소독을 실시한다. 보통 70~80% 에탄올, 70~80% 아이소프로필 알코올 또는 열수(뜨거운 정제수) 등으로 설비, 도구 소독을 하며 소독 방법, 주기, 소독액 조제 관리 등의 절차를 마련한다.

③ 세척대상 및 확인 방법

세척대상 물질은 화학 물질(원료, 혼합물), 미립자, 미생물, 동일제품, 이종제품, 쉽게 분해되는 물질, 안정된 물질, 세척이 쉬운 물질, 세척이 곤란한 물질, 불용물질, 가용물질, 검출이 곤란한 물질, 쉽게 검출할 수 있는 물질을 포함한다.

세척대상 설비는 설비, 배관, 용기, 호스, 부속품, 단단한 표면(용기 내부), 부드러운 표면(호스), 큰 설비, 작은 설비, 세척이 곤란한 설비, 용이한 설비가 있다.

마지막으로 세척 확인 방법은 육안 확인, 천으로 문질러 부착물로 확인, 린스액의 화학분석 등이 있다.

물 또는 증기만으로 세척할 수 있으면 가장 좋고 브러시 등의 세척 기구를 적절히 사용해서 세척하는 것도 좋다. 세제(계면활성제)를 사용한 설비세척은 권장하지 않는데, 그 이유는 세제는 설비 내벽에 남기 쉽고 잔존 세척제는 제품에 악영향을 미칠 수 있기 때문이다. 세제가 잔존하지 않는 것을 설명하기에는 고도의 화학 분석이 필요하다.

쉽게 물로 제거되도록 설계된 세제이더라도 세제 사용 후에는 문질러서 지우거나 강하게 흐르는 물로 헹구지 않으면 세제를 완전히 제거할 수 없다. 세제로 손을 씻었을 때, 손을 충분히 헹구지 않으면 세제의 미끈미끈한 느낌은 제거되지 않을 것이다. 세제로 제조설비를 세척했을 때, 설비 구석에 남은 세제를 간단히 제거할 수 있을까? 세제를 사용하지 않는 것보다 더 좋은 것은 없다. 하지만 화장품 제형 특성상 세제를 사용하는 경우도 있으므로 세제 사용 시에는 세척 후 잔류 세제에 대한 평가가 필요하다.

부품을 분해할 수 있는 설비는 분해해서 세척하고, 세척 후는 반드시 미리 정한 규칙에 따라 세척 여부를 판정한다. 세척 및 판정을 한 뒤, 설비는 건조시키고 밀폐해서 보존한다. 설비세척의 유효기간을 설정해 놓고 유효기간이 지난 설비는 재세척하여 사용한다. 유효기간은 설비의 종류와 보존 상태에 따라 변하므로 설비마다 실적을 토대로 설정한다. 이상과 같은 '설비세척의 원칙'을 반드시 마련해 놓는다. 작업자의 독자적인 판단에 맡기는 화장품 설비세척을 해서는 안 된다.

화장품 제조설비의 종류와 세척 방법을 정리해 두면 편리하다. 세척 방법에 제1 선택지, 제2 선택지, 심한 더러움 시의 대안을 마련하고 세척 대책이 되는 설비의 상태에 맞게 세척 방법을 선택한다. 유화기 등의 일반적인 제조설비에는 '물+브러시' 세척이 제1 선택지일 것이다. 지워지기 어려운 잔류물에는 에탄올 등의 유기용제 사용이 필요하게 된다.

분해할 수 있는 부분은 분해해서 세척한다. 특히, 제조 품목이 바뀔 때는 반드시 분해할 부분을 설비마다 정해 놓으면 좋다. 호스와 여과 천 등은 서로 다른 제품 간에서 공용해서는 안 된다. 제품마다 전용 물품을 준비한다.

세척 후에는 반드시 '판정'을 실시한다. 판정 방법에는 육안 판정, 닦아내기 판정, 린스 정량이 있으며, 우선순위도 이 순서다. 각각의 판정 방법의 절차를 정해 놓고 제1 선택지를 육안 판정으로 한다. 육안 판정을 할 수 없을 부분의 판정에는 닦아내기 판정을 하고, 닦아내기 판정을 할 수 없으면 린스 정량을 실시하면 된다.

육안 판정의 장소는 미리 정해 놓고 판정 결과를 기록서에 기재한다. 판정 장소는 말로 표현하는 것이 아니라 그림으로 제시해 놓는 것이 바람직하다.

닦아내기 판정에서는 흰 천이나 검은 천으로 설비 내부의 표면을 닦아내고 천 표면의 잔류물 유무로 세척 결과를 판정한다. 흰 천을 사용할지 검은 천을 사용할지는 전회 제조물 종류로 정하면 된다. 천은 무진포(無塵布)가 바람직하다. 천의 크기나 닦아내기 판정의 방법은 대상 설비에 따라 다르므로 각 회사에서 결정할 수밖에 없다.

린스 정량법은 상대적으로 복잡한 방법이지만, 수치로서 결과를 확인할 수 있다. 그러나 잔존하는 불용물을 정량할 수 없으므로 신뢰도는 떨어진다. 호스나 틈새기의 세척 판정에는 적합하므로 반드시 절차를 준비해 두고 필요할 때 실시한다. 린스 액의 최적 정량방법은 HPLC법이나 잔존물의 유무를 판정하는 것이면 박층크로마토그래피(TLC)에 의한 간편 정량으로 될 것이다. 최근, TOC(총유기탄소) 측정법이 발달해서 많은 기종이 발매되어 있다. TOC 측정기로 린스액 중의 총유기탄소를 측정해서 세척 판정하는 것도 좋다. UV로 확인하는 방법도 있다.

④ 청소 및 세척

세척 후에는 세척 완료 여부를 확인할 수 있는 표시를 한다. 방, 벽, 구역 등의 청정화 작업(청소와 정리 정돈 등)을 '청소'라고 한다. 청소는 설비세척과 구별한다.

- 청소: 주위의 청소와 정리 정돈을 포함한 시설·설비의 청정화 작업
- 세척: 설비의 내부 세척화 작업

청소와 세척의 차이 및 청소에 관한 주의사항은 다음과 같다.

- 절차서를 세부적으로 작성한다. '책임'을 명확하게 하고 사용기구를 정해 놓는다. 또한 구체적인 절차를 정한다(먼저 쓰레기를 제거한다, 동쪽에서 서쪽으로, 위에서 아래로, 천으로 닦는 일은 3번 닦으면 교환 등). 심한 오염에 대한 대처 방법을 기재해 놓는다.
- 판정 기준: 구체적인 육안 판정 기준을 제시한다.
- 세제를 사용한다면 사용하는 세제명을 정해 놓고 기록한다.
- 사용한 기구, 세제, 날짜, 시간, 담당자명 등의 기록을 남긴다.
- '청소 결과'를 표시한다.

9.4. 물의 품질

o 우수화장품 제조 및 품질관리기준 제14조(물의 품질)

① 물의 품질 적합기준은 사용 목적에 맞게 규정해야 한다.
② 물의 품질은 정기적으로 검사해야 하고 필요시 미생물학적 검사를 실시해야 한다.
③ 물 공급 설비는 다음 각 호의 기준을 충족해야 한다.
  1. 물의 정체와 오염을 피할 수 있도록 설치될 것
  2. 물의 품질에 영향이 없을 것
  3. 살균처리가 가능할 것

화장품 제조에 사용되는 물(탈이온화(deionization), 증류 또는 역삼투압 처리 유무에 상관없이)에 대한 절차서는 다음과 같은 사항을 보장해야 한다.

먼저 오염의 위험과 물의 정체(stagnation)를 예방할 수 있어야 하며, 미생물의 오염을 방지하기 위해 고안되고 적절한 주기와 방법에 따라 청결과 위생관리가 이루어지는 시스템을 통해 물을 공급해야 한다. 또한, 화학적, 물리적, 미생물학적 규격서에 대한 적합성 검증을 위한 적절한 모니터링과 시험이 필요하다. 규정된 품질의 물을 공급해야 하고, 물 처리 설비에 사용된 물질들은 물의 품질에 영향을 미쳐서는 안 된다.

화장품 제조 공장에서는 제품에 사용하는 물 뿐만 아니라 설비세척수, 시설 등을 청소하는 물, 손 씻는 물, 직원이 마시는 물 등 많은 종류의 물을 사용한다. 화장품 제조회사에서는 이들 용도에 맞는 품질의 물을 사용해야 한다. 정제수를 사용할 때는 그 품질기준을 정해 놓고 사용할 때마다 품질을 측정해서 사용한다. 수돗물과 달리 정제수 중에는 염소이온 등의 살균성분이 들어 있지 않으므로 미생물이 번식하기 쉽다. 그러므로 한 번 사용한 정제수 용기의 물을 재사용하거나 장기간 보존한 정제수를 사용해서는 안 된다. 정제수는 사용할 때는 통상 자사에서 제조한다. 일반적으로는 정제수는 상수를 이온교환수지 통을 통과시키거나 증류하거나 역삼투(R/O) 처리를 해서 제조한다.

(1) 용수의 품질관리

① 화장품 제조용수의 고려할 점

- 사용하는 물의 품질을 목적별로 정해 놓는다. 제조설비세척은 정제수, 상수로 하고 손 씻기는 상수, 제품 용수는 화장품 제조 시 적합한 정제수로 한다.
- 사용수의 품질을 주기별로 시험항목을 설정해서 시험한다.
- 제조용수 배관에는 정체방지와 오염방지 대책을 한다.

② 용수시스템 유지관리

1) 소독(Sanitization)

제조용수의 미생물 관리는 기본적으로 소독에 의존하게 된다. 자외선 조사, 열을 가하는 등의 방법으로 소독할 수 있다.

2) 용수시스템 유지관리

제조용수시스템이 일정한 관리 범위 안에 있도록 하기 위해서는 예방 관리 프로그램이 확립되어 있어야 한다.

- 작동 절차: 제조용수시스템의 작동 절차, 일상 점검 및 시정 조치 절차 등을 문서로 규정하고 어떤 경우에 어떤 조치를 해야 할지를 구체적으로 명시해야 한다. 이런 문서는 정식 문서로 잘 관리해야 하며 각 직무의 기능을 구체적으로 기술하고, 그 직무를 수행할 책임자를 지명하고 그 직무를 수행하는 방법까지를 기술해야 한다.
- 모니터링 절차: 중요 품질 관련 기준과 운전 설정치를 문서로 정해 놓고 그에 따라서 모니터링해야 한다. 모니터링 방법에는 전도도 측정기록계같이 시스템 자체에 장착한 감지기나 기록계를 이용하는 방법, carbon filter의 차압이 떨어지는 것을 기록하는 것처럼 작동에 관련된 수치를 일일이 손으로 쓰는 방법, 일반 세균 시험처럼 시험실에서 시험하는 방법 등이 있다. 이 절차에는 검체 채취 빈도, 시험 결과 해석 요건 및 어떤 시정 조치가 필요한지 등을 포함해야 한다.
- 소독: 각 단위 기계에 어떤 것을 써서 시스템을 어떻게 설계했느냐에 따라, 주기를 정해 놓고 일상적으로 소독함으로써 끊임없이 미생물을 관리해야 한다. 소독에 관하여는 위에서 언급한 바 있다.
- 설비유지관리: 제조용수시스템 각 단위 설비(예를 들어, 활성탄, 마이크로 필터, 이온 교환 수지, RO membrane, UV 램프 등)마다 점검 주기, 교체 주기를 설정하고 일상 점검을 통해 유지관리한다.
- 예방 점검: 효율적인 예방 점검 프로그램이 있어야 한다. 어떤 예방 점검을, 어떤 빈도로 해야 하며, 어떻게 기록하여 관리해야 하느냐가 확립되어 있어야 한다.
- 변경 관리: 기계적 구조를 바꾸거나 작업 조건을 바꿀 때는 철저히 관리되어야 한다. 변경 처리 절차는 어떤 공정을 바꿀 때는 그것이 시스템 전체에 어떤 영향을 미칠 것인지를 평가하고, 시스템을 재평가할 필요가 있는지 판단하며, 시스템 변경을 확정하면 그에 따라 도면, 작동 지침 및 절차 등 연관된 사항을 개정한다.

③ 용수시스템 품질관리

1) 정제수의 품질관리

- 관리 목적: 정제수의 시험항목 및 규격은 화장품의 원료로 사용하는 물로서, 위생적인 측면과 다른 원료들의 용해도, 경시 변화에 따른 침전, 탈색/변색에 대한 영향, 피부에 대한 작용 등을 고려할 때 필요한 정도의 순도를 규정하기 위한 것이다. 대표적으로 염(salt)이 함유된 정제수를 사용하면 제품의 향, 안정성, 투명도에 결정적

영향을 미치므로 철저하게 관리해야 한다.

- 검체의 채취: 검체 채취 전 밸브를 열고 정해진 배수 시간 또는 배수량의 물을 배수하고 샘플링 병을 헹군 후 채취한다. 정제수 사용처에서 채취하는 경우, 제조 시 실제로 사용하는 방법과 같이 호스 등을 연결하여 채취한다. 반대로 제조 중 정제수 사용 시 검체 채취 방법과 동일하게 정제수를 사용한다(사용 전 배수량 또는 배수 시간, 호스 사용 등). 정제수의 품질관리용 검체채취 시에는 항상 정해진 채취 부위에서 정해진 시간에 채취해야 한다. 이때 채취구는 아래쪽을 향하도록 설치하여 항상 배수가 쉽게 하고, 오염방지를 위해 밀폐 관리하는 것이 중요하다.
- 품질검사: 정제수에 대한 품질검사는 원칙적으로 매일 제조 작업 실시 전에 실시하는 것이 좋다. 단, 시험항목은 공정서, 화장품 원료규격 가이드라인의 정제수 항목 등을 참고로 하여 각 사의 정제수 제조설비 운영 및 결과를 근거로 검사 주기를 정해 실시할 수 있다.

(2) 항목별 시험주기의 예시

매일 제조 전	성상(외관, 향취), pH, 총유기체 탄소, 전도도 등
주간	순도시험(염화물, 황산염, 질산성 산소 등), 위치별 미생물 검사

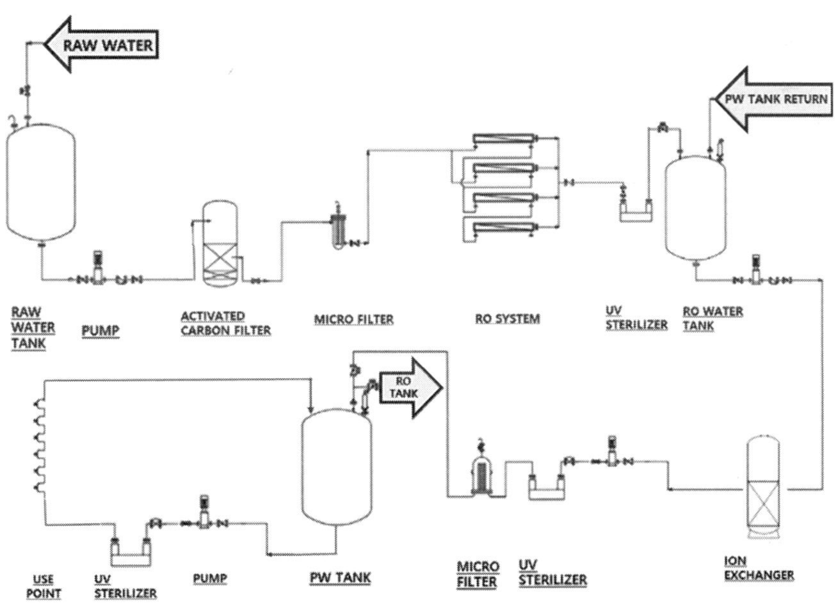

그림 3 용수계통도의 예시 (출처: 식품의약품안전처)

9.5. 기준서

화장품시행규칙 제11조(화장품제조업자의 준수사항 등)에서 화장품 제조업자가 준수해야 할 사항으로 제품표준서, 제조관리기준서의 2가지 기준서와 이에 대한 제조관리기록서 및 품질관리기록서(전자문서 형식을 포함한다)를 작성·보관해야 한다고 명시되어 있다.

CGMP는 더 엄격하게 제조 및 품질관리의 적합성을 보장하는 기본 요건들을 충족하고 있음을 보증하기 위해 4가지 기준서로 제품표준서, 제조관리기준서, 품질관리기준서 및 제조위생관리기준서를 작성하고 보관해야 한다. 포함사항은 다음과 같이 고시에 명시되어 있다.

제품표준서	제조관리기준서
1. 제품명 2. 작성연월일 3. 효능·효과(기능성화장품의 경우) 및 사용상의 주의사항 4. 원료명, 분량 및 제조단위당 기준량 5. 공정별 상세 작업내용 및 제조공정흐름도 6. 공정별 이론 생산량 및 수율관리기준 7. 작업 중 주의사항 8. 원자재·반제품·완제품의 기준 및 시험방법 9. 제조 및 품질관리에 필요한 시설 및 기기 10. 보관조건 11. 사용기한 또는 개봉 후 사용기간 12. 변경이력 13. 다음 사항이 포함된 제조지시서 • 제품표준서의 번호 • 제품명 • 제조번호, 제조연월일 또는 사용기한(또는 개봉 후 사용기간) • 제조단위 • 사용된 원료명, 분량, 시험번호 및 제조단위당 실 사용량 • 제조설비명 • 공정별 상세 작업내용 및 주의사항 • 제조 지시자 및 지시연월일 14. 그 밖에 필요한 사항	1. 제조공정관리에 관한 사항 • 작업소의 출입제한 • 공정검사의 방법 • 사용하려는 원자재의 적합판정 여부를 확인하는 방법 • 재작업방법 2. 시설 및 기구 관리에 관한 사항 • 시설 및 주요설비의 정기적인 점검방법 • 작업 중인 시설 및 기기의 표시방법 • 장비의 교정 및 성능점검 방법 3. 원자재 관리에 관한 사항 • 입고 시 품명, 규격, 수량 및 포장의 훼손 여부에 대한 확인 방법과 훼손되었을 • 경우 그 처리방법 • 보관 장소 및 보관방법 • 시험 결과 부적합품에 대한 처리방법 • 취급 시의 혼동 및 오염 방지대책 • 출고 시 선입선출 및 칭량된 용기의 표시사항 • 재고관리 4. 완제품 관리에 관한 사항 • 입·출하 시 승인판정의 확인 방법 • 보관 장소 및 보관방법 • 출하 시의 선입선출방법 5. 위탁제조에 관한 사항 • 원자재의 공급, 반제품, 벌크제품 또는 완제품의 운송 및 보관 방법 • 수탁자 제조기록의 평가방법

품질관리기준서	제조위생관리기준서
1. 다음 사항이 포함된 시험지시서 • 제품명, 제조번호 또는 관리번호, 제조연월일 • 시험지시번호, 지시자 및 지시연월일 • 시험항목 및 시험기준 2. 시험검체 채취방법 및 채취 시의 주의사항과 채취 시의 오염방지대책 3. 시험시설 및 시험기구의 점검(장비의 교정 및 성능점검 방법) 4. 안정성시험 5. 완제품 등 보관용 검체의 관리 6. 표준품 및 시약의 관리 7. 위탁시험 또는 위탁 제조하는 경우 검체의 송부방법 및 시험 결과의 판정방법 8. 그 밖에 필요한 사항	1. 작업원의 건강관리 및 건강상태의 파악·조치방법 2. 작업원의 수세, 소독방법 등 위생에 관한 사항 3. 작업복장의 규격, 세탁방법 및 착용규정 4. 작업실 등의 청소(필요한 경우 소독을 포함한다. 이하 같다) 방법 및 청소주기 5. 청소상태의 평가방법 6. 제조시설의 세척 및 평가 • 책임자 지정 • 세척 및 소독 계획 • 세척방법과 세척에 사용되는 약품 및 기구 • 제조시설의 분해 및 조립 방법 • 이전 작업 표시 제거방법 • 청소상태 유지방법 • 작업 전 청소상태 확인 방법 7. 곤충, 해충이나 쥐를 막는 방법 및 점검주기 8. 그 밖에 필요한 사항

제조공정 단계를 통해, 추적성(traceability)을 제공함으로써, 완제품이 목표하는 품질 수준을 만족하고 규정된 요건을 충족시킨다는 것을 보장하기 위한 문서화된 절차서, 작업 지시서 및 규격서와 함께 생산관리 방법이 확립되어야 한다.

제품표준서는 제조 품목마다 최초 생산 이전에 작성·비치해야 한다. 제품표준서는 그 품목의 제조에 필요한 내용을 표준화함으로써 작업상 착오가 없도록 하고, 항상 동일한 수준의 제품을 생산하도록 작성하며 제품의 이력사항을 유지·관리한다. 또 작업이 완료되면 그 작업이 규정대로 이루어졌는지를 확인하기 위해 제품표준서가 필요하다. 제품표준서에는 이 기준에서 정한 항목 이외에도 제조 및 품질관리에 필요한 사항을 기재하고, 허가증 사본(허가 품목에 한함)과 참고 자료(기술제휴사의 자료 및 관련 근거 자료 등)를 첨부해두는 것이 좋다. 화장품 제조공정은 제조번호 지정부터 시작하여, 제조지시서 발행, 원료불출, 제조설비 및 기구의 청소상태 확인, 제조 작업 개시 등의 순서로 진행되고 사용한 원료를 재보관하는 등 많은 작업공정이 조합되어 이루어진다.

제조지시서는 제조공정 중의 혼돈이나 착오를 방지하고 작업이 올바르게 이루어지게 하도록 제조 단위(뱃치)별로 작성, 발행되어야 한다. 제조기록서는 별도로 작성하지 않고 제조지시서와 제조기록서를 통합하여 제조지시 및 기록서로 운영하여도 무방하다. 제조지시서는 제조 시 작업원의 주관적인 판단이 필요하지 않도록 작업 내용을 상세하게 공정별로 구분하여 작성해야 한다. 공정관리가 적절하다는 것을 보장하기 위해, 관련 문서는 각각의 제조 작업 단계에서 이용 가능해야 하며, 제조 작업은 문서화된 공정 순서에 따라 수행되어야 한다. 화장품 제조는 제조지시서의 발행으로 시작하고 뱃치기록서의 보관으로 끝난다. 제조에 관한 문서의 흐름을 이해하고, 자사의 특징을 더해서 독자적인 제조문서체계를 구축할 것을 권장한다.

제조지시서에 따라 제조를 개시하고, 일단 발행하면 내용을 변경해서는 안 된다. 만약, 부득이하게 재발행할 때는 이전에 발행된 제조지시기록서는 폐기한다. 제조지시서는 제조 작업을 끝낼 때까지는 "가장 책임 있는 문서"이며, 제조지시서의 내용에 어긋나는 제조를 해서는 안 된다. 제조지시서에 제조 작업자가 제조를 시작하는 데 있어 필요한 정보를 기재한다. 책임 있는 지시를 하기 위해서는 상세한 내용의 지시서를 발행해야 하며, 기입이 끝나면 발행 제조부서책임자가 서명을 한다. 제조지시서는 제조기록서와 함께 뱃치기록서 내에 보관하는 것을 권장한다.

제조지시서에 따라 제조기록서를 발행하고, 제조에 관한 기록은 모두 제조기록서에 기재한다. 제조 개시 전에 제조설비 및 기구의 청소상태를 확인하고 제조설비 및 기구의 청소완료라벨을 기록서에 부착하거나 청소상태를 확인하는 기록란이 기록서에 있어야 한다. 설비세척상태의 기록란을 마련해 둔다. 모든 제조 작업을 시작하기 전 작업 시작 시 확인사항('start-up') 점검을 수행하는 것이 일반적인 지침이다. 관련 문서가 제조 작업에 이용할 수 있고, 모든 원료가 사용 가능하다는 것을 보장하기 위해 이러한 점검은 필수적이다. 또한, 이를 통해 설비가 적절히 위생 처리되고 생산할 준비가 완료되었으며, 제조 작업에 불필요한 포장재 및 표시 라벨 등의 혼합을 제거하기 위해 작업 구역 및 제조라인 정리가 수행되었음을 확인한다.

제조된 벌크의 각 뱃치들에는 추적이 가능하도록 제조번호가 부여되어야 한다. 벌크에 부여된 특정 제조번호는 완제품에 대응하는 제조번호와 반드시 동일할 필요는 없지만, 어떤 벌크 뱃치와 양이 완제품에 사용되었는지 정확히 추적할 수 있는 문서가 존재해야 한다.

제조관리기준서는 제조관리에 관한 사항 외에도 기계 및 생산지원 또는 부속시설의 관리와 원자재, 반제품 및 완제품의 보관에 관한 사항 등을 포함하는 제조 전반에 관한 관리 기준서이다.

기준서	절차서·지침서	기록 양식
제조관리 기준서	제조공정 관리 절차서	제조공정 관리 절차서 제조지시 및 기록서, 작업 표시서 등
	원료 관리 절차서	원료 입출고 관리 대장, 원료 보관관리 점검표, 원료 시험의뢰 및 결과 통보서, 원료 표시 라벨 등
	부자재 관리 절차서	부자재 입출고 관리대장, 부자재 보관관리 점검표, 부자재시험 의뢰 및 결과 통보서, 부자재 표시 라벨 등
	충진포장공정 관리 절차서	충진 포장 공정관리 절차서 충진·포장 지시 및 기록서
	벌크제품 관리 절차서	벌크제품 입출고 관리 대장, 벌크제품 보관관리 점검표, 벌크제품 시험의뢰 및 결과 통보서 등
	완제품 관리 절차서	완제품 입출고 관리 대장, 완제품 보관관리 점검표, 완제품 시험의뢰 및 결과 통보서 등
	부적합품 관리 지침서	부적합품 관리 지침서 부적합 보고서 등
	변경 관리 절차서	변경 관리 절차서 변경관리 보고서 등
	정제수 제조장치 관리 지침서	정제수 제조설비 점검기록서, 정제수 제조설비 세척 및 소독 기록서, 정제수 계통도 등
	설비기구 세척 및 소독 관리 지침서	설비 세척 및 소독 관리 표준, 설비 세척 및 소독 관리 점검표 등
	건물 시설 및 설비 관리 절차서	설비 이력카드, 설비 관리대장, 공기조화기 점검기록서, 콤프레샤 점검기록서, 보일러 운전일지, 설비별 점검기록서, 건물 청소 점검기록서, 설비 상태 표시서 등

품질관리기준서는 품질관리를 효율적으로 할 수 있도록 검체채취 방법, 시험방법, 시험 결과의 평가 및 전달, 시험자료의 기록 및 보존 등에 관한 절차를 표준화하여 문서화한 것이다. 따라서 여기에 명시된 각 항목은 최소한 필요한 사항이며 각 제조소에 따라 추가 작성하는 것이 바람직하다. 또 각 항목은 품질보증부서의 담당자가 쉽게 이해하고 시행할 수 있도록 구체적으로 기재한다.

기준서	절차서·지침서	기록 양식
품질관리 기준서	계측기 검교정 관리 절차서	계측기 관리 대장, 내부 검정 기록서, 일일 저울 점검표(제조/생산), 일일 저울 점검표(실험실), 일일 PH 미터 점검표, 검교정 계획서, 검교정 식별 라벨 등
	시액 및 시약 관리 지침서	시액 및 시약 라벨 등

기준서	절차서·지침서	기록 양식
품질관리 기준서	표준품 관리 지침서	표준품 관리대장(완제품), 표준품 관리 대장(부자재), 표준품 라벨 등
	미생물 시험 지침서	–
	낙하균 측정 지침서	낙하균 시험기록서 등
	검체의 채취 및 보관 절차서	관리품 라벨 등
	분석장비 Validation	GC Validaton 결과서, HPCL Validaton 결과서, TOC, Validaton 등
	OSS 관리 절차서	업무 흐름도, 실험실 조사보고서, 공정 조사 보고서 등
	안정성시험 지침서	안정성시험 관리 대장, 안정성시험 표시 라벨 등
	검사 및 시험 절차서	부자재 시험성적서, 벌크제품 시험성적서, 완제품 시험성적서 등
	부자재 입고 검사 지침서	부자재 샘플링 기준 및 검사 기준표 등
	정제수 관리 지침서	정제수 일일 시험 일지 등

제조위생관리기준서는 제조소마다 제조환경의 위생관리를 철저히 하고 제조하는 화장품의 오염을 방지하기 위해 작업소, 제조시설 및 작업원의 위생관리에 필요한 사항을 정한다. 제조위생 관리 기준서를 작성할 때는 제형별 특성을 충분히 검토하고 제품에 영향을 미치는 요인을 파악하여 그에 알맞은 청정도 및 관리기준을 정하고 작업원에 의해 제품이 오염되지 않도록 작업원의 위생관리 기준과 교육에 관한 사항도 정한다.

기준서	절차서·지침서	기록 양식
제조위생 관리 기준서	작업원 위생 관리 절차서	–
	작업원 건강 관리 지침서	건강문진표, 질병 발생 및 신고 조치서 등
	작업장 위생 관리 절차서	작업장 출입자 기록서, 작업장 위생관리 기록서, 온습도 및 차압 점검 기록서, 반입 금지 품목 등
	작업장 청소 및 소독 관리 지침서	청소 및 소독에 사용되는 소독제/세제, 작업장별 표준 청소 및 소독 방법 등
	작업원 수세 및 소독 관리 지침서	손 세척·소독 방법 등
	위생복 착용 지침서	위생복 착용 관리 등
	방충 및 방서 관리 지침서	방충·방서 도면, 방충·방서 점검 내역 등

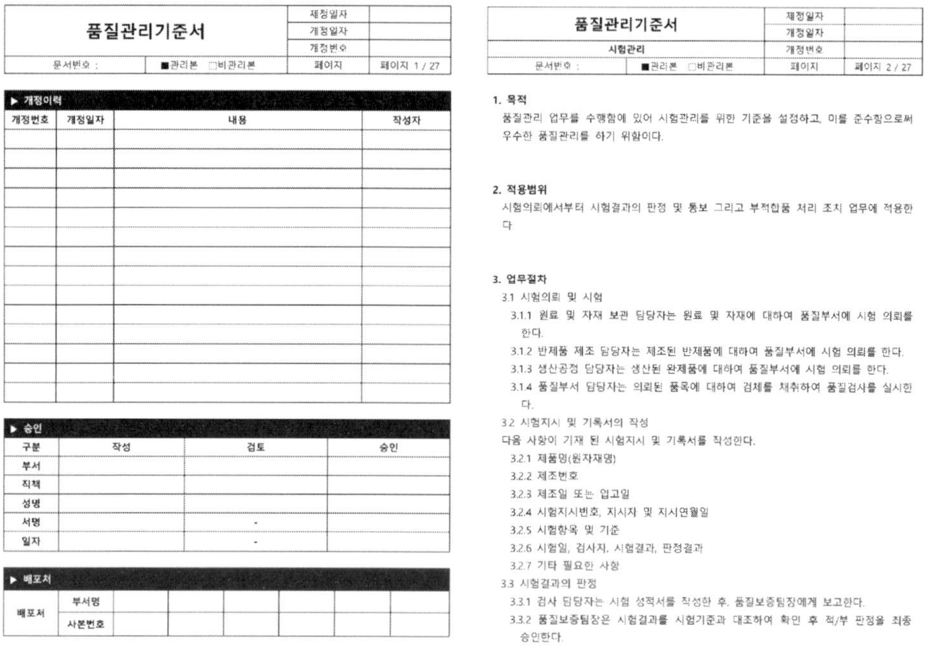

품질관리기준서		제정일자	
		개정일자	
		개정번호	
문서번호 :	■관리본 □비관리본	페이지	페이지 1 / 27

▶ 개정이력

개정번호	개정일자	내용	작성자

▶ 승인

구분	작성	검토	승인
부서			
직책			
성명			
서명		-	
일자		-	

▶ 배포처

배포처	부서명						
	사본번호						

품질관리기준서		제정일자	
		개정일자	
시험관리		개정번호	
문서번호 :	■관리본 □비관리본	페이지	페이지 2 / 27

1. 목적

품질관리 업무를 수행함에 있어 시험관리를 위한 기준을 설정하고, 이를 준수함으로써 우수한 품질관리를 하기 위함이다.

2. 적용범위

시험의뢰에서부터 시험결과의 판정 및 통보 그리고 부적합품 처리 조치 업무에 적용한다

3. 업무절차

3.1 시험의뢰 및 시험

3.1.1 원료 및 자재 보관 담당자는 원료 및 자재에 대하여 품질부서에 시험 의뢰를 한다.

3.1.2 반제품 제조 담당자는 제조된 반제품에 대하여 품질부서에 시험 의뢰를 한다.

3.1.3 생산공정 담당자는 생산된 완제품에 대하여 품질부서에 시험 의뢰를 한다.

3.1.4 품질부서 담당자는 의뢰된 품목에 대하여 검체를 채취하여 품질검사를 실시한다.

3.2 시험지시 및 기록서의 작성

다음 사항이 기재 된 시험지시 및 기록서를 작성한다.

3.2.1 제품명(원자재명)

3.2.2 제조번호

3.2.3 제조일 또는 입고일

3.2.4 시험지시번호, 지시자 및 지시연월일

3.2.5 시험항목 및 기준

3.2.6 시험일, 검사자, 시험결과, 판정결과

3.2.7 기타 필요한 사항

3.3 시험결과의 판정

3.3.1 검사 담당자는 시험 성적서를 작성한 후, 품질보증팀장에게 보고한다.

3.3.2 품질보증팀장은 시험결과를 시험기준과 대조하여 확인 후 적/부 판정을 최종 승인한다.

그림 4 품질관리기준서의 예시 (출처: 식품의약품안전처)

9.6. 칭량, 공정관리, 포장 작업

(1) 칭량

> **o 우수화장품 제조 및 품질관리기준 제16조(칭량)**
>
> ① 원료는 품질에 영향을 미치지 않는 용기나 설비에 정확하게 칭량되어야 한다.
>
> ② 원료가 칭량되는 도중 교차오염을 피하기 위한 조치가 있어야 한다.

처방에 표시된 대로 각 원료는 적절한 용기(즉, 스테인리스 스틸 재질 드럼이나 플라스틱 용기)로 측정 및 칭량되거나 또는 직접 제조설비(즉, 탱크 또는 호퍼)로 옮겨져야 하고, 용기가 적절하게 위생처리 되었음을 확인할 수 있어야 한다. 칭량, 계량할 때는 먼저 작업 주위와 칭량기구가 청결한 것을 눈으로 확인한다. 칭량 중에는 오염이 발생하지 않는 환경에서 작업을 실시해야 하며, 칭량한 원료를 넣는 용기가 청결한 것을 확인한다. 용기의 내부뿐만 아니라 외부도 청결한 것을 눈으로 확인한다. 칭량하기 전에 사용되는 저울의 검교정 유효기간을 확인하고, 일일점검을 실시한 후에 칭량 작업을 수행한다.

칭량은 실수가 허용되지 않는 중요한 작업이므로 2명으로 작업하는 것이 권장된다. 단, 자동기록계가 붙어 있는 천칭 등을 사용할 때는 작업자가 기재한 칭량 결과를 백업하는 자동기록치가 존재하므로 칭량한 사람이 작업할 수 있다. 또한, 원료나 벌크제품을 담는 데 사용하는 모든 설비나 용기도 내용물을 쉽게 확인할 수 있도록 분명히 표시해야 한다. 품명 또는 확인 코드, 칭량 양 또는 벌크 제조량, 특별히 부여된 제조번호, 특별한 정보(특수한 보관조건, 보관기한(shelf life), 불출 날짜 등)를 적절하게 표시한다.

교차오염을 피하기 위한 방법으로 원료 칭량은 혼합 칭량이 아닌 개별로 칭량을 실시한다. 파우더 원료의 경우, 칭량 시 분진으로 인한 교차오염 때문에 후드를 가동하여 교차오염을 최소한으로 한다. 칭량 시 사용 도구는 각 원료별로 사용한다.

(2) 공정관리

o 우수화장품 제조 및 품질관리기준 제17조(공정관리)

① 제조공정 단계별로 적절한 관리기준이 규정되어야 하며 그에 미치지 못한 모든 결과는 보고되고 조치가 이루어져야 한다.

② 반제품은 품질이 변하지 아니하도록 적당한 용기에 넣어 지정된 장소에서 보관해야 하며 용기에 다음 사항을 표시해야 한다.

1. 명칭 또는 확인코드
2. 제조번호
3. 완료된 공정명
4. 필요한 경우에는 보관조건

③ 반제품의 최대 보관기한은 설정하여야 하며, 최대 보관기한이 가까워진 반제품은 완제품 제조하기 전에 품질 이상, 변질 여부 등을 확인하여야 한다.

제조 중인 모든 벌크가 규정 요건을 만족함을 보장하기 위해 공정관리를 실시해야 한다. 또한, 중요한 제품 속성들이 규격서에 명시된 요건들을 충족함을 검증하기 위해 평가 작업을 수행해야 한다. 규정 범위를 벗어난 모든 결과는 반드시 기록하여 적절한 시기 안에 조사해야 하며 조사 결과는 기록되어야 한다. 공정관리 및 각종 작업은 모두 절차서에 따라 실시한다. 즉, 제조에 관련된 모든 작업에 절차서를 작성한다. 절차서를 변경하고자 할 경우에는 작성, 검토, 승인, 갱신, 배포 및 교육을 통해 개정할 수 있으며 '작업'을 마음대로 바꾸어서는 안 된다. 그러나 화장품 제조에 있어서 항상 개선을 실시해야 한다. 개선을 실행하기 위해서는 개선 내용이 화장품 품질에 영향을 주지 않는 것을 확인할 필요가 있다. 그리고 절차서를 개정하고 개선을 실행한다. 변경 관리 내용은 변경 관리기준에 따라 작성하고 기록되어야 한다.

공정관리는 관리기준을 설정해서 실시한다. 그 관리기준은 개발 단계에서의 기록 및 제조 실적데이터를 토대로 설정한다. 기준치에는 반드시 범위를 만든다. 그 범위를 벗어난 데이터가 나왔을 때는 일탈 처리를 한다. 즉, 범위를 벗어난(평상시와 다른 일이 일어난) 일이 제품 품질에 영향을 미치지 않았는지를 조사한다. 만약, 품질에 영향을 미쳤을 때는 제품 폐기도 포함하여 신중하게 검토를 해야 한다. 일탈에 대한 처리가 종료되면 '일탈 관리 보고서' 등의 형태로 처리 내용과 재발 방지 내용을 기록하여 관리한다.

제조된 벌크제품은 보관되고 관리 절차에 따라 재보관되어야 한다. 모든 벌크를 보관할 때는 적합한 용기를 사용해야 하며, 용기는 내용물을 분명히 확인할 수 있도록 표시되어야 한다. 모든 벌크의 허용 가능한 보관기한을 확인할 수 있어야 하고, 보관기한의 만료일이 가까운 벌크부터 사용되고 선입·선출될 수 있도록 문서화된 절차가 있어야 한다. 충전 공정 후 벌크가 사용하지 않은 상태로 남아 있고 차후 다시 사용할 것이라면, 적절한 용기에 밀봉하여 식별 정보를 표시해야 한다. 밀폐할 수 있는 용기에 들어 있는 벌크는 절차서에 따라 재보관할 수 있으며, 재보관 시에는 내용을 명기하고 재보관임을 표시한 라벨을 부착해야 한다. 그러나 보통은 재보관을 권장할 수 없다. 개봉할 때마다 변질 및 오염이 발생할 수 있기 때문이다. 따라서 여러 번 재보관과 재사용을 반복하는 것은 피한다. 뱃치마다의 사용이 소량이며 여러 번 사용하는 벌크는 구입 시에 소량씩 나누어서 보관하고 재보관의 횟수를 줄인다.

(3) 포장 작업

o 우수화장품 제조 및 품질관리기준 제18조(포장 작업)

① 포장 작업에 관한 문서화된 절차를 수립하고 유지하여야 한다.
② 포장 작업은 다음 각 호의 사항을 포함하고 있는 포장지시서에 의해 수행되어야 한다.

1. 제품명
2. 포장 설비명
3. 포장재 리스트
4. 상세한 포장공정
5. 포장생산수량

③ 포장작업을 시작하기 전에 포장작업 관련 문서의 완비여부, 포장설비의 청결 및 작동여부 등을 점검해야 한다.

화장품 포장공정은 벌크제품을 용기에 충전하고 포장하는 공정이다.

화장품 포장공정은 제조번호 지정부터 시작하는 많은 작업으로 구성되어 있다(포장지시서 발행 → 포장기록서 발행 → 벌크제품, 포장재 준비 → 완제품 보관 → 포장기록서 완결 → 포장재 재보관).

포장의 경우, 원칙은 제조와 동일하다. 완제품이 기존의 정의된 특성에 부합하는지를 보증하기 위한 조치가 이루어져야 한다.

포장을 시작하기 전에 포장 지시가 이용할 수 있고 공간이 청소되었는지 확인하는 것이 필요하다. 이러한 포장 라인의 청소는 세심한 주의가 필요한 작업이다. 누락의 위험이 상당히 많이 존재하는데, 예를 들어 병, 튜브, 캡이나 인쇄물 등을 빠뜨리기 쉽다. 결과적으로 청소는 혼란과 오염을 피하기 위해 적절한 기술을 사용하여 규칙적으로 실시되어야 한다.

작업 전 청소상태 및 포장재 등의 준비 상태를 점검하는 체크리스트(line start-up)를 작성하여 기록관리 한다. 제조번호는 각각의 완제품에 지정되어야 하며, 용량 관리, 기밀도, 인쇄 상태 등 공정 중 관리(In-process control)는 포장하는 동안에 정기적으로 실시되어야 한다. 공정 중의 공정검사 기록과 합격 기준에 미치지 못한 경우의 처리 내용도 관리자에게 보고하고 기록하여 관리한다. 그리고 가능하면, 시정 조치가 시행될 때까지 공정을 중지시켜야 하며, 이는 벌크제품과 포장재의 손실 위험을 방지하기 위함이다.

포장의 마지막 단계에서 작업장 청소는 혼란과 오염을 피하기 위해 적절한 절차로 일관되게 실시되어야 한다. 포장재에는 많은 재료가 포함되는데, 일차포장재, 이차포장재, 각종 라벨, 봉함 라벨까지 포장재에 포함된다. 라벨에는 제품 제조번호 및 기타 관리번호를 기입하므로 실수 방지가 중요하여 라벨은 포장재에 포함하여 관리하는 것을 권장한다. 포장재는 모두 중요하고 실수 방지가 필수이지만, 일차포장재는 청결성 확보가 더 필요하다. 용기(병, 캔 등)의 청결성 확보에는 자사에서 세척할 경우와 용기공급업자에 의존할 경우가 있다. 자사에서 세척할 경우는 세척 방법의 확립이 필수다. 일반적으로는 절차로 확립한다. 세척 건조 방법 및 세척 확인 방법은 대상으로 하는 용기에 따라 다르다. 실제로 용기세척을 개시한 후에도 세척 방법의 유효성을 정기적으로 확인해야 한다. 용기의 청결성 확보를 용기공급업자(실제로 제조하고 있는 업자)에게 의존할 경우에는 그 용기 공급업자를 감사하고 용기 제조 방법이 신뢰할 수 있다는 것을 확인하는 일부터 시작한다. 신뢰할 수 있으면 계약을 체결한다.

용기는 매 뱃치 입고 시에 무작위 추출하여 육안 검사를 하여 그 기록을 남긴다. 포장 작업 시작 전에 작업 시작 시 확인사항('start-up') 점검을 실시하는 것이 일반적인 지침이다. 포장 작업에 대한 모든 관련 서류가 이용할 수 있고, 모든 필수 포장재가 사용 가능하며, 설비가 적절히 위생처리 되어 사용할 준비가 완료되었음을 확인하는데, 이러한 점검이 필수적이다. 포장 작업 전, 이전 작업의 재료들이 혼입될 위험을 제거하기 위해 작업 구역/라인의 정리가 이루어져야 한다. 완제품은 적절한 조건하의 정해진 장소에서 보관해야 하며, 주기적으로 재고 점검을 수행해야 한다. 또한, 시험 결과 적합으로 판정되고 품질보증부서 책임자가 출고 승인한 것만을 출고해야 한다.

9.7. 품질시험 관리

(1) 품질관리

○ 우수화장품 제조 및 품질관리기준 제20조(시험관리)

① 품질관리를 위한 시험업무에 대해 문서화된 절차를 수립하고 유지해야 한다.
② 원자재, 반제품 및 완제품에 대한 적합 기준을 마련하고 제조번호별로 시험기록을 작성·유지해야 한다.
③ 시험 결과 적합 또는 부적합인지 분명히 기록해야 한다.
④ 원자재, 반제품 및 완제품은 적합 판정이 된 것만을 사용하거나 출고해야 한다.
⑤ 정해진 보관 기간이 경과된 원자재 및 반제품은 재평가하여 품질기준에 적합한 경우 제조에 사용할 수 있다.
⑥ 모든 시험이 적절하게 이루어졌는지 시험기록은 검토한 후 적합, 부적합, 보류를 판정해야 한다.
⑦ 기준일탈이 된 경우는 규정에 따라 책임자에게 보고한 후 조사하여야 한다. 조사결과는 책임자에 의해 일탈, 부적합, 보류를 명확히 판정해야 한다.
⑧ 표준품과 주요 시약의 용기에는 다음 사항을 기재해야 한다.
  1. 명칭
  2. 개봉일
  3. 보관조건
  4. 사용기한
  5. 역가, 제조자의 성명 또는 서명(직접 제조한 경우에 한함)

품질관리는 화장품 품질보증에서 중요한 역할을 한다. 원료의 다양화, 해외 원료의 증가, 안정성시험의 증가 등으로 품질에 관한 논의가 증가하고 품질 확인 필요도 증가해 왔다. 품질관리는 CGMP 과정에서 매우 중요하다. 적절한 품질관리는 소비자에게 안전한 화장품의 생산을 위해 필수적이다.

효과적인 품질관리 프로그램의 핵심은 제조공정의 각 단계에서 제품 품질을 보장하고, 공정에서 발생한 문제를 확인할 수 있도록 원자재, 반제품 및 완제품에 대한 시험업무를 문서화된 종합적인 절차로 마련하고 준수하는 것이다. 품질관리는 원자재, 반제품 및 완제품에 대한 적합 기준을 마련하고 제조번호별로 시험기록을 작성하고 유지해야 한다. 적합한 것을 확인하기 위해 문서화되고 적절한 시험방법을 사용해야 한다. 화학적 또는 물리적 특성을 결정하기 위한 시험방법은 회사, 공급자에 의해 작성되거나 검증된 가장 최신본을 따라야 한다. 시험 결과는 적합 또는 부적합인지 분명히 기록해야 하며 데이터의 손쉬운 복구 및 추적할 수 있는 방식으로 보관되어야 한다. 품질관리는 규정된 합격 판정 기준을 만족하는 제품을 확인하기 위한 필수적인 시험방법이 모두 적용되어야 한다. 시험방법은 계획된 목적을 위해 규정되고, 적절해야 하며 이용 가능해야 한다. 설정된 시험 결과는 시험 물질이 적합한지 부적합한지 아니면 추가적인 시험기간 동안 보류될 것인지를 결정하기 위해 평가되어야 한다.

화장품 원료시험은 '원료공급자의 검사결과 신뢰 기준'(대한화장품협회 자율규약 참조)을 충족할 경우 원료공급자의 시험성적서로 갈음할 수 있다. 원자재, 반제품 및 완제품은 품질이 규정된 합격 판정 기준을 만족할 때만 물질의 사용을 위해 불출되고, 제품은 출고를 위해 불출된다는 것을 보장한다. 품질관리부서는 물질이 불출되기 전 문서화된 검체채취 및 시험 관리에 책임이 있다. 직원, 공장, 설비, 위탁계약, 내부감사 및 문서관리에 대한 원칙은 품질관리에도 역시 적용되어야 한다.

각 시험의 결과는 시험성적서에 정리한다. 시험성적서는 아래와 같은 방법으로 작성할 것을 권장한다. 시험성적서에는 뱃치별로 원료, 포장재, 벌크제품, 완제품에 대한 시험의 모든 기록이 있어야 하며 그 결과를 판정할 수 있어야 한다. 시험성적서는 검체 데이터, 분석법 관련 기록, 시험데이터와 시험 결과로 구성되어 있다. 시험의뢰서, 검체채취 기록, 시험근거자료(raw data), 계산 결과 등 그 뱃치의 제품 시험에 관계된 기록이 모두 기재되어 있거나, 기재되어 있는 문서와의 관계를 알 수 있게 되어 있어야 한다. 시험성적서에는 모든 시험이 적절하게 이루어졌는지 시험기록을 검토한 후 적합, 부적합, 보류를 판정해야 한다.

(2) 검체의 채취 및 보관

> **o 우수화장품 제조 및 품질관리기준 제21조(검체의 채취 및 보관)**
>
> ① 시험용 검체는 오염되거나 변질되지 아니하도록 채취하고, 채취한 후에는 원상태에 준하는 포장을 해야 하며, 검체가 채취되었음을 표시해야 한다.
>
> ② 시험용 검체의 용기에는 다음 사항을 기재해야 한다.
>
> 1. 명칭 또는 확인코드
> 2. 제조번호
> 3. 검체채취 일자
>
> ③ 완제품의 보관용 검체는 적절한 보관조건 하에 지정된 구역 내에서 제조단위별로 사용기한 경과 후 1년간 보관하여야 한다. 다만, 개봉 후 사용기간을 기재하는 경우에는 제조일로부터 3년간 보관해야 한다.

검체 채취란 원료, 포장재, 벌크제품, 반제품, 완제품 등의 시험용 검체를 채취하는 것으로 품질관리 과정에서 핵심적인 요소이다. 따라서 검체 채취는 자격을 갖춘 담당자에 의해 특별한 장비를 사용하는 입증된 방법에 따라 수행되어야 한다. 또한, 검체 채취 후에는 혼란의 위험을 피하고 오염을 방지하기 위해 원상태에 준하는 포장을 해야 하며, 검체가 채취되었음을 표시해야 한다. 검체 채취, 제품시험 및 그 결과판정도 품질관리의 업무다. 제품 시험을 책임지고 실시하기 위해서도 검체 채취를 품질관리에서 실시한다. 검체 채취자에게는 검체채취 절차 및 검체채취 시의 주의사항을 교육 및 훈련시켜야 한다.

검체는 제조 단위(batch)를 대표하는 검체를 채취해야 한다. 액체 제품이라면 전체를 간단하게 균일하게 할 수 있어서 채취한 검체가 그 제조 단위를 대표하고 있다고 할 수 있다. 그러나 분체, 고체, 점성 액체일 경우에는 제조 단위 전체가 균일하다고 할 수 없는 경우가 있다. 장소에 따라 품질의 차이가 있을 경우에는 균일하게 한 후에 검체채취를 실시하고, 검체채취를 실시할 때는 주위를 정리하고 제품 및 검체에 오염이 발생하지 않도록 하는 것이 필요하다.

검체채취 기구 및 검체용기는 시험 결과에 영향을 주지 않아야 한다. 제품규격 중에 미생물에 관련된 항목이 포함되어 있으면 검체 용기를 미리 멸균 한다. 파손 및 내용물에 대한 악영향의 가능성이 없는 용기를 선택해야 한다. 검체용기에는 용기가 바뀌는 것을 방지하기 위해서 검체채취 전에 라벨을 붙여 놓는 것이 바람직하다.

검체는 보존기간을 정해 놓는다. 일반적으로는 제품시험이 종료되고 그 시험 결과가 승인되면 폐기한다. 시험 시에 여러 번 개봉된 검체는 각종 오염이 발생할 가능성이 있으므로 장기간 보존해도 의미가 없다. 검체채취 절차서에는 분석을 위한 설비, 기기, 기술, 계획, 양 및 품질관리 검사 목적을 위해 필요한 안전 예방조치, 검체 의뢰 절차를 규정해야 한다. 규정된 사항과 수립된 절차서에 따라, 검체채취는 숙련되고 승인된 직원에 의해 수행되어야 한다. 완제품의 경우에는 시험에 필요한 양을 제조단위별로 따로 보관하며 이것을 보관용 검체라고 한다. 보관용 검체는 적절한 보관조건 하에 지정된 구역 내에서 제조단위별로 사용기한 경과 후 1년간 보관해야 한다. 다만, 개봉 후 사용기한을 기재하는 경우에는 제조일로부터 3년간 보관해야 한다. 이는 제품의 경시 변화를 추적하고 사고 등이 발생했을 때 제품을 시험하는 데 충분한 양을 확보하기 위한 것이다. 안정성이 확립되어 있지 않은 화장품은 장기적으로 경시 변화를 추적할 필요가 있으므로 이를 위한 시험 계획을 세우고 특정 제조단위에 대하여 충분한 양의 검체를 보존한다.

9.8. 문서관리 및 CGMP 판정 절차

(1) 문서관리

o 우수화장품 제조 및 품질관리기준 제29조(문서관리)

① 제조업자는 우수화장품 제조 및 품질보증에 대한 목표와 의지를 포함한 관리방침을 문서화하며 전 작업원들이 실행해야 한다.

② 모든 문서의 작성 및 개정·승인·배포·회수 또는 폐기 등 관리에 관한 사항이 포함된 문서관리 규정을 작성하고 유지해야 한다.

③ 문서는 작업자가 알아보기 쉽도록 작성해야 하며 작성된 문서에는 권한을 가진 사람의 서명과 승인연월일이 있어야 한다.

④ 문서의 작성자·검토자·승인자는 서명을 등록한 후 사용해야 한다.

⑤ 문서를 개정할 때는 개정사유 및 개정연월일 등을 기재하고 권한을 가진 사람의 승인을 받아야 하며 개정 번호를 지정해야 한다.

⑥ 원본 문서는 품질보증부서에서 보관해야 하며, 사본은 작업자가 접근하기 쉬운 장소에 비치·사용해야 한다.

⑦ 문서의 인쇄본 또는 전자매체를 이용하여 안전하게 보관해야 한다.

⑧ 작업자는 작업과 동시에 문서에 기록해야 하며 지울 수 없는 잉크로 작성해야 한다.

⑨ 기록 문서를 수정하는 경우에는 수정하려는 글자 또는 문장 위에 선을 그어 수정 전 내용을 알아볼 수 있도록 하고 수정된 문서에는 수정사유, 수정연월일 및 수정자의 서명이 있어야 한다.

⑩ 모든 기록문서는 적절한 보존기간이 규정되어야 한다.

⑪ 기록의 훼손 또는 소실에 대비하기 위해 백업파일 등 자료를 유지해야 한다.

문서는 무엇을 어떻게 해야 할지를 결정하고, 그 후에는 무엇을 하였는지를 기록하기 위해 필요하다. 각 회사는 회사의 조직 구조와 제품 종류에 적합한 고유의 문서관리 시스템을 제정, 설계, 구축, 유지관리해야 한다. 전자시스템은 문서를 작성하고 유지관리하는 데 도움이 된다.

문서관리는 우수화장품 제조 및 품질관리 기준(CGMP)의 필수적인 부분이다. 따라서 문서관리의 목적은 CGMP에서 규정된 활동들의 과거 이력을 설명하고, 구두로 전달되는 의사소통에 내재된 해석상의 위험과 정보 손실, 혼동 또는 오류를 방지하기 위해 해당 활동들을 기술하는 것이다.

CGMP에 있어서 문서화가 중요하다는 것이 화장품 제조업자 및 직원에게 충분히 인식되어야 한다. 문서는 CGMP에서 적용하고 있는 활동들에 적합한 절차서, 지시서, 규격서, 프로토콜, 보고서, 방법 및 기록으로 구성되어야 한다. 문서는 출력물(hard-copy papers) 또는 전자문서(electronic data processing records)일 수 있다.

CGMP용 문서는 CGMP 문서, 절차서, 기록서, 관리문서의 4종으로 분류하면 편리하다.

CGMP 문서	CGMP에 관련된 화장품 개발, 제조, 시험, 품질에 관한 각종 보고서류가 포함된다. 해당 화장품의 개발 경위 또는 화장품 기술을 기재한 개발 보고서나 기술보고서, 제품표준서, 각종 프로토콜과 보고서 등이다. 일탈, 기준일탈, 제품 회수에 관한 조사보고서, 변경관리 보고서, 연차조사보고서도 포함된다. CGMP 문서는 해당 제품이 존재하는 한 보관할 필요가 있고, 제품 제조가 계속 진행되어 있을 때는 폐기 처분을 해서는 안 된다.
절차서	표준작업절차서(Standard Operating Procedures, SOP)라고 하고 모든 작업에 작성한다. 제조나 시험과 같은 실제 작업뿐만 아니라 문서 작성, 일탈 처리 방법, 내부감사 진행 방법, 위수탁 제조공정, 품질보증작업, 시험담당자 교육훈련 절차와 같은 소프트웨어 작업에도 절차서를 작성한다. 정기적으로 재검토하고 최신 절차서를 작업 현장에 비치해야 한다. 절차서에 따르면 "화장품 제조 작업을 실수 없이 할 수 있다"는 의미의 문서로 작업을 실시할 때마다 보는 문서다. 작업 내용에 정통하는 사람이 작성하고 작업하는 사람이 사용한다. 화장품 제조업자는 작업마다 절차서를 준비해야 하고 직원에게 그 준수를 의무화해야 한다.
기록서	절차에 따라 실시한 기록이다. 기록서에는 제조기록서나 시험기록서와 같은 기록서 이외에 시약 등의 관리대장, 제품의 출하대장과 같은 대장류도 포함된다. 미리 정한 미기입 기록서에 기입하고, 확인, 조사, 승인 등의 문서작업을 거쳐 "정식기록서"가 된다.
관리문서	화장품 제조에 관련된 것, 사람, 부서를 관리하기 위한 문서다. 회사의 품질선언에 상당하는 품질매뉴얼, 제품·원료·포장재의 품질규격서, 사양서, 제조 일정표, 설비리스트, 설비의 취급설명서, 계약서 등 폭넓은 문서가 포함된다. 이들 관리문서는 CGMP 문서체계에 포함되어 있지 않은 것이 많지만, 이들 문서도 화장품의 품질확보에 필요한 문서로 분류한 문서는 체계화해둔다.

문서의 제목, 특징 및 목적이 언급되어야 하고 다음 사항을 만족해야 한다.

- 명료하고, 이해하기 쉽게 작성되어야 한다.
- 사용 전 승인된 자에 의해 승인되고, 서명과 날짜가 기재되어야 한다.
- 작성되고, 업데이트되고, 철회되고, 배포되고, 분류되어야 한다.
- 폐기된 문서가 사용되지 않는 것이 확인되는 근거가 있어야 한다.
- 유효기간이 만료된 경우, 작업 구역으로부터 회수하여 폐기되어야 한다.
- 관련 직원이 쉽게 이용할 수 있어야 한다.
- 수기로 기록해야 하는 자료의 경우는 기입할 내용 표시하며 지워지지 않는 검정색 잉크로 읽기 쉽게 작성한다. 또한 서명 및 년, 월, 일순으로 날짜를 기입한다. 필요한 경우 수정한다. 단, 원래의 기재사항을 확인할 수 있도록 남겨두어야 하고, 가능하다면 수정의 이유를 기록해 두어야 한다.

(2) CGMP 판정 절차

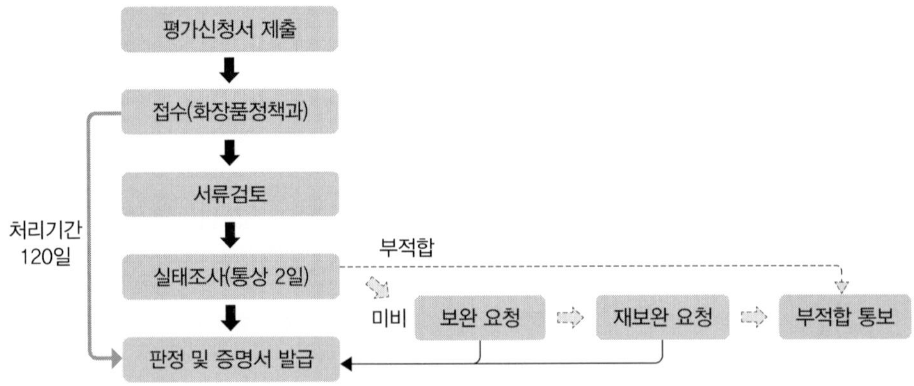

그림 5 화장품 GMP 실시사항 평가 업무 절차

o 화장품 GMP 실시사항 평가 신청 구비서류

1. 우수화장품 제조 및 품질관리기준에 따른 3회 이상 적용·운영한 자체 평가표
2. 화장품 제조 및 품질관리기준 운영 조직
   1) 화장품 제조 및 품질관리기준 조직 및 운영현황
   2) 품질관리부서 책임자의 이력서
   3) 화장품 제조 및 품질관리기준 교육 규정과 실시 현황

3. 제조소의 시설 내역
   1) 제조소의 평면도공조 또는 환기시설 계통도
   2) 공조 또는 환기시설 계통도
   3) 용수처리계통도
   4) 제조시설 및 기구 내역(시설 및 기구명, 규격, 수량 등의 표시)
   5) 시험시설 및 기구 내역(시설 및 기구명, 규격, 수량 등의 표시)
4. 제조관리현황
   1) 제조관리기준서 및 각종 규정 목록
   2) 위·수탁제조 시 위·수탁 제조계약서 및 관리현황
   3) 작업소의 구분 및 출입에 관한 규정
   4) 작업소의 청소·소독 방법과 관리현황
   5) 방충·방서 관리 규정 및 실시 현황
5. 품질관리현황
   1) 품질관리 시설 및 기구에 대한 교정 등 관리 규정과 실시 현황
   2) 제조용수관리 규정 및 시험실시 사례
   3) 품질관리 기기 및 기구에 대한 점검 규정 및 기기대장
   4) 위·수탁시험 시 위·수탁시험 계약서 및 관리현황

Tip 화장품 GMP 적합 업소에 대한 우대사항

- 국제규격인증업체(CGMP, ISO9000 또는 품질보증 능력이 있다고 인정되는 업체에서 제공된 원료, 자재는 제공된 적합성에 대한 기록과 증거를 고려하여 검사방법과 시험항목을 조정할 수 있다.
- 정기 수거점검 및 정기 감시 대상에서 제외된다.
- CGMP 로고를 해당 제조소와 그 업소에서 제조한 화장품에 대한 표시, 광고를 할 수 있다.

Chapter
10
화장품의 보존제

화장품은 구성 성분이 물, 오일, 보습제, 계면활성제, 폴리머, 파우더, 천연물 등 미생물이 증식하기 좋은 성분들로 되어 있다. 또한 최근에는 천연 유래 물질에 대한 소비자의 관심이 커지고, 효능·효과를 소구하는 다양한 제품들이 개발됨에 따라 단백질이나 천연추출물의 첨가가 증가하고 있어 화장품은 미생물 증식에 더욱 좋은 조건을 갖게 되었다. 화장품은 오랜 기간 소비자에 의해 사용된다는 특성이 있으므로 다양한 미생물에 의한 변질을 방지하기 위해 적당한 보존제가 필요하다. 또한, 화장품의 이런 방부시스템은 화장품 제조뿐 아니라, 소비자에 의한 화장품 사용 기간 동안 그 효과를 발휘해야 한다.

화장품에 사용되는 보존제는 독립적으로 작용하지 않고 화장품 원료나 물성 등에 의해 보존제의 효과와 안정성에 영향을 받는다. 따라서 적절한 보존제의 선택뿐만 아니라 배합된 보존제의 효과를 높이기 위한 처방 연구도 필요하다. 즉, 화장품 회사에서는 위해성 평가에 따라 사용할 수 있도록 정해진 보존제 목록에 있는 보존제를 제품에 함유된 성분, 제품의 포장 형태, 제품을 바를 신체 부위, 사용 장소 및 소비자의 사용 패턴 등 다양한 사항을 고려하여 최적의 효과를 나타낼 수 있는 보존제를 선택하여 제품을 개발하고 있다.

이번 장에서는 화장품에 사용되는 보존제의 종류와 특성 및 기능에 대해서 구체적으로 살펴보도록 한다.

10.1. 보존제의 필요성

보존제는 화장품에서 미생물의 성장을 억제 또는 감소시키는 능력이 있는 원료나 물질을 말한다. 보존제는 소비자가 제품을 보관하거나 사용할 때 세균, 진균류와 같은 미생물 오염으로부터 제품을 보호하며, 제품의 유통기한 및 소비자가 제품을 사용하는 동안 제품의 미생물 오염 위험을 줄이고 제품이 적절하고 안전한 상태를 유지할 수 있도록 하기 위해 사용한다.

화장품은 일정량의 수분을 포함하며, 일단 개봉한 후에는 산소와 온도 변화에 노출되는데 이로 인해 세균과 진균류가 증식할 수 있다. 이는 사람이 감염될 가능성을 증가시킬 수 있다. 만약, 보존제가 사용되지 않는다면, 화장품은 식품 및 소비자가 직접 손으로 만지는 다른 제품들과 마찬가지로 미생물에 오염될 수 있으며, 이로 인해 제품이 변질되거나 성능이 손실되고 경우에 따라서는 소비자에게 자극, 감염, 기타 건강에 해로운 반응을 야기할 수 있다.

미생물은 공기, 동물, 식물, 광물, 물 등 자연계에 널리 존재한다. 화장품은 사람들이 일상생활에서 장기간 사용하는 제품으로 미생물이 언제든지 오염될 수 있다. 제조 과정 중에서나 소비자가 손 또는 도구를 이용하여 사용하는 화장품에도 언제든지 미생물 오염이 된다. 화장품의 미생물 오염은 화장품의 품질에 영향을 줄 뿐 아니라 오염된 미생물이 상처를 통해 인체에 유입될 때 소비자의 건강에 해를 줄 수도 있다. 즉, 보존제가 없다면 제품이 변질, 변색, 변취, 미생물 증식 등으로 망가지거나 인체에 심각한 피해를 줄 수 있는데, 미생물의 대사산물로 인한 독성이 인체 안전에 영향을 줄 수 있으며, 병원성 미생물은 면역기능이 떨어져 있는 소비자에게 질병을 유발시킬 수도 있다.

1984년, 미국 식품의약품 안전청(FDA)의 화장품에 대한 조사 결과에 따르면 화장품은 제조 중 미생물에 의해 오염될 수 있다는 것을 알 수 있다. 만약, 화장품에 병원성 미생물이 오염된다면 사람들에게 유해할 수 있으며, 병원성 균이 아니라 해도 어린아이나 환자처럼 면역력이 약한 사람에게는 해를 일으킬 수도 있다. 또한, 일반적인 화장품은 제형 자체가 미생물에 의해 쉽게 오염될 수 있는 물질로 구성되어 있고, 장기간 소비자에 의해 지속적으로 미생물에 노출된다는 특성을 가지고 있다. 이와 같은 이유로 인해 화장품은 그 제형의 특성에 따라 적합한 수준의 방부시스템이 설정되어야 한다.

샴푸나 린스와 같이 욕실에서 사용되는 제품은 미생물에 의한 지속적인 노출 외에도 샤워 중 물에 의해 희석될 수도 있으며, 만약 제품이 물에 희석되면 제품에 대한 내성을 갖는 미생물이 발생할 수 있다. 또한, 크림이나 로션은 소비자의 손과 지속해서 접촉하기 때문에 손에 의한 미생물 오염이 결국 방부시스템의 능력을 초과하게 될 때 제품에 오염된 미생물이 생존할 수 있게 될 것이다. 이처럼 제품이나 환경에 적용된 미생물의 출현은 제품의 미생물 오염과 미생물의 증식 같은 바람직하지 않은 결과를 가져올 수 있다. 따라서 CGMP를 준수하고 적절한 방부시스템을 선정하는 일은 미생물이 오염되지 않은 제품 생산을 위해 꼭 필요하다.

(1) 화장품에 사용되는 보존제

보존제의 성분은 매우 다양하며 보존제별로 화장품을 보존하는 능력도 다양하여 보존제 성분에 따라 억제할 수 있는 미생물도 다르다. 보존제의 성분에 따라 활성화되는 화학적 특성도 다르다. 예를 들어, 보존제 A는 세균을 억제하나 진균 억제력이 떨어지고 넓은 범위의 pH에서 활성을 유지하지만, 보존제 B는 세균 억제력이 약하고 진균 억제력은 우수하나 단백질 성분에 비활성인 단점이 있을 수 있다.

화장품에 사용할 수 있는 보존제는 각 나라마다 차이가 있다. 한편, EU에서는 58종(160여 개 성분)의 화장품 보존제를 허용하고 있으며, 중국에서는 51종(140여 개 성분), 우리나라는 59종(150여 개 성분)의 화장품 보존제를 허용하고 있다(본서 377쪽 참조). 국내의 경우 식품의약품안전처 고시 화장품 안전기준 등에 관한 규정에 사용상의 제한이 필요한 원료에 의해 화장품에 사용 가능한 보존제 종류 및 사용한도가 지정되어 있다.

1906년도에 미국식품의약국(FDA)이 발표한 미국 내 유통되는 화장품에 사용된 보존제 사용빈도 조사에 따르면 메틸파라벤, 프로필파라벤, 이미다졸리디닐우레아, 부틸파라벤, 에틸파라벤 순서로 사용빈도가 높았다. 또한, 1980년대 중반 이후 그 사용빈도가 많아진 보존제로 메칠이소치아졸리논(methylisothiazolinone)이 있으며, 이 보존제는 주로 샴푸처럼 사용 후 세척되는 제품에 많이 사용되고 있다. FDA의 발표에 따르면 사용량이 급증한 보존제로는 부틸파라벤(butylparaben), 에틸파라벤(ethylparaben), 이미다졸리디닐우레아(imidazolidinyl urea), 디엠디엠하이단토인(DMDM hydantoin), 메칠클로로이소치아졸리논, 메칠이소치아졸리논(methylchloroisothiazolinone, methylisothiazolinone) 혼합액, 메틸파라벤(methylparaben) 등이 있다. 2017년 박정희 외 보고에 의하면 국내 유통 중인 자외선차단 기능성화장품 총 100건을 대상으로 보존제 16종의 사용실태를 조사한 결과 검출률이 가장 높은 보존제 성분 5가지는 페녹시에탄올(61건), 벤조익애씨드(19건), 메틸파라벤(11건), 벤질알코올(8건), 프로필파라벤(7건) 순이었다.

최근의 보존제 개발 동향은 새로운 보존제 개발은 거의 없고, 기존에 사용되던 보존제들을 혼합하여 방부력을 증진시키는 방향으로 진행되고 있다. 그 이유는 새로운 보존제 개발을 위해서는 피부 안전성이나 독성 검증 등에 막대한 비용과 시간 등이 소요되기 때문이다. 화장품 산업에서 보존제 첨가는 제조 중에 유입될 수 있는 미생물을 사멸하기 위한 목적은 아니다. 소비자에 의해 미생물 오염이 발생하는 경우, 병원균이 원인이 되어 유발될 수 있는 인체에 미치는 피해를 막기 위한 이유와 오염된 미생물에 의한 제품의 품질 변화를 방지, 즉 2차 오염을 막기 위한 것이다. 따라서 보존제의 첨가는 신중해야 한다. 즉, 소비자에 의한 미생물오염 발생을 방지할 수 있는 최적의 안전한 양을 첨가하여 과량의 보존제가 함유되지 않도록 해야 한다.

Tip **항균 vs 살균 vs 멸균 vs 소독의 정의** (출처: 네이버 백과사전)

- **항균**(Bactericide): 정의된 조건에서 세균수 감소, 적절한 생장 조건에서 세균의 생장을 저지한다. (예: 손 세정제, 항균비누)
- **살균**(Disinfectant): 미생물에 물리적·화학적 자극을 가하여 이를 단시간 내에 사멸시키는 일을 말하며, 정도에 따라 대상을 완전히 무균상태로 하는 멸균과 거의 무균상태에 이르도록 하는 소독으로 구별한다. 살균은 균체의 기계적 파괴, 단백질의 강한 변성, 효소의 비활성화 등에 의하며, 방법으로는 물리적인 것과 화학적인 것이 있다. (예: 손소독제, 알코올이나 차아염소산수)
- **소독**(Disinfectant): 모든 병원성 미생물을 제거하거나 사멸한다.
- **멸균**(Sterilant): 바이러스, 모든 살아있는 세균, 곰팡이와 포자를 제거하거나 파괴. 라벨클레임은 저항성이 매우 높은 포자를 포함하여 모든 미생물을 사멸하는 것으로 열, 화학 약품 및 기타 방법으로 살아 있는 세포, 특히 미생물을 죽이는 과정을 의미한다. 살균의 철저한 상태라고 할 수 있다.
- **세균발육저지**(Bacteriostat): 정의된 조건에서 세균의 성장 또는 확산을 저해한다.
- **살곰팡이**(Fungicide): 정의된 조건에서 곰팡이를 사멸한다.
- **항곰팡이**(Fungicidal activity): 정의된 조건에서 효모와 곰팡이 포자 수를 감소시킨다.
- **곰팡이 발육저지**(Fungistatic): 정의된 조건에서 곰팡이의 성장을 저해한다.

(2) 이상적인 보존제

화장품의 방부시험의 목적은 제품 처방 특성을 충분히 고려한 가장 적절한 보존제를 선정하는 데 있으며, 화장품의 속성을 고려할 때 안전하고 최적의 효과를 나타내는 이상적인 보존제 조건은 다음과 같다.

- 낮은 농도에서도 다양한 균에 대해 효과를 나타낼 수 있어야 한다.
- 넓은 온도 및 pH 범위에서 안정해야 하며, 장기적으로 효과가 지속되어야 한다. 특히 일반적인 화장품 pH 범위 (3.5~10)에서 안정해야 한다.
- 제품의 물리적 성질에 영향을 미치지 않아야 한다.
- 처방 중에 어떤 종류의 원료뿐 아니라 포장 재료와도 반응하지 않아야 한다.
- 제품의 안정성, 색상, 향, 질감, 점도 등과 같은 외관적인 특성에 영향을 미치지 않아야 한다.
- 미생물이 존재하는 물 파트에서 충분한 농도를 유지할 수 있는 적절한 오일/물 분배계수를 가져야 한다.
- 미생물에 빠르게 작용하여 방부처방에 대한 미생물 내성을 방지할 수 있어야 한다.
- 사용하기에 안전해야 한다. 보존제가 함유된 화장품의 피부에 대한 노출뿐 아니라 작업자의 보존제에 대한 직접적인 피부 노출과 흡입이 가능하므로 보존제의 안전성은 매우 중요하다.
- 법적 규제 한도 내에서 효과를 나타낼 수 있어야 한다.
- 입수가 용이하고 가격이 저렴해야 한다. 가장 이상적으로는 보존제의 가격은 제품 원가에 큰 영향을 미치지 않아야 한다.
- 자연계에서 쉽게 분해되어야 하며, 분해산물도 독성이 없어야 한다.

10.2. 보존제의 분류

(1) 화장품 보존제 작용 방식

소비자가 화장품을 사용하는 동안 세균과 진균류와 같은 미생물이 제품에 유입될 수 있는데, 보존제 성분은 이들 미생물의 성장과 번식을 억제 및 조절함으로써 화장품을 보호한다. 이러한 중요한 성분들은 다양한 미생물을 명확하고 선택적으로 표적화하도록 설계된다.

보존제는 주로 두 가지 방식으로 작용하는데, 첫 번째 방식은 제조 시점에서 화장품에 존재하는 영양세포를 죽이는 방식이다. 이것은 주로 생화학적 회로에 관여하는 세포벽을 파괴하거나 세포벽에 끼어드는 화학적 힘에 의해 일어난다.

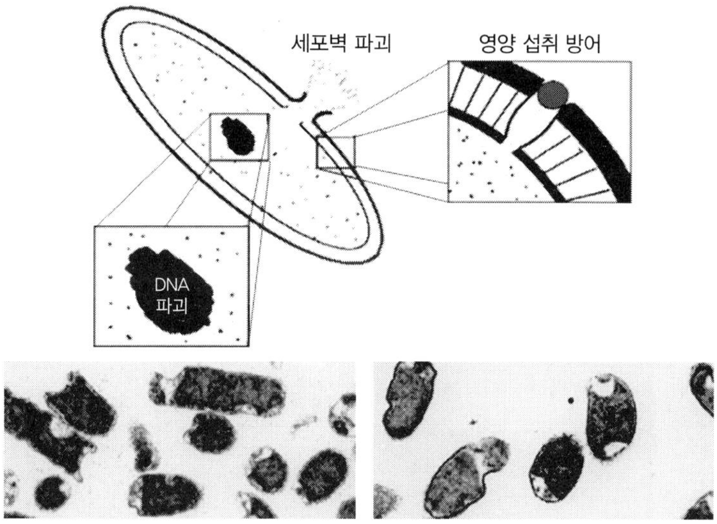

그림 1 화장품에 존재하는 영양세포를 죽이는 방식 (출처: 대한화장품협회)

두 번째 방식은 미생물의 번식 억제 또는 포자의 경우는 발아를 하지 못하게 하는 환경을 조성함으로써 미생물의 생장을 중단 또는 억제하는 방식이다. 즉, 미생물의 성장과 증식을 최소화함으로써 제품의 부패를 막는 중요한 역할을 하고 있다.

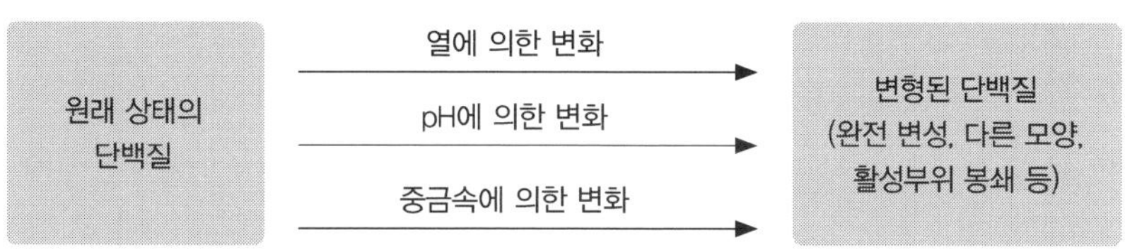

변형된 단백질의 활성부위는 더 이상 기질을 받아들일 수 없다.

그림 2 단백질의 기능 변성

(2) 보존제의 종류

① *p*-하이드록시벤조익애씨드 에스텔(*p*-하이드록시벤조익애씨드, 그 염류 및 에스텔류; 파라벤)

일명 파라벤(paraben)으로 알려져 있으며, 이는 '*p*-하이드록시벤조익애씨드 에스텔(esters of parahydroxybenzoic acid)'를 줄여 부르는 이름으로 '파라하이드록시벤조산'에 메틸알코올, 에틸알코올 등이 반응하여 형성된 다양한 물질들을 총칭하는 이름이다. 파라벤은 화장품에서 가장 많이 사용되는 보존제로, 강산성의 좁은 pH 범위에서 작용하는 살리실산과 벤조익산을 대체하기 위한 물질로 개발되었다. 파라벤은 무색, 무취의 비휘발성 물질로 넓은 pH 범위에서 활성을 보이며 다양한 미생물에 효과적으로 작용한다.

또한, 독성이 낮아 50년 이상 식품용 보존제로 사용되고 있고 메틸파라벤, 에틸파라벤, 프로필파라벤, 부틸파라벤, 이소프로필파라벤, 이소부틸파라벤 등이 있다. 일반적으로 세균보다 효모나 곰팡이에 강한 항진균효과를 보인다(MIC(minimum inhibitory concentration) 표를 참고하면 세균보다 곰팡이인 *A. niger*의 MIC가 낮은 경향을 보임). 낮은 농도에서도 곰팡이에 대해 항균 작용이 효과적으로 나타나는데, 에스텔기의 탄소사슬 길이가 길어질수록 항균 활성, 그리고 독성 또한 강해진다. 항균기작은 세포막을 파괴하여 미생물 내에 침투 후 단백질의 아미노산의 카복실기와 결합하는데, 단백질인 세포 내 효소들과의 결합으로 인한 세포 기능을 상실하게 하여 사멸하게 한다고 알려져 있다.

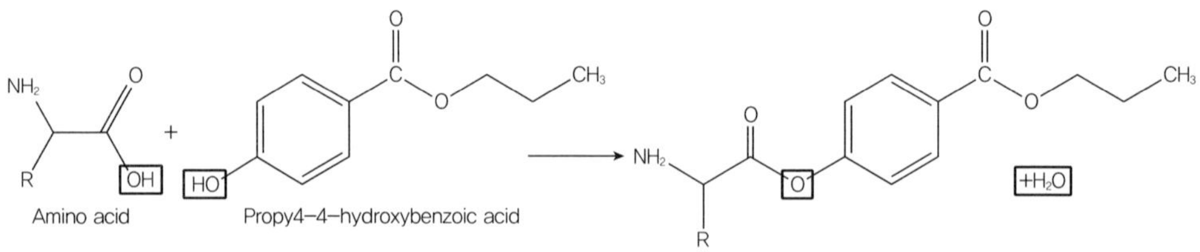

파라벤의 항균력은 알킬체인 길이가 증가할수록 커지지만 물에 대한 용해도는 오히려 감소하며, 단백질, 레시틴, 비이온 계면활성제 등에 의해 항균력이 감소한다는 단점도 있다. 이외에도 파라벤의 활성에 영향을 미치는 인자로는 오일의 유수분배율, pH, 비이온 계면활성제와 같은 불활성화 물질 등이 있다. 국내에서 화장품에 대한 사용 한도는 단일 성분일 경우 1%이고 혼합사용의 경우 4%를 초과할 수 없으며, benzyl ester의 사용 한도는 0.1%이다.

안전성 쟁점이 되고 있는 파라벤은 오이, 체리, 당근, 블루베리 및 양파와 같은 다양한 야채와 과일 내 천연성분인 파라하이드록시벤조산(PHBA)에서 유래된다. 또한 PHBA는 자연적으로 일부 아미노산이 분해되어 신체에서도 형성된다. 화장품에 사용된 파라벤은 자연에서 발견되는 파라벤과 동일하며 신체는 흡수된 파라벤을 빠르게 천연 PHBA로 변환하여 제거한다. 일부는 파라벤과 암의 연관성 여부를 예측하기도 하고, 또 다른 사람들은 파라벤이 여성 호르몬인 에스트로젠과 구조가 비슷하여 인체에 흡수되면 여성 호르몬계를 교란시켜 여성의 유방암을 발생시키는 원인이 될 수도 있다는 가능성이 제시되어, 과학적 연구에 따르면 이와 같은 상호 작용은 매우 미약할 뿐만 아니라 실제 사용 조건이나 반복적인 사용에 노출되는 사람보다 훨씬 더 많은 양을 사용했을 경우에만 관찰되었다고 한다. 파라벤은 전 세계적으로 사용이 허용되어 있으나 여전히 사회적 이슈가 되고 있어 사용이 점차 감소하고 있다.

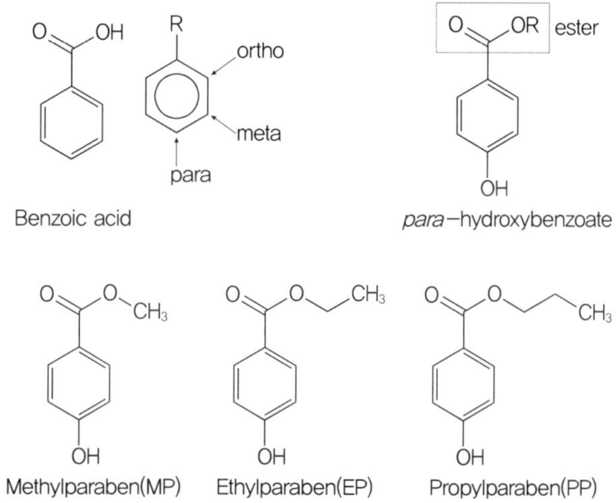

표 1 보존제의 화학구조식 및 정보

성분명	분자식	분자량	CAS 번호	구조식
p-하이드록시벤조익애씨드 (parahydroxybenzoic acid)	$C_7H_6O_3$	138.12	99-96-7	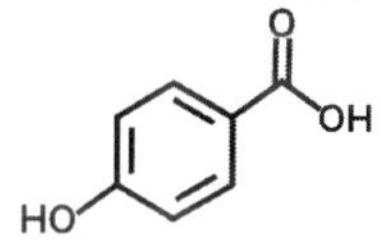
메틸파라벤 (methylparaben)	$C_8H_8O_3$	152.15	99-76-3	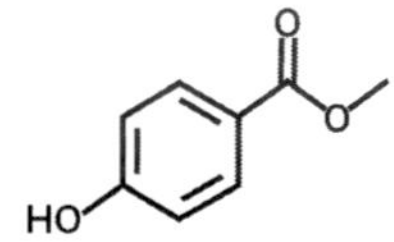
에틸파라벤 (ethylparaben)	$C_9H_{10}O_3$	166.17	120-47-8	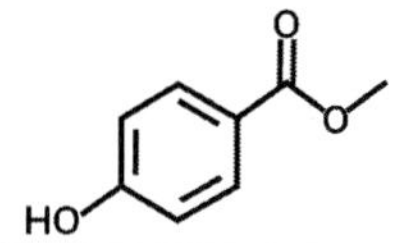

성분명	분자식	분자량	CAS 번호	구조식
프로필파라벤 (propylparaben)	$C_{10}H_{12}O_3$	180.20	94-13-3	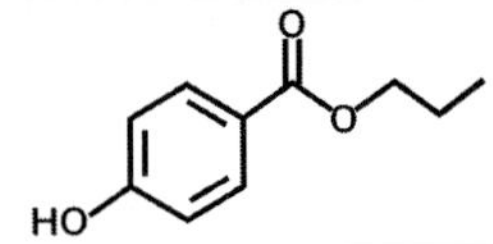
부틸파라벤 (butylparaben)	$C_{11}H_{14}O_3$	194.23	94-26-8	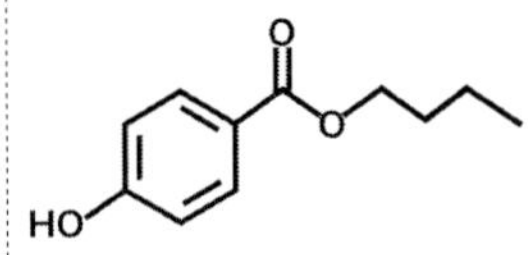
이소프로필파라벤 (isopropylparaben)	$C_{10}H_{12}O_3$	180.20	4191-73-5	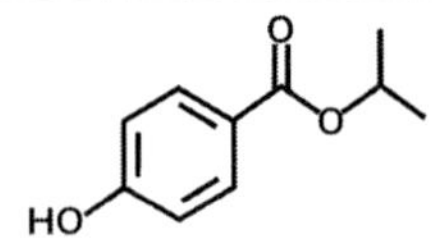
이소부틸파라벤 (isobutylparaben)	$C_{11}H_{14}O_3$	194.23	4247-02-3	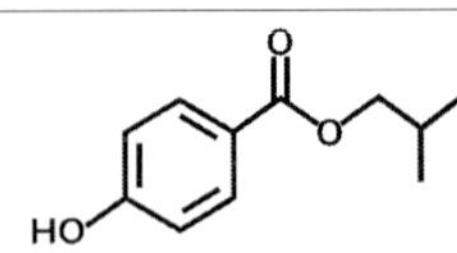

표 2 파라벤류의 최소미생물 억제농도(MIC) (출처: Cosmetic microbiology a practical approach)

Test organisms (10^6 CFU/mL)	Minimal inhibitory concentration (mg/mL) (Suspension test: 24 to 72 hr)					Minimal germicidal concentration (mg/mL) (Serial dilution test: 24 to 72 hr)				
	Methyl	Ethyl	Propyl	Butyl	Benzyl	Methyl	Ethyl	Propyl	Butyl	Benzyl
Staphylococcus aureus	800	500	150	120	120	1250	625	180	160	50
Escherichia coli	800	600	300	150	160	1250	1250	360	160	125
Pseudomonas aeruginosa	1000	800	4400	175	160	1250	6625	625	160	175
Candida albicans	1000	800	250	125	250	5000	2500	625	625	100
Aspergillus niger	600	400	200	150	1000	5000	5000	2500	1250	125

파라벤류 보존제의 특성을 정리하면 다음과 같다.

- 주요 타겟 미생물: 다양한 미생물에 효과적이나 세균(bacteria)보다는 곰팡이(fungi)에 효과적
- 사용 제품 유형: 사용 후 씻어내는 제품 및 씻어내지 않는 제품
- 사용 시 유의점: 물에 대한 용해도가 낮고 단백질, 레시틴, 비이온 계면활성제 등에 의해 항균력이 감소

• pH 범위: 최적 pH 3.5~6.5이며 최대 pH 8의 제품까지 사용 가능
• 항균기작: 세포막을 파괴하고 세포 내 단백질을 변성

Tip 최소발육저지농도(MIC) (출처: Wikipedia)

미생물학에서 최소발육저지농도(minimum inhibitory concentration, MIC)는 화학 물질, 보통 약물이 세균의 성장을 막는 최소농도를 말하며 미생물과 항생제의 종류에 따라 값이 달라진다. 즉, 어떤 미생물에 대하여 MIC 값이 낮을수록 해당 항생물질은 낮은 농도에서도 미생물을 사멸시킬 수 있음을 의미하므로 우수한 제어 효과가 있다고 볼 수 있다. 단위는 μg/mL나 mg/L로 보통 표시한다.

MIC는 생체 외(*in vitro*)에서 화학 물질 용액을 준비하고 농도를 점차 올리며, 용액을 배양된 세균 무리와 함께 배양시킨 뒤 한천 희석법이나 액체배지 미량희석법을 통해 결과를 측정한다. MIC는 세균의 눈에 보이는 성장을 막는 최소한의 항생제 농도인 반면, 최저사멸농도(minimum bactericidal(or germicidal) concentration, MBC)는 항생제가 세균을 죽이는 가장 낮은 농도이다. MIC가 MBC에 가까울수록 물질이 살균능을 가진다고 해석할 수 있다.

MIC 검사는 항생제가 세균의 성장을 막는 가장 낮은 약물 농도를 알려주지만, MBC는 항생제가 세균의 사멸을 일으키는 가장 낮은 농도를 알려준다. 세균의 성장이 MIC 값에서 억제되었다고 해도, 아직 세균이 죽은 것은 아니기 때문에 세균을 한천배지에 배양하면 다시 증식할 수 있다. MBC가 MIC의 4배를 넘지 않는다면 일반적으로 항생제가 살균 능력이 있다고 간주한다.

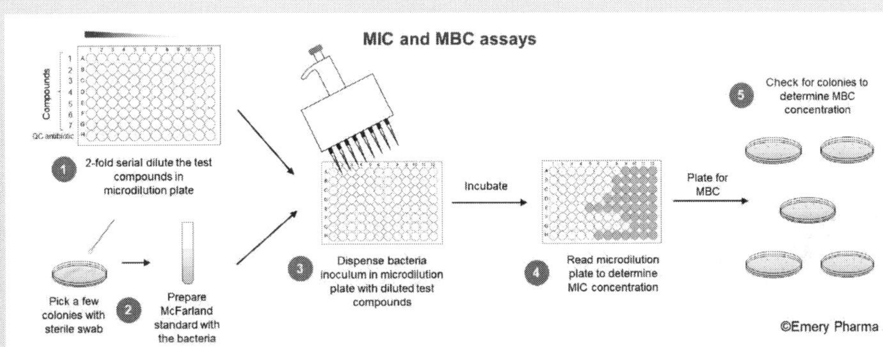

(출처: Emery Pharma)

② 알코올류

알코올 중에는 에탄올이 가장 많이 사용되며 세균과 곰팡이의 증식을 방지하기 위해서는 일반적으로 4% 이상이 필요하나 과량 사용해야 효과가 있어 에탄올은 고시 보존제는 아니다. 화장품에 20% 이상 함유될 경우 제품 자체적으로 살균력을 갖는다. 60~90% 농도(보통 70% 에탄올)에서 소독제로 사용되며 물이 없는 99%에서는 오히려 항균 효과가 많이 떨어진다. 일반적인 보존 효과를 위해서는 일반적으로 15% 이상 수준에서 사용되

지만, 알코올의 방부 활성은 다른 보존제에 대한 세균 세포막의 투과성을 높여주며, 수분 활성을 감소시키므로 방부력을 나타내는 것으로 생각된다. 이 범주에 속하는 보존제로는 페녹시에탄올, 벤질알코올, 클로페네신 등이 있다. 알코올류는 알부민, 할로겐 원소인 bromine(Br), chloride(Cl)와 호환성이 없으며, 비이온성 물질에 의해 활성이 약화된다.

1) 페녹시에탄올

페녹시에탄올은 유성이면서 약간은 끈적거리는 액체로 약한 장미향이 나는 방향성 향기를 가지고 있고 알코올과 잘 섞인다. 페녹시에탄올은 수십 년 동안 잉크, 염색 등 다양한 산업 분야에서 이용되어왔고 스킨케어 제품, 아이 메이크업, 향수, 블러셔, 파운데이션, 립스틱, 목욕 비누 및 세제 등 다양한 화장품 및 개인위생 용품에 광범위하게 사용된다. 또한, 천연·유기농 인증기관에서도 사용을 허가하고 있는 원료 중 하나이며, 수년 동안 화장품을 비롯한 많은 소비자 제품에서 안전하게 사용되었고 녹차에서도 발견된다. 물에 대한 용해도는 2.67%이다. 파라벤과 함께 사용될 때 그람음성균에 대해 좋은 활성을 보인다. 페녹시에탄올의 항균기작은 지용성 물질을 용해하는 특성으로 지질로 구성된 세포막의 붕괴와 단백질 변성에 의한 것으로 알려져 있으며, 국내뿐 아니라 유럽, 일본, 중국, 아세안, 브라질 등에서도 화장품에 사용한도는 1%이다.

분자식	분자량	구조식
$C_8H_{10}O_2$	138.16	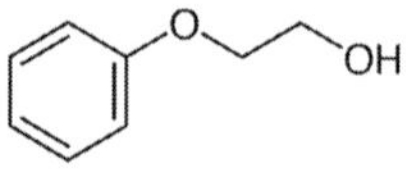
CAS 번호	**사용한도**	
122-99-6	1.0%	

Test organisms (10^6 CFU/mL)	Minimal inhibitory concentration (mg/mL) (Serial dilution test: 24 to 72 hr)
Staphylococcus aureus	2000
Escherichia coli	4000
Pseudomonas aeruginosa	4000
Candida albicans	5000
Aspergillus niger	5000

2) 벤질알코올

천연 방향 알코올로서 최적 pH는 5 이하이다. Benzaldehyde로 천천히 산화되며, 비이온 계면활성제에 의해 활성이 떨어지나 1~3% 농도에서 세균에 대해 효과가 있다. 벤질알코올의 사용한도는 두발용 제품을 제외하고는 1%이다.

분자식	분자량	구조식
C_7H_8O	108.14	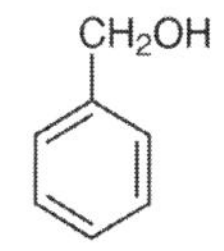
CAS 번호	사용한도	
100-51-6	1.0% (단, 염모용 제품류에 사용할 때는 10%)	

Test organisms (10^6 CFU/mL)	Minimal germicidal concentration (mg/mL) (Suspension test: 24 to 72 hr)
Staphylococcus aureus	25
Escherichia coli	2000
Pseudomonas aeruginosa	2000
Candida albicans	2500
Aspergillus niger	5000

3) 클로페네신

냄새가 없는 흰색의 결정성 분말로 물에 대한 용해도는 1% 이하이며, 알코올에 용해된다. 에틸우레아, 프로필렌글리콜이 가용화제(solubilizer)로 사용된다. 최적 pH는 4~6이다.

분자식	분자량	구조식
$C_9H_{11}ClO_3$	202.63	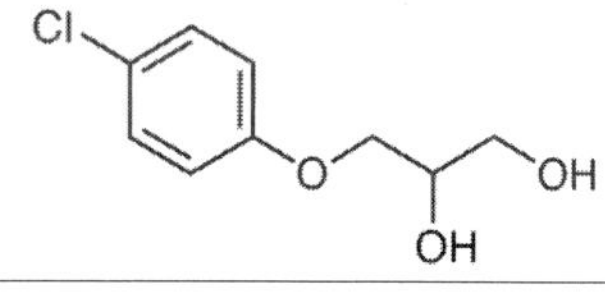
CAS 번호	사용한도	
104-29-0	0.3%	

③ 유기산과 염들

이 범주에 속하는 보존제로는 벤조익애씨드와 나트륨염, 소르빅애씨드와 칼륨염, 데하이드로아세틱애씨드와 나트륨염 등이 가장 널리 사용된다. 이들 보존제는 pH 5 이하의 처방에서만 효과가 있다. 일반적으로 물에 대한 용해도가 더 좋은 염(salt)의 형태로 많이 사용하는데, 보존제가 산성에서 효과를 나타내는 이유는 양성자화된 형태(protonated form)가 세포막을 통과하기 쉽기 때문이다. 소르빅애씨드와 칼륨염은 클로헥시딘, 그 디글루쿠코네이트를 불활성화시킨다. 작용기작은 해리된 단백질이 세포의 세포질로 침투하여 membrane electrical potential의 붕괴에 따른 화학삼투(chemiosmotic)의 균형 파괴를 유발한다.

1) 소르빅애씨드

소르빅애씨드는 무색~백색의 자유 유동성(free-flowing)을 갖는 결정 또는 결정성 분말로 냄새가 없거나 약간의 자극적인 냄새가 있는 성분으로 미생물의 생육을 억제하여 가공식품의 보존료로 사용되는 식품첨가물로도 많이 사용되며, 치즈, 식육가공품, 잼류 등에 사용되는 보존제이다. 소르빅애씨드는 폭넓은 스펙트럼의 진균 억제 작용은 있으나, 박테리아에 대해서는 상대적으로 작용이 약하고 최적의 항균력은 최대 6.5 pH에서 나타난다. 소르빅애씨드(헥사-2,4-디에노익 애씨드) 및 그 염류로서 화장품에 최대 0.6%까지 사용할 수 있다.

분자식	분자량	구조식
$C_6H_8O_2$	112.13	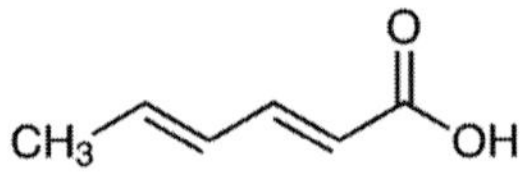
CAS 번호	사용한도	
110-44-1	소르빅애씨드로서 0.6%	

Test organisms (10^6 CFU/mL)	Minimal inhibitory concentration (mg/mL) (Serial dilution test: 24 to 72 hr)
Staphylococcus aureus	50 to 100
Escherichia coli	50 to 100
Pseudomonas aeruginosa	100 to 300
Candida albicans	25 to 50
Aspergillus niger	200 to 500

2) 벤조익애씨드

분자식	분자량	구조식
$C_7H_6O_2$	112.13	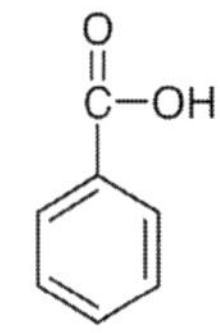
CAS 번호	사용한도	
65-85-0	산으로서 0.5% (단, 벤조익애씨드 및 그 소듐염은 사용 후 씻어내는 제품에는 산으로서 2.5%)	

Test organisms (10^6 CFU/mL)	Minimal inhibitory concentration (mg/mL) (Serial dilution test: 24 to 72 hr; pH 6)	Minimal germicidal concentration (mg/mL) (Suspension test: 24 to 72 hr; pH 6)
Staphylococcus aureus	50 to 100	20
Escherichia coli	100 to 200	160
Pseudomonas aeruginosa	100 to 200	160
Candida albicans	500 to 1000	1200
Aspergillus niger	500 to 1000	1000

* The undissociated form has antimicrobial activity, making it optimally effective below its pKa; migrates to oil phase. In oil-water emulsions, benzoic acid migrates to the oil phase; only the amount dissolved in water is effective.

3) 데하이드로아세틱애씨드

분자식	분자량	구조식
C_8H_8O4	168.15	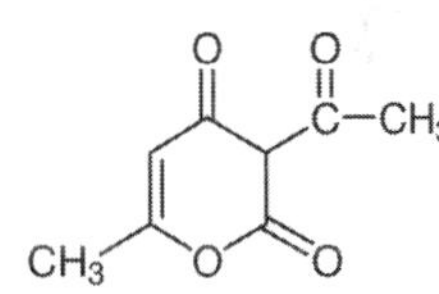
CAS 번호	사용한도	
520-45-6	데하이드로아세틱애씨드로서 0.6% 에어로졸(스프레이에 한함) 제품에는 사용금지	

Test organisms (10^6 CFU/mL)	Minimal inhibitory concentration (mg/mL) (Serial dilution test: 24 to 72 hr)	Minimal germicidal concentration (mg/mL) (Suspension test: 24 to 72 hr)
Staphylococcus aureus	10000	20000
Escherichia coli	10000	20000
Pseudomonas aeruginosa	>20000	20000
Candida albicans	200	ND
Aspergillus niger	200	ND

* Only undissociated dehydroacetic acid is active. This activity depends on pH being below the pKa. Data above is for pH 6.

4) 살리실릭애씨드

살리실릭애씨드 및 그 염류 함유 제품(샴푸 등 사용 후 바로 씻어내는 제품 제외)은 만 3세 이하 영유아에게는 사용하지 않게 되어 있다.

분자식	분자량	구조식
$C_7H_6O_3$	138.12	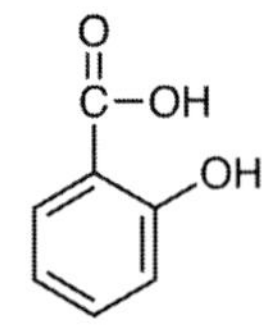
CAS 번호	사용한도	
69–72–7	살리실릭애씨드로서 0.5% 영유아용 제품류 또는 만 13세 이하 어린이가 사용할 수 있음을 특정하여 표시하는 제품에는 사용금지(단, 샴푸는 제외)	

Test organisms (10^6 CFU/mL)	Minimal inhibitory concentration (mg/mL)* (Serial dilution test: 24 to 72 hr)
Staphylococcus aureus	1250
Escherichia coli	1250
Pseudomonas aeruginosa	2500
Candida albicans	2500
Aspergillus niger	2500

* Data are for pH of 3.2

④ 이소치아졸 화합물(Isothiazolinone compounds)

메칠클로로이소치아졸리논(Methylchloroisothiazolinone)과 메칠이소치아졸리논(Methylisothiazolinone), 즉 MCI/MI 혼합물(염화마그네슘과 질산마그네슘 포함).

연한 호박색을 띠며 부드러운 냄새가 나는 맑은 액상의 물질로 롬앤하스(Rohm & Haas)에 의해 개발된 보존제다. 가죽이나 직물의 항곰팡이제, 페인트의 보존제로 사용되어 왔으며, Kathon CC라는 이름으로 화장품용 보존제로 개발되었다. MCI/MI 모두 매우 적은 양으로 여러 곰팡이, 세균을 제거할 수 있으나, 200 ppm 농도 이상을 사용할 경우에는 피부에 강한 알레르기를 일으킬 수 있다고 알려져 있다. 1.5% 액상으로 물, 알코올, 글리콜(glycol) 또는 친수성 용매에 잘 혼합된다. 낮은 농도에서도 다양한 미생물에 효과적으로 작용하므로 사용 후 세척하는 샴푸와 같은 제형에 많이 사용된다. 이 화합물은 아민, mercaptan, sulfide, sulfite, 높은 pH, bleach 등에 의해 항균력이 떨어지는 단점이 있다. 미생물에 대한 항균기작은 미생물의 주요 효소시스템에 착용하며, 세포막의 투과성이나 핵산에 영향을 주는 것으로 알려져 있다. 국내에서 화장품의 사용한도는 활성물질로 0.0015%이고 미생물에 대한 활성이 좋은 만큼 피부에 대한 자극이 높다.

표 3 이소치아졸 혼합물의 성분

Active ingredients		Inert ingredients	
Methylchloroisothiazolinone	1.15%	Magnesium salt	23.0%
Methylisothiazolinone	0.35%	Water	75.5%
	1.50%		98.5%

1) 메칠클로로이소치아졸리논(Methylchloroisothiazolinone)과 메칠이소치아졸리논(Methylisothiazolinone) 혼합물(염화마그네슘과 질산마그네슘 포함)

<table>
<tr><th colspan="2">Methylchloroisothiazolinone</th><th colspan="2">Methylisothiazolinone</th></tr>
<tr><th>분자식</th><th>구조식</th><th>분자식</th><th>구조식</th></tr>
<tr><td>C_4H_4ClNOS</td><td rowspan="5">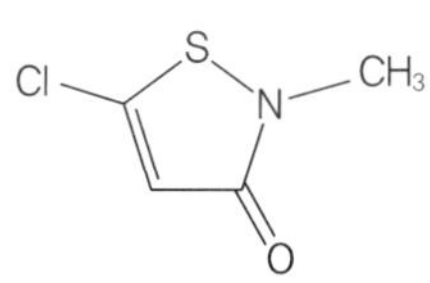</td><td>C_4H_5NOS</td><td rowspan="5">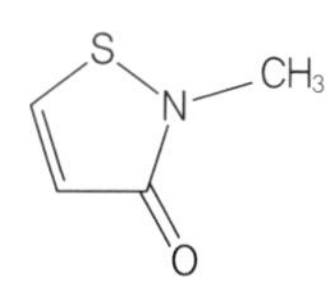</td></tr>
<tr><th>CAS 번호</th><th>CAS 번호</th></tr>
<tr><td>26172-55-4</td><td>2682-20-4</td></tr>
<tr><th>분자량</th><th>분자량</th></tr>
<tr><td>149.6</td><td>115.15</td></tr>
<tr><th colspan="4">사용한도</th></tr>
<tr><td colspan="2">사용 후 씻어내는 제품에 0.0015%
(Methylchloroisothiazolinone : Methylisothiazolinone =3 : 1 혼합물로서), 기타 제품에는 사용금지</td><td colspan="2">사용 후 씻어내는 제품에 0.0015%
(단, Methylchloroisothiazolinone과 Methylisothiazolinone 혼합물과 병행 사용금지
기타 제품에는 사용금지</td></tr>
</table>

Test organisms (10^6 CFU/mL)	Minimal inhibitory concentration (mg/mL) (Serial dilution test: 24 to 72 hr)	Minimal germicidal concentration (mg/mL) (Suspension test: 24 to 72 hr)
Staphylococcus aureus	150	500 to 1000
Escherichia coli	300	1500
Pseudomonas aeruginosa	300	1500 to 2000
Candida albicans	300	150
Aspergillus niger	200 to 600	–

* Bactericidal activity: 5-Chloro-2-methyl-4-isothiazolin-3-one, 1.15%

* Fungicidal activity: 2-methyl-4-isothiazolin-3-one, 0.35%

⑤ 포름알데하이드 유리(방출)제(formaldehyde releaser)

포름알데하이드는 자연에서 광범위하게 발생하는 성분으로 사람의 몸에서도 생성이 되며, 자연적으로 우리가 내쉬는 숨속에 존재하기도 한다. 포름알데하이드는 수 세기 전부터 생물학적 보존제로 처음 사용되었으며, 사용할 수 없는 원료(negative list)에 수재된 물질로 화장품 원료로 사용되지 않지만, 포름알데하이드를 느리고 제한적으로 방출하는 일부 성분이 화장품과 개인 위생용품에서 보존제로 사용될 수 있으며, 그러한 성분을 '포름알데하이드 유리 보존제' 또는 '포름알데하이드 도너(donor) 보존제'라고 부르고 있다.

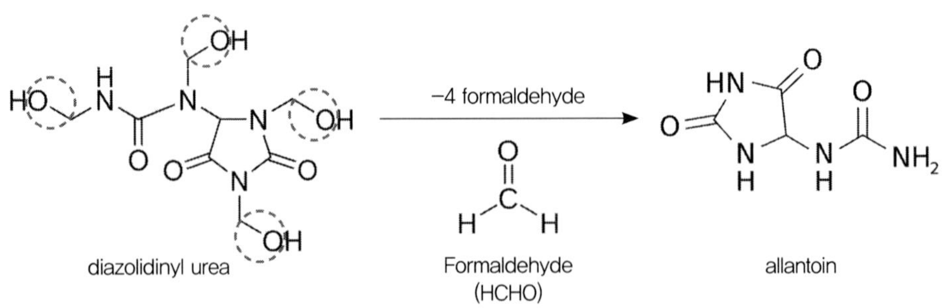

즉, 포름알데하이드 유리 보존제는 화장품과 개인 위생용품에 극소량이 사용되며, 적고 안전한 양의 포름알데하이드를 시간이 지나면서 천천히 방출하여 곰팡이와 박테리아의 증식을 막아 제품을 보호한다. 항균기작은 단백질의 −SH(thiol) 작용기가 붙은 단백질 같은 유기 황화합물과 반응을 하면, 단백질로 이루어진 효소 활성부위가 변성되어 결국 미생물의 대사를 제대로 못 하게 한다.

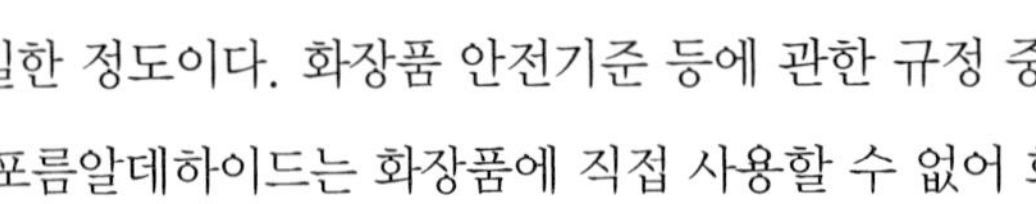

우리가 머리를 감을 때 사용되는 샴푸에 해당 성분이 포함되어 있다면, 해당 제품에서 방출되는 소량의 포름알데하이드는 중간크기의 사과 또는 배 하나에 들어있는 포름알데하이드의 양과 동일한 정도이다. 화장품 안전기준 등에 관한 규정 중 유통화장품 안전관리 기준에 의하면 포름알데하이드는 화장품에 직접 사용할 수 없어 화장품을 제조하면서 인위적으로 첨가하지 않았으나, 제조 또는 보관 과정 중 포장재로부터 이행되는 등 비의도적으로 유래된 사실이 객관적인 자료로 확인되고 기술적으로 완전한 제거가 불가능한

경우 해당 물질의 검출 허용한도를 허용하는데, 화장품에서 2000 μg/g 이하, 물휴지는 0.002%(v/v) 이하로 검출되도록 한도를 정하고 있다. Formaldehyde releaser가 MCI/MI와 함께 가장 빈번하게 피부 부작용을 일으킬 수 있는 보존제로 보고되고 있다.

표 4 국가별 화장품의 포름알데하이드 최대 사용한도 (출처: 대한화장품협회)

국가	최대 사용한도
국내	• 화장품을 제조하면서 인위적으로 첨가하지 않았으나, 제조 또는 보관 과정 중 포장재로부터 이행되는 등 비의도적으로 유래된 사실이 객관적인 자료로 확인되고 기술적으로 완전한 제거가 불가능한 경우의 검출 허용한도: 포름알데하이드 2000 μg/g 이하, 물휴지는 0.002%(v/v) 이하
유럽	〈Annex III, 배합한도 성분〉 • 성분명: Formaldehyde • 제한: 손톱강화제에 포름알데하이드로서 5% • 사용 시 주의사항 기재: 포름알데하이드를 포함하는 오일 또는 윤화제로 손톱을 보호하십시오. • 기타: "제품에서 미생물 증식을 억제하기 위한 목적"을 명확히 제품에 기재해야 함 〈Annex V, 보존제〉 • 성분명: Formaldehyde, paraformaldehyde • 제한: (a) 구강 제품에 0.1% (유리된 포름알데하이드로서) (b) 기타 제품에 0.2% (유리된 포름알데하이드로서) • 기타: 에어로졸 디스펜서(스프레이)에 사용금지
중국	• 배합한도: 총량 0.2% (유리된 포름알데하이드로서) • 기타 제한조건: 스프레이 제품에 사용금지
아세안	〈Annex III, 배합한도 성분〉 • 성분명: Formaldehyde • 제한: 손톱강화제에 포름알데하이드로서 5% • 사용 시 주의사항 기재: 오일 또는 윤화제로 손톱을 보호하십시오. 포름알데하이드를 포함합니다. • 기타: "제품에서 미생물 증식을 억제하기 위한 목적"을 명확히 제품에 기재해야 함
아세안	〈Annex V, 보존제〉 • 성분명: Formaldehyde, paraformaldehyde • 제한: (a) 구강 제품에 0.1% (유리된 포름알데하이드로서) (b) 기타 제품에 0.2% (유리된 포름알데하이드로서) • 기타: 에어로졸 디스펜서(스프레이)에 사용금지
캐나다	• 제한: (a) 에어로졸 제품에 사용금지 (b) 지시에 따라 사용할 때 포름알데하이드 증기를 방출하는 비에어로졸 제품에 0.01% (c) 구강 제품에 0.1% (d) 비구강 제품에 보본제로서 0.2% (e) 손톱경화제(손톱보호제 및 사용 지시서와 반드시 함께 판매되어야 함)에 5.0% • 사용 시 주의사항 기재: 이 제품은 피부 민감화를 유발할 수 있는 포름알데하이드를 포함한다.

1) 이미다졸리디닐 우레아(Germall 115)

Berke와 Rosen에 의해 알려졌으며, 1973년에 CTFA에 등재되었다. 파라옥시안식향산 에스텔의 그람음성균에 대한 약한 항균력을 해결하기 위한 목적으로 많이 사용되었다. 백색의 분말로 무취이며, 물에 대한 용해도가 매우 높고, 에틸렌글리콜(ethylene glycol), 프로필렌글리콜(propylene glycol), 글리세린(glycerin) 등에는 잘 용해되지만 에탄올에는 잘 용해되지 않는다. 파라벤과 함께 사용할 때 상승효과가 있으며, 세균에 대한 활성은 좋으나 효모나 곰팡이에 대한 활성은 약하므로 파라벤 등과 같은 다른 보존제와 혼합하여 사용한다. 최근 들어 사용량이 조금씩 줄고 있으며, 국내에서는 화장품에 0.6%까지 사용할 수 있다. 희석하거나 높은 온도에서는 활성이 저하되므로 화장품 제조 시 낮은 온도에서 투입하는 것이 좋다.

Test organisms (10^6 CFU/mL)	Minimal inhibitory concentration (mg/mL) (Serial dilution test: 24 to 72 hr)	Minimal germicidal concentration (mg/mL) (Suspension test: 24 to 72 hr)
Staphylococcus aureus	1000	2000
Escherichia coli	2000	8000
Pseudomonas aeruginosa	2000	8000
Candida albicans	8000	8000
Aspergillus niger	8000	8000

2) 디아졸리디닐우레아(Germall-ll)

디아졸리디닐우레아는 heterocyclic imidazolidinyl urea이다. 세균과 진균에 대해 모두 항균 효과가 있는데, 이미다졸리디닐우레아 보다 항균력이 우수하고 항균기작은 이미다졸리디닐우레아와 동일하다. 그람음성균에 대해서는 0.1~0.3% 농도에서 효과가 있다. 무취의 흰색 분말로 물에 대한 용해도가 매우 좋으며 국내 화장품에서의 사용한도는 0.3%이다.

Test organisms (10^6 CFU/mL)	Minimal inhibitory concentration (mg/mL) (Serial dilution test: 24 to 72 hr)	Minimal germicidal concentration (mg/mL) (Suspension test: 24 to 72 hr)
Staphylococcus aureus	250	1000
Escherichia coli	1000	4000
Pseudomonas aeruginosa	1000	4000
Candida albicans	8000	8000
Aspergillus niger	4000	8000

3) 디엠디엠하이단토인(Glydant)

디엠디엠하이단토인(DMDM Hydantoin)(1,3−Bis(hydroxymethyl)−5,5−dimethylimidazolidine−2,4−dione) 은 물에 잘 녹으며 55% 용액이 Glydant라는 이름으로 판매되고 있다. 디엠디엠하이단토인은 무색의 액상으로 약한 포름알데하이드 냄새를 내며 낮은 농도에서 다양한 미생물에 효과가 있어 화장품이나 퍼스널케어 제품에 광범위하게 사용되고 있다. 일반적으로 화장품에 0.1~0.15% 범위에서 사용되며, 파라벤과 함께 사용하기도 한다. 국내 화장품에서 0.6% 한도 내로 사용 가능하며, 두발용 제품에서는 2.0%까지 사용할 수 있다.

Test organisms (10^6 CFU/mL)	Minimal inhibitory concentration (mg/mL) (Serial dilution test: 24 to 72 hr)	Minimal germicidal concentration (mg/mL) (Suspension test: 24 to 72 hr)
Staphylococcus aureus	250 to 800	4000
Escherichia coli	500	4000
Pseudomonas aeruginosa	800 to 1000	4000
Candida albicans	725 to 1250	5000
Aspergillus niger	750 to 1500	ND

* Broad spectrum mainly against bacteria. Should be combined with antifungal components(e.g., anionic surfactants, parabens, Kathon CG, or formaldehyde) for products needing protection form yeast and molds.

분자식	분자량	구조식
$C_7H_{12}N_2O_4$	188.18	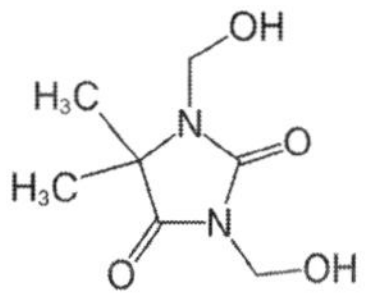
CAS 번호	사용한도	
6440-58-0	0.6%	

4) 엠디엠하이단토인(MDM Hydantoin)

Test organisms (10^6 CFU/mL)	Minimal inhibitory concentration (mg/mL) (Serial dilution test: 24 to 72 hr)
Staphylococcus aureus	512
Escherichia coli	1024
Pseudomonas aeruginosa	2048
Candida albicans	2048
Aspergillus niger	2048

5) 브로노폴(Bronopol)(2-Bromo-2-nitropropane-1,3-Diol)

분자식	분자량	구조식
$C_3H_6BrNO_4$	199.99	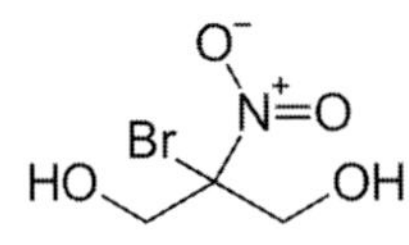
CAS 번호	**사용한도**	
52-51-7	0.1% 아민류나 아마이드류를 함유한 제품에는 사용금지	

Test organisms (10^6 CFU/mL)	Minimal inhibitory concentration (mg/mL) (Serial dilution test: 24 to 72 hr incubation time)
Staphylococcus aureus	62.5
Escherichia coli	31.25
Pseudomonas aeruginosa	31.25
Candida albicans	50
Aspergillus niger	50

브로노폴(2-Bromo-2-nitropropane-1,3-Diol)은 흰색 분말로 특이취를 내며, 세균과 곰팡이에 낮은 농도에서도 효과적이므로, 화장품이나 퍼스널케어 제품에서 0.01~0.02%의 저농도에 활성을 보인다. 물에 대한 용해도는 25%이며, 알코올이나 프로필렌글리콜에도 잘 용해된다. 최적 pH는 5~7 사이이고, pH가 낮을 때는 안정하지만 철이나 알루미늄이 있을 때는 불안정하다. 음이온, 양이온, 비이온 계면활성제나 단백질에 영향을 받지 않고, 0.1% cysteine, thioglycolate, thiosulfate 등에 의해 비활성화된다. 브로노폴은 티올 그룹(thiol groups)과 disulfide bonds를 형성한다. 티올기와 이황화 결합을 형성하여 단백질을 변성시키며 결과적으로 탈수소효소 활성을 억제한다.

⑥ 기타

1) 벤잘코늄클로라이드(Benzalkonium chloride)

양이온 계면활성제는 음전하를 나타내는 세포벽을 잘 흡착하여 계면활성제 작용으로서 막지질 및 기타지질을 용해시켜 세포를 파괴시키며 단백질을 변성하여 항균력을 나타낸다. 사용 후 씻어내는 제품에 벤잘코늄클로라이드로서 0.1%, 기타 제품에 벤잘코늄클로라이드로서 0.05%로 에어로졸 제품에 벤잘코늄클로라이드는 사용금지이다. 벤잘코늄클로라이드 눈에 접촉을 피하고 눈에 들어갔을 때는 즉시 씻어낼 것을 화장품 함유 성분별 주의사항에 나타나 있다.

CAS 번호	구조식
8001-54-5 (2 peaks) 63449-41-2 (3 peaks)	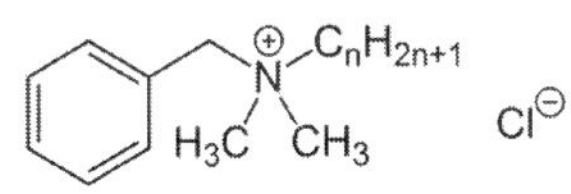 n = 8, 10, 12, 14, 16, 18
사용한도	
사용 후 씻어내는 제품에 벤잘코늄클로라이드로서 0.1% 기타 제품에 벤잘코늄클로라이드로서 0.05%	

2) 클로로자이레놀(Chloroxylenol)

페놀 냄새가 나는 결정성 분말로 양이온, 비이온과 친화성이 없으며 희석에 의해 중화된다. 화장품에 사용한도는 0.5%이다.

분자식	분자량	구조식
C_8H_9ClO	156.61	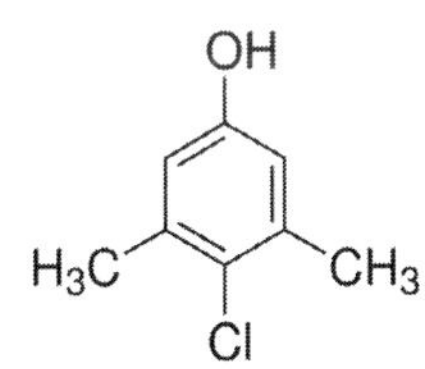
CAS 번호	**사용한도**	
88-04-0	0.5%	

Test organisms (10^6 CFU/mL)	Minimal inhibitory concentration (mg/mL) (Serial dilution test: 24 to 72 hr)
Staphylococcus aureus	250
Escherichia coli	1000
Pseudomonas aeruginosa	1000
Candida albicans	2000
Aspergillus niger	2000

3) 트리클로산(Triclosan)

트리클로산은 그람음성균뿐만 아니라 악취를 유발하는 그람양성균에도 우수한 작용을 하며, 박테리아의 성장을 효과적으로 늦추거나 중단시켜 냄새를 유발하는 박테리아의 성장을 억제하므로 화장품 및 개인위생 제품에서 보존제 및 탈취제 역할을 한다. 또한, 저 농도에서도 정균제 역할을 하여 박테리아 세포막을 재생하고 만드는 데 필요한 지방산의 합성을 억제함으로써 박테리아를 제거하는 것으로 나타났다. 상품명은 Irgasan DP 300이며, 백색의 결정성 분말로 약한 방향성 냄새를 가진다. 물에 대한 용해도는 0.001% 정도이고 에탄올이나 프로필렌글리콜에는 잘 녹는다. 최적 pH는 4에서 8이고, 비이온을 제외한 대부분의 원료와 친화성이 있다. 국내에서 사용한도는 0.3%이다.

<table>
<tr><th>분자식</th><th>분자량</th><th>구조식</th></tr>
<tr><td>$C_{12}H_7Cl_3O_2$</td><td>289.54</td><td rowspan="3">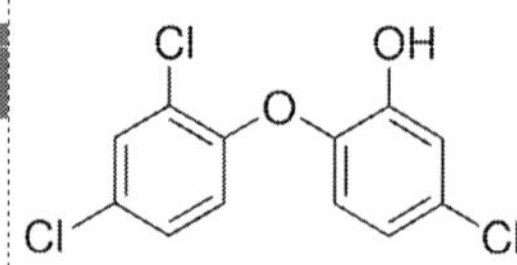</td></tr>
<tr><th>CAS 번호</th><th>사용한도</th></tr>
<tr><td>3380-34-5</td><td>사용 후 씻어내는 인체세정용 제품류, 테오드란트(스프레이 제품 제외), 페이스 파우더, 피부결점을 감추기 위해 국소적으로 사용하는 파운데이션에 0.3%, 기타 제품에는 사용금지</td></tr>
</table>

Test organisms (10^6 CFU/mL)	Minimal inhibitory concentration (ppm)
Staphylococcus aureus	0.1
Escherichia coli	5
Pseudomonas aeruginosa	>300
Candida albicans	10
Aspergillus brasiliensis	100

트리클로산은 *P. aeruginosa*를 사멸시키기 위해서는 최소한 300 ppm 이상의 농도가 사용되어야 하지만, *E. coli*를 사멸시키기 위해서는 5 ppm 정도의 농도가 필요한 것을 볼 수 있으므로 트리클로산은 *E. coli*의 저해에 더욱 탁월한 보존제임을 확인할 수 있다.

표 5 국가별 화장품의 트리클로산 최대 사용한도 (출처: 대한화장품협회)

국가	최대 사용한도
국내	〈보존제〉 • 사용 후 씻어내는 인체세정용 제품류, 데오드란트(스프레이 제품 제외), 페이스 파우더, 피부 결점을 감추기 위해 국소적으로 사용하는 파운데이션에 0.3% • 기타 제품에는 사용금지 〈기타배합한도〉 • 사용 후 씻어내는 제품류에 0.3% • 기능성화장품의 유효 성분으로 사용하는 경우에 한하며 기타 제품에는 사용금지
유럽	• 0.3%: 치약, 핸드워시, 바디워시/샤워젤, 데오드란트(스프레이 제품 제외), 페이스 파우더 및 블레미쉬 컨실러, 인조 손톱을 붙이기 전에 손발톱을 클렌징하기 위해 사용하는 네일 제품 • 0.2%: 마우스워시
일본	• 0.1%
중국	• 핸드워시, 바디워시, 제취제(비분사형), 파우더 및 컨실러, 네일리무버(사용 빈도율은 2주에 1회를 넘어선 안 됨)에 0.3%
아세안	• 0.3%: 치약, 핸드워시, 바디워시/샤워젤, 데오드란트(스프레이 제품 제외), 페이스 파우더 및 블레미쉬 컨실러, 인조 손톱을 붙이기 전에 손발톱을 클렌징하기 위해 사용하는 네일 제품, 샴푸/헤어컨디셔너, 세안제 • 0.2%: 마우스워시
브라질	• 0.3%

4) 클로르헥시딘, 그 디글루코네이트 및 디염산염

백색의 결정성 분말로 무취이며 biguanide type 화합물이다. 최적 pH는 5~8이며, 70℃ 이상에서는 불안정하다. 양이온과는 친화적이지만, anionic gum이나 soap과는 친화적이지 않다. 비이온 계면활성제에 의해 중화된다. 사용 후 세척되는 제품 이외의 화장품에 0.05% 사용할 수 있다.

• 비구아나이드(Biguanide)

분자식	분자량	CAS 번호	구조식
$C_2H_7N_5$	101.11	56-03-1	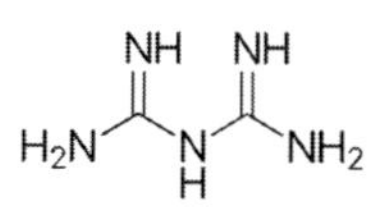

• 클로르헥시딘(Chlorhexidine)

분자식	분자량	구조식
$C_{22}H_{30}Cl_2N_{10}$	505.45	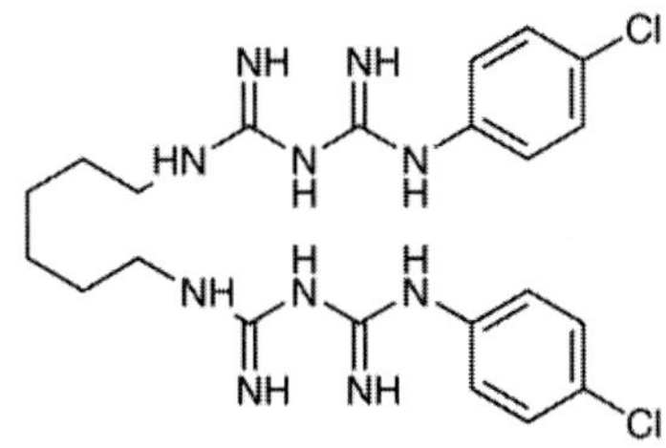
CAS 번호	**사용한도**	
55-56-1	점막에 사용하지 않고 씻어내는 제품에 클로르헥시딘으로서 0.1%, 기타 제품에 클로르헥시딘으로서 0.05%	

Test organisms (10^6 CFU/mL)	Minimal inhibitory concentration (mg/mL) (Serial dilution test: 24 to 72 hr)	Minimal germicidal concentration (mg/mL) (Suspension test: 24 to 72 hr)
Staphylococcus aureus	0.5 to 1.0	100
Escherichia coli	1.0	100
Pseudomonas aeruginosa	5 to 60	400
Candida albicans	10 to 20	400
Aspergillus niger	200	400

표 6 대표적인 고시 보존제 분류와 특징

분류	특징	종류
Paraben	• 벤조익애씨드 유도체로 가장 널리 사용되어왔으며, 특히 곰팡이 제어 능력도 우수 • 용해도와 항균력이 다른 다양한 파라벤을 혼합해서 사용	메틸파라벤, 에틸파라벤, 프로필파라벤, 부틸파라벤
Organic alcohol	• 용매로서 지용성 물질을 용해하는 특성으로 지질로 구성된 세포막의 붕괴와 단백질 변성	페녹시에탄올, 벤질알코올, 클로페네신
Organic acid	• 산성에서 효과를 나타내어 사용이 제한적	데하이드로아세틱애씨드, 벤조익애씨드, 살리실릭애씨드, 소르빅애씨드
Formaldehyde releaser	• 제품 내에서 서서히 방출된 formaldehyde에 의해 항균 효과	이미다졸리딘일우레아, 디아졸리디닐우레아, 디엠디엠하이단토인, 쿼터늄-15
Isothiazolinone	• 물에 잘 녹고 씻어내는 제품에 많이 사용	메칠클로로이소치아졸리논, 메칠이소치아졸리논
Others	• 벤잘코늄클로라이드, 트리클로산, 클로헥시딘, 그 디글루코네이트, 디아세테이트, 아이오도프로피닐부틸카바메이트	

Tip **EDTA(ethylene-diamine-tetraacetic acid)**

EDTA는 금속이온 봉쇄제로 제품의 선명도와 향을 유지시켜 주는 역할을 한다. 그러나 화장품에서는 금속이온에 의한 여러 가지 부작용을 줄이기 위해 주로 사용될 뿐 아니라 보존제와 함께 사용한 때 그람음성균에 대한 방부력을 증대시키는 역할도 한다. 화장품에서는 주로 EDTA-2Na와 4Na가 사용되고 있다. 미생물에 EDTA를 처리하면 미생물 세포벽이 용해되어 투과성이 높아지므로 다른 보존제들이 쉽게 미생물의 세포벽을 통과할 수 있게 만들어 준다. 따라서 EDTA의 단독 사용은 세균들의 활성을 충분히 낮추지는 못하지만, 다른 보존제와 함께 사용하면 방부력이 증대된다.

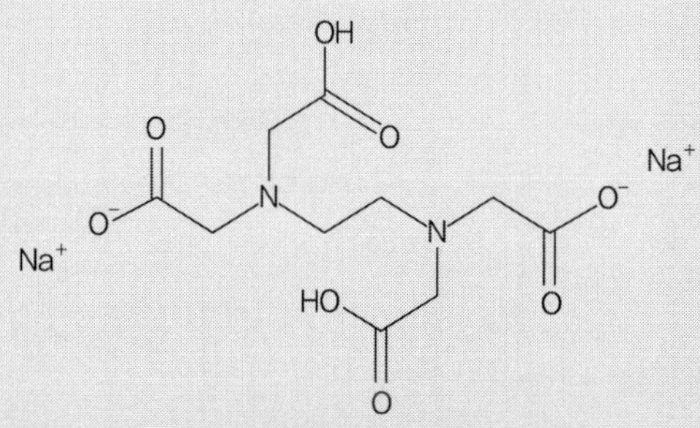

EDTA-2Na 구조

특히, *Pseudomonas, Salmonella, Vibrio*와 같은 그람음성균과 효모, 곰팡이 등은 EDTA에 민감하게 반응하지만 그람양성균에는 그렇지 않다. 함께 사용할 때 방부력 증진 작용을 나타내는 보존제로는 파라벤, 쿼터니움-15, 클로르헥시딘, 0-benzylp-chlorophenol base, 트리클로산, 소르빅애씨드 칼륨, 이미다졸리디닐우레아, 디엠디엠하이단토인 등이 있다. 제품에 Ca나 Mg가 많이 존재하는 경우에는 EDTA에 의한 방부력 상승을 기대할 수 없다. 이외에도 iodophor, hydrogen peroxide, formaldehyde, glutaraldehyde 등이 EDTA의 작용을 억제한다고 알려져 있다.

표 7 보존제 대표 사례 정리

	Parabens: methyl, ethyl, propyl, and butyl esters
EEC	#I/12
CAS	99-76-3/120-47-8/94-13-3/94-26-8
화학명	Esters of para-hydroxybenzoic acid
상품명	Solbrol; Nipagin; Nipasol
화합물 유형	벤조산에스테르
성상	백색 결정성 분말
냄새	무취
용해도	25℃에서 물의 용해성 벤질 0.006, 부틸 0.02, 프로필 0.04, 에틸 0.11, 메틸 0.25 g/100 mL
최적 pH	3 ~ 9.5
안정성	안정
융화성 / 양립성	음이온 및 양이온 에멀젼과 단백질과 양립 가능; polyoxy-40-stearat), polyvinylpyrrolidone, methylcellulose과는 불활성화
중화(불활성화)	Tween 80과 같은 모든 비이온성 유화제
항균스펙트럼*	MIC 120 ~ 1000 mg/mL
인체 독성	1개월 이상 2g/day 메틸 및 프로필파라벤 독성 없음
국내 화장품 사용 제한 및 기타용도	단일 성분일 경우 0.4%(산으로서), 혼합사용의 경우 0.8%(산으로서) / 가장 일반적으로 0.18% 메틸+0.02% 프로필 파라벤 사용되고 의약품 및 식품용 보존제
항균기전	세포막 붕괴로 세포막 수송과 에너지 생성 방해하는 기전으로 파라벤에 노출된 세포는 세포 안의 물질이 누출되지만, 세포구조에 뚜렷한 변화가 없고 보존제가 함유되지 않은 배지에서는 세포가 다시 회복되어 직접적인 세포 용해 및 세포막 손상을 시키지는 않는 것으로 보임

(계속)

Phenoxyethanol	Benzyl alcohol
#43	#51
#122-99-6	#100-51-6
2-페녹시에탄올	Benzyl alcohol, benzenemethanol, phenylcarbinol, phenylmethanol
Dowanol EPH; Phenyl Cellosolve; Phenoxethol;Phenonip	-
페놀 구조	천연알코올
유성 액체	액체
엷은 향기로운 냄새	엷은 향기
물에서 2.67%; 알코올과 잘 섞임	4 g/100 mL 물; 1 /1.5 부피 비율로 50% 에탄올; 알코올에 섞임
넓은 범위	5.0 이상
높은 안정성	benzaldehyde로 느리게 산화; 낮은 pH에서 탈수 현상
음이온 및 양이온세제와 양립 가능	-
비이온성 및 희석	Tween 80 같은 비이온성 물질과 희석
MIC 2000 ~ 5000 mg/mL	MIC 25 ~ 5000 mg/mL
1차 피부자극 없음	높은 경피독성, 피부에 적용하면 진피에서 소량 흡수
1.0% / 0.5~2.0% 파라벤, 데하이드로아세트산 또는 소르브산과 함께 사용. 수용성 향상을 위해 프로필렌글리콜 첨가, 4차 암모늄 화합물과 함께 살균제로 사용	1.0% (다만, 두발 염색용 제품류에 용제로 사용할 경우에는 10%) / 주사제와 안과 제품 및 경구액체의 보존제
세포막의 지질 용해시켜서 세포막을 붕괴하고 단백질 변성	세포막 지질을 용해하여 파괴하고 단백질을 변성

	2-Bromo-2-nitropropane-1,3-diol
EEC	#19
CAS	#52-51-7
화학명	2-Bromo-2-nitropropane-1,3-diol
상품명	Bronopol
화합물 유형	알코올
성상	백색 결정성 분말
냄새	희미한 특유의 냄새
용해도	물에서 25%(wt/vol); 에탄올에서 50%; 이소프로판올에서 25%; 글리세롤에서 1%; 프로필렌글리콜에서 14%
최적 pH	5.0 ~ 7.0
안정성	낮은 pH에서 안정; 알칼리에서 노란색과 갈색; 철과 알루미늄에 불안정; 스테인리스 스틸과 주석으로 안정적; 아질 니트로사민을 형성
융화성 / 양립성	음이온성, 양이온성, 비이온성 계면활성제와 단백질에 영향이 없음
중화(불활성화)	0.1% 시스테인; 티오글리콜레이트와 티오황산염에 비활성화
항균스펙트럼*	MIC 31.25 ~ 62.5 mg/mL
인체 독성	1% 파라핀의 0.25 ~ 1%와 pH 5.5의 수성 완충액 0.25%에서 인체 피부 감작성
국내 화장품 사용 제한 및 기타용도	0.1%, 아민류나 아마이드류를 함유하고 있는 제품에는 사용금지 / 핸드크림, 페이스크림, 샴푸, 헤어드레싱, 마스카라, 목욕 오일, 의약품, 섬유유연제, 세제에 0.01~0.1% 사용
항균기전	티올기(thiol group)와 이황화 결합(disulfide bond)을 형성하여 단백질을 변성, 탈수소효소같은 효소 활성을 억제

(계속)

Benzoic acid	Dehydroacetic acid
#I/1	#4
#121-54-0	#520-45-6
benzene carboxylic acid	3-Acetyl-6-methyl-2H-pyran-2,4(3H)dione, DHA
–	–
유기산	유기산
백색분말	염형태는 무색
옅은 향기	무취
물(20℃)에서 0.29%; 에탄올(20℃) 2.3 mL에서 1g; 물(20℃)에서 1.8 mL에 나트륨염으로 1g 용해	산 형태는 상대적으로 불용성; 염(25℃) 형태는 에탄올에서 1%, 프로필렌글리콜에서 48%, 물에서 33% 용해
2.0~5.0	5.0 ~ 6.5, pKa 이상에서 높은 pH에서 활성이 감소
낮은 pH에서 안정	열 안정성
단백질과 글리세롤이 있을때 활성 저하; 비이온성, 4차화합물, 젤라틴과 양립하지 않음	–
pKa(해리상수) 이상의 pH	pH 6.5 이상
MIC 50 ~ 1000 mg/mL; pKa 미만에서 해리되지 않은 형태로 최적의 항균 효과; 에멀전에서는 벤조산이 오일층으로 이동하여 물에 녹은 양만 효과를 발휘	MIC 200 ~ 20000 mg/mL; pH가 pKa 미만에서 해리되지 않을 때 활성화
인체 허용되는 경구독성양은 0.5 mg/kg body weight	피부 자극과 감작성 없음
산으로서 0.5% (다만, 벤조익애씨드 및 그 소듐염은 사용 후 씻어내는 제품에는 산으로서 2.5%) / 식품 및 의약품에 보존제로 사용	데하이드로아세틱애씨드로서 0.6%, 에어로졸(스프레이에 한함) 제품에는 사용금지
해리된 양성자가 세포막 전위를 붕괴하여 세포질로 들어가서 세포막의 화학적 삼투균형을 파괴, 단백질 변성	해리된 양성자가 세포막 전위를 붕괴하여 세포막의 화학적 삼투균형을 파괴, 단백질 변성

	Salicylic acid
EEC	#I/3
CAS	#69-72-7
화학명	2-Hydroxybenzoic acid
상품명	-
화합물 유형	유기산
성상	결정성분말(가열하면 페놀과 CO_2분해)
냄새	무취
용해도	460 mL 물에 1g 용해; 염 형태는 2~5로 용해도 증가
최적 pH	2~5
안정성	햇빛과 철염(iron salts)으로 변색
융화성 / 양립성	철염 및 요오드와 혼합 불가
중화(불활성화)	pKa 이상의 pH 및 희석
항균스펙트럼*	MIC 1250 ~ 2500 mg/mL
인체 독성	-
국내 화장품 사용 제한 및 기타용도	살리실릭애씨드로서 0.5%, 영유아용 제품류 또는 만 13세 이하 어린이가 사용할 수 있음을 특정하여 표시하는 제품에는 사용금지(다만, 샴푸는 제외) / 항비듬제제, 각질용해제
항균기전	해리된 양성자가 세포막 전위를 붕괴하여 세포막의 화학적 삼투균형을 파괴, 단백질 변성

(계속)

Sorbic acid	Isothiazolinones: chloromethyl and methyl
#I/4	#45
#110-44-1	#26172-55-4/2682-20-4
2,4-Hexadienoic acid	5-Chloro-2-methyl-4-isothiazolin-3-one; 2-Methyl-4-isothiazolin-3-one
-	Kathon CG
유기산	2가지 이소치아졸리논과 마그네슘염
투명한 결정, Ca 및 K염은 백색 분말	밝은 호박색의 비점성 액체(1.5%)
엷은 특유의 냄새	-
물 0.25%; 에탄올 0.29%; 이소프로판올 8.4%; 오일 0.5 ~ 1.0%; 칼륨염 138 g/100 mL 물, 칼슘염 물에1.2% 용해	물, 저급알코올 및 글리콜에 용해 용이
6.5 이하	4.0 ~ 8.0; 8 이상에서 안정성 감소
-	일부 제형에서 고온 보관 시 활성 소실
비이온성 물질과 호환되지 않음	음이온, 양이온 및 비이온 계면활성제 양립; 차아염소산염(hypochlorite)에 불활성화
pKa 이상의 pH와 Tween 80	Letheen 또는 펩톤 액체배지 희석
MIC 50 ~ 500 mg/mL	MIC 150 ~ 600 mg/mL
-	0.37% Kathon CG(최소 투여량의 10배) 일차 자극이나 감작성이 나타나지 않음
소르빅애씨드로서 0.6% / 크림 및 로션용 항진균제, 경구용 약제, 음식과 와인의 보존제	사용 후 씻어내는 제품에 0.0015% (메칠클로로이소치아졸리논 : 메칠이소치아졸리논 = (3 : 1) 혼합물로서) /샴푸, 헤어컨디셔너, 컬러염료액, 버블목욕제
해리된 양성자가 세포막 전위를 붕괴하여 세포막의 화학적 삼투균형을 파괴, 단백질 변성	에너지 대사에 관여하는 ATPase 및 glyceraldehyde-3-phosphate dehydrogenase와 같은 효소의 단백질의 세포 티올 그룹과 반응하여 포도당 산화 억제

	Diazolidinyl urea
EEC	–
CAS	#78491–02–8
화학명	N–(hydroxymethyl)–N–(1,3–dihydroxymethyl–2,5–dlo o–4–imidazolidinyl)–N–(hydroxymethyl) urea
상품명	Germall II
화합물 유형	Heterocyclic imidazolidinyl urea, formaldehyde donor
성상	미세한 흰 분말
냄새	무취 또는 약한 특유취
용해도	물에 용해
최적 pH	넓은 범위
안정성	안정
융화성 / 양립성	이온, 비이온, 단백질
중화(불활성화)	희석 및 펩톤
항균스펙트럼*	MIC 250 ~ 8000 mg/mL
인체 독성	–
국내 화장품 사용 제한 및 기타용도	0.5% / 파라벤 등과 같은 진균제와 0.1 ~ 0.5% 사용
항균기전	포름알데하이드가 방출되어 세포막, 세포벽, 세포벽에 있는 단백질의 아미노기와 반응하여 단백질을 변성

(계속)

Dimethylol dimethyl hydantoin	Imidazolidinyl urea
#50	#36
#6440-58-0	#39236-46-9
Dimethylol dimethyl hydantoin, DMDM hydantoin	N,N'-메틸렌-비스-N'-[1-(히드록시메틸)-2,5-디옥스-4-이미다졸리디닐]우레아
Glydant, Dekafald, Mackstat DM, Nipaguard DMDMH	Germall 115, Blopure 100, Euxyl K 200
포름알데하이드 기증자	헤테로고리치환요소; formaldehyde donor
투명한 액체	안정한 백색 분말
약한 포름알데하이드 냄새	무취
물(> 50%) 및 에탄올에 잘 용해됨	물, 200; 글리세롤, 100; 이소프로판올, 0.05
3.5 ~ 10.0	넓은 범위
넓은 pH 범위와 온도에서 안정적 조건(〈90℃)	160℃ 이상에서 분해
음이온, 양이온, 비이온 및 단백질	이온성, 비이온성 및 단백질과 양립 가능
희석 및 펩톤	희석 및 펩톤
MIC 250 ~ 1500 mg/mL, 박테리아에 대한 광범위한 스펙트럼을 가지며 항진균제 (예: 음이온성 계면활성제, 파라벤, Kathon CG 또는 formaldehyde)와 같이 사용	MIC 1000 ~ 8000 mg/mL
인체 피부자극시험에서 400ppm 수용액은 자극 나타나지 않음.	-
0.6% / 샴푸, 컨디셔너, 핸드크림에서 사용 농도 0.15 ~ 0.4%; 세제 보존제	0.6% / 0.1 ~ 0.5%를 파라벤같은 진균제와 같이 사용; 로션, 크림, 헤어컨디셔너, 샴푸 및 데오도란트
포름알데하이드가 방출되어 세포막, 세포벽, 세포벽에 있는 단백질의 아미노기와 반응하여 단백질을 변성	포름알데하이드가 방출되어 세포막, 세포벽, 세포벽에 있는 단백질의 아미노기와 반응하여 단백질을 변성

	Monomethylol dimethyl hydantoin (MDM hydantoin)
EEC	#39
CAS	116–25–6/28453–33–0
화학명	1–(Hydroxymethyl)–5,5–dimethylhydantoin, MDM hydantoin, MDMH
상품명	Dantoin 685
화합물 유형	formaldehyde donor
성상	결정
냄새	무취
용해도	물, 에탄올 또는 메탄올에 용해
최적 pH	4.5 ~ 9.5
안정성	85℃ 미만에서 안정적. 포름알데하이드 수용액 pH 6에서 분리
융화성 / 양립성	이온성, 비이온성 및 단백질과 양립 가능
중화(불활성화)	희석 및 펩톤
항균스펙트럼*	MIC 512 ~ 2048 mg/mL
인체 독성	인체 피부자극시험에서 400ppm 수용액은 자극 나타나지 않음.
국내 화장품 사용 제한 및 기타용도	0.2% / 샴푸 및 데오드란트
항균기전	포름알데하이드가 방출되어 세포막, 세포벽, 세포벽에 있는 단백질의 아미노기와 반응하여 단백질을 변성

(계속)

Quaternium-15	Benzalkonium chloride
#48	#54
#4080-31-3	#139-07-1
Cis isomer of 1-(3-chloroallyl)-3,5,7-triaza-1-azoniaadamantane-chloride, N-(3-chloroallyl)-hexammonium chloride	Mixture of alkyldimethylbenzylammonium chloride and N-dodecyl-N,N-dimethylbenzylammonium chloride
Dowicil 200, Dowicide Q, Preventol D1	Zephirol, Dodigen 226, Barquat MB-50
Quaternary adamantane	4가 양이온(Quaternary cation)
크림색 분말(흡습성)	백색 또는 황백색의 분말
무취	향긋
물 127 g/100 mL; 프로필렌글리콜(18.7%), 글리세롤(12.6%), 에탄올(1.85%) 용해	물과 알코올에 50% 정도로 잘 녹는다.
4~10	4.0 ~ 10.0 (1% 용액은 pH는 6.0~8.0)
60℃ 이상에서 불안정; 일부 크림의 노란색	양호, 121℃에서 30분 동안 안정
음이온, 비이온, 양이온 및 단백질	EDTA, 비이온성세제, 그러나 음이온성, 비누, 질산염, 중금속, 구연산염, 나트륨테트라포스페이트, 헥사메타포스페이트와는 양립하지 않고 플라스틱에 의해 흡착
희석 및 펩톤	Tween80 및 레시틴; pH 5 이하에서 감소된 활성
MIC 200 ~ 3000 mg/mL	MIC 4 ~ 200 mg/mL
1차 피부자극 없음	인간 피부에서 0.5% 1차 자극 유발
0.2% / 샴푸 및 로션 0.2%, 페인트 보존제	사용 후 씻어내는 제품에 벤잘코늄클로라이드로서 0.1%, 기타 제품에 벤잘코늄클로라이드로서 0.05%로 분사형 제품에 벤잘코늄클로라이드는 사용금지 / 헤어컨디셔너에서 양이온과 보존제로 첨가됨; 데오도란트에 항균화합물; 수술 전 피부 준비를 위한 보존제, 상처, 화상; 안약의 보존제
방출된 포름알데하이드는 아미노산의 아미노기와 설프하이드릴기를 알킬화하여 단백질과 DNA를 변성시키는 퓨린 염기의 고리 질소를 결합하여 단백질과 DNA 변성	계면활성제 작용으로 막지질 및 기타지질을 용해시켜 세포를 파괴시키며 단백질을 변성

	Chlorhexidine digluconate	Polyaminopropyl biguanide
EEC	#31	#42
CAS	#55-56-7	#270830-27-8
화학명	Bis(p-chlorophenyldiguanido)hexane	Polyhexamethylene biguanide hydrochloride
상품명	Hibitane, Novalsan, Rotasept, Sterilon, Hibiscrub, Arlacide	Cosmocil CQ
화합물 유형	비구아나이드(Biguanide)	양이온
성상	백색 결정성 분말	투명한 황색 액체
냄새	무취	무취
용해도	물에서 >70% 용해	수용성 및 알코올 용해
최적 pH	5.0 ~ 8.0	4~8
안정성	70℃ 이상에서 불안정	80℃ 이하 안정
융화성 / 양립성	양이온과 양립 가능; 음이온, 검류, 비누, 무기 음이온, 알지네이트, 카르복시메틸셀룰로오스, 코르크마개와 비양립	양이온과 양립 가능; 음이온, 검류, 비누, 무기 음이온, 알지네이트, 카르복시메틸셀룰로오스, 코르크마개와 비양립
중화(불활성화)	비이온성 계면활성제	비이온성 계면활성제
항균스펙트럼*	MIC 0.5 ~ 200 mg/mL	MIC 20 ~ 375 mg/mL
인체 독성	알레르기	-
국내 화장품 사용 제한 및 기타용도	점막에 사용하지 않고 씻어내는 제품에 클로르헥시딘으로서 0.1%, 기타 제품에 클로르헥시딘으로서 0.05% / 치약, 탈취제/발한 억제제, 피부소독제, 눈 관리 제품 보존제	0.05%, 에어로졸(스프레이에 한함) 제품에는 사용금지 / 소독제
항균기전	단백질을 응고와 변성시켜서 세포막과 세포 내의 효소들을 파괴	단백질을 응고와 변성시켜서 세포막과 세포 내의 효소들을 파괴

* 항균스펙트럼: *Staphylococcus aureus, Escherichia coli, Pseudomonas aeruginosa, Candida albicans, Aspergillus niger*

⑦ 보존제 대체 원료(alternative preservatives)

보존제에 대한 안전성 이슈로 무보존제 콘셉트의 제품들이 유통되고 있다. 실제로 보존제와 보존시스템은 제품에 없을 수는 없으나 고시되지 않는 원료들을 개발하여 시너지 효과 등으로 사용되고 있다. 천연 에센셜오일이나 유화제, 보습제의 특징은 미생물을 제어하는 데 역할을 하고 있다.

티트리오일, 유칼립투스 등의 많은 에센셜오일이 항균 특성이 있다는 사실은 오래전부터 알려져 있었으며, 일반적으로 제품을 보존하는 데 필요한 에센셜오일의 수준은 향료 및 제형에 고용량을 사용해야 하는 문제가 있다. 자몽 씨 추출물 등 많은 식물유래 성분들이 개발되고 있지만, 그 자체만으로 사용하기에는 천연물이 가지는 안전성과 효능의 한계가 있다. 또한, 항균 특성으로 홍보된 최초의 유화제는 90% 글리세릴 모노라우레이트의 모노에스테르(monoester of glyceryl monolaurate, INCI: glyceryl laurate) 항균 작용과 유화 작용이 모두 약해서 그다지 사용되지 않았다.

보습제 또는 하이드록시를 함유한 다가 알코올로서 고농도의 프로필렌글리콜은 수분과 수소결합을 하여 수분활성을 낮춤으로써 보존제 역할을 할 수 있지만, 높은 농도를 사용해야 하고 안전성에 문제도 있을 수 있다. 미생물 성장을 금지할 만큼 충분히 수분활성을 낮은 수준으로 낮출 만큼 글리콜 수치가 높은 제품의 사용감도 잡기가 어렵다.

고시 성분과 혼합 시너지 효과를 위해 ehylhexylglycerin, 1,2-hexandiol, caprylyl glycol, pentylene glycol 등이 활용되고 있다. 안전하다고 알려진 알칸다이올계 화합물 중 1,2-헥산다이올은 그람양성 및 그람음성균에 대한 항균 활성을 보이며, 고농도에서 피부 자극이 없고 미생물 세포막에 결합하여 세포막을 변형시켜 파괴하는 데 용이하기 때문에 방부력 향상에 도움을 준다고 알려져 있다. 1,2-헥산다이올을 화장품 제형에 사용 시 단독으로 사용하는 경우 효과가 없으며, 다른 보존제와 혼합하여 사용해야 세균과 효모균 억제에 효과를 보이는 것으로 확인되었다. 보습 특성을 갖는 선형 디올인 카프릴릴 글리콜은 양친매성 물질로 다른 화학 보존제의 활성을 향상시켜 항균력을 증가시키는 것으로 보고되었다.

표 8 대표적인 보존제 대체 원료와 항균기작

종류	INCI	특징
Glycols (diol류)	1,2-Hexanediol Carprylyl glycol	• 항균 작용의 스펙트럼이 넓고 박테리아에 우수한 항균 효과 • 친유성과 친수성을 보유한 성분(amphiphilic substance)
Ethylhexylglycerin	Ethylhexylglycerin	• 액취 원인균에 대해 탁월한 항균 작용하며 세포의 표면 장력을 낮춤

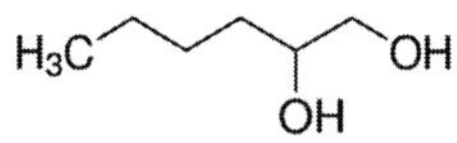

1,2-hexanediol
배합목적: 용제

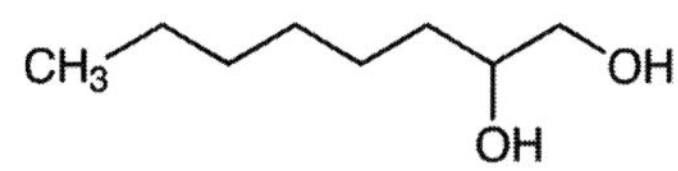

1,2-octanediol(Caprylyl glycol)
배합목적: 모발컨디셔닝제, 피부유연화제

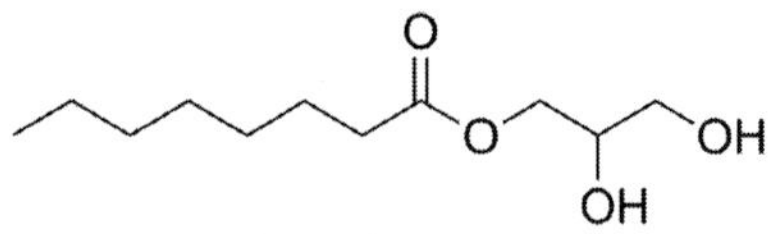

Glyceryl caprylate
배합목적: 피부컨디셔닝제(유연제), 계면활성제(유화제)

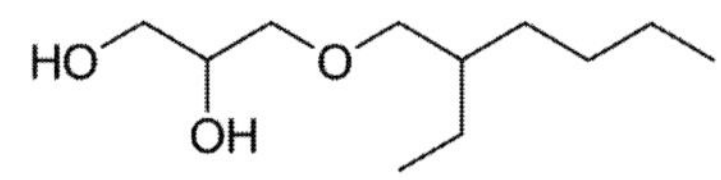

Ethylhexylglycerin
배합목적: 피부컨디셔닝제

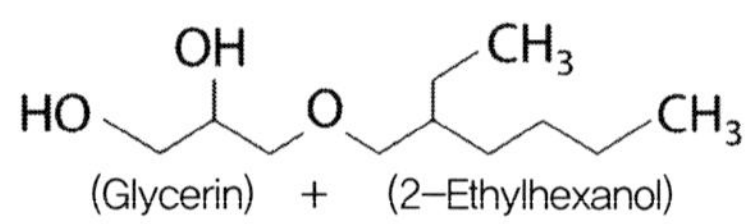

Ethylhexylglycerin의 구조

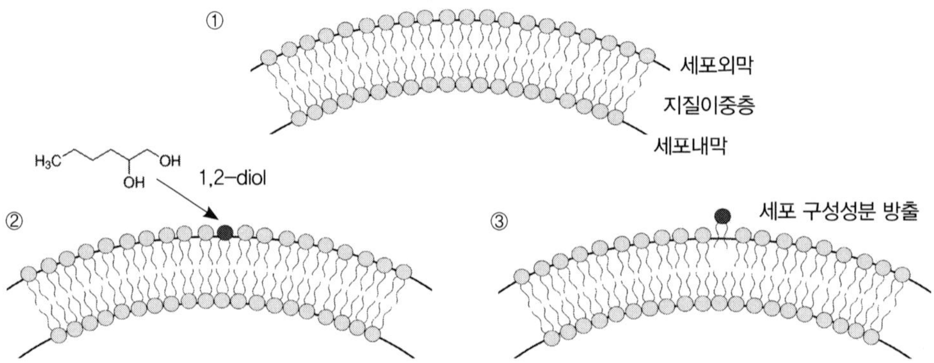

Chapter

11

화장품의 보존전략

미생물은 축축하고 습하며, 따뜻하고 어두운 환경에서 영양성분(유기물)으로부터 생활에 필요한 에너지를 얻어 번식한다. 보존제는 1차 오염이 아니라 소비자가 사용하는 과정에서 미생물이 제품에 유입되는 2차 오염을 제어하기 위해 필요하다. 보존제의 성분은 매우 다양하며, 각각의 보존제가 화장품을 보존하는 능력 또한 매우 다양하다. 보존제는 수십 년 동안 화장품에서 안전하게 사용되어 왔다. 화장품 회사들은 제품 처방 개발의 각 단계별로 보존 시스템의 효과를 테스트한다. 또한 최종 용기에 충진한 후 완제품 상태에서 다시 한번 테스트하기도 한다. 보존제는 한 종류만 사용할 경우, 미생물에 대한 활성 범위가 제한적이어서 효과가 불충분할 수 있으나 혼합해서 사용함으로써 문제를 해결할 수 있다(보존제 팔레트). 따라서 제품 처방을 만드는 연구원은 어떤 타입의 제품이라도 적절한 보존 시스템을 갖추도록 해야 하기 때문에 여러 종류의 보존제 중 선택할 수 있어야 한다.

보존시스템(preservatives system)이란, 제품의 품질과 안전을 보장하기 위한 제품의 물리적 특성, 포장, 화장품 제형에 사용된 보존제 성분의 조합을 말한다. 화장품은 특정 원료에 바람직하지 않은 미생물이 존재할 수 있고, 제조 과정에서 바람직하지 않은 미생물이 혼입될 수 있다. 또한 소비자가 제품을 사용하는 과정에서 미생물이 혼입될 수도 있다. 이러한 이유로 원료 관리, GMP, 패키징 디자인은 모두 화장품의 보존 시스템에 있어서 중요한 역할을 맡고 있다. 이에 따라 보존제를 선택할 때는 여러 가지 요소가 고려된다. 제품에 들어있는 다른 성분들, 기대되는 성능, 제품 패키징, 제품을 바를 신체 부위, 사용 시 소비자의 행동 등이 보존제 선택에 영향을 주는 요소들이다. 수분 함량이 높은 화장품, 예를 들어 크림, 로션, 마스카라, 리퀴드 아이라이너와 같은 제품은 소비자가 안전하게 사용할 수 있도록 하기 위해 보존제가 필요하다. 그러나 스스로 자기보존 능력이 있는 제품(예를 들어, 제품의 성분 구성상 세균이 자랄 수 없는 경우)일 경우에는 소비자가 사용할 때 미생물 성장이 일어나지 않는 경우에 한해서 보존제가 필요하지 않다. 예를 들어, 립스틱이나 메이크업 제품의 경우 제품 처방에 항진균성 보존제가 함유되어 있지 않을 경우가 있지만 반복해서 사용하다 보면 제품 표면에 곰팡이가 증식할 수 있다.

제품이 적절히 방부/보존시스템이 확보되어 보존되고 있는 것을 어떻게 보장할 수 있을까? 첫째, 제품 처방 개발의 보존력 테스트를 실시하고 둘째, 최종 완제품에 대한 미생물 오염 확인 검사를 실시한다. 이는 보존제의 안전과 보존 목적에서 효과적임을 보장하는 것은 제조업자의 책임이다. 방부력 시험을 필수라고 법적으로 명시되어 있지는 않으나 회사 자체적으로 방부력 시험을 각 제품 처방마다 진행하여 보존시스템의 효과 검증은 필수로 확보하고 시장 출하하기 전에 엄격히 미생물 오염 여부를 확인하여 관리된 제품을 제조하고 유통해야 한다.

Tip 보존제 팔레트(Preservatives palette)

화장품의 보존제 팔레트(palette)란 화장품에서 미생물의 성장을 억제할 수 있는 사용할 수 있는 보존제 성분의 범위를 말한다. 모든 제품의 종류가 오염으로부터 적절히 보호되고 소비자 안전 보장을 위해서 보존제들은 종류에 따라 다른 방식으로 작용하기 때문에 사용할 수 있는 다양한 범주의 보존제가 필요하다.

11.1. 보존제 선택 요소

다음은 수많은 보존제를 적절하게 선택하는 요소에 대한 내용이다.

- 안전하고 최적의 효과를 내는 보존제

사용하기에 인체에 안전하고 낮은 농도에서 다양한 균에 대한 효과를 나타내며 넓은 온도 및 pH 범위에서 안정하고, 장기적으로 효과가 지속되어야 한다.

• 제품 속 다른 성분들

화장품 내용물의 수분과 유기물인 영양성분을 베이스로 하고 있고 각 성분에 따른 pH 등을 고려해야 하며, 보존제가 불활성화되는 성분, 예를 들어, 단백질 성분과 만나 응고가 되거나 계면활성제에 작용하지 않는 등이 있으므로 제품 속 다른 성분들을 고려해야 한다.

• 제품의 제형 및 용도

제품의 물리적 형태는 에어로졸, 겔, 액상, 분말, 유화제형 등으로 매우 다양하다. 파우더같은 분말 형태는 일반적으로 수분 함량이 낮아 미생물 오염 위험이 상대적으로 낮다. 스프레이, 미스트 제품 같은 가스가 충진되는 에어로졸 형태는 일반적으로 보관 또는 사용 중 외부로부터 미생물이 유입되기 어려워 오염 위험이 상대적으로 낮다.

• 제품 포장 형태 및 재질

포장 형태는 뚜껑을 열어 사용하는 단지(open jar) 형태의 제품은 튜브(tube) 또는 펌프(pump)식 제품보다 오염 가능성이 크다. 포장 단위는 1회용 포장 제품보다 다회용 제품은 소비자에 의한 2차 오염 가능성이 있다. 포장 재질은 포장재의 재질에 따라 반응하는 보존제가 있을 수 있으므로 주의 필요하다.

• 화장품을 오염시킬 수 있는 미생물의 종류

화장품을 오염시킬 수 있는 미생물은 주로 진균류의 곰팡이, 효모와 세균류인 박테리아로 그 종류와 성질이 매우 다양하다.

• 제품이 적용되는 신체 부위

립스틱은 수분이 없으므로 미생물로 인한 오염 가능성이 작지만, 입술과 같은 민감한 부위에 사용하는 제품은 주의가 필요하다. 립스틱 표면에도 침 같은 타액이 묻거나 하면서 수분이 존재하여 곰팡이가 생길 수 있으므로 항진균 보존제가 필요하다.

• 제품이 사용 시 보관되는 장소

상온의 습한 환경 예를 들어 욕실에서 사용하고 보관하는 샴푸 및 헤어 컨디셔너는 샤워 도중에 용기를 열어 사용하기 때문에 제품에 물이 들어가기 쉬워 오염 가능성이 크다. 내부에 물이 들어가지 않는 디자인의 용기나 펌프식 용기는 오염 가능성을 감소시킨다. 특히, 내용물을 남김없이 사용하기 위해 물로 희석하여 장기간 방치하면 오염의 가능성은 더욱 커진다.

(1) 보존제의 상승효과

보존제는 일반적으로 한 종류만 사용할 경우 미생물에 대한 활성 범위가 제한적이어서 그 효과가 불충분할 수 있다. 이 경우 몇 가지 보존제를 혼합 사용하면 이런 문제를 해결할 수도 있다. 화장품에서 일반적으로 많이 사용되는 보존제 조합은 파라벤과 이미다졸리디닐우레아 또는 페녹시에탄올과 혼합 사용이다. 이외에도 세트리마이드와 벤잘코늄클로라이드 등은 클로헥시딘디글루코네이트 등과 함께 사용하면 방부력이 증대된다.

보존제 혼합 사용의 이점은 다음과 같이 정리할 수 있다.

- 저항성 미생물의 사멸이나 억제한다.
- 보존제 총사용량의 감소에 따라 독성이 낮아질 수 있다.
- 다양한 군에 대해 항균 효과를 발휘할 수 있다.
- 저항성균의 출현을 억제할 수 있다.
- 생화학적인 상승효과(synergy)를 얻을 수 있다.

파라벤과 페녹시에탄올을 같이 사용하는 것은 다양한 곰팡이와 박테리아 모두에 탁월하며 4~8의 넓은 pH 범위에서 안정하여 다양한 제형에 가능하다. 또한, 각각의 사용량을 줄일 수 있는 시너지 효과를 발휘하는 대표적인 혼합사용의 사례이기도 하다. 보존제는 주로 미생물의 세포막에 작용하여 미생물 생리현상에 손상을 미친다. 따라서 법적인 사용한도 이내로 최소한으로 사용해도 인체에 부작용을 유발할 가능성이 있으므로, 혼합 사용 시에도 피부에 안전한 수준의 농도를 사용해야 한다. 보존제는 종류에 따라 피부에 미치는 자극 정도에도 차이가 크므로 제품 베이스 처방에 잘 맞으면서 자극이 적은 보존제 선정을 위한 연구가 필요하다. 피부에 침투하여 알레르기를 일으킬 가능성의 알려진 원료로는 포름알데하이드, 이소치아졸리논, phenolic compound 화합물 등이 있다.

또한, 손상된 미생물에 대한 보존제 효과로서 미생물은 치사온도에서의 가열처리나 냉동, UV와 감마선 조사, 낮은 수분활성, 산성 pH, 금속이온 봉쇄세, 보존제 등과 같은 물리적이거나 화학적인 처리로 인해 손상(stress)을 받는다. 손상을 받은 세포는 세포의 반투과성막의 선택성을 상실하여 주위 환경으로 세포 내 구성분이 누출되는 특징을 보인다. 이렇게 손상을 받은 미생물은 2차적인 stress를 받을 때 정상세포보다 생존율이 매우 낮아진다. 따라서 샴푸에 사용되는 암모늄라우릴에테르설페이트나 암모늄라우릴설페이트 같은 음이온계면활성제에 의해 일부 미생물이 손상(stress)을 받아 낮은 보존제 처방에서도 방부력을 나타낼 수도 있다.

11.2. 화장품의 방부시스템

화장품 개발에 있어서 제품의 방부력은 사용 원료, 제조공정, 화장품 용기 타입, 화장품 사용 방법에 이르는 폭넓은 조건까지 고려해야 한다. 화장품의 방부력 시험은 미생물 성장을 억제하는 데 필요한 최적의 방부시스템을 결정하기 위한 시험으로, 이 시험 결과를 토대로 사용할 보존제의 종류와 농도를 결정하게 된다. 보존제의 종류와 농도가 결정된 다음에는 인제에 대한 안전성을 확인해야 한다. 또한, 사용된 보존제가 미생물에 작용하는 기작뿐 아니라, 피부에 미치는 영향까지 많은 정보를 파악하고 있어야 예상하지 못한 부작용에 능동적으로 대처할 수 있다.

(1) 방부시스템에 영향을 미치는 요인

보존제는 처방 중에 독립적으로 작용하지 않는다. 제형의 pH나 수분활성과 같은 물리적인 요인뿐 아니라 제형에 함유된 여러 가지 원료들에 의해 영향을 받게 된다. 특히, 화장품에 사용되는 원료 중에는 보존제와 반응하여 보존제 활성을 감소시키는 원료가 많으므로 동일한 방부시스템도 제품에 따라 서로 다른 방부력을 나타낸다. 따라서 보존제와 원료 사이의 상관성에 대한 이해가 필요하며, 사용된 원료들의 보존제에 미치는 영향이 충분히 고려될 때 적은 양의 보존제로도 최고의 방부 효과를 낼 수 있다.

수분활성도와 pH는 화장품에서 적절한 보존제 성분을 선택하는 기준에 있어 가장 중요한 물리적 특성이다. 매우 높거나 매우 낮은 pH는 미생물의 성장을 억제하는 경향이 있지만, 화장품과 소비자가 원하는 효능에는 적합하지 않은 경우가 많다. pH가 중성 범위인 화장품은 미생물이 생존하거나 번식하기 매우 쉬운 환경이다. 수분활성도는 미생물의 성장에 잠재적인 영향을 주기 때문이다. 이와 함께 제품의 패키징 형태 또는 사용법도 소비자가 제품을 사용하는 과정에서 미생물 오염에 영향을 준다. 예를 들어, 뚜껑을 열어 사용하는 단지(open jar) 형태의 용기에 담긴 얼굴용 크림은 펌프식 용기에 담긴 로션에 비해 오염될 가능성이 크다. 또한, 마스카라는 미생물로 인한 오염의 가능성은 상대적으로 작지만, 이러한 제품은 눈과 같이 민감한 부위에 사용되는 제품이라는 점을 고려해야 한다. 샴푸 및 헤어 컨디셔너의 경우에는 샤워 도중에 용기를 열어 사용하기 때문에 제품 내에 물이 들어가기 쉬우므로 오염 가능성이 크다.

내부에 물이 들어가지 않게 하는 용기 디자인이나 펌프식 용기의 경우에는 오염 가능성을 줄여준다. 제품이 제대로 보존되지 못할 경우에는 외관 및 냄새가 변화하며 상 분리가 발생할 수 있다. 그러나 제품에 존재하는 미생물은 눈에 보이지 않는다. 소비자 입장에서는 제품이 제대로 보존되고 있는지를 확인하기 어렵다. 보존제 활성에 영향을 미치는 요인으로는 제품 pH, 수분활성, 계면활성제 종류와 농도, 탈크 등의 파우더, 항산화제, 폴리머 등이 있다. 따라서 좋은 방부시스템이란, 원료와 보존제의 상관성을 충분히 고려하여 최적의 보존제를 선정하여 최소의 보존제로 최대의 방부 효과를 낼 수 있도록 방부시스템을 결정하는 것이다. 베이스 처방까지도 고려해야 하며, 보존제의 피부에 대한 안전성에 대한 고려도 잊지 말아야 한다.

① 물리적 요인

1) pH

물의 산성이나 알칼리성의 정도를 나타내는 수치로 화장품의 pH 범위는 pH 3.0 ~ 9.0이며 매우 높거나 매우 낮을수록 미생물 생존이 어렵다. 화장품의 pH는 첨가되는 보존제 효과에 영향을 미친다. 따라서 제품의 pH 범위 내에서 오랜 기간 안전한 보존제를 사용해야 한다. 일반적으로 유기산류 보존제는 알칼리에서 효과가 떨어지며, 벤조익산의 경우 pH가 5.5 이상이 되면 활성이 거의 없어지지만, 메틸파라벤의 경우 pH 7에서도 65% 정도의 역가를 유지한다. 파라벤도 알칼리에서 가수분해되는데 알킬 체인이 길어질수록 파라벤의 분해율은 적어진다.

2) 수분활성도

수분활성도는 미생물이 이용하는 수분량(자유수)을 표시하는 수치로 물 자체의 수치가 1.0이다. 수분활성도가 낮은 상태는 미생물이 생존하기 어려우며, 일반적으로 세균은 수분활성 0.9 이하, 효모는 0.88 이하에서 증식하지 않는다. 1,3-butylene glycol과 같은 polyol을 첨가하면 제형의 수분활성을 낮출 수 있으며 이런 원료를 많이 첨가할수록 제품의 방부력이 좋아진다.

표 1 미생물 증식이 가능한 최저 수분활성 (출처: 화장품과 미생물(2005), 서경희)

미생물	최저 수분활성	미생물	최저 수분활성
일반적인 세균	0.91	호염성세균	0.75
Pseudomonas aeruginosa	0.97	Yeast	0.88
Escherichia coli	0.95	Molds	0.8
Bacillus subtilis	0.945	Xerophilic fungi	0.65
Staphylococcus aureus	0.86		

② 원료

1) 오일

Emulsion에서 방부력은 수상에 존재하는 보존제의 함량이 높을수록 증가한다. 그러나 oil solubility가 높은 보존제들의 경우애는 특정 오일이나 왁스에 의해 수상에 존재하는 보존제의 양이 줄어들고, 특정 파우더 원료에 흡착하게 되어 보존제의 효과를 떨어뜨리는 원인이 된다. 파라벤의 경우는 에스테르오일의 분배계수가 높은 것으로 알려져 있고, Octyl *p*-dimethylaminobenzoate와 같은 자외선차단제의 경우는 에스테르오일보다 높은 분배계수를 보여 paraben을 사용한 제품에서 방부력이 저하될 수 있음을 확인하였다.

오일의 분배계수는 보존제가 제형 내에서 물 파트에 존재하는 양에 영향을 미친다. 분배계수는 오일 종류에 따라 달라지는데, 유용성 자외선 흡수제, 에스테르오일, 실리콘오일, 탄화수소 순으로 분배계수가 크다, 화장품에 사용된 오일이나 계면활성제 종류와 농도에 따라 화장품에서 실제로 방부력을 나타낼 수 있는 보존제 농도에 차이가 생긴다. 그러므로 제품 처방을 디자인할 때 분배계수가 낮은 오일을 사용하여 오일 파트로 이동하는 보존제의 농도를 낮춰주는 것이 중요하다.

Tip 오일의 분배계수

분배계수란 서로 섞이지 않는 두 용매에 용해된 용질의 농도 비율. 동일 온도, 동일 압력에서 이 상수는 용매의 양과 관계없이 일정하다. 두 개의 서로 섞이지 않은 액체 A, B에 대해 어떤 물질이 일정한 온도와 압력하에서 용해하여 평형으로 달하였을 때, 각 용액 중의 농도 C_A, C_B의 비(분배계수가 높은 오일의 순서: 유용성 자외선 흡수제 > 에스테르오일 > 실리콘오일 > 탄화수소 등) 분배계수가 낮은 오일을 사용하여 오일 파트로 이동하는 보존제의 농도를 낮춰주는 것이 중요하다.
분배계수는 오일상의 보존제 농도를 물상의 보존제 농도로 나눈 값으로, 분배계수가 높은 오일을 사용하면 보존제가 오일상에 존재하게 되어 물층에서의 방부 효과를 기대하기 어렵고, 분배계수가 낮은 오일이 있으면 보존제가 오일상과 물상에 분배가 잘 되어 물층에서도 충분한 방부 효과를 기대할 수 있게 된다.

표 2 오일의 분배계수

성분	분배계수			
	Methyl Paraben	Ethyl Paraben	Propyl Paraben	Butyl Paraben
탄화수소				
Light mineral oils	0.02	0.22	0.46	1.6
Middle mineral oils	0.07	0.09	0.38	1.6
Heavy mineral oils	0.03	0.14	0.32	1.5
Squalane	0.06	0.22	0.32	1.5
에스테르오일				
2-octyldodecyl myristate	4.9	15	66	2500
Isocetyl myristate	6.2	23	68	670
Olive oil	6.1	23	47	120
실리콘오일				
Methyl polysiloxane	0.1	0.35	1	5
Methylphenyl polysiloxane	0.37	1	4	18
자외선 흡수제				
octyl methoxycinnamate	38	310	340	2400
octyl *p*-dimethylaminobenzoate	56	390	320	3900

2) 보습제

Glycerin, 1,3-butylene glycol, propylene glycol, dipropylene glycol, PEG(Polyethylene glycol) 등은 화장품에 보습제 또는 안정화제로 사용되는데, 원료 자체가 수분을 결합함으로써 제품 내에서 수분활성도를 낮춰 항균 시너지 효과를 제공한다. 글리세린과 솔비톨을 함께 사용할 경우 세균에 대해서는 30~40%, 진균에 대해서는 50%에서 미생물 생육을 방지한다고 한다. 또한, propylene glycol 단독으로 10%에서 세균 증식을 저해한다는 보고도 있다.

3) 계면활성제

• 양성 계면활성제

4급 암모늄염 형태로서 일반적으로 측쇄의 알킬기가 길거나(C_{14} 이상) 소수성이 증가하면 그람양성균에 대한 살균력이 강해지고, 알킬기가 짧은 것은 그람음성균에 대한 살균력이 강해진다. 알킬기가 C_8 이하가 되면 실질적으로 살균력이 없다.

• 양쪽성 계면활성제

양이온 계면활성제와 거의 비슷한 성질을 가지고 있으나 항균력은 가장 낮다. 세정력이 강한 전해질이나 단백질 등에 의해 항균력이 떨어지기 쉽다. 또한 pH에 의해 영향을 받기 쉽다.

• 비이온 계면활성제

비이온 계면활성제는 대부분 항균력이 없다. 비이온 계면활성제 중, 폴리소르베이트(polysorbate)류는 보존제 파라벤과 소수성 복합체(hydrophobic complex)를 형성하여 보존제 활성을 떨어뜨린다. 따라서 방부시스템을 선정할 때는 사용된 계면활성제 시스템을 고려하여 보존제 활성 감소가 적은 보존제를 선택하고 배합량도 조절해야 한다.

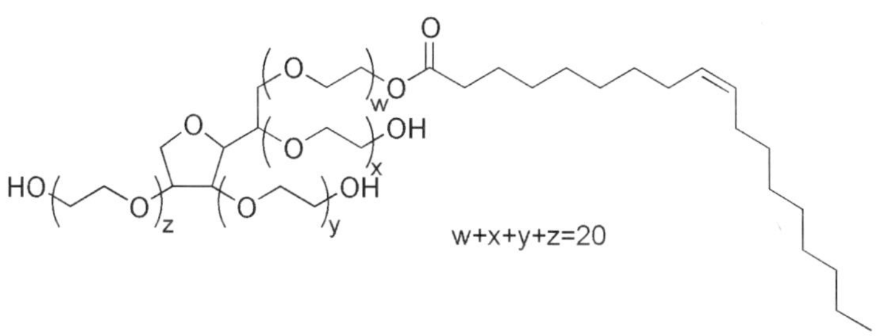

Polysorbate 80

4) 분체 원료

파운데이션이나 페이셜 파우더 같은 화장품에 사용되는 분체는 무기분체와 유기분체로 구분된다. 무기분체에는 이산화티탄이나 견운모가 대표적 원료이며, 유기분체로는 나일론이나 아크릴 같은 것이 있다. 일반적으로 분체는 보존제를 흡착하는 성질을 가지고 있으며, 특히 파라벤의 항균력에 영향을 미치는 분체에 대한 보고는 많다. 에틸파라벤은 나일론, 운모, 산화철, 카올린, 무수규산 등에 의해 방부력이 저하된다고 보고하였다.

5) 고분자 원료

보존제는 수용성 고분자와 상호작용하며 잔탄검이 파라벤의 항균력을 저하시킨다고 알려져 있다.

표 3 방부에 문제가 되는 원료

미생물의 증식을 촉진하는 원료	식물 추출물, 비타민, 알로에, sodium hyaluronate, 꿀 등
보존제를 불활성시키는 원료	셀룰로스 gum, xanthan gum, 레시틴, 폴리소르베이트 등
보존제를 흡착하는 원료	규조토, 카올린, 실리카, 탈크, 이산화티탄, 운모 등
기타 원료	산화철, ultramarine 색소 등

(2) 방부시스템 결정시 고려되어야 할 사항

① 물리적 형태

제품의 물리적인 형태(에어로졸, 겔, 액상, 분말, 유화제형 등)에 따라 방부시스템은 달라져야 한다. 분말 제형의 화장품은 함수 비율이 낮아 미생물이 증식하기에 적합하지 못하므로 유화제형 제품에 비해 보존제를 적게 사용해도 된다. 또한, 가스가 충진되는 에어로졸 제형은 일반적으로는 외부로부터 미생물 유입이 없고 충진 가스로 사용되는 가스의 종류에 따라 미생물 생육이 저해되기도 하므로 방부 문제에 크게 주의하지 않아도 된다.

② 포장

화장품의 용량이 적은 제품들은 사용기한이 짧으므로 용량이 많은 제품에 비해 소비자에 의한 미생물 오염 기회가 적어져 방부력에 미치는 영향이 줄어든다. 따라서 1회용 포장 제품에 비해 덕용제품처럼 포장 용량이 큰 제품의 경우는 소비자에 의한 2차 오염 가능성까지 충분히 고려된 방부시스템이 결정되어야 한다. Jar type 용기는 소비자에 의한 지속적인 미생물 오염이 가능하지만 펌프나, 튜브의 경우는 외부로부터 미생물 오염 가능성이 작다. 방부시스템을 결정할 때는 용기 형태까지도 고려해야 한다.

③ 사용원료

미생물이 많이 함유된 원료를 사용하는 것은 화장품에 미생물 오염을 쉽게 한다. 또한, 보존제 활성을 저하시키는 원료의 사용은 화장품의 방부력을 크게 떨어뜨리므로 이런 원료가 첨가되는 처방에서는 원료에 의한 보존제 불활성 정도를 고려한 방부시스템이 설정되어야 한다.

④ 부재료

화장품의 형태나 사용 방법이 다양해짐에 따라 화장품 방부는 더 어려워지고 있다. 화장품의 사용 방법은 소비자에 의한 미생물 2차 오염 유발의 가장 큰 변수이다. 따라서 사용 방법이 소비자에 의한 접촉이 많은 제품(예: 팁이 달린 립글로스)의 경우는 이를 고려한 방부시스템이 결정되어야 한다.

⑤ 제조환경

일반적으로 화장품 제조환경은 무균적일 필요는 없지만 제조환경이 미생물의 대량 유입을 가져올 수 있는 조건이라면, 방부시스템은 높게 결정되어야 한다. 따라서 미생물 오염을 방지할 수 있는 위생적인 제조환경을 유지하는 것이 화장품에 사용되는 보존제 함량을 줄일 수 있는 방법이기도 하다.

(3) 천연·유기농 화장품의 보존시스템

'천연' 또는 '유기농'의 표기, 특정 마케팅 문구가 표기 여부와는 상관없이 화장품 제조사는 화장품이 미생물 오염으로부터 적절히 보호되고 있음을 보증하기 위한 테스트를 해야 하며, 천연성분 또는 유기농 원료를 사용한 제품도 인공적으로 합성한 성분과 마찬가지로 같은 사항, 즉 사용 시 제품의 안전성 보장이 고려되어야 한다. 보존제 성분을 포함하지 않을 경우 해당 화장품은 소비자에게 해를 끼칠 우려가 있고, 유통기한이 매우 짧으며 쉽게 변질될 수 있다. 또는 적어도 냉장고에 보관해야 하거나 1회 사용으로 포장되어야 한다. 화장실이나 샤워 부스에 냉장고를 설치하는 것은 실용적인 대안이 아니며, 환경적 지속 가능성 측면에서 보자면 일회용 포장에서 비롯되는 쓰레기의 양은 천문학적일 것이다. 추가로, 화장품의 잠재적인 미생물 오염은 피부 및 안구 감염과 자극을 유발할 수 있다.

천연화장품 및 유기농화장품은 천연화장품 및 유기농화장품의 기준에 관한 고시 규정에 따라 제조되고 표시될 수 있는데, 기본적으로 합성원료는 천연화장품 및 유기농화장품의 제조에 사용할 수 없다. 단, 천연화장품 또는 유기농화장품의 품질 또는 안전을 위해 필요하나 따로 자연에서 대체하기 곤란한 원료는 5% 이내에서 사용할 수 있다. 이 경우에도 석유화학 부분(petrochemical moiety의 합)은 2%를 초과할 수 없다. 해당되는 고시에 허용되는 합성 보존제는 벤조익애씨드 및 그 염류, 벤질알코올, 살리실릭애씨드 및 그 염류, 소르빅애씨드 및 그 염류, 데하이드로아세틱애씨드 및 그 염류가 있다.

(4) 영·유아 화장품의 보존시스템

영·유아(만 3세 이하)에게도 성인과 마찬가지로 샴푸, 바디샴푸, 바디로션, 로션, 크림, 자외선차단제, 물휴지 등과 같은 다양한 화장품이 사용된다. 화장품 안전기준은 영·유아의 사용까지 고려하여 철저하게 검토되어 법률화되어 있다. 영·유아 화장품으로 표시 광고하려면 제품별 안전성 자료를 반드시 작성하고 보관해야 하며, 보존제의 함량을 반드시 기재 및 표시해야 한다. 영·유아 화장품 안전기준으로 금지성분, 금지색소, 미생물 기준(총 호기성 생균수 500개/g(mL) 이하), pH 등을 별도로 규정하고 있고, 보존제로 살리실릭애씨드 및 그 염류, 아이오도프로피닐부틸카바메이트는 영·유아 화장품에만 금지되어있다. 살리실릭애씨드 및 그 염류는 영유아용 제품류 또는 만 13세 이하 어린이가 사용할 수 있음을 특정하여 표시하는 제품에는 사용금지이다(단, 샴푸는 제외). 아이오도프로피닐부틸카바메이트는 영·유아용 제품류 또는 만 13세 이하 어린이가 사용할 수 있음을 특정하여 표시하는 제품에는 목욕용 제품, 샤워젤류 및 샴푸류는 제외하고 사용금지이다.

PART 4

화장품 미생물 시험법

Chapter 12 제조환경에서의 미생물 관리 시험법: 미생물한도 시험법

미생물 한도 및 보존력(방부력) 시험법은 화장품의 미생물 안전관리 수준을 검증하는 주요 평가법으로, 외국 및 국제기구로부터 제시되는 각 시험법의 구성 및 내용은 지속적인 개정을 통해 개선되어 각 시험법의 구성 및 내용이 국내 시험법과 상이하다.

- 미생물 한도 시험법: 화장품 내에 존재하는 총 호기성 생균수 측정과 대상 특정 미생물(대장균, 황색포도상구균, 녹농균 등)의 존재 여부를 판단하여 화장품이 허용한도 기준(국내 화장품 미생물 기준규격)에 적합한지 확인하는 시험
- 방부력 시험법: 화장품에 접종된 미생물이 제품의 보관 과정 중 사멸/생장/생존을 나타내는지에 대한 확인을 통해 일반적인 제조환경이나 소비자의 사용 환경에서의 화장품 방부 효과를 예측하기 위한 시험

화장품의 미생물에 대한 품질력을 평가하는 방법으로 미생물 오염도 시험과 방부력 시험이 있다. 미생물 오염도 시험은 화장품이나 원료에 존재하는 살아있는 생균수를 측정하는 방법으로 제품이나 원료가 미생물에 오염되었는지를 확인할 수 있다. 보존력(방부력) 시험(preserative eficacy test, challenge test)은 화장품의 최적 방부시스템을 결정하기 위해 수행하는 시험으로 제품이 소비자 사용 중 미생물에 의한 오염 발생 가능성이 있는지를 확인할 수 있다. 미생물을 측정하는 시험은 미생물 배양에 장시간을 소요하므로 산

업에서는 실시간으로 미생물을 측정할 수 없는 어려움이 있어 신속하게 자동화 장비와 미생물 동정기기 및 키트로 평가하려는 여러 방법 등이 고안되고 있다.

12.1. 생균수시험법

본 시험은 화장품이나 원료에 존재하는 총 호기성 생균수(세균, 진균) 측정법과 특정 세균 시험법으로 구분된다. 화장품이나 원료에서 미생물 오염도를 측정하는 이유는 제조할 때 사용할 원료로부터 유입되는 미생물이 제품의 품질력에 영향을 미치기 때문이며, 제조 중 제품에 오염된 미생물로 인해 인체에 미칠 수 있는 위험과 제품의 변질을 방지하는 데 목적이 있다. 화장품은 호기성 생균수뿐 아니라 특정 세균 시험 기준에도 적합해야 한다.

화장품의 미생물 허용 기준은 시험법이나 국가에 따라 조금씩 차이가 있다. 총균수는 일정 수준 이하로 관리하고 특정 세균에 대한 규제는 대부분의 나라에서는 일반적으로 *E. coli*, *S. aureus*, *P. aeruginosa*를 규제 미생물로 정하고 있다. 유럽화장품협회에서는 *E. coli* 대신 *C. albicans*를 화장품에서 검출되어서는 안 되는 병원성 미생물로 규정하고 있다. 이외에도 미생물 배양온도나 배양시간 등이 나라별 시험법에 따라 조금씩 차이가 있음을 7장에서 설명하였다.

다음 표는 우리나라와 중국의 기준을 비교해 보았고 아래는 우리나라 화장품법에 나와 있는 대표적인 미생물한도 시험법을 설명 및 그림을 추가하여 수록하였다. 이는 자세하

국가	규제 기준	근거
한국	**총균수** • 눈화장용, 어린이용: ≤ 500 CFU/g(mL) • 기타 화장품: ≤ 1000 CFU/g(mL) • 물티슈: 진균, 세균 각각 ≤ 100 CFU/g **특정균(병원성균)** • 대장균(*E. coli*), 녹농균(*P. aeruginosa*), 황색포도상구균(*S. aureus*) 불검출	화장품법
중국	**총균수** • 눈화장용, 어린이용, 점막용: ≤ 500 CFU/g(mL) • 기타 화장품: ≤ 1000 CFU/g(mL) **곰팡이와 효모**: ≤ 100 CFU/g(mL) **특정균(병원성균)** • *Fecal coli*, 녹농균(*P. aeruginosa*), 황색포도상구균(*S. aureus*) 불검출	화장품위생규범 (Hygienic Standard for Cosmetics)

게 화장품 미생물한도 시험법 가이드라인(민원인 안내서, 2021)에 더 알기 쉽게 나와 있어 부록으로 수록하였다.

총 호기성 생균수는 호기적 조건 아래에서 배양 배지에 자란 미생물(세균, 진균)의 수를 측정하는 방법으로, 검출된 세균수와 진균수의 합을 총 호기성 생균수로 한다. 이 실험은 세균의 경우 세균 검출용 표준 배양 배지를 이용해서 30~35℃ 약 48시간 동안 배양하고 진균의 경우 진균 검출용 표준 배양 배지를 이용하여 20~25℃에서 약 3~5일간 배양한 후 검출되는 미생물 수를 측정한다. 미생물이 인위적인 배지에서 모든 호기성 미생물이 이 조건에서 증식한다고 할 수는 없으며 또한 미생물이 성장하지 않았다고 모두 혐기성 균으로 단정할 수도 없다. 따라서 aerobic plate count(APC)는 모든 미생물의 수라기보다는 산소가 있는 호기적 실험 조건에서 증식하는 미생물수로 이해하는 것이 더 정확하다.

(1) 유통화장품 안전관리 시험방법의 미생물한도 시험법

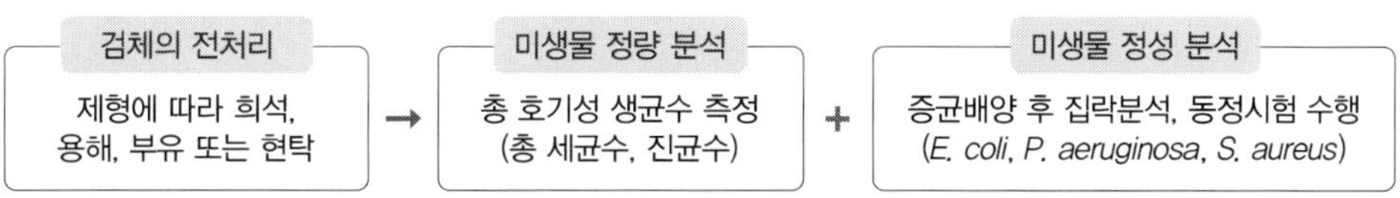

그림 1 화장품의 미생물한도 시험법 수행 절차

① 일반화장품

1) 미생물한도

일반적으로 다음의 시험법을 사용한다. 다만, 본 시험법 외에도 미생물 검출을 위한 자동화 장비와 미생물 동정기기 및 키트 등을 사용할 수도 있다.

Ⅰ. 검체의 전처리

검체 조작은 무균조건하에서 실시해야 하며, 검체는 충분하게 무작위로 선별하여 그 내용물을 혼합하고 검체 제형에 따라 다음의 각 방법으로 검체를 희석, 용해, 부유 또는 현탁시킨다. 다음에 기재한 어느 방법도 만족할 수 없을 때는 적절한 다른 방법을 확립한다.

가) 액제·로션제: 검체 1 mL(g)에 변형레틴액체배지 또는 검증된 배지나 희석액 9 mL를 넣어 10배 희석액을 만들고 희석이 더 필요할 때는 같은 희석액으로 조제한다.

나) 크림제·오일제: 검체 1 mL(g)에 적당한 분산제 1mL를 넣어 균질화시키고 변형레틴액체배지 또는 검증된 배지나 희석액 8 mL를 넣어 10배 희석액을 만들고 희석이 더 필요할 때는 같은 희석액으로 조제한다. 분산제만으로 균질화가 되지 않는 경우 검체에 적당량의 지용성 용매를 첨가하여 용해한 뒤 적당한 분산제 1 mL를 넣어 균질화시킨다.

다) 파우더 및 고형제: 검체 1 g에 적당한 분산제를 1 mL를 넣고 충분히 균질화시킨 후 변형레틴액체배지 또는 검증된 배지 및 희석액 8 mL를 넣어 10배 희석액을 만들고 희석이 더 필요할 때는 같은 희석액으로 조제한다. 분산제만으로 균질화가 되지 않는 경우 적당량의 지용성 용매를 첨가한 상태에서 멸균된 마쇄기를 이용하여 검체를 잘게 부수어 반죽 형태로 만든 뒤 적당한 분산제 1 mL를 넣어 균질화시킨다. 추가로 40℃에서 30분 동안 가온한 후 멸균한 유리구슬(5 mm: 5~7개, 3 mm: 10~15개)을 넣어 균질화시킨다.

(주1) 분산제는 멸균한 폴리소르베이트 80 등을 사용할 수 있으며, 미생물의 생육에 대하여 영향이 없는 것 또는 영향이 없는 농도여야 한다.

(주2) 검액 조제 시 총 호기성 생균수 시험법의 배지 성능 및 시험법 적합성 시험을 통해 검증된 배지나 희석액 및 중화제를 사용할 수 있다.

(주3) 지용성 용매는 멸균한 미네랄오일 등을 사용할 수 있으며, 미생물의 생육에 대하여 영향이 없는 것이어야 한다. 첨가량은 대상 검체 특성에 맞게 설정해야 하며, 미생물의 생육에 대하여 영향이 없어야 한다.

Tip 수분산 검체는 희석액에 균일한 성상으로 분산 가능한 액제, 로션제 제형을 말하며, 가용화제형, O/W 유화제형 등을 포함하며, 비수분산 검체는 오일제, 파우더 및 고형제를 말하며 희석액에 균일한 성상으로 용이하게 분산되지 않는 제형의 검체를 말하고 W/O 유화제형, 분체 제품 등을 포함한다.

Ⅱ. 총 호기성 생균수 시험법

총 호기성 생균수 시험법은 화장품 중 총 호기성 생균(세균 및 진균)수를 측정하는 시험방법이다.

가) 검액의 조제

Ⅰ항에 따라 검액을 조제한다.

나) 배지

총 호기성 세균수 시험은 변형레틴한천배지 또는 대두카제인소화한천배지를 사용하고 진균수 시험은 항생물질 첨가 포테이토덱스트로즈한천배지 또는 항생물질 첨가 사브로 포도당한천배지를 사용한다. 위의 배지 이외에 배지 성능 및 시험법 적합성 시험을 통해 검증된 다른 미생물 검출용 배지도 사용할 수 있고, 세균의 혼입이 없다고 예상된 때나 세균의 혼입이 있어도 눈으로 판별할 수 있으면 항생물질을 첨가하지 않을 수 있다.

• 변형레틴액체배지(Modified letheen broth)

육제펩톤 20.0 g	폴리소르베이트 80 5.0 g
카제인의 판크레아틴 소화물 5.0 g	레시틴 0.7 g
효모엑스 2.0 g	아황산수소나트륨 0.1 g
육엑스 5.0 g	정제수 1000 mL
염화나트륨 5.0 g	

이상을 달아 정제수에 녹여 1 L로 하고 멸균 후의 pH가 7.2±0.2가 되도록 조정하여 121℃에서 15분간 고압멸균한다.

• 변형레틴한천배지(Modified letheen agar)

프로테오즈 펩톤 10.0 g	폴리소르베이트 80 7.0 g
카제인의 판크레아틱소화물 10.0 g	레시틴 1.0 g
효모엑스 2.0 g	아황산수소나트륨 0.1 g
육엑스 3.0 g	한천 20.0 g
염화나트륨 5.0 g	정제수 1000 mL
포도당 1.0 g	

이상을 달아 정제수에 녹여 1 L로 하고 멸균 후의 pH가 7.2±0.2가 되도록 조정하여 121℃에서 15분간 고압멸균한다.

• 대두카제인소화한천배지(Tryptic soy agar)

카제인제 펩톤 15.0 g	한천 15.0 g
대두제 펩톤 5.0 g	정제수 1000 mL
염화나트륨 5.0 g	

이상을 달아 정제수에 녹여 1 L로 하고 멸균 후의 pH가 7.2±0.1이 되도록 조정하여 121℃에서 15분간 고압멸균한다.

• 항생물질첨가 포테이토덱스트로즈한천배지(Potato dextrose agar)

감자침출물 200.0 g	한천 15.0 g
포도당 20.0 g	정제수 1000 mL

이상을 달아 정제수에 녹여 1 L로 하고 121℃에서 15분간 고압멸균한다. 사용하기 전에 1 L당 40 mg의 염산테트라사이클린을 멸균배지에 첨가하고 10% 주석산 용액을 넣어 pH를 5.6±0.2로 조정하거나, 세균 혼입의 문제가 있는 경우 3.5±0.1로 조정할 수 있다. 200.0 g의 감자침출물 대신 4.0 g의 감자추출물이 사용될 수 있다.

• 항생물질첨가사부로포도당한천배지(Sabouraud dextrose agar)

육제 또는 카제인제 펩톤 10.0 g	한천 15.0 g
포도당 40.0 g	정제수 1000 mL

이상을 달아 정제수에 녹여 1 L로 하고 121℃에서 15분간 고압멸균한 다음의 pH가 5.6±0.2가 되도록 조정한다. 쓸 때 배지 1000 mL당 벤질페니실린칼륨 0.10 g과 테트라사이클린 0.10 g을 멸균용액으로서 넣거나 배지 1000 mL당 클로람페니콜 50 mg을 넣는다.

다) 조작

• 세균수 시험

- 한천평판도말법: 직경 9~10 cm의 페트리 접시 내에 미리 굳힌 세균시험용 배지 표면에 전처리 검액을 0.1 mL 이상 도말한다.
- 한천평판희석법: 검액 1 mL를 같은 크기의 페트리접시에 넣고, 그 위에 멸균 후 45℃로 식힌 15 mL의 세균시험용 배지를 넣어 잘 혼합한다.

검체당 최소 2개의 평판을 준비하고 30~35℃에서 적어도 48시간 배양하는데, 이때 최대 균집락수를 갖는 평판을 사용하되 평판당 300개 이하의 균집락을 최대치로 하여 총 세균수를 측정한다.

• 진균수 시험

위의 '세균수 시험'에 따라 시험을 실시하되 배지는 진균수 시험용 배지를 사용하여 배양온도 20~25℃에서 적어도 5일간 배양한 후 100개 이하의 균집락이 나타나는 평판을 세어 총 진균수를 측정한다.

라) 배지 성능 및 시험법 적합성시험

시판 배지는 뱃치마다 시험하며, 조제한 배지는 조제한 뱃치마다 시험한다. 검체의 유·무 하에서 총 호기성 생균수시험법에 따라 제조된 검액·대조액에 〈표 1〉에 기재된 시험균주를 각각 100 CFU 이하가 되도록 접종하여 규정된 총 호기성 생균수 시험법에 따라 배양할 때 검액에서 회수한 균수가 대조액에서 회수한 균수의 1/2 이상이어야 한다.

검체 중 보존제 등의 항균 활성으로 인해 증식이 저해되는 경우(검액에서 회수한 균수가 대조액에서 회수한 균수의 1/2 미만인 경우)에는 결과의 유효성을 확보하기 위해 총 호기성 생균수 시험법을 변경해야 한다. 항균 활성을 중화하기 위해 희석 및 중화제(표 2)를 사용할 수 있다. 또한, 시험에 사용된 배지 및 희석액 또는 시험 조작상의 무균상태를 확인하기 위해 완충식염펩톤수(pH 7.0)를 대조로 하여 총 호기성 생균수 시험을 실시할 때 미생물의 성장이 나타나서는 안 된다.

표 1 총 호기성 생균수 배지 성능 시험용 균주 및 배양조건

시험균주		배양
Escherichia coli	ATCC 8739, NCIMB 8545, CIP53.126, NBRC 3972 또는 KCTC 2571	호기배양 30~35℃ 48시간
Bacillus subtilis	ATCC 6633, NCIMB 8054, CIP 52.62, NBRC 3134 또는 KCTC 1021	
Staphylococcus aureus	ATCC 6538, NCIMB 9518, CIP 4.83, NRRC 13276 또는 KCTC 3881	
Candida albicans	ATCC 10231, NCPF 3179, IP48.72, NBRC1594 또는 KCTC 7965	호기배양 20~25℃ 5일

표 2 항균 활성에 대한 중화제

화장품 중 미생물 발육 저지물질	항균성을 중화시킬 수 있는 중화제
페놀 화합물(파라벤, 페녹시에탄올, 페닐에탄올 등), 아닐리드	레시틴, 폴리소르베이트 80, 지방알코올의 에틸렌옥사이드 축합물(condensate), 비이온성 계면활성제
4급 암모늄 화합물, 양이온성 계면활성제	레시틴, 사포닌, 폴리소르베이트 80, 도데실 황산나트륨, 지방알코올의 에틸렌옥사이드 축합물
알데하이드, 포름알데하이드-유리제제	글리신, 히스티딘
산화(oxidizing) 화합물	치오황산나트륨
이소치아졸리논, 이미다졸	레시틴, 사포닌, 아민, 황산염, 메르캅탄, 아황산수소나트륨, 치오글리콜산나트륨
비구아니드	레시틴, 사포닌, 폴리소르베이트 80
금속염(Cu, Zn, Hg), 유기-수은 화합물	아황산수소나트륨, L-시스테인-SH 화합물(sulfhydryl compounds), 치오글리콜산

Tip 보존제의 항균 활성을 위한 중화제

미생물 검사를 수행할 때 시료인 제품에 배합된 보존제의 효과를 소멸시킬 필요가 있다. 보존제의 효과를 소멸시키지 않을 경우 배지 중에서 미생물의 생육 억제나 살균작용이 일어나 제품 중에 살아있는 생균수를 정확하게 측정할 수 없게 되므로 시험 결과의 신뢰도가 떨어지게 된다. 따라서 중화 과정이 필요하다.

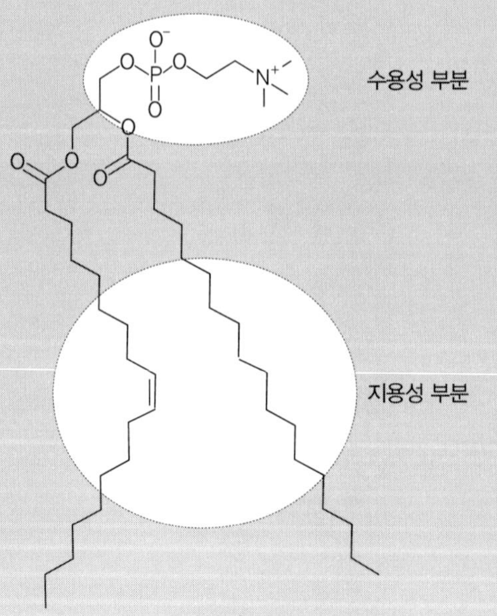

레시틴의 구조

Ⅲ. 특정 세균시험법

가) 대장균 시험

• 검액의 조제 및 조작

검체 1 g 또는 1 mL을 유당액체배지를 사용하여 10 mL로 하여 30~35℃에서 24~72시간 배양한다. 배양액을 가볍게 흔든 다음 백금이 등으로 취하여 맥콘키한천배지위에 도말하고 30~35℃에서 18~24시간 배양한다. 주위에 적색의 침강선 띠를 갖는 적갈색의 그람음성균의 집락이 검출되지 않으면 대장균 음성으로 판정한다. 위의 특정을 나타내는 집락이 검출되는 경우에는 에오신메칠렌블루한천배지에서 각각의 집락을 도말하고 30~35℃에서 18~24시간 배양한다. 에오신메칠렌블루한천배지에서 금속광택을 나타내는 집락 또는 투과광선하에서 흑청색을 나타내는 집락이 검출되면 백금이 등으로 취하여 발효시험관이 든 유당액체배지에 넣어 44.3~44.7℃의 항온수조 중에서 22~26시간 배양한다. 가스발생이 나타나는 경우에는 대장균 양성으로 의심하고 동정시험으로 확인한다.

나) 배지

• 유당액체배지

육엑스 3.0 g	유당 5.0 g
젤라틴의 판크레아틴 소화물 5.0 g	정제수 1000 mL

이상을 달아 정제수에 녹여 1 L로 하고 121℃에서 15~20분간 고압증기멸균한다. 멸균 후의 pH가 6.9~7.1이 되도록 하고 가능한 한 빨리 식힌다.

Tip 유당액체배지의 lactose는 대장균군의 당 이용원으로 사용하여 발효를 통한 가스발생을 통해 분해 유무를 측정하게 된다.

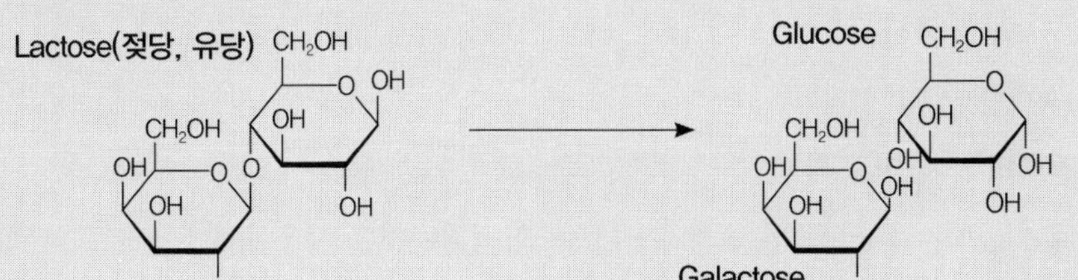

• 맥콘키한천배지

젤라틴의 판크레아틴 소화물 17.0 g	염화나트륨 5.0 g
카제인의 판크레아틴 소화물 1.5 g	한천 13.5 g
육제 펩톤 1.5 g	뉴트럴렛 0.03 g
유당 10.0 g	염화메칠로자닐린 1.0 mg
데옥시콜레이트나트륨 1.5 g	정제수 1000 mL

이상을 달아 정제수 1 L에 녹여 1분간 끓인 다음 121℃에서 15~20분간 고압증기멸균한다. 멸균 후의 pH가 6.9~7.3이 되도록 한다.

Tip 맥콘키한천배지(MacConkey agar) 조성 중 lactose와 neutral red indicator를 통해서 분별할 수 있으며 lactose(유당, 젖당)를 이용하는 균은 lactic acid로 만들어 pH가 떨어져 적색 colony를 띤다.

• 에오신메칠렌블루한천배지(EMB 한천배지)

젤라틴의 판크레아틴 소화물 10.0 g	에오신 0.4 g
인산일수소칼륨 2.0 g	메칠렌블루 0.065 g
유당 10.0 g	정제수 1000 mL
한천 15.0 g	

이상을 달아 정제수 1 L에 녹여 121℃에서 15~20분간 고압증기 멸균한다. 멸균 후의 pH가 6.9~7.3이 되도록 한다.

Tip 에오신메칠렌블루한천배지(EMB한천배지)는 그람음성균을 검사할 때 사용하는 배지로 eosin과 methylene blue 색소는 그람양성균을 억제하며, lactose를 에너지원으로 발효한다. 균이 성장하면서 산을 생성하고, 색소와 반응하여 금속광택이 나는 blue-black 색을 나타낸다. 이 배지조성에서는 유당을 분해하는 균과 분해하지 못하는 균이 명확히 구별한다.

다) 녹농균 시험

• 검액의 조제 및 조작

검체 1 g 또는 1 mL를 달아 카제인대두소화액체배지를 사용하여 10 mL로 하고 30~35℃에서 24~48시간 증균 배양한다. 증식이 나타나는 경우는 백금이 등으로 세트리미드한천배지 또는 엔에이씨한천배지에 도말하여 30~35℃에서 24~48시간 배양한다. 미생물의 증식이 관찰되지 않는 경우 녹농균 음성으로 판정한다.

그람음성균으로 녹색 형광물질을 나타내는 집락을 확인하는 경우에는 증균배양액을 녹농균 한천배지 P 및 F에 도말하여 30~35℃에서 24~72시간 배양한다. 그람음성균으로 플루오레세인 검출용 녹농균 한천배지 F의 집락을 자외선 하에서 관찰하여 황색의 집락이 나타나고, 피오시아닌 검출용 녹농균 한천배지 P의 집락을 자외선 하에서 관찰하여 청색의 집락이 검출되면 옥시다제시험을 실시한다. 옥시다제반응이 양성인 경우 5~10초 이내에 보라색이 나타나고 10초 후에도 색의 변화가 없는 경우 녹농균 음성으로 판정한다. 옥시다제반응이 양성인 경우에는 녹농균 양성으로 의심하고 동정시험으로 확인한다.

Tip 옥시다제 시험(Oxidase test)은 그람음성균으로부터 *Pseudomonas*를 구별하는 데 유용한 시험이다. 방법은 1% tetra methyl p-phenylenediamine 2HCl 용액을 1~2 방울 떨어뜨린 종이에 백금이로 취한 집락을 도말하고 색상 변화를 측정한다. 이때 5~10초 이내에 집락을 도말한 종이의 색상이 보라색으로 변하면 녹농균 양성으로 판정한다.

라) 배지

- 카제인대두소화액체배지

카제인 판크레아틴 소화물 17.0 g	인산일수소칼륨 2.5 g
대두파파인소화물 3.0 g	포도당일수화물 2.5 g
염화나트륨 5.0 g	

이상을 달아 정제수에 녹여 1 L로 하고 멸균 후의 pH가 7.3±0.2가 되도록 조정하고 121℃에서 15분간 고압멸균한다.

- 세트리미드한천배지(Cetrimide agar)

젤라틴제 펩톤 20.0 g	글리세린 10.0 mL
염화마그네슘 3.0 g	한천 13.6 g
황산칼륨 10.0 g	정제수 1000 mL
세트리미드 0.3 g	

이상을 달아 정제수에 녹이고 글리세린을 넣어 1 L로 한다. 121℃에서 15분간 고압증

기멸균하고 pH가 7.2±0.2가 되도록 조정한다.

Tip 세트리미드한천배지(Cetrimide agar)의 cetrimide(cetyltrimethylammonium bromide)는 4급 암모늄계열의 살균기능을 갖는 양이온 계면활성제로 녹농균은 저항성을 나타내 형광 녹색으로 자란다.

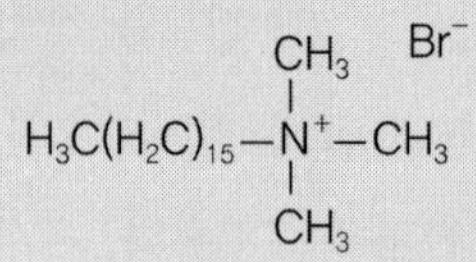

Cetrimide

- 엔에이씨한천배지(NAC agar)

펩톤 20.0 g	날리딕산 15 mg
인산수소이칼륨 0.3 g	한천 15.0 g
황산마그네슘 0.2 g	정제수 1000 mL
세트리미드 0.2 g	

최종 pH는 7.4±0.2이며 멸균하지 않고 가온하여 녹인다.

- 플루오레세인 검출용 녹농균 한천배지 F(Pseudomonas agar F for detection of fluorescein)

카제인제 펩톤 10.0 g	글리세린 10.0 mL
육제 펩톤 10.0 g	한천 15.0 g
인산일수소칼륨 1.5 g	정제수 1000 mL
황산마그네슘 1.5 g	

이상을 달아 정제수에 녹이고 글리세린을 넣어 1 L로 한다. 121℃에서 15분간 고압증기멸균하고 pH가 7.2±0.2가 되도록 조정한다.

- 피오시아닌 검출용 녹농균 한천배지 P(Pseudomonas agar P for detection of pyocyanin)

젤라틴의 판크레아틴 소화물 20.0 g	글리세린 10.0 mL
염화마그네슘 1.4 g	한천 15.0 g
황산칼륨 10.0 g	정제수 1000 mL

이상을 달아 정제수에 녹이고 글리세린을 넣어 1 L로 한다. 121℃에서 15분간 고압증기멸균하고 pH가 7.2±0.2가 되도록 조정한다.

Tip Pseudomonas agar F의 조성 중에 인(phosphorus) 성분을 함유한 peptone은 fluorescein 생성을 개시하여 dipotassium phosphate는 배지 내에 인의 함량을 증가시켜 fluorescein 생산이 증가된다. 또한, magnesium sulfate는 fluorescein 생산에 주요 이온 성분 역할을 한다. 한편, Pseudomonas agar P의 경우 phosphorus 함량이 낮은 gelatin peptone을 사용하여 pyocyanin 생산에 억제 작용을 최소화하는 역할을 한다. 녹농균의 자외선 하에서 pyocyanin(청색)과 fluorescein (황색) 색소의 생성을 확인한다.

마) 황색포도상구균 시험

• 검액의 조제 및 조작

검체 1 g 또는 1 mL를 달아 카제인대두소화액체배지를 사용하여 10 mL로 하고 30~35℃에서 24~48시간 증균 배양한다. 증균 배양액을 보겔존슨한천배지 또는 베어드파카한천배지에 이식하여 30~35℃에서 24시간 배양하여 균의 집락이 검정이고 집락 주위에 황색 투명대가 형성되며 그람염색법에 따라 염색하여 검정한 결과 그람양성균으로 나타나면 응고효소시험을 실시한다. 응고효소시험이 음성이면 황색포도상구균 음성으로 판정하고, 양성이면 황색포도상구균 양성으로 의심하고 동정시험으로 확인한다.

바) 배지

• 보겔존슨한천배지(Vogel-Johnson agar)

카제인의 판크레아틴 소화물 10.0 g	글리신 10.0 g
효모엑스 5.0 g	페놀렛 25.0 mg
만니톨 10.0 g	한천 16.0 g
인산일수소칼륨 5.0 g	정제수 1000 mL
염화리튬 5.0 g	

이상을 달아 1분간 가열하여 자주 흔들어 준다. 121℃에서 15분간 고압멸균하고 45~50℃로 냉각시킨다. 멸균 후 pH가 7.2±0.2가 되도록 조정하고 멸균한 1%(w/v) 텔루린산칼륨 20 mL를 넣는다.

Tip 보겔존슨한천배지(Vogel-Johnson agar)는 potassium tellurite, mannitol을 첨가하여 coagulase positive, mannitol-positive *S. aureus* 균을 분리 동정할 때 사용하는 배지이다. coagulase는 tellurite을 환원시켜 검정을 나타내며, mannitol을 분해하는 경우 colony 주변의 노란색 zone을 보이게 된다. Potassium tellurite는 다른 균을 억제하고 colony의 색을 검정으로 보이게 하므로 분리배양 시 유용하게 사용된다.

- 베어드파카한천배지(Baird-Parker agar)

카제인제 펩톤 10.0 g	글리신 12.0 g
육엑스 5.0 g	피루브산나트륨 10.0 g
효모엑스 1.0 g	한천 20.0 g
염화리튬 5.0 g	정제수 950 mL

이상을 섞어 때때로 세게 흔들며 섞으면서 가열하고 1분간 끓인다. 121℃에서 15분간 고압멸균하고 45~50℃로 냉각시킨다. 멸균한 다음의 pH가 7.2±0.2가 되도록 조정한다. 여기에 멸균한 아텔루산칼륨용액 1%(w/v) 10 mL와 난황유탁액 50 mL를 넣고 가만히 섞은 다음 페트리접시에 붓는다. 난황유탁액은 난황 약 30%, 생리식염액 약 70%의 비율로 섞어 만든다.

Tip 베어드파카한천배지(Baird-Parker agar)는 인지질의 종류인 lecithin(레시틴)이 함유된 달걀노른자(egg yolk), tellurite를 첨가하여 lecithinase(레시틴 분해효소)와 coagulase 양성이 반응하면 황색-투명환의 검은색 콜로니로 선택적 분리를 할 수 있다. (출처: Wikipedia, Lipomane)

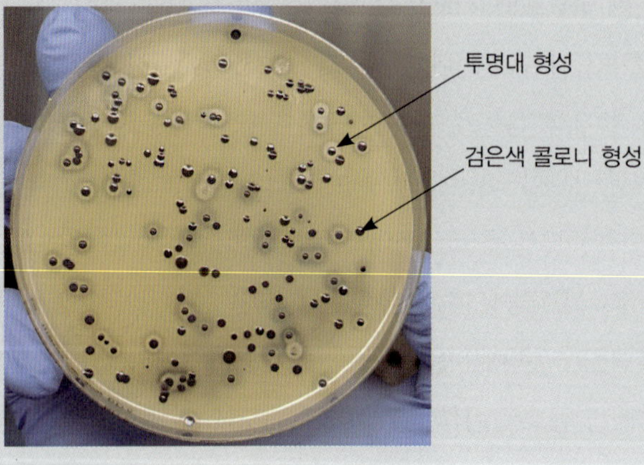

Tip 응고효소 시험(Coagulase test)은 비병원성 *staphylococcus*와 병원성 *S. aureus*를 구분하는 시험이다. *S. aureus*로 의심되는 집락을 포유류 유래 혈장 0.5 mL를 포함하는 시험관에 접종하고 37℃에서 대조군과 함께 배양한다. 3시간 후 배지의 응고 유무를 1차 확인하고 24시간 후 2차 확인하여 배지가 응고 시 *S. aureus* 양성으로 판정한다.

사) 배지 성능 및 시험법 적합성 시험

검체의 유·무 하에서 각각 규정된 특정 세균시험법에 따라 제조된 검액·대조액에 〈표 3〉에 기재된 시험균주 100 CFU를 개별적으로 접종하여 시험할 때 접종균 각각에 대해 양성으로 나타나야 한다. 증식이 저해되는 경우 항균 활성을 중화하기 위해 희석 및 중화제(표 2)를 사용할 수 있다.

표 3 특정 세균 배지성능시험용 균주

Escherichia coli	ATCC 8739, NCIMB 8545, CIP53.126, NBRC 3972 또는 KCTC 2571
Pseudomonas aeruginosa	ATCC 9027, NCIMB 8626, CIP 82.118, NBRC 13275 또는 KCTC 2513
Staphylococcus aureus	ATCC 6538, NCIMB 9518, CIP 4.83, NRRC 13276 또는 KCTC 3881

12.2. 화장품 미생물 신속 측정법

현재 가장 많은 회사들이 보편적으로 사용하고 있는 고전적인 미생물 시험법은 신뢰성이 있고 각종 제품에 대한 범용성이 있다는 장점을 가지고 있다. 그러나 검출에 소요되는 배양시간이 길어 결과 판정까지 장시간이 소요된다는 단점도 있다. 회사에서 미생물 시험에 배지 조제와 분주의 자동화 또는 자동 콜로니 측정기를 활용하여 시간과 노동력을 단축하고 있으나 이런 방법들로는 미생물 배양시간을 단축시키지는 못한다.

식품산업이나 일부 화장품 회사에서는 미생물이 만들어 내는 이산화탄소, ATP를 측정하거나 전기적인 impedance(전기적 흐름을 방해하는 정도) 법을 이용한 신속 측정기기를 활용한 방법을 적용하고 있기도 하다. 그러나 화장품 산업에서는 제품에 함유된 성분에 의한 검출 방해나 측정방법의 감도 등이 문제가 되는 경우가 많으므로 신속 측정법을 적용할 때는 정확한 기준을 가지고 제형 자체가 미생물 측정에 미치는 영향이 있는지를 정확하게 평가할 필요가 있다. 이외에도 세포 조성물을 이용한 기술로 gas chromatography를 이용한 지방산 분석에 의한 검출법, 항원 항체의 유무를 확인하는 방법, DNA probe를 이용한 방법 등이 있다. 이들 방법은 최신 생명공학기술을 접목하여 과학적이고 빠르나 대부분 비용부담이 높은 편이다.

다음은 FDA BAM 매뉴얼에서 제시하는 신속검출법에 대해 대표적인 사례를 간단히 소개하고자 한다.

표 4 FDA BAM 매뉴얼에서 제시하는 신속검출법 목록

구분	원리 및 기반 기술	종류 및 예시(제조사, 제품명 등)
간이키드 및 자동화 동정시스템	Biochemical	API, Cobas IDA, Cobas Micro-ID, Micro-ID, Enterotube II, Spectrum 10, RapID, BBL, Crystal, Minitek, Microbact, Vitek, Walk/Away, Replianalyzer 등
	C oxidation	Microlog 등
	Fatty acid	MIS 등
	nucleic acid	Riboprinter 등
	conductance	Malthus 등
	impedance	Bactomete 등
핵산 기반 검출기술	PCR	Probelia, BAX 등
	probe	AccuProbe, GENE-TRAK 등
	phage	Bacterial Ice Nucleation Diagnostics(BIND) 등
항체 기반 검출기술	ELISA	TRCRA, EiaFoss, ELCA, HECO157, Transia card, SET-EIA, RIDASCREEN, OPUS 등
	RPLA	PET, SET-RPLA 등
	LA	Campyslide, Meritec-campy, MicroScreen, RIM, Prolex, Ecolex, Bactigen 등
	ELFA	VIDAS 등
	Ab-blot	Petrifilm HEX 등
	Tube-EIA	EZ COLY 등
	Ab-beads	Dynabeads 등
독소 검출 기술	RPLA	VET-RPLA 등
특수배지 등 기타기술	특수배지	Redigel, Petrifilm, Sim plate, CHROMager 등
	ATP	Enliten, Profile-1, Biotrace, Lightning 등
	HGMF	Isogrid 등

(1) 간이키트 및 자동화 동정시스템

API (analytical profile index)는 미생물의 생화학적 특성을 파악하여 균주를 동정하는 방법이다. 균주에 존재하는 효소 및 생성된 대사 특성 또는 산 형성과 함께 특정 탄수화물을 활용하는 능력과 같은 생화학적 특성을 확인하기 위해 수많은 테스트를 동시에 진행한다.

1. 순수집락 → 2. Orientation test → 3. Strip kit 선택 → 4. 탁도 맞추기(기준: McF)
→ 5. 균액 접종(Inoculation) → 6. Incubation → 7. 결과 확인

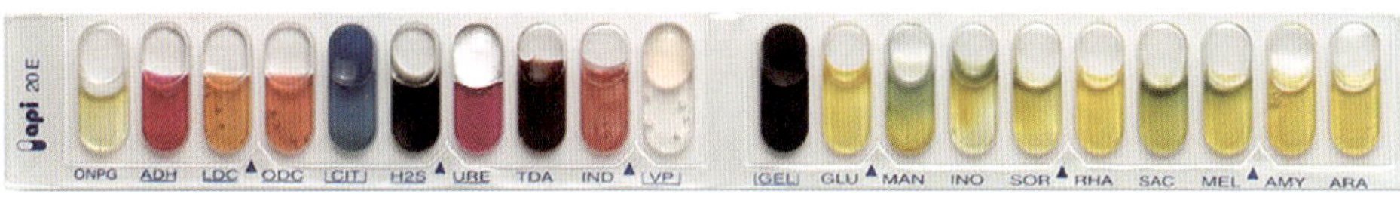

API (analytical profile index) (출처: biomerieux)

(2) 핵산 기반 검출기술

PCR 법에 의한 미생물의 동정과 검출은 리보솜 RNA 유전자의 염기배열이 미생물의 계통, 분류 지표로 이용된다. 즉, 16S 리보솜(ribosomal) RNA의 서열을 비교하여 원핵생물을 동정할 수 있다. 이 RNA의 서열은 대부분 상당히 보존되어 있는 한편, 일부 구간에서는 높은 염기서열 다양성이 나타난다. 특히, 동종 간에는 다양성이 거의 없는 반면에 타종 간에는 다양성이 나타나므로 생물동정에 사용된다. 내열성 DNA polymerase를 이용한 유전자 증폭법(PCR)을 이용하여 유전자 정보에 의한 빠르고 정확한 미생물 동정이 가능하다.

PCR 법은 DNA 합성 효소를 이용하여 동일한 염기배열을 갖는 대량의 DNA 절편을 증폭하는 반응으로 증폭된 DNA는 전기영동에 의해 확인 가능하다. 또한, 표적이 되는 긴 DNA 단편이 검출될 경우 검체 중에 그 표적 DNA를 갖는 균이 존재하게 된다. 화장품의 오염균을 대한 시험 조건으로 목적하는 균에 특이성이 높은 primer를 설계해야 한다. PCR 법은 시료로부터 DNA를 추출하고 PCR 반응 후 증폭된 산물의 전기 영동을 통해 수 시간 내 시료 중 균의 유무를 확인할 수 있고, 동정 수단으로도 이용할 수 있다. 화장품으로부터 직접 검출을 할 경우 제제 중의 계면활성제에 의한 영향이 크다.

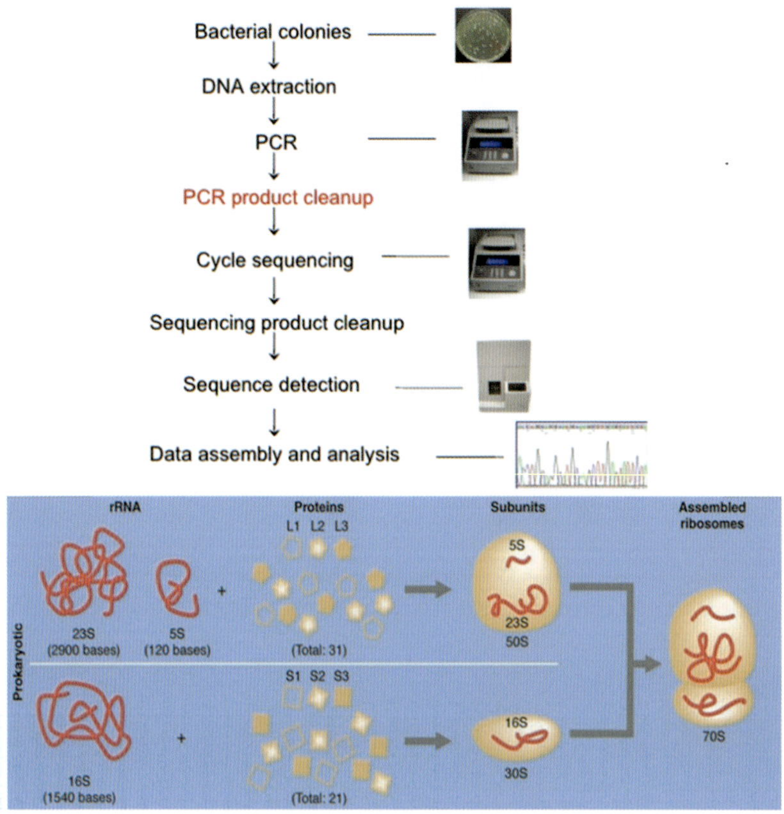

16s rRNA gene sequencing process

(3) 특수배지 등 기타기술

기타기술로서 ATP bioluminicence 법은 살아있는 미생물 세포에 존재하는 ATP를 luciferin luciferase 계의 발광반응을 이용하여 발광량을 luminometer에 의해 측정한다. 반응의 결과 생긴 발광량은 ATP 량에 비례하고 ATP 량은 살아있는 균수에 비례하므로 발광량 산출에 의해 생균수를 추정할 수 있다. 검출 감도는 미생물 종류에 따라 차이가 있지만, 일반적으로 세균에서는 10^3~10^4 CFU/mL 이상이다. 최근에는 유전자 조작에 의한 luciferase가 싸게 생산되고 성능이 향상되어 검출한계가 10^2 CFU/m인 시약도 개발되었다.

ATP의 추출, 발광반응과 측정이 단시간에 종료되므로 시험 시작부터 수십 분에서 1시간 정도면 결과를 얻을 수 있다. ATP bioluminicence 법은 화장품 미생물 시험에 적용할 때 제품의 성분, 특히 계면활성제 등에 의한 발광 저해라는 문제점이 있어 검증 시 샴푸나 합성세제중의 미생물이 검출되지 않을 수도 있다.

표 5 사용되고 있는 대체시험법의 종류 및 선정 이유

시험법	대체시험법	선정 이유
총 생균수 시험법	건조필름법	빠른 결과 도출이 가능하며 공인된 방법이고 간편함
	3M petrifilm	배지와 필름배지를 같이 실험 시 비슷한 결과가 도출되어 사용함
	3M film	사용한 적이 있으며 보관이 편리함
	PCA	없음
	스프레딩법	없음
	변형레틴액체배지법	호기성 세균수 시험
	형광현미경법	배양되지 않는 세균의 검출 가능, 밀도평가 가능
	평판도말법	미생물분류동정법
	CFU 측정	여러 미생물균총 또는 유해균에 적합한 영양배지를 이용 배양하여 대략적인 미생물의 수와 미생물종을 직접 관찰할 수 있음
	PDA	없음
	푸어법	없음
	변형레틴한천배지법	호기성 세균수 시험
	real time-PCR	유전자를 이용한 빠른 검출
	대두카제인소화 한천배지법	호기성 세균수 시험
	항생물질첨가 포테이토 텍스트로즈한천배지법	진균수 시험
	항생물질첨가 사부로포당 한천배지법	진균수 시험
특정 미생물 시험법 (동정)	API KIT	미생물분류동정법
	API	없음
	핵산 기반 검출 기술	없음
	건조필름법	빠른 결과 도출이 가능하며 공인된 방법이고 간편함
	대장균시험법	투명한 액상 및 로션 크림에 적용 가능
	real time-PCR	유전자를 이용한 빠른 검출
	multiplex PCR	기존에 알려져 있거나 검출이 요구되는 미생물 또는 유연관계에 있는 여러 미생물의 목표 유전자에 결합하는 프라이머를 활용하여 일반 PCR보다 폭넓은 검출에 용이함
	항체 기반 검출기술	없음
	녹농균시험법	투명한 액상 및 로션 크림에 적용 가능

시험법	대체시험법	선정 이유
특정 미생물 시험법 (동정)	BIOLOG kit	미생물분류동정법
	Vitek	비교적 정확한 균주 동정이 가능
	ELISA	없음
	황색포도상구균시험법	투명한 액상 및 로션 크림에 적용 가능
	sequencing	없음

12.3. 미생물검사의 한계

미생물 검사는 원료와 제품이 위생적으로 취급되어왔는지를 확인하는 수단이며 검체 중의 미생물을 적절하게 파악할 수 없으면, 문제가 없는 제품의 출하를 정지시키거나 최악의 경우에는 오염 제품의 방류를 초래할 위험성이 있다. 미생물 검사의 한계와 결과가 갖는 의미를 이해하면 발생한 트러블의 원인과 대책에 대한 올바른 판단으로 이어지는 경우가 있어 사례를 소개한다.

사례 1 충진 전 벌크제품의 미생물 검사를 실시한 결과, 소수의 세균을 확인했지만 제품의 규격 범위 내이며 보존제로 감소할 것으로 생각했다. 그러나 며칠 후에 충진한 제품에서 규격을 훨씬 초과하는 균수의 세균이 검출됐다. 정밀조사 결과, 검출된 미생물은 보존제에 순화해 저항성을 나타내는 것으로 나타났다. 검출 균수가 규격 범위 내의 극소수여도 순화균과 내성균이면 나중에 증식하기 때문에 일정한 보존 기간을 두어 재검사를 실시해 증식 유무를 확인하는 것으로 했다. 검출한계 이하의 수로 존재하는 순화균은 검사를 통과해 출하 후에 증식할 가능성이 있다. 검사에만 의존하는 것이 아니라 제조공정에서의 미생물학적 품질의 보증이 무엇보다 중요하다.

사례 2 원료의 미생물 검사에서 규격값 이상의 다수의 콜로니(증식한 미생물이 만드는 배지 표면의 집락)가 검출됐다. 배양 후의 배지를 잘 관찰한 결과, 규격값 내의 소수의 옮겨다니는 유주(遊走) 능력이 높은 세균이 배지 표면을 이동하면서 분열·증식해 다수의 콜로니를 형성하고 있던 것을 알았다. 유주성 세균의 콜로니의 특징과 그 의심이 있는 경우의 중층한천배지를 사용한 추가 확인시험 실시에 대해 검사 담당자 사이에 정보를 공유했다. 중층한천배지는 한천배지 표면에 제품 희석액을 펼쳐 도말한 뒤에 한층 더 한친 배지를 부어 굳히는 방법으로 유주성이 높은 세균은 한천에 끼기 때문에 이동할 수 없다. 유주성 세균이 아니더라도 제작 직후의 배지에서 표면에 과잉 수분이 남아 있으면 이와 같은 현상이 일어날 수 있다.

사례 3 제품의 미생물 검사를 한 결과, 배지 표면에 평평하고 큰 콜로니가 여러 개 형성돼 있으며 아포균인 것으로 밝혀졌다. 원료 유래의 오염으로 예측하고 모든 원료의 미생물 검사를 한 결과, 1개의 원료에서 동일한 아포균이 발견됐지만 다른 원료에서 아포를 만들지 않는 작은 콜로니를 형성하는 세균도 발견됐다. 그래서 다시 제품을 검사하고 배양한 배지를 관찰한 결과, 작은 콜로니가 아포균의 큰 콜로니에 덮여 있다는 것을 알게 됐다. 순화균이나 내성균, 기타 위해균을 놓칠 우려가 있기 때문에 소형 콜로니가 형성되어 있는 경우 이외에는 가려진 콜로니가 없는지 여러 방향에서 주의 깊게 관찰해야 한다.

사례 4 제조환경에 존재하는 미생물 검사에서 제품의 품질 트러블을 초래할 가능성이 있는 세균이 발견됐다. 확인한 결과, 이 세균은 배지에서 통상의 배양시간에는 생육하기 어려워 배양이 느린 세균인 것으로 나타나 제조환경의 위생관리를 재검토함과 동시에 위해균의 검출을 위해 미생물 검사의 배양시간을 연장하기로 했다. 미세한 콜로니의 식별은 검사 담당자의 경험이나 때로는 시력 자체에 좌우되는 경우가 있기 때문에 어려운 사례를 만났을 경우에는 검사 담당자끼리 판단기준을 조정하는 것이 좋다.

사례 5 미생물 검사에 의해 배지 표면에 다수의 콜로니를 확인했기 때문에 제품 오염이 일어나고 있는 것으로 1차 판단했으나 배양을 계속해도 그런 콜로니가 더욱 크게 성장하지는 않았고 결국 제품 성분이 배지 상에서 석출된 것이었다. 용해성이 낮은 성분을 포함하는 제품에는 석출 현상이 확인될 수 있으니 배양을 계속해도 콜로니로 단정하기 어려울 때는 현미경 관찰로 확인하여 검사한다.

사례 6 제품 세균 오염 사례에서 미생물 검사가 합격이었던 원료가 오염원인 것으로 나타났다. 이 원료는 복수의 성분으로 이루어진 혼합액이며 농도구배로 인해 세균이 편재되어있었기 때문에 우연히 채취한 샘플에서는 세균이 검출되지 않고 오염을 간과한 것으로 생각했다. 물성적으로 농도구배가 발생할 가능성이 예견되는 원료에 대해서는 교반 등에 의해 충분히 균일한 상태에서 샘플을 채취해 미생물 검사에 제공하기로 했다. 분체 원료의 샘플링도 같은 배려가 필요하다. 교반이 현실적이지 않은 경우는 복수의 샘플링 포인트에서 채취한 샘플을 충분히 혼합해 검사에 제공하는 등의 연구가 필요하다.

사례 7 검사실로부터 제품에서 아포균이 검출됐다는 보고를 받았다. 그러나 같은 로트의 다른 제품을 아무리 검사해도 아포균은 검출되지 않아 조사 결과, 미생물 검사에 사용하는 유리로 만든 스프레더(시료를 한천배지 표면에 도말하는 도구)를 담그는 70% 에탄올에 아포가 축적되어 있었으며 스프레더를 통해 배지 표면에 부착된 경우로 침지용 70% 에탄올의 정기 교환을 실시하기로 했다. 아포균뿐만 아니라 미생물 검사에서 산발적으로 미생물이 검출되는 경우는 미생물검사 작업 중에서 오염을 의심할 여지가 있다.

Chapter

13

완제품에서의 미생물 관리 시험법: 보존력 시험

화장품을 구성하는 대부분의 원료들은 미생물이 이용하기에 적합한 원료들이다. 최근에는 피부에 더 많은 영양 성분을 공급하기 위해 동식물로부터 얻어진 천연물들을 많이 첨가하여 화장품의 미생물에 의한 오염 가능성은 더 커지고 있다. 이에 따라 미생물에 의한 화장품의 변질을 막기 위해 화장품에는 보존제가 첨가된다. 화장품에 사용되는 보존제는 소비자의 제품 사용 중 그 효과를 나타내어야 하며, 적합한 방부시스템이 설정되었는지 반드시 시험으로 증명되어야 한다. 화장품의 방부시스템을 결정하기 위해 수행되는 보존력(방부력) 시험(Preservative Efficacy Testing, PET)에 대한 필요성과 그 시험방법에 대해서 살펴보기로 한다.

13.1. 보존력 시험의 필요성

보존력 시험은 미생물의 성장을 억제할 수 있는 보존제의 최적 농도를 결정하기 위한 시험으로, 소비자 사용 중 발생할 수 있는 미생물 오염과 오염 미생물로 인한 부산물에서 유발되는 유해 물질로부터 소비자와 제품을 보호하는 데 목적이 있다. 화장품에 보존제를 적용하는 데는 확실한 기준의 설정과 수행이 있어야 하는데, 너무 적은 양의 보존제 사용은 제품의 변질을 일으키고 유해 미생물로부터 소비자를 보호할 수 없다. 이와는 반대로 지나치게 많은 양의 보존제 사용은 가려움이 나 홍반 등의 피부 부자용과 생산원가의 증가를 가져온다. 최적의 방부효과를 거두기 위해서는 제형에 적합한 보존제의 사용과 함께 제품의 pH나 수분활성도 같은 물리적 환경 등에 대해서도 고려해야 한다. 충분한 양의 물과 영양성분이 있는 액상 제품은 미생물에 의해 쉽게 이용 될 수 있으며, 미네랄 오일, 왁스 제형, 아이섀도, 바디 파우더처럼 수분이 들어 있지 않은 제품은 지속적인 사용으로 미생물이 오염될 수 있으나 물이 없기 때문에 미생물 증식에 제한을 받는다. 대부분의 화장품은 의약품처럼 제조 공정중 살균과정이 없으므로 미생물 오염에 더 잘 노출될 수 있으며, 어떤 미생물이 병원성균인지 아닌지에 따라 인체에 대한 유해성 차이가 생긴다. 제품의 미생물 오염은 *S. aureus*, *P. aeruginosa* 또는 *C. albicans* 등과 같이 병원성 미생물에 소비자가 노출될 위험이 있다. 또한 비병원성 균이라도 제품에 미생물이 10^5 CFU/g 이상 증식할 경우에는 제품의 변색, 변화, 점도 변화와 같은 이상을 초래하여 제품의 가치를 떨어뜨릴 수 있으므로 보존력 시험을 통해 최적의 방부시스템을 결정하는 것이 중요하다

13.2. 보존력 시험법 종류

화장품의 보존력 측정법으로는 일반적으로 ISO와 PCPC의 방법을 많이 사용하고 있다. 이 두 가지 방법은 제품에 미생물을 접종 후 28일간 접종 미생물수의 증감을 관찰하는 long term method이다. 이 외에 빠른 측정법으로 linear regression method가 사용되기도 한다. 이들 시험법의 근본적 차이는 배양 시 온도, 균액의 제조, Aerobic Plate Count(APC)의 결정 시간과 rechallenge test의 유무 등이다. 화장품 회사에서 일반적으로 사용하는 시험법은 long term method다. 본 책에서는 long term method 위주로 설명하기로 한다. 현재의 보존력 시험은 법적 의무사항이 아니라 회사에 권장 사항으로서 식약처에서는 화장품 보존력 시험법 가이드라인(민원인 안내서, 2022)을 부록으로 넣어 대표적인 시험방법으로 수록하였다. 이 가이드라인은 국제 공인 시험법(PCPC microbiology guidelines M-3/M-4/M-5, ISO 11930, USP 51, EP 5.1.3, JP G4 및 ASEAN Document N° ACM MAL 08)을 근거로 하여 확립한 것이다.

표 1 국외 화장품 보존력 시험법 비교 및 검토 대상

기관	규정
국제표준화기구(ISO)	ISO 11930
미국화장품협회(PCPC)	PCPC microbiology guideline M-3, M-4
미국/유럽/일본약전(Harmonized USP/EP/JP)	USP 51
아세안(Association of Southeast Asian Nations)	Document N° ACM MAL 08

시험 결과에 대한 정확성은 시험법의 정밀성, 민감성, 정확성 등에 의해 좌우되며, validated test method로 시험법의 신뢰도를 확인해야 한다. 보존력 시험법의 정확성을 위해서는 시험 제형에 적합한 미생물의 선택, 표준화 방법에 따른 시험 미생물 배양, 보존제의 배지로 이동을 막을 수 있는 적합한 보존제 중화 시스템 사용, phoenix phenomenon(불사조 현상: 살아남은 미생물이 회복되고 성장하여 다시 제품 오염을 일으키는 현상)을 막을 수 있는 적합한 실험 온도 설정 등이 중요한 요소이다.

표 2 제외국 화장품 보존력 시험법 종류 및 관련 정보

담당기관	시험법	
	구분	내용
FDA	Bacteriological	BAM for Cosmetics
SCCS	SCCS NOTES OF GUIDANCE	Testing of cosmetic ingredients and their safety evaluation
ISO	ISO 11930	Cosmetics-Microbiology-General instruction for microbiological examination
PCPC	Microbiology Guidelines M-3	Determination of Preservative Adequacy of Water Miscible Cosmetics
	Microbiology Guidelines M-4	Method for Preservative Testing of Eye Area Cosmetics
	Microbiology Guidelines M-5	Methods for Preservative Testing of Nonwoven Substrate Personal Care Products
	Microbiology Guidelines M-6	Method for Preservative Testing of Atypical Personal Care Products
	Microbiology Guidelines M-7	A rapid Method for Preservative Testing of Water-Miscible Personal Care Products
USP/EP/JP Harmonized Chapters	USP35, Chapter 51	Microbiological Examination of Nonsterile Products: Microbial Enumeration Tests
ASEAN	-	Cosmetic Harmonized Testing Method Association of Southeast Asian Nations-Preservative efficacy test for cosmetic product, Document N ACM MAL 08

표 3 국내 보존력 시험 절차별 방법 및 조건 선정 결과(권장 사항)

<table>
<tr><th colspan="3">규정</th></tr>
<tr><td rowspan="2">시험용
미생물
준비</td><td>계대배양
조건</td><td>• 세균: TSA/TSB, 32.5±2.5℃, 18~24hr
• 효모: SDA/SDB, 22.5±2.5℃ 48시간 이상
• 곰팡이: SDA/PDA, 22.5±2.5℃, 7일 이상</td></tr>
<tr><td>배양 후
균액 제조</td><td>• 세균, 효모
– 현탁 방법: 희석액에 균 현탁(액체배양 시 원심분리 후)
– 희석액: 완충식염펩톤수(pH 7.0)
• 곰팡이
– 현탁 방법: 희석액에 균 현탁
– 희석액: 완충식염펩톤수(pH 7.0)
– 배양된 배지를 희석액으로 세척하는 과정에서 Tween 80(0.05~0.1%) 첨가 후 현탁 가능(선택)</td></tr>
<tr><td colspan="2">접종 수준 결정</td><td>• 검체 기준 접종 농도: 세균(10^6 CFU/mL), 진균(10^5 CFU/mL)
• 접종액 용량: 제품 용량의 0.5~1.0%(20 g 기준, 0.1~0.2mL)</td></tr>
<tr><td colspan="2">검체 준비</td><td>• 시험 제품 그 자체를 사용하거나 소분 시 최소 20 g 사용
• 소분 시 멸균 용기 사용
• 점도가 있는 검체는 교반 도구나 기기 이용 방법 도입 가능
• 참고: 유성의 반고체 또는 고체의 경우 표면 접종 권장</td></tr>
<tr><td colspan="2">샘플 보관</td><td>• 온도가 유지되는 환경에서 22.5±2.5℃로 보관
• 미생물 배양 시 사용 권장</td></tr>
<tr><td colspan="2">평가일</td><td>• 0, 7, 14, 21, 28일(최소 28일)</td></tr>
<tr><td colspan="2">채취 후 배양 조건</td><td>• 본 과제를 통해 확립된 미생물한도 시험법에 근거하여 수행하며, 시험법은 적합성시험을 통해 검증된 것으로 사용</td></tr>
</table>

(1) 시험 제품의 유형

제품의 유형은 보존력 시험을 선택하는 일차적 판단기준이 된다. 액상 제품인 경우 일반적인 APC 측정, ISO와 PCPC 법이나 linear regression 법이 제시하는 시험과 유사하게 진행될 수 있다. 그러나 W/O emulsion 형, oil 제형, solid 제형 등에서는 제형의 특성을 고려하여 별도의 시험방법을 적용해야 정확한 보존력을 평가할 수 있다.

표 4 제형별 보존력 시험법 명시 현황

시험법		규정			
		ISO	USP	PCPC	ASEAN
수용성 제품	액체 제품	O	O	O	O
	수성로션 및 수성크림 / 반액체 등				
유성의 왁스 및 지용성 제품	유중 수적형 에멀젼	X	X	O	O
	왁스제형 고체 제품				
	왁스제형 파우더				
고체 및 파우더	Loose 파우더	X	X	O	O
	Pressed 파우더				
에어로졸		X	X	X	O

(2) 보존력 시험법 비교

① 보존력 시험에 사용되는 시험균주 및 접종기준

제품의 보존력 시험에 사용되는 미생물은 단독 시험균의 형태로 사용되지만, 조합된 시험균의 형태로 사용하는 경우도 있다. 여러 문헌에 의하면 시험 균주의 pure culture와 mixed culture는 각각 서로 다른 장점이 있다.

Pure culture는 시험 미생물을 균주별로 시료에 각각 따로 접종한 후 시험기간 동안 제품에 생존하는 미생물수를 구해, 각 미생물별로 사멸되는 속도에 대한 결과를 얻는 방법이다. 이 실험 결과로 미생물 균주별로 제품에 대한 저항성에 대한 정보를 얻을 수 있다.

Mixed culture는 제품에 다양한 미생물을 혼합하여 접종한 후 시험기간 동안 제품에 생존하는 미생물수를 구하는 방법으로 pure culture에 비해 실험이 간편하고 전반적으로 제품이 방부 기준에 적합한지를 평가하는데 편리하다는 장점이 있다. 접종 미생물수는 두 방법 모두 동일하다.

이외의 중요한 요인으로 방부시스템에 대해 적응이 일어난 미생물은 보존력 시험에 사용해서는 안 된다. 그 이유는 방부시스템에 적응된 미생물들은 수분활성도, pH, 온도 등 다양한 물리적 조건에 적용되어 있으므로 이전 미생물을 사멸시키기 위해 많은 보존제를 사용하게 되어 결국 제품의 피부 부작용 빈도를 높이는 결과를 초래하기 때문이다.

표 5 제외국 보존력 시험법에서 제시하고 있는 대상 미생물의 종류

<table>
<tr><th colspan="2">접종 대상 미생물</th><th>ISO</th><th>PCPC M-3</th><th>PCPC M-4</th><th>USP</th><th>ASEAN</th></tr>
<tr><td>Escherichia coli</td><td>ATCC 8739</td><td>O</td><td rowspan="4">1개 이상</td><td rowspan="4">2개 이상</td><td>O</td><td></td></tr>
<tr><td>Enterobacter gergoviae</td><td>ATCC 33028</td><td></td><td></td><td></td></tr>
<tr><td>Enterobacter cloacae</td><td>ATCC 13047</td><td></td><td></td><td></td></tr>
<tr><td>Klebsiella pneumoniae</td><td>ATCC 10031</td><td></td><td></td><td></td></tr>
<tr><td>Enterobacter aerogenes</td><td>ATCC 13048</td><td></td><td></td><td></td><td></td><td>O</td></tr>
<tr><td>Pseudomonas aeruginosa</td><td>ATCC 9027</td><td>O</td><td rowspan="4">1개 이상</td><td>O</td><td>O</td><td>O</td></tr>
<tr><td>Pseudomonas fluorescens</td><td>ATCC 13525</td><td></td><td rowspan="5">1개 이상</td><td></td><td></td></tr>
<tr><td>Pseudomonas putida</td><td>ATCC 31483</td><td></td><td></td><td></td></tr>
<tr><td>Burkholderia cepacia</td><td>ATCC 25416</td><td></td><td></td><td></td></tr>
<tr><td>Acinetobacter species</td><td>–</td><td></td><td></td><td></td><td></td></tr>
<tr><td>Flavobacterium species</td><td>–</td><td></td><td></td><td></td><td></td></tr>
<tr><td>Candida albicans</td><td>ATCC 10231</td><td>O</td><td>권장</td><td rowspan="2">1개 이상</td><td>O</td><td>O</td></tr>
<tr><td>Candida parasilosis</td><td>ATCC 22019</td><td></td><td></td><td></td><td></td></tr>
<tr><td>Staphylococcus aureus</td><td>ATCC 6538</td><td>O</td><td rowspan="2">1개 이상</td><td rowspan="2">1개 이상</td><td>O</td><td>O</td></tr>
<tr><td>Staphylococcus epidermidis</td><td>ATCC 12228</td><td></td><td></td><td></td></tr>
<tr><td>Aspergillus brasiliensis</td><td>ATCC 16404</td><td>O</td><td rowspan="2">1개 이상</td><td rowspan="2">1개 이상</td><td>O</td><td>O</td></tr>
<tr><td>Penicillium species</td><td>–</td><td></td><td></td><td></td></tr>
</table>

표 6 미생물 접종 수준 결정

<table>
<tr><th rowspan="2">구분</th><th colspan="5">규정</th></tr>
<tr><th>ISO</th><th>PCPC M-3</th><th>PCPC M-4</th><th>USP</th><th>ASEAN</th></tr>
<tr><td>접종
농도</td><td>세균: 10^5~10^6 CFU/mL
진균: 10^4~10^5 CFU/mL</td><td>세균: 10^6 CFU/mL
진균: 10^5 CFU/mL
포자: 10^5 spore/g</td><td>세균: 10^6 CFU/mL
진균: 10^5 CFU/mL
포자: 10^5 spore/g</td><td>10^5~10^6
CFU/mL</td><td>세균: 10^6 CFU/mL
진균: 10^5 CFU/mL</td></tr>
<tr><td>접종액
용량</td><td>0.2 mL</td><td>제품 용량의 1%
이하</td><td>제형별로
상이</td><td>제품 용량
의 0.5~1%</td><td>제품 용량의 1%
이하 (1 mL 접종)</td></tr>
</table>

② 허용 기준

1) USP

다음과 같은 사항을 만족할 때 제품의 보존력이 인정된다.

- 세균 접종 14일 후의 생존 세균수가 초기 접종균수의 2 log 이상 감소(0.1% 이상 잔존하지 않아야) 한다.
- 미생물 접종 14일, 28일에 곰팡이와 효모의 수가 증가하지 않아야 한다.
- 각 시험 미생물수가 28일 동안 증가하지 않아야 한다.

2) PCPC

일반화장품 처방 제품의 보존력 시험에 대한 기준은 다음과 같다.

- 세균 접종 7일 이내 적어도 99.9% 이상의 미생물 수의 감소를 보여야 하고, 시험기간 중 미생물수의 증식이 없어야 한다.
- 미생물 접종 7일 이내 효모와 곰팡이는 적어도 90% 이상 미생물 수가 감소해야 하고, 시험기간 중 미생물 수의 증식이 없어야 한다.

눈 주위 사용 액상 제품이나 반 액상 제품의 보존력 시험에 대한 기준은 다음과 같다.

- 세균 접종 7일 이내 적어도 99.9% 이상의 미생물수의 감소를 보여야 하고, 시험기간 중 지속적으로 미생물수가 감소해야 한다.
- 미생물 접종 7일 이내 효모와 곰팡이는 적어도 90% 이상 미생물 수의 감소를 보여야 하고, 시험기간 중 지속적으로 미생물수가 감소해야 한다.
- 실험 중 포자 형성균에 대해서는 bacteriostatic한 결과를 보여야 한다.

표 7 국내 보존력 시험 결과의 판정 기준 선정 결과(권장 사항)

구분	접종 후 기간별 결과 평가 기준			
	7일	14일	21일	28일
세균	3 log reduction 이상 (99.9% 이상 사멸)	생장이 나타나지 않음		
진균	1 log reduction 이상 (90% 이상 사멸)	생장이 나타나지 않음		

표 8 외국 보존력 시험법별 적합 평가 기준 및 방법

기준			미생물 감소 정도(단위: log reduction)			
			7일	14일	21일	28일
세균	USP〈51〉		–	≥2	–	NI
	PCPC (M–3/M–4)		≥3	NI/CR	NI/CR	NI/ND
	ASEAN		≥3	NI	NI	NI
	ISO 11930	A	≥3	NI	–	NI
		B	–	≥3	–	NI
진균	USP〈51〉		–	NI	–	NI
	PCPC (M–3/M–4(a)/M–4(b))		≥1	NI/CR/NI	NI/CR/NI	NI/CR/NI
	ASEAN		NI	NI	NI	≥1
효모	ISO 11930	A	≥1	NI	–	NI
		B	–	≥1	–	NI
곰팡이	ISO 11930	A	–	≥0	–	≥1
		B	–	≥0	–	NI

* –: 측정하지 않음 / CR: 지속적으로 감소 / NI: 미생물 수가 증가하지 않음 / ND: 검출 가능 수준 이하로 감소

3) M-3: 수용성 제품, M-4(a): 수용성 눈 주위 제품, M-4(b): 비수용성 눈 주위 제품

Using microbiology: *S.aureus, E.coli, P.aeruginosa, C.albicans*

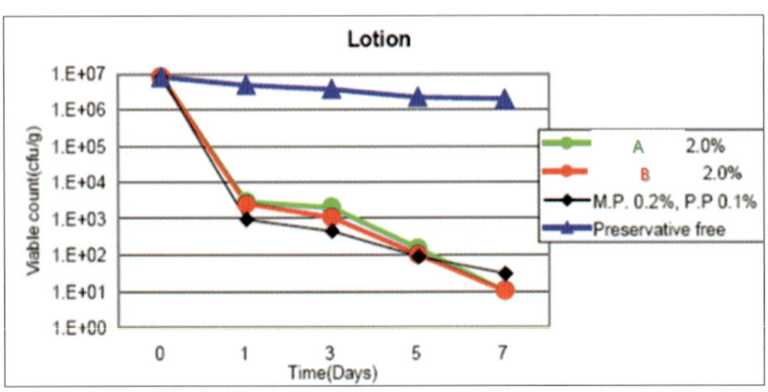

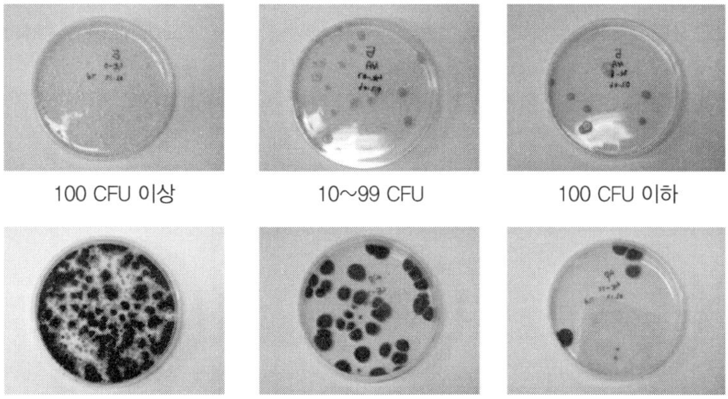

세균 / 진균(곰팡이)

100 CFU 이상 | 10~99 CFU | 100 CFU 이하

현재 우리나라는 2022년 10월에 발간된 화장품 보존력 시험법 가이드라인(민원인 안내서, 부록3 첨부)를 국제 공인 보존력 시험법을 비교·분석하여 시험법 구성, 절차, 조건 및 시험 시 주의사항 등을 제공하여 실무자들이 시험을 수행하는 데 참고할 수 있도록 하였다. 화장품의 제조 및 사용 과정에서 미생물 오염에 의한 화장품의 변질 또는 인체 감염 등을 방지하기 위해 보존제를 사용하며, 첨가된 보존제가 미생물 생장 억제 또는 항균 작용 효과를 나타내어야 한다. 보존력 시험은 화장품 개발 시 사용기한을 설정하거나, 제조 및 사용 시 제품의 보존 효과를 예측하기 위해 수행될 수 있다. 현재 보존력 평가는 법적 의무사항이 아니기 때문에 과학적인 방법을 근거로 자체적인 시험방법을 확립하여 자율적으로 수행할 수 있도록 되어있다.

부록

1. 우수화장품 제조 및 품질관리기준
2. 화장품 미생물한도 시험법 가이드라인(민원인 안내서)
3. 화장품 보존력 시험법 가이드라인(민원인 안내서)
4. 맞춤형화장품(소분·리필)의 품질·안전 및 판매장 위생관리 가이드라인(민원인 안내서)

1. 우수화장품 제조 및 품질관리기준

[시행 2020. 2. 25.] [식품의약품안전처고시 제2020-12호, 2020. 2. 25., 타법개정]
식품의약품안전처(화장품정책과)

제1장 총칙

제1조(목적) 이 고시는 「화장품법」 제5조제2항 및 같은법 시행규칙 제12조제2항에 따라 우수화장품 제조 및 품질관리 기준에 관한 세부사항을 정하고, 이를 이행하도록 권장함으로써 우수한 화장품을 제조·공급하여 소비자보호 및 국민 보건 향상에 기여함을 목적으로 한다.

제2조(용어의 정의) 이 고시에서 사용하는 용어의 뜻은 다음과 같다.

1. 삭제
2. "제조"란 원료 물질의 칭량부터 혼합, 충전(1차포장), 2차포장 및 표시 등의 일련의 작업을 말한다.
3. 삭제
4. "품질보증" 이란 제품이 적합 판정 기준에 충족될 것이라는 신뢰를 제공하는데 필수적인 모든 계획되고 체계적인 활동을 말한다.
5. "일탈"이란 제조 또는 품질관리 활동 등의 미리 정하여진 기준을 벗어나 이루어진 행위를 말한다.
6. "기준일탈 (out-of-specification)" 이란 규정된 합격 판정 기준에 일치하지 않는 검사, 측정 또는 시험결과를 말한다.
7. "원료"란 벌크 제품의 제조에 투입하거나 포함되는 물질을 말한다.
8. "원자재"란 화장품 원료 및 자재를 말한다.
9. "불만"이란 제품이 규정된 적합판정기준을 충족시키지 못한다고 주장하는 외부 정보를 말한다.

10. “회수”란 판매한 제품 가운데 품질 결함이나 안전성 문제 등으로 나타난 제조번호의 제품(필요시 여타 제조번호 포함)을 제조소로 거두어들이는 활동을 말한다.
11. “오염”이란 제품에서 화학적, 물리적, 미생물학적 문제 또는 이들이 조합되어 나타내는 바람직하지 않은 문제의 발생을 말한다.
12. “청소”란 화학적인 방법, 기계적인 방법, 온도, 적용시간과 이러한 복합된 요인에 의해 청정도를 유지하고 일반적으로 표면에서 눈에 보이는 먼지를 분리, 제거하여 외관을 유지하는 모든 작업을 말한다.
13. “유지관리”란 적절한 작업 환경에서 건물과 설비가 유지되도록 정기적·비정기적인 지원 및 검증 작업을 말한다.
14. “주요 설비”란 제조 및 품질 관련 문서에 명기된 설비로 제품의 품질에 영향을 미치는 필수적인 설비를 말한다.
15. “교정”이란 규정된 조건 하에서 측정기기나 측정 시스템에 의해 표시되는 값과 표준기기의 참값을 비교하여 이들의 오차가 허용범위 내에 있음을 확인하고, 허용범위를 벗어나는 경우 허용범위 내에 들도록 조정하는 것을 말한다.
16. “제조번호” 또는 “뱃치번호”란 일정한 제조단위분에 대하여 제조관리 및 출하에 관한 모든 사항을 확인할 수 있도록 표시된 번호로서 숫자·문자·기호 또는 이들의 특정적인 조합을 말한다.
17. “반제품”이란 제조공정 단계에 있는 것으로서 필요한 제조공정을 더 거쳐야 벌크 제품이 되는 것을 말한다.
18. “벌크 제품”이란 충전(1차포장) 이전의 제조 단계까지 끝낸 제품을 말한다.
19. “제조단위” 또는 “뱃치”란 하나의 공정이나 일련의 공정으로 제조되어 균질성을 갖는 화장품의 일정한 분량을 말한다.
20. “완제품”이란 출하를 위해 제품의 포장 및 첨부문서에 표시공정 등을 포함한 모든 제조공정이 완료된 화장품을 말한다.
21. “재작업”이란 적합 판정기준을 벗어난 완제품, 벌크제품 또는 반제품을 재처리하여 품질이 적합한 범위에 들어오도록 하는 작업을 말한다.
22. “수탁자”는 직원, 회사 또는 조직을 대신하여 작업을 수행하는 사람, 회사 또는 외부 조직을 말한다.
23. “공정관리”란 제조공정 중 적합판정기준의 충족을 보증하기 위하여 공정을 모니터링하거나 조정하는 모든 작업을 말한다.
24. “감사”란 제조 및 품질과 관련한 결과가 계획된 사항과 일치하는지의 여부와 제조 및 품질관리가 효과적으로 실행되고 목적 달성에 적합한지 여부를 결정하기 위한 체계적이고 독립적인 조사를 말한다.

25. “변경관리”란 모든 제조, 관리 및 보관된 제품이 규정된 적합판정기준에 일치하도록 보장하기 위하여 우수화장품 제조 및 품질관리기준이 적용되는 모든 활동을 내부 조직의 책임하에 계획하여 변경하는 것을 말한다.
26. “내부감사”란 제조 및 품질과 관련한 결과가 계획된 사항과 일치하는지의 여부와 제조 및 품질관리가 효과적으로 실행되고 목적 달성에 적합한지 여부를 결정하기 위한 회사 내 자격이 있는 직원에 의해 행해지는 체계적이고 독립적인 조사를 말한다.
27. “포장재”란 화장품의 포장에 사용되는 모든 재료를 말하며 운송을 위해 사용되는 외부 포장재는 제외한 것이다. 제품과 직접적으로 접촉하는지 여부에 따라 1차 또는 2차 포장재라고 말한다.
28. “적합 판정 기준”이란 시험 결과의 적합 판정을 위한 수적인 제한, 범위 또는 기타 적절한 측정법을 말한다.
29. “소모품”이란 청소, 위생 처리 또는 유지 작업 동안에 사용되는 물품(세척제, 윤활제 등)을 말한다.
30. “관리”란 적합 판정 기준을 충족시키는 검증을 말한다.
31. “제조소”란 화장품을 제조하기 위한 장소를 말한다.
32. “건물”이란 제품, 원료 및 포장재의 수령, 보관, 제조, 관리 및 출하를 위해 사용되는 물리적 장소, 건축물 및 보조 건축물을 말한다.
33. “위생관리”란 대상물의 표면에 있는 바람직하지 못한 미생물 등 오염물을 감소시키기 위해 시행되는 작업을 말한다.
34. “출하”란 주문 준비와 관련된 일련의 작업과 운송 수단에 적재하는 활동으로 제조소 외로 제품을 운반하는 것을 말한다.

제2장 인적자원

제3조(조직의 구성) ① 제조소별로 독립된 제조부서와 품질보증부서를 두어야 한다.

② 조직구조는 조직과 직원의 업무가 원활히 이해될 수 있도록 규정되어야 하며, 회사의 규모와 제품의 다양성에 맞추어 적절하여야 한다.

③ 제조소에는 제조 및 품질관리 업무를 적절히 수행할 수 있는 충분한 인원을 배치하여야 한다.

제4조(직원의 책임) ① 모든 작업원은 다음 각 호를 이행해야 할 책임이 있다.

1. 조직 내에서 맡은 지위 및 역할을 인지해야 할 의무
2. 문서접근 제한 및 개인위생 규정을 준수해야 할 의무

3. 자신의 업무범위내에서 기준을 벗어난 행위나 부적합 발생 등에 대해 보고해야 할 의무
4. 정해진 책임과 활동을 위한 교육훈련을 이수할 의무

② 품질보증 책임자는 화장품의 품질보증을 담당하는 부서의 책임자로서 다음 각 호의 사항을 이행하여야 한다.

1. 품질에 관련된 모든 문서와 절차의 검토 및 승인
2. 품질 검사가 규정된 절차에 따라 진행되는지의 확인
3. 일탈이 있는 경우 이의 조사 및 기록
4. 적합 판정한 원자재 및 제품의 출고 여부 결정
5. 부적합품이 규정된 절차대로 처리되고 있는지의 확인
6. 불만처리와 제품회수에 관한 사항의 주관

제5조(교육훈련) ① 제조 및 품질관리 업무와 관련 있는 모든 직원들에게 각자의 직무와 책임에 적합한 교육훈련이 제공될 수 있도록 연간계획을 수립하고 정기적으로 교육을 실시하여야 한다.

② 교육담당자를 지정하고 교육훈련의 내용 및 평가가 포함된 교육훈련 규정을 작성하여야 하되, 필요한 경우에는 외부 전문기관에 교육을 의뢰할 수 있다.

③ 교육 종료 후에는 교육결과를 평가하고, 일정한 수준에 미달할 경우에는 재교육을 받아야 한다.

④ 새로 채용된 직원은 업무를 적절히 수행할 수 있도록 기본 교육훈련 외에 추가 교육훈련을 받아야 하며 이와 관련한 문서화된 절차를 마련하여야 한다.

제6조(직원의 위생) ① 적절한 위생관리 기준 및 절차를 마련하고 제조소 내의 모든 직원은 이를 준수해야 한다.

② 작업소 및 보관소 내의 모든 직원은 화장품의 오염을 방지하기 위해 규정된 작업복을 착용해야 하고 음식물 등을 반입해서는 아니 된다.

③ 피부에 외상이 있거나 질병에 걸린 직원은 건강이 양호해지거나 화장품의 품질에 영향을 주지 않는다는 의사의 소견이 있기 전까지는 화장품과 직접적으로 접촉되지 않도록 격리되어야 한다.

④ 제조구역별 접근권한이 없는 작업원 및 방문객은 가급적 제조, 관리 및 보관구역 내에 들어가지 않도록 하고, 불가피한 경우 사전에 직원 위생에 대한 교육 및 복장 규정에 따르도록 하고 감독하여야 한다.

제3장 제조

제1절 시설기준

제7조(건물) ① 건물은 다음과 같이 위치, 설계, 건축 및 이용되어야 한다.

1. 제품이 보호되도록 할 것
2. 청소가 용이하도록 하고 필요한 경우 위생관리 및 유지관리가 가능하도록 할 것
3. 제품, 원료 및 포장재 등의 혼동이 없도록 할 것

② 건물은 제품의 제형, 현재 상황 및 청소 등을 고려하여 설계하여야 한다.

제8조(시설) ① 작업소는 다음 각 호에 적합하여야 한다.

1. 제조하는 화장품의 종류·제형에 따라 적절히 구획·구분되어 있어 교차오염 우려가 없을 것
2. 바닥, 벽, 천장은 가능한 청소하기 쉽게 매끄러운 표면을 지니고 소독제 등의 부식성에 저항력이 있을 것
3. 환기가 잘 되고 청결할 것
4. 외부와 연결된 창문은 가능한 열리지 않도록 할 것
5. 작업소 내의 외관 표면은 가능한 매끄럽게 설계하고, 청소, 소독제의 부식성에 저항력이 있을 것
6. 수세실과 화장실은 접근이 쉬워야 하나 생산구역과 분리되어 있을 것
7. 작업소 전체에 적절한 조명을 설치하고, 조명이 파손될 경우를 대비한 제품을 보호할 수 있는 처리절차를 마련할 것
8. 제품의 오염을 방지하고 적절한 온도 및 습도를 유지할 수 있는 공기조화시설 등 적절한 환기시설을 갖출 것
9. 각 제조구역별 청소 및 위생관리 절차에 따라 효능이 입증된 세척제 및 소독제를 사용할 것
10. 제품의 품질에 영향을 주지 않는 소모품을 사용할 것

② 제조 및 품질관리에 필요한 설비 등은 다음 각 호에 적합하여야 한다.

1. 사용목적에 적합하고, 청소가 가능하며, 필요한 경우 위생·유지관리가 가능하여야 한다. 자동화시스템을 도입한 경우도 또한 같다.
2. 사용하지 않는 연결 호스와 부속품은 청소 등 위생관리를 하며, 건조한 상태로 유지하고 먼지, 얼룩 또는 다른 오염으로부터 보호할 것
3. 설비 등은 제품의 오염을 방지하고 배수가 용이하도록 설계, 설치하며, 제품 및 청소 소독제와 화학반응을 일으키지 않을 것
4. 설비 등의 위치는 원자재나 직원의 이동으로 인하여 제품의 품질에 영향을 주지 않도록 할 것
5. 용기는 먼지나 수분으로부터 내용물을 보호할 수 있을 것

6. 제품과 설비가 오염되지 않도록 배관 및 배수관을 설치하며, 배수관은 역류되지 않아야 하고, 청결을 유지할 것
7. 천정 주위의 대들보, 파이프, 덕트 등은 가급적 노출되지 않도록 설계하고, 파이프는 받침대 등으로 고정하고 벽에 닿지 않게 하여 청소가 용이하도록 설계할 것
8. 시설 및 기구에 사용되는 소모품은 제품의 품질에 영향을 주지 않도록 할 것

제9조(작업소의 위생) ① 곤충, 해충이나 쥐를 막을 수 있는 대책을 마련하고 정기적으로 점검·확인하여야 한다.

② 제조, 관리 및 보관 구역 내의 바닥, 벽, 천장 및 창문은 항상 청결하게 유지되어야 한다.

③ 제조시설이나 설비의 세척에 사용되는 세제 또는 소독제는 효능이 입증된 것을 사용하고 잔류하거나 적용하는 표면에 이상을 초래하지 아니하여야 한다.

④ 제조시설이나 설비는 적절한 방법으로 청소하여야 하며, 필요한 경우 위생관리 프로그램을 운영하여야 한다.

제10조(유지관리) ① 건물, 시설 및 주요 설비는 정기적으로 점검하여 화장품의 제조 및 품질관리에 지장이 없도록 유지·관리·기록하여야 한다.

② 결함 발생 및 정비 중인 설비는 적절한 방법으로 표시하고, 고장 등 사용이 불가할 경우 표시하여야 한다.

③ 세척한 설비는 다음 사용 시까지 오염되지 아니하도록 관리하여야 한다.

④ 모든 제조 관련 설비는 승인된 자만이 접근·사용하여야 한다.

⑤ 제품의 품질에 영향을 줄 수 있는 검사·측정·시험장비 및 자동화장치는 계획을 수립하여 정기적으로 교정 및 성능점검을 하고 기록해야 한다.

⑥ 유지관리 작업이 제품의 품질에 영향을 주어서는 안 된다.

제2절 원자재의 관리

제11조(입고관리) ① 화장품제조업자는 원자재 공급자에 대한 관리감독을 적절히 수행하여 입고관리가 철저히 이루어지도록 하여야 한다.

② 원자재의 입고 시 구매 요구서, 원자재 공급업체 성적서 및 현품이 서로 일치하여야 한다. 필요한 경우 운송 관련 자료를 추가적으로 확인할 수 있다.

③ 원자재 용기에 제조번호가 없는 경우에는 관리번호를 부여하여 보관하여야 한다.

④ 원자재 입고절차 중 육안확인 시 물품에 결함이 있을 경우 입고를 보류하고 격리보관 및 폐기하거나 원자재 공급업자에게 반송하여야 한다.

⑤ 입고된 원자재는 "적합", "부적합", "검사 중" 등으로 상태를 표시하여야 한다. 다만, 동일

수준의 보증이 가능한 다른 시스템이 있다면 대체할 수 있다.

⑥ 원자재 용기 및 시험기록서의 필수적인 기재 사항은 다음 각 호와 같다.

1. 원자재 공급자가 정한 제품명
2. 원자재 공급자명
3. 수령일자
4. 공급자가 부여한 제조번호 또는 관리번호

제12조(출고관리) 원자재는 시험결과 적합판정된 것만을 선입선출방식으로 출고해야 하고 이를 확인할 수 있는 체계가 확립되어 있어야 한다.

제13조(보관관리) ① 원자재, 반제품 및 벌크 제품은 품질에 나쁜 영향을 미치지 아니하는 조건에서 보관하여야 하며 보관기한을 설정하여야 한다.

② 원자재, 반제품 및 벌크 제품은 바닥과 벽에 닿지 아니하도록 보관하고, 선입선출에 의하여 출고할 수 있도록 보관하여야 한다.

③ 원자재, 시험 중인 제품 및 부적합품은 각각 구획된 장소에서 보관하여야 한다. 다만, 서로 혼동을 일으킬 우려가 없는 시스템에 의하여 보관되는 경우에는 그러하지 아니한다.

④ 설정된 보관기한이 지나면 사용의 적절성을 결정하기 위해 재평가시스템을 확립하여야 하며, 동 시스템을 통해 보관기한이 경과한 경우 사용하지 않도록 규정하여야 한다.

제14조(물의 품질) ① 물의 품질 적합기준은 사용 목적에 맞게 규정하여야 한다.

② 물의 품질은 정기적으로 검사해야 하고 필요시 미생물학적 검사를 실시하여야 한다.

③ 물 공급 설비는 다음 각 호의 기준을 충족해야 한다.

1. 물의 정체와 오염을 피할 수 있도록 설치될 것
2. 물의 품질에 영향이 없을 것
3. 살균처리가 가능할 것

제3절 제조관리

제15조(기준서 등) ① 제조 및 품질관리의 적합성을 보장하는 기본 요건들을 충족하고 있음을 보증하기 위하여 다음 각 항에 따른 제품표준서, 제조관리기준서, 품질관리기준서 및 제조위생관리기준서를 작성하고 보관하여야 한다.

② 제품표준서는 품목별로 다음 각 호의 사항이 포함되어야 한다.

1. 제품명
2. 작성연월일

3. 효능·효과(기능성 화장품의 경우) 및 사용상의 주의사항

4. 원료명, 분량 및 제조단위당 기준량

5. 공정별 상세 작업내용 및 제조공정흐름도

6. 공정별 이론 생산량 및 수율관리기준

7. 작업 중 주의사항

8. 원자재·반제품·완제품의 기준 및 시험방법

9. 제조 및 품질관리에 필요한 시설 및 기기

10. 보관조건

11. 사용기한 또는 개봉 후 사용기간

12. 변경이력

13. 다음 사항이 포함된 제조지시서

가. 제품표준서의 번호

나. 제품명

다. 제조번호, 제조연월일 또는 사용기한(또는 개봉 후 사용기간)

라. 제조단위

마. 사용된 원료명, 분량, 시험번호 및 제조단위당 실 사용량

바. 제조 설비명

사. 공정별 상세 작업내용 및 주의사항

아. 제조지시자 및 지시연월일

14. 그 밖에 필요한 사항

③ 제조관리기준서는 다음 각 호의 사항이 포함되어야 한다.

1. 제조공정관리에 관한 사항

가. 작업소의 출입제한

나. 공정검사의 방법

다. 사용하려는 원자재의 적합판정 여부를 확인하는 방법

라. 재작업방법

2. 시설 및 기구 관리에 관한 사항

가. 시설 및 주요설비의 정기적인 점검방법

나. 작업 중인 시설 및 기기의 표시방법

다. 장비의 교정 및 성능점검 방법

3. 원자재 관리에 관한 사항

가. 입고 시 품명, 규격, 수량 및 포장의 훼손 여부에 대한 확인방법과 훼손되었을 경우 그 처리방법

나. 보관장소 및 보관방법

다. 시험결과 부적합품에 대한 처리방법

라. 취급 시의 혼동 및 오염 방지대책

마. 출고 시 선입선출 및 칭량된 용기의 표시사항

바. 재고관리

4. 완제품 관리에 관한 사항

가. 입·출하 시 승인판정의 확인방법

나. 보관장소 및 보관방법

다. 출하 시의 선입선출방법

5. 위탁제조에 관한 사항

가. 원자재의 공급, 반제품, 벌크제품 또는 완제품의 운송 및 보관 방법

나. 수탁자 제조기록의 평가방법

④ 품질관리기준서는 다음 각 호의 사항이 포함되어야 한다.

1. 다음 사항이 포함된 시험지시서

가. 제품명, 제조번호 또는 관리번호, 제조연월일

나. 시험지시번호, 지시자 및 지시연월일

다. 시험항목 및 시험기준

2. 시험검체 채취방법 및 채취 시의 주의사항과 채취 시의 오염방지대책

3. 시험시설 및 시험기구의 점검(장비의 교정 및 성능점검 방법)

4. 안정성시험

5. 완제품 등 보관용 검체의 관리

6. 표준품 및 시약의 관리

7. 위탁시험 또는 위탁제조하는 경우 검체의 송부방법 및 시험결과의 판정방법

8. 그 밖에 필요한 사항

⑤ 제조위생관리기준서는 다음 각 호의 사항이 포함되어야 한다.

1. 작업원의 건강관리 및 건강상태의 파악·조치방법

2. 작업원의 수세, 소독방법 등 위생에 관한 사항

3. 작업복장의 규격, 세탁방법 및 착용규정

4. 작업실 등의 청소(필요한 경우 소독을 포함한다. 이하 같다) 방법 및 청소주기

5. 청소상태의 평가방법

6. 제조시설의 세척 및 평가

가. 책임자 지정

나. 세척 및 소독 계획

다. 세척방법과 세척에 사용되는 약품 및 기구

라. 제조시설의 분해 및 조립 방법

마. 이전 작업 표시 제거방법

바. 청소상태 유지방법

사. 작업 전 청소상태 확인방법

7. 곤충, 해충이나 쥐를 막는 방법 및 점검주기

8. 그 밖에 필요한 사항

제16조(칭량) ① 원료는 품질에 영향을 미치지 않는 용기나 설비에 정확하게 칭량 되어야 한다.

② 원료가 칭량되는 도중 교차오염을 피하기 위한 조치가 있어야 한다.

제17조(공정관리) ① 제조공정 단계별로 적절한 관리기준이 규정되어야 하며 그에 미치지 못한 모든 결과는 보고되고 조치가 이루어져야 한다.

② 반제품은 품질이 변하지 아니하도록 적당한 용기에 넣어 지정된 장소에서 보관해야 하며 용기에 다음 사항을 표시해야 한다.

1. 명칭 또는 확인코드
2. 제조번호
3. 완료된 공정명
4. 필요한 경우에는 보관조건

③ 반제품의 최대 보관기한은 설정하여야 하며, 최대 보관기한이 가까워진 반제품은 완제품 제조하기 전에 품질이상, 변질 여부 등을 확인하여야 한다.

제18조(포장작업) ① 포장작업에 관한 문서화된 절차를 수립하고 유지하여야 한다.

② 포장작업은 다음 각 호의 사항을 포함하고 있는 포장지시서에 의해 수행되어야 한다.

1. 제품명
2. 포장 설비명
3. 포장재 리스트
4. 상세한 포장공정
5. 포장생산수량

③ 포장작업을 시작하기 전에 포장작업 관련 문서의 완비여부, 포장설비의 청결 및 작동여부 등을 점검하여야 한다.

제19조(보관 및 출고) ① 완제품은 적절한 조건하의 정해진 장소에서 보관하여야 하며, 주기적

으로 재고 점검을 수행해야 한다.

② 완제품은 시험결과 적합으로 판정되고 품질보증부서 책임자가 출고 승인한 것만을 출고하여야 한다.

③ 출고는 선입선출방식으로 하되, 타당한 사유가 있는 경우에는 그러지 아니할 수 있다.

④ 출고할 제품은 원자재, 부적합품 및 반품된 제품과 구획된 장소에서 보관하여야 한다. 다만 서로 혼동을 일으킬 우려가 없는 시스템에 의하여 보관되는 경우에는 그러하지 아니할 수 있다.

제4장 품질관리

제20조(시험관리) ① 품질관리를 위한 시험업무에 대해 문서화된 절차를 수립하고 유지하여야 한다.

② 원자재, 반제품 및 완제품에 대한 적합 기준을 마련하고 제조번호별로 시험 기록을 작성·유지하여야 한다.

③ 시험결과 적합 또는 부적합인지 분명히 기록하여야 한다.

④ 원자재, 반제품 및 완제품은 적합판정이 된 것만을 사용하거나 출고하여야 한다.

⑤ 정해진 보관 기간이 경과된 원자재 및 반제품은 재평가하여 품질기준에 적합한 경우 제조에 사용할 수 있다.

⑥ 모든 시험이 적절하게 이루어졌는지 시험기록은 검토한 후 적합, 부적합, 보류를 판정하여야 한다.

⑦ 기준일탈이 된 경우는 규정에 따라 책임자에게 보고한 후 조사하여야 한다. 조사결과는 책임자에 의해 일탈, 부적합, 보류를 명확히 판정하여야 한다.

⑧ 표준품과 주요시약의 용기에는 다음 사항을 기재하여야 한다.

1. 명칭
2. 개봉일
3. 보관조건
4. 사용기한
5. 역가, 제조자의 성명 또는 서명(직접 제조한 경우에 한함)

제21조(검체의 채취 및 보관) ① 시험용 검체는 오염되거나 변질되지 아니하도록 채취하고, 채취한 후에는 원상태에 준하는 포장을 해야 하며, 검체가 채취되었음을 표시하여야 한다.

② 시험용 검체의 용기에는 다음 사항을 기재하여야 한다.

1. 명칭 또는 확인코드

2. 제조번호
3. 검체채취 일자
③ 완제품의 보관용 검체는 적절한 보관조건 하에 지정된 구역 내에서 제조단위별로 사용기한 경과 후 1년간 보관하여야 한다. 다만, 개봉 후 사용기간을 기재하는 경우에는 제조일로부터 3년간 보관하여야 한다.

제22조(폐기처리 등) ① 품질에 문제가 있거나 회수·반품된 제품의 폐기 또는 재작업 여부는 품질보증 책임자에 의해 승인되어야 한다.
② 재작업은 그 대상이 다음 각 호를 모두 만족한 경우에 할 수 있다.
1. 변질·변패 또는 병원미생물에 오염되지 아니한 경우
2. 제조일로부터 1년이 경과하지 않았거나 사용기한이 1년 이상 남아있는 경우
③ 재입고 할 수 없는 제품의 폐기처리규정을 작성하여야 하며 폐기 대상은 따로 보관하고 규정에 따라 신속하게 폐기하여야 한다.

제23조(위탁계약) ① 화장품 제조 및 품질관리에 있어 공정 또는 시험의 일부를 위탁하고자 할 때에는 문서화된 절차를 수립·유지하여야 한다.
② 제조업무를 위탁하고자 하는 자는 제30조에 따라 식품의약품안전처장으로부터 우수화장품 제조 및 품질관리기준 적합판정을 받은 업소에 위탁제조하는 것을 권장한다.
③ 위탁업체는 수탁업체의 계약 수행능력을 평가하고 그 업체가 계약을 수행하는데 필요한 시설 등을 갖추고 있는지 확인해야 한다.
④ 위탁업체는 수탁업체와 문서로 계약을 체결해야 하며 정확한 작업이 이루어질 수 있도록 수탁업체에 관련 정보를 전달해야 한다.
⑤ 위탁업체는 수탁업체에 대해 계약에서 규정한 감사를 실시해야 하며 수탁업체는 이를 수용하여야 한다.
⑥ 수탁업체에서 생성한 위·수탁 관련 자료는 유지되어 위탁업체에서 이용 가능해야 한다.

제24조(일탈관리) 제조과정 중의 일탈에 대해 조사를 한 후 필요한 조치를 마련해야 한다.

제25조(불만처리) ① 불만처리담당자는 제품에 대한 모든 불만을 취합하고, 제기된 불만에 대해 신속하게 조사하고 그에 대한 적절한 조치를 취하여야 하며, 다음 각 호의 사항을 기록·유지하여야 한다.
1. 불만 접수연월일
2. 불만 제기자의 이름과 연락처

3. 제품명, 제조번호 등을 포함한 불만내용
4. 불만조사 및 추적조사 내용, 처리결과 및 향후 대책
5. 다른 제조번호의 제품에도 영향이 없는지 점검
② 불만은 제품 결함의 경향을 파악하기 위해 주기적으로 검토하여야 한다.

제26조(제품회수) ① 화장품제조업자는 제조한 화장품에서 「화장품법」 제9조, 제15조, 또는 제16조제1항을 위반하여 위해 우려가 있다는 사실을 알게 되면 지체 없이 회수에 필요한 조치를 하여야 한다.
② 다음 사항을 이행하는 회수 책임자를 두어야 한다.
1. 전체 회수과정에 대한 화장품책임판매업자와의 조정역할
2. 결함 제품의 회수 및 관련 기록 보존
3. 소비자 안전에 영향을 주는 회수의 경우 회수가 원활히 진행될 수 있도록 필요한 조치 수행
4. 회수된 제품은 확인 후 제조소 내 격리보관 조치(필요시에 한함)
5. 회수과정의 주기적인 평가(필요시에 한함)

제27조(변경관리) 제품의 품질에 영향을 미치는 원자재, 제조공정 등을 변경할 경우에는 이를 문서화하고 품질보증책임자에 의해 승인된 후 수행하여야 한다.

제28조(내부감사) ① 품질보증체계가 계획된 사항에 부합하는지를 주기적으로 검증하기 위하여 내부감사를 실시하여야 하고 내부감사 계획 및 실행에 관한 문서화된 절차를 수립하고 유지하여야 한다.
② 감사자는 감사대상과는 독립적이어야 하며, 자신의 업무에 대하여 감사를 실시하여서는 아니 된다.
③ 감사 결과는 기록되어 경영책임자 및 피감사 부서의 책임자에게 공유되어야 하고 감사 중에 발견된 결함에 대하여 시정조치 하여야 한다.
④ 감사자는 시정조치에 대한 후속 감사활동을 행하고 이를 기록하여야 한다.

제29조(문서관리) ① 화장품제조업자는 우수화장품 제조 및 품질보증에 대한 목표와 의지를 포함한 관리방침을 문서화하며 전 작업원들이 실행하여야 한다.
② 모든 문서의 작성 및 개정·승인·배포·회수 또는 폐기 등 관리에 관한 사항이 포함된 문서관리규정을 작성하고 유지하여야 한다.
③ 문서는 작업자가 알아보기 쉽도록 작성하여야 하며 작성된 문서에는 권한을 가진 사람의 서명과 승인연월일이 있어야 한다.

④ 문서의 작성자·검토자 및 승인자는 서명을 등록한 후 사용하여야 한다.

⑤ 문서를 개정할 때는 개정사유 및 개정연월일 등을 기재하고 권한을 가진 사람의 승인을 받아야 하며 개정 번호를 지정해야 한다.

⑥ 원본 문서는 품질보증부서에서 보관하여야 하며, 사본은 작업자가 접근하기 쉬운 장소에 비치·사용하여야 한다.

⑦ 문서의 인쇄본 또는 전자매체를 이용하여 안전하게 보관해야 한다.

⑧ 작업자는 작업과 동시에 문서에 기록하여야 하며 지울 수 없는 잉크로 작성하여야 한다.

⑨ 기록문서를 수정하는 경우에는 수정하려는 글자 또는 문장 위에 선을 그어 수정 전 내용을 알아볼 수 있도록 하고 수정된 문서에는 수정사유, 수정연월일 및 수정자의 서명이 있어야 한다.

⑩ 모든 기록문서는 적절한 보존기간이 규정되어야 한다.

⑪ 기록의 훼손 또는 소실에 대비하기 위해 백업파일 등 자료를 유지하여야 한다.

제5장 판정 및 감독

제30조(평가 및 판정) ① 우수화장품 제조 및 품질관리기준 적합판정을 받고자 하는 업소는 별지 제1호 서식에 따른 신청서(전자문서를 포함한다)에 다음 각 호의 서류를 첨부하여 식품의약품안전처장에게 제출하여야 한다. 다만, 일부 공정만을 행하는 업소는 별표 1에 따른 해당 공정을 별지 제1호 서식에 기재하여야 한다.

1. 삭제〈2012. 10. 16.〉
2. 우수화장품 제조 및 품질관리기준에 따라 3회 이상 적용·운영한 자체평가표
3. 화장품 제조 및 품질관리기준 운영조직
4. 제조소의 시설내역
5. 제조관리현황
6. 품질관리현황

② 삭제〈2012. 10. 16.〉

③ 삭제〈2012. 10. 16.〉

④ 식품의약품안전처장은 제출된 자료를 평가하고 별표 2에 따른 실태조사를 실시하여 우수화장품 제조 및 품질관리기준 적합판정한 경우에는 별지 제3호 서식에 따른 우수화장품 제조 및 품질관리기준 적합업소 증명서를 발급하여야 한다. 다만, 일부 공정만을 행하는 업소는 해당 공정을 증명서내에 기재하여야 한다.

제31조(우대조치) ① 삭제〈2012. 10. 16.〉

② 국제규격인증업체(CGMP, ISO9000) 또는 품질보증 능력이 있다고 인정되는 업체에서 제공된 원료·자재는 제공된 적합성에 대한 기록의 증거를 고려하여 검사의 방법과 시험항목을 조정할 수 있다.

③ 식품의약품안전처장은 제30조에 따라 우수화장품 제조 및 품질관리기준 적합판정을 받은 업소는 정기 수거검정 및 정기감시 대상에서 제외할 수 있다.

④ 제30조에 따라 우수화장품 제조 및 품질관리기준 적합판정을 받은 업소는 별표 3에 따른 로고를 해당 제조업소와 그 업소에서 제조한 화장품에 표시하거나 그 사실을 광고할 수 있다.

제32조(사후관리) ① 식품의약품안전처장은 제30조에 따라 우수화장품 제조 및 품질관리기준 적합판정을 받은 업소에 대해 별표 2의 우수화장품 제조 및 품질관리기준 실시상황평가표에 따라 3년에 1회 이상 실태조사를 실시하여야 한다.

② 식품의약품안전처장은 사후관리 결과 부적합 업소에 대하여 일정한 기간을 정하여 시정하도록 지시하거나, 우수화장품 제조 및 품질관리기준 적합업소 판정을 취소할 수 있다.

③ 식품의약품안전처장은 제1항에도 불구하고 제조 및 품질관리에 문제가 있다고 판단되는 업소에 대하여 수시로 우수화장품 제조 및 품질관리기준 운영 실태조사를 할 수 있다.

제33조(재검토기한) 식품의약품안전처장은 「훈령·예규 등의 발령 및 관리에 관한 규정」에 따라 이 고시에 대하여 2016년 1월 1일 기준으로 매 3년이 되는 시점(매 3년째의 12월 31까지를 말한다)마다 그 타당성을 검토하여 개선 등의 조치를 하여야 한다.

부칙 〈제2020-12호, 2020. 2. 25.〉

이 고시는 고시한 날부터 시행한다.

2. 화장품 미생물한도 시험법 가이드라인 (민원인 안내서)

식품의약품안전평가원 의료제품연구부 화장품연구과 (2021. 10.)

이 안내서는 화장품 미생물한도 시험법에 대하여 알기 쉽게 설명하거나 식품의약품안전처의 입장을 기술한 것입니다.
본 안내서는 대외적으로 법적 효력을 가지는 것이 아니므로 본문의 기술방식('~하여야 한다' 등)에도 불구하고 민원인 여러분께서 반드시 준수하셔야 하는 사항이 아님을 알려드립니다. 또한, 본 안내서는 2021년 10월 현재의 과학적·기술적 사실 및 유효한 법규를 토대로 작성되었으므로 이후 최신 개정 법규 내용 및 구체적인 사실관계 등에 따라 달리 적용될 수 있음을 알려드립니다.
※ "민원인 안내서"란 대내외적으로 법령 또는 고시 · 훈령 · 예규 등을 알기 쉽게 풀어서 설명하거나 특정한 사안에 대하여 식품의약품안전처의 입장을 기술하는 것(식품의약품안전처 지침서 등의 관리에 관한 규정 제2조)

Ⅰ. 개요

❖ 화장품 미생물한도 시험법이란?

화장품 미생물한도 시험법은
- 화장품 내 미생물 수를 측정(총 호기성 생균수 시험) 하고
- 특정미생물의 존재여부(특정미생물 시험)를 판단하여

화장품이 미생물 허용한도기준에 적합한지 확인하기 위한 시험입니다.

- 식품의약품안전처에서는 국내 화장품의 품질 및 안전성을 확보하고자 '화장품 안전기준 등에 관한 규정'을 운영하고 있으며, 동 규정 '[별표4] 유통화장품 안전관리 시험방법'을 통해 미생물한도 시험법을 제시하고 있습니다.

• 본 가이드라인[1]은 화장품 미생물한도 시험에 사용되는 용어 설명, 시험 시 주의사항, 시험 방법 및 결과 해석 사례 등을 포함하고 있습니다.

• 또한, 화장품 제형에 따른 미생물한도 시험법 적용 사례를 설명하여 실무자들이 시험을 수행하는데 도움이 되도록 하였습니다.

Ⅱ. 미생물한도 시험법의 구성

❖ 미생물한도 시험은 어떻게 수행하나요?

① 검체(화장품)에 희석액·분산제 등을 넣어 **검액을 제조**합니다.

② 시험에 들어가기 전, 제품에 적용되는 본 시험법이 적합한지 확인하기 위하여 **시험법 적합성 시험**을 수행합니다.

③ 시험법이 적합하다고 판단되면, 검체 내 미생물 오염수준을 확인하기 위한 **총 호기성 생균수 시험**과 **특정미생물 시험**을 수행합니다.

총 호기성 생균수 시험이란?

화장품 안에 있는 호기성 세균과 진균의 수를 측정하는 시험입니다.

특정미생물 시험이란?

화장품 안에 특정미생물(대장균, 녹농균, 황색포도상구균)이 존재하는지 확인하는 시험입니다.

〈시험법의 구성〉

	총 호기성 생균수 시험	특정미생물 시험
STEP 1	검체 전처리(검액 제조)	검체 전처리(검액 제조)+배양
STEP 2	시험법 적합성 시험	시험법 적합성 시험
STEP 3	본시험(호기성 세균수 및 진균수 확인)	본시험(특정미생물 검출여부 확인)

1. 본 가이드라인은 국내 시험법(식품의약품안전처 고시 제 2020-12호) 및 국제 시험법(FDA의 BAM for cosmetics, PCPC microbiology guidelines M-1/M-2, USP 61/62, 1111 및 ISO 21322, 11930, 16212, 18416, 21150, 22717, 22718, 18415, 21148, 21149)을 근거로 제작하였습니다.

Ⅲ. 미생물한도 시험 시 주의사항

❖ 시험을 수행하기 전 이것만은 꼭 기억하세요!

아래 내용은 미생물 시험의 정확한 결과 확보를 위하여 검체 취급 시 꼭 기억해야하는 주의사항입니다.

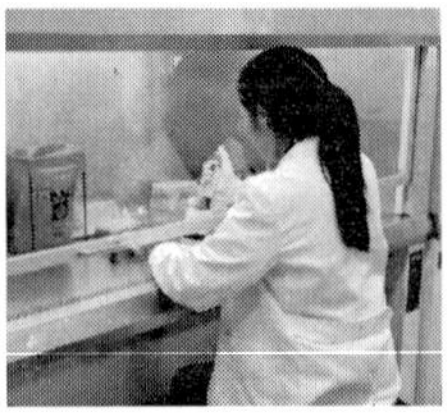

〈클린벤치 사용 모습〉

☑ 모든 시험과정에서 미생물 오염에 주의합니다!

- 미생물 교차오염 방지를 위하여 클린벤치를 이용합니다.
- 검체 이외에 모든 재료는 멸균하여 사용합니다.
- 실험자와 검체, 외부환경 간의 미생물 교차오염에 주의합니다.

☑ 온도 관리에 주의합니다!

- 온도는 검체 내 미생물의 증식 및 사멸에 영향을 미칠 수 있습니다.
- 검체 보관이 필요할 때는 '실온 보관'을 기본 원칙으로 합니다.
- 특정 보관 온도가 별도로 제시된 화장품이 아닐 경우 냉동·냉장 보관하는 것을 권장하지 않습니다.

☑ 검체는 미생물 오염 방지를 위해 반드시 소독 후 취급합니다!

- 검체 개봉 전, 70 % 에탄올 등을 묻힌 멸균 거즈로 검체 입구 주위를 잘 닦아줍니다.

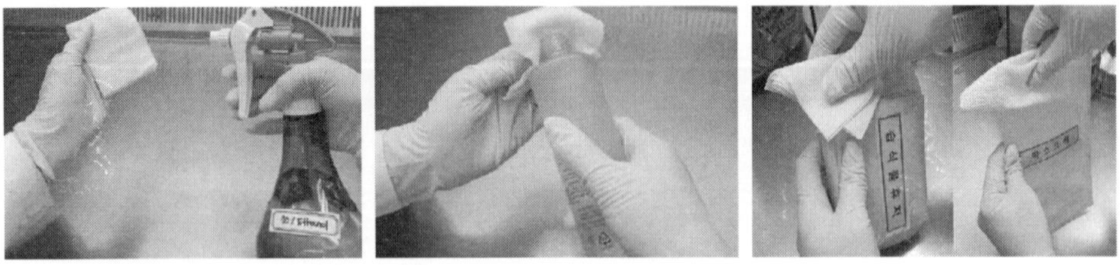

〈70 % 에탄올을 묻힌 멸균로 검체 입구를 소독하는 모습〉

☑ 검체 채취 시 정확한 용량을 소분합니다!

- 일부 점도가 높은 액상 제품의 경우, 정확한 소분을 위하여 바늘을 제거한 일회용 멸균 주사기를 사용할 수 있습니다(단, 주사기 재사용 금지).
- 이때, 정확한 양을 채취하기 위하여 주사기 내 기포가 생기지 않도록 주의해야 합니다.

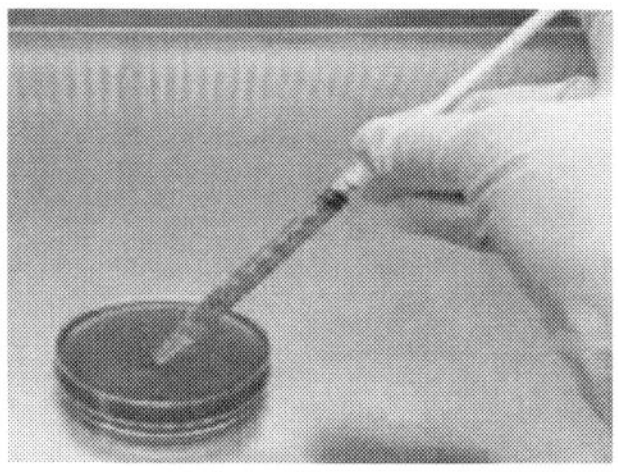

〈올바른 주사기 사용 예〉

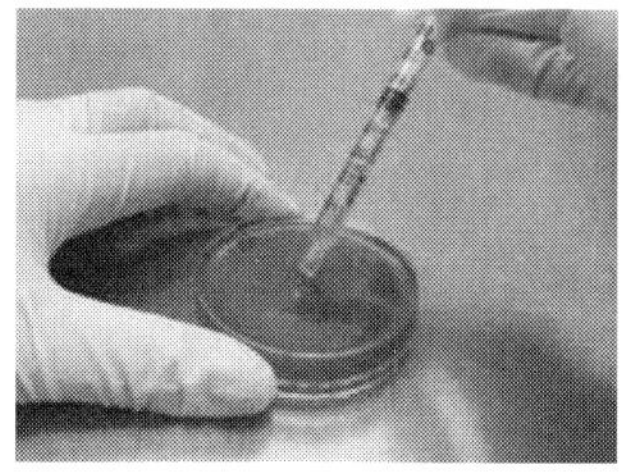

〈잘못된 주사기 사용 예 -기포 발생〉

☑ 내용물을 취하기 어려운 제품은 이렇게 준비하세요!

- 검체는 부자재(예: 침적마스크 중 부직포 등)를 제외한 화장품의 내용물로 합니다.
- 내용물을 취하기 어려운 제품(예: 하이드로겔 마스크 등)의 경우 검체에 부자재를 포함할 수 있습니다.
- 전처리 시 균일하게 분산될 수 있도록 검체를 최대한 작게 준비합니다.

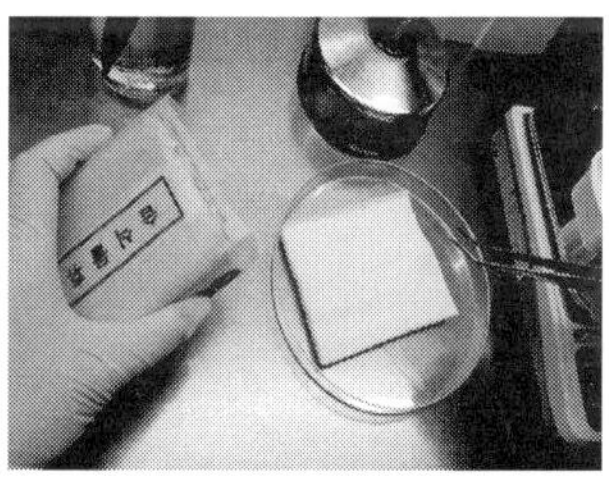

〈검체 채취 예〉

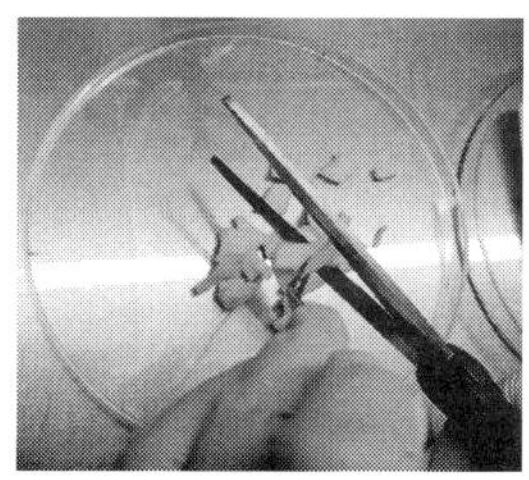

〈검체 처리 예〉

1. 검체의 전처리(검액 제조)

1-1. 개요

❖ 검체의 전처리는 왜 중요할까요?

검체에 희석액[1], 분산제[2], 지용성 용매[3] 를 첨가하고 검체를 충분히 분산시키는 전처리 과정을 통해 보존제 등 항균활성물질을 중화시키거나 제거하여 실험의 정확도를 향상시킬 수 있기 때문입니다.

1) 희석액: 검체 희석을 위해 완충식염펩톤수(pH 7.0), 인산완충액(pH 7.2)를 사용할 수 있습니다.
2) 분산제: 멸균한 폴리소르베이트 80 등을 사용할 수 있으며, 미생물 생육에 대하여 영향이 없는 것 또는 영향이 없는 농도이어야 합니다.
3) 지용성 용매: 멸균한 미네랄 오일 등을 사용할 수 있으며, 미생물 생육에 대하여 영향이 없는 것이어야 합니다. 첨가량은 대상 검체 특성에 맞게 설정하여야 합니다.

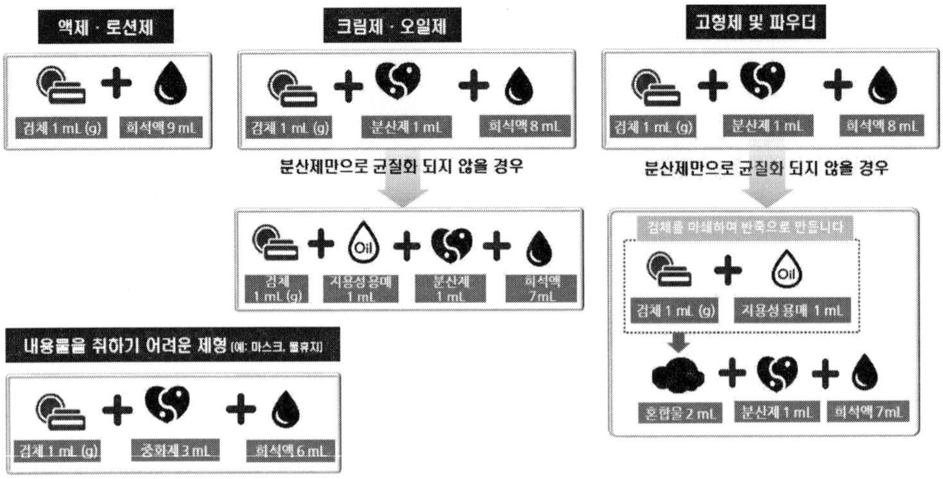

참고하세요!

- 지용성 용매는 대상 검체 특성에 따라 조절하여 넣을 수 있습니다.
- 마스크팩, 물휴지의 경우 지용성 용매 및 점도가 있는 중화제는 시트의 분산을 방해하고 뭉치게 하므로 가급적 사용을 지양합니다.
- 검액의 균질화를 위하여
  1) 가온(약40 ℃, 30분)하거나 2) 멸균한 유리구슬 첨가 후 교반 할 수 있습니다.

1-2. 대표 제품군별 검액 제조 가이드라인

다양한 제형의 화장품에 대한 검액 제조 방법을 쉽게 이해할 수 있도록 대표 제품군 별 수행 사례를 아래에 정리하였습니다.

✚ 액제·로션제

제품 종류 ▶
화장수, 샴푸, 폼 클렌져, 로션, 린스 등

예시 1 로션

- 검체 1 mL(g)에 희석배지(변형레틴액체배지 또는 검증된 배지) 또는 희석액 9 mL를 넣어 10배 희석액을 만들어줍니다.

STEP 1. 검체 채취	STEP 2. 희석배지 첨가 및 균질화
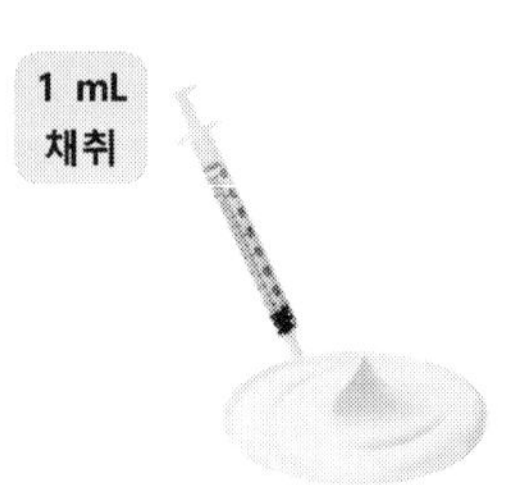	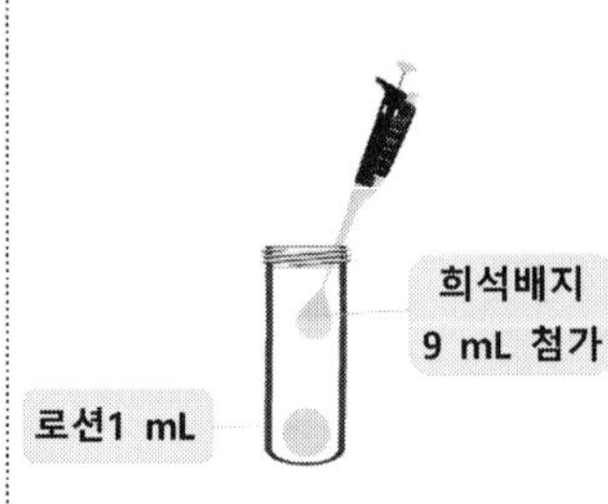
피펫이나 주사기(점도가 높은 경우)를 이용하여 샘플을 채취하여 검액 제조용 용기에 넣어줍니다.	희석배지 첨가 후, 기계식 교반기를 이용하여 검체를 균질화시켜 줍니다.

✚ 크림·오일제

제품 종류 ▶ 크림, 오일, 립글로스, 헤어젤, 포마드 등

예시 2 **크림**

– 검체 1 mL(g)에 적당한 분산제 1 mL를 넣어 균질화 시키고 희석배지(변형레틴액체배지 또는 검증된 배지) 또는 희석액 8 mL를 넣어 10배 희석액을 만들어줍니다.

STEP 1. 검체 채취

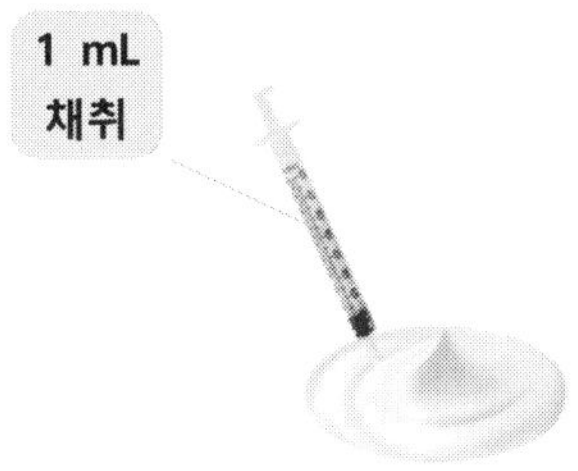

피펫이나 주사기(점도가 높은 경우)를 이용하여 샘플을 채취하여 검액 제조용 용기에 넣어줍니다.

STEP 2. 분산제 첨가

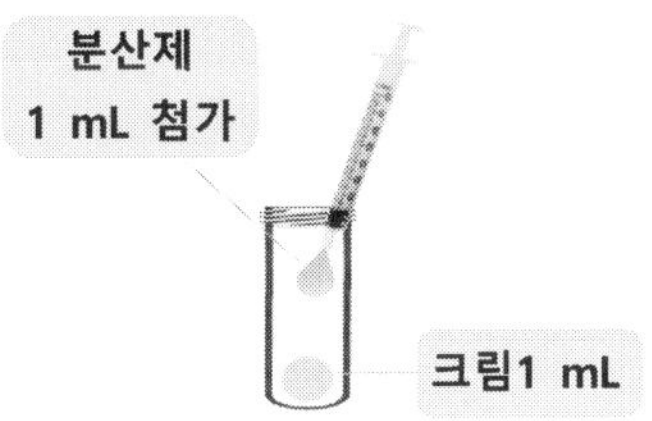

분산제(Tween 80 등) 1 mL를 첨가합니다.

STEP 3. 균질화

기계식 교반기 등으로 충분히 균질화 시켜줍니다.

STEP 4. 희석배지 첨가 및 균질화

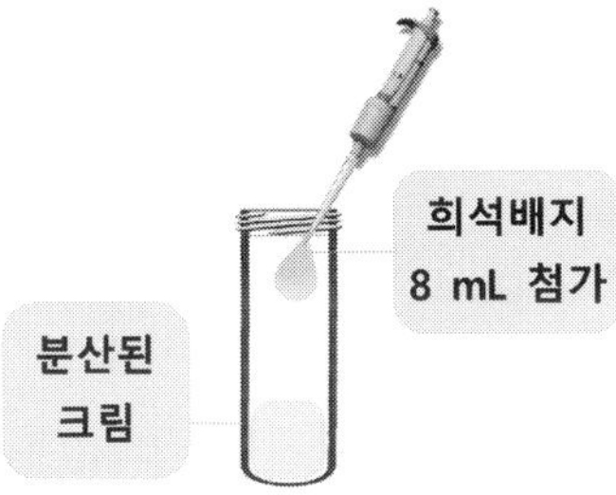

희석배지 8 mL를 첨가한 후 기계식 교반기 등으로 충분히 균질화 시켜 줍니다.

예시 3 **포마드**

- 포마드와 같이 분산제만으로 균질화 되지 않는 오일 함량이 높은 제품은 검체 1 mL(g)에 적당량의 지용성 용매를 첨가하여 검체를 용해시킨 뒤 적당량의 분산제 및 희석배지(변형레틴 액체배지 또는 검증된 배지) 또는 희석액을 넣어 10배 희석액을 만들어줍니다.

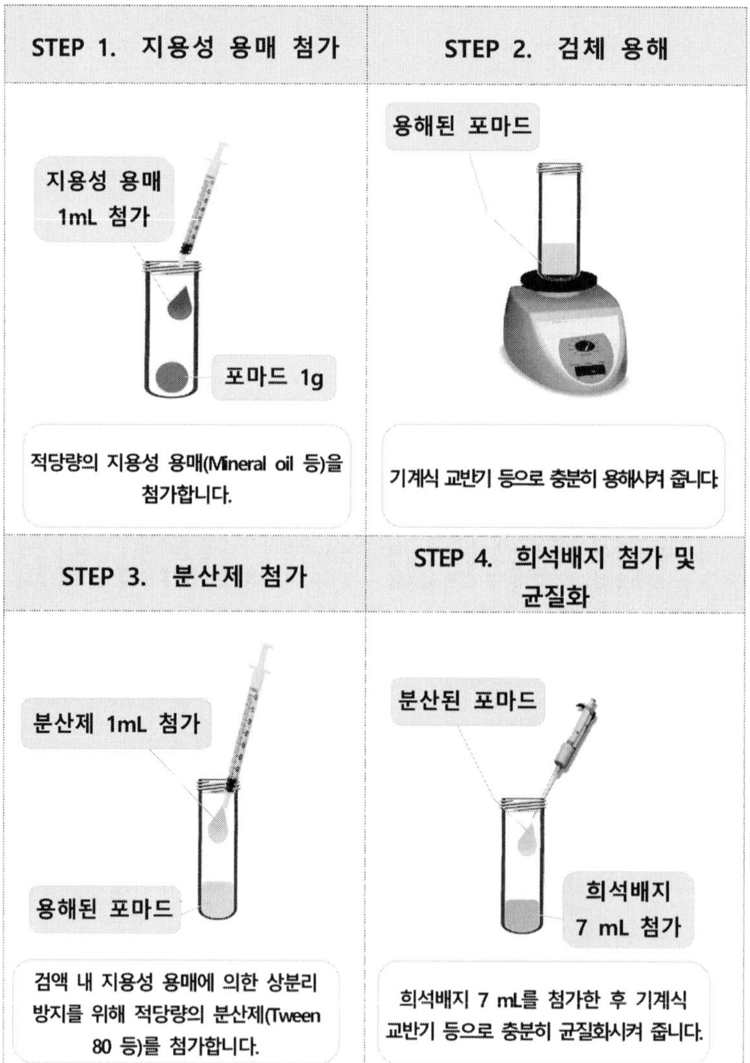

✚ 파우더·고형제

제품 종류 ▶ 파우더케이크, 아이섀도, 립스틱, 아이브로펜슬 등

예시 4 파우더

- 검체 1 mL(g)에 적당한 분선제 1 mL를 넣어 균질화 시킨 후 희석배지(변형레틴액체배지 또는 검증된 배지) 또는 희석액 8 mL를 넣어 10배 희석액을 만들어줍니다.

STEP 1. 검체 채취

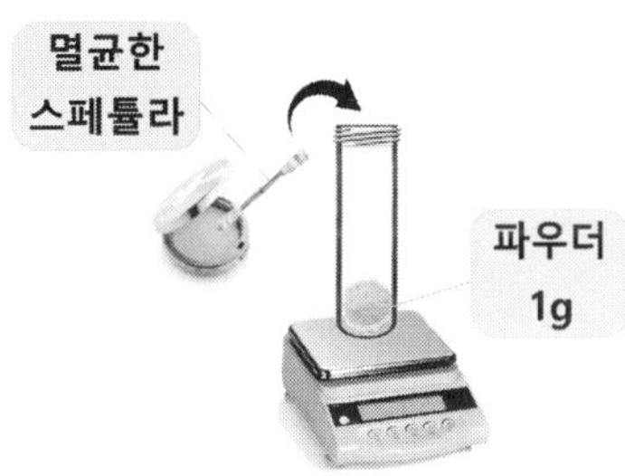

멸균한 스페튤라 및 저울을 이용하여 정확하게 소분합니다.

STEP 2. 분산제 첨가

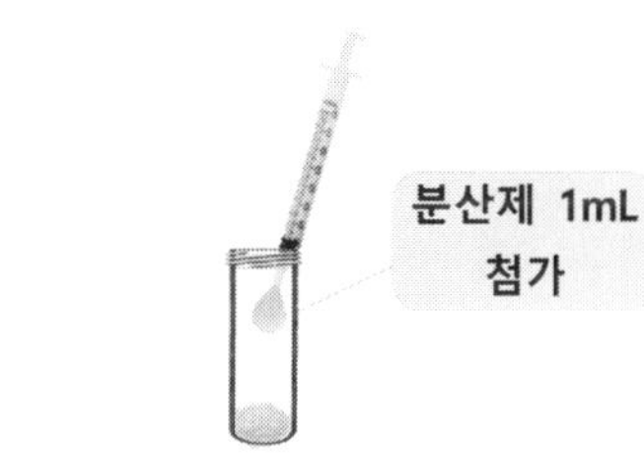

분산제(Tween 80 등) 1 mL를 첨가합니다.

STEP 3. 희석배지 첨가

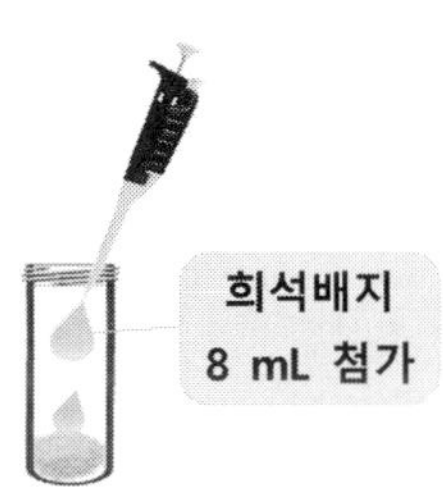

희석배지 8 mL를 첨가합니다.

STEP 4. 균질화

기계식 교반기 등으로 충분히 균질화 시켜줍니다.

예시 5 립스틱

- 립스틱, 립밤 등 비수용성 고형제는 분산제만으로 균질화되지 않을 수 있습니다.
- 검체 1 g에 적당량의 지용성 용매를 첨가한 후 스페튤라, 조직마쇄기(tissue-grinder) 등을 이용하여 검체를 반죽형태로 만듭니다.
- 검체의 특성에 따라 지용성 용매 없이 분산제만으로 반죽형태로 만들 수 있습니다.
- 그 다음, 분산제 및 희석배지(변형레틴액체배지 또는 검증된 배지) 또는 희석액을 첨가하여 검액을 만듭니다.

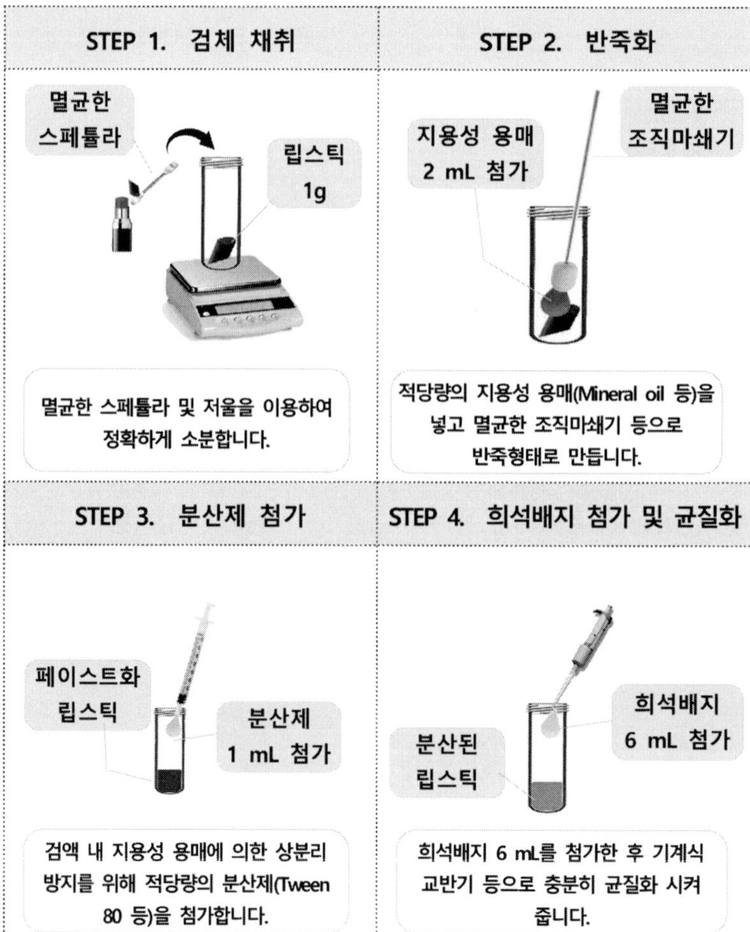

※ 추가적으로 검액을 만든 뒤 가온처리(약 40℃, 30분)를 하거나 교반 시 멸균한 유리구슬(5 mm: 5-7개, 3 mm: 10-15개)을 넣어 균질화시킬 수 있습니다.

✚ 에어로졸류

예시 6 쉐이빙 폼

- 쉐이빙 폼과 같이 폼 형태(거품이 분사되는 형태)등 밀도가 낮은 검체의 경우 멸균된 비커와 같이 부피가 큰 용기를 사용할 수 있습니다.
- 멸균된 비커 안에 있는 검체 1 mL(g)에 적당한 분산제 1 mL 및 희석배지(변형레틴액체배지 또는 검증된배지) 또는 희석액 8 mL를 넣어 10배 희석액을 만들어줍니다.

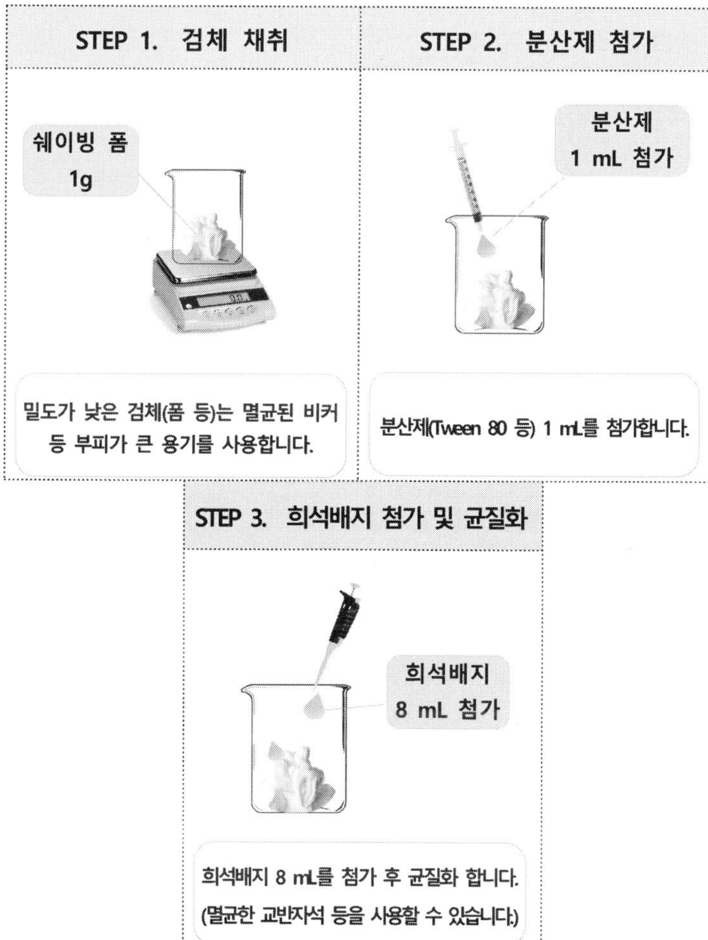

✚ 내용물을 취하기 어려운 제형

예시 7 침적용마스크(하이드로겔 마스크)

- 작게 자른 검체 1 g(mL)에 중화제(Dey−Engley neutralizing broth)* 또는 검증된 중화제 3 mL와 희석배지(변형레틴액체배지 또는 검증된 배지) 6 mL를 넣어 10배 희석액을 만들어줍니다.

*검체에 함유되어 있는 항균활성 물질을 중화시키고, 검체를 균질화 시킬 수 있도록 Dey−Engley 중화배지(D/E buffer) 등을 사용한다.

STEP 1. 검체 채취

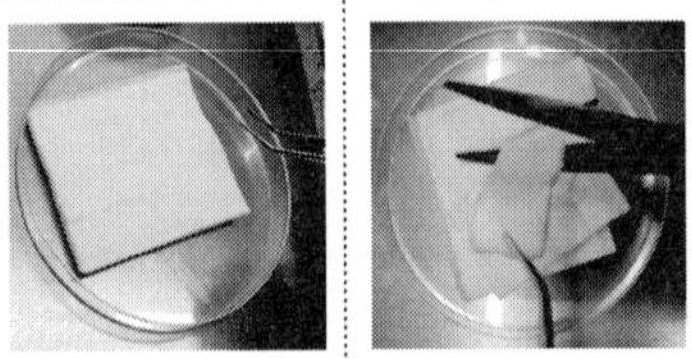

검체는 여러부위를 멸균한 가위와 핀셋을 사용하여 최대한 작게 잘라줍니다.

STEP 2. 중화제 첨가

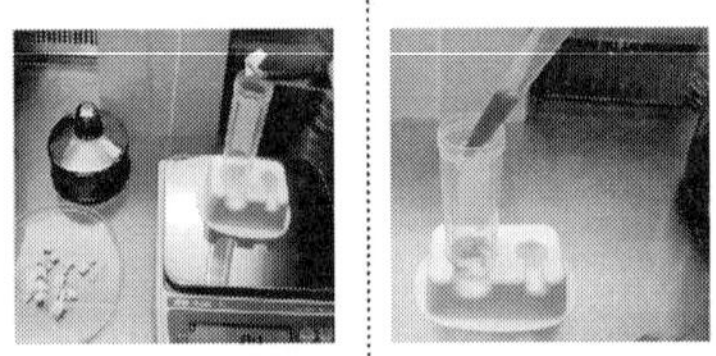

자른 검체 1 g을 50 mL 튜브에 넣고, 3 mL 중화제를 넣어 1차 균질화 합니다.

STEP 3. 희석배지 첨가 및 균질화

희석배지 6 mL를 넣은 후 1분간 균질화 합니다.

참고하세요!

- 중화제를 희석배지보다 먼저 넣어 희석되기 전 항균활성 물질을 제어하는 역할을 할 수 있게 합니다.
- 화염 멸균한 가위와 핀셋은 반드시 충분히 식힌 후 사용해야 합니다.

비수용성 고형제의 전처리법

예시 1 립스틱

분산제 및 희석배지 첨가 이전에 지용성 용매를 첨가한 다음 스페튤라, 조직마쇄기 등을 이용하여 검체를 반죽형태로 만드는 작업을 수행하면 충분히 균질화된 검액을 만들 수 있습니다.

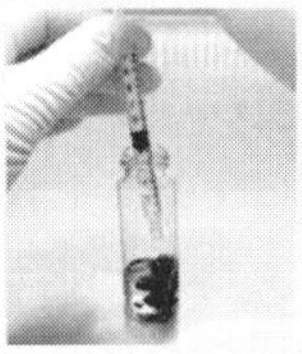

• 검체 1 g에 분산제 1 mL와 지용성 용매 2 ml 첨가한 모습

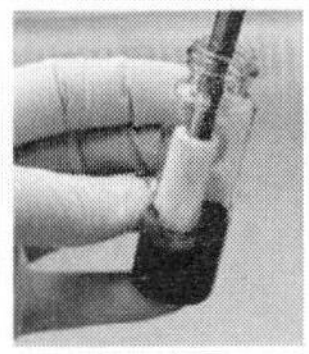

• 조직마쇄기를 이용하여 반죽형태로 만드는 모습

• 희석배지를 첨가하여 균질화된 검액

• 분산제 및 희석배지 첨가만으로 검액을 제조할 때 충분히 균질화되지 않은 검액

• 적당량 이상의 지용성 용매를 첨가하거나 분산제를 첨가하지 않았을 때 상분리 예시

예시 2 아이라이너

지용성 용매 없이 분산제만 첨가한 다음 스페튤라 등을 이용하여 검체를 반죽 형태로 만든 후 희석배지를 첨가하여 충분히 균질화된 검액을 만들 수 있습니다.

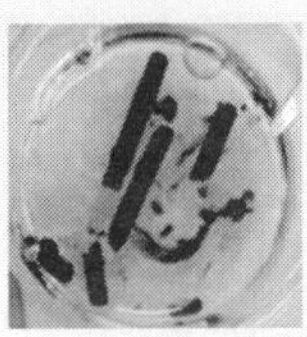

• 검체 0.2 g에 분산제 0.2 mL를 첨가한 모습

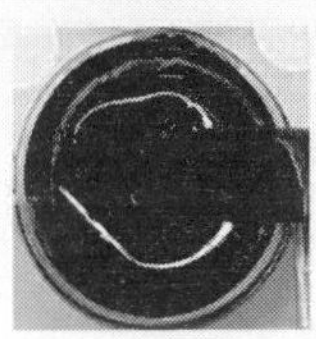

• 스페튤라를 이용하여 반죽형태로 만드는 모습

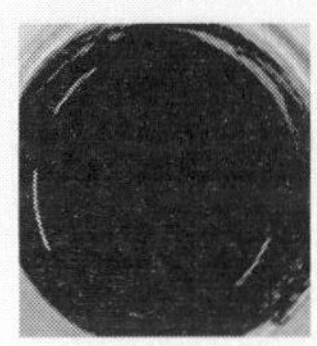

• 희석배지를 첨가하여 균질화된 검액

• 분산제 및 희석배지 첨가만으로 검액을 제조할 때 충분히 균질화되지 않은 검액

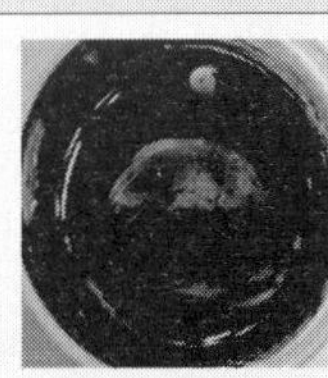

• 적당량 이상의 지용성 용매를 첨가하거나 분산제를 첨가하지 않았을 때 상분리

2. 배지성능 및 시험법 적합성시험

> 배지성능 및 시험법 적합성시험은 본 시험에 들어가기 전
> 시험 재료 및 방법을 신뢰할 수 있는지 미리 검증하는 과정입니다

총 생균수 시험법의 적합성시험 개요도

시험법 적합 확인

- 시험군 (평가용 배지): 화장품 있는 검액+미생물 접종
- 양성 대조군 (평가용 배지): 화장품 없는 검액+미생물 접종

적합 판정 기준

시험군에서 회수된 미생물 수가 대조군에서 회수된 미생물 수의 ½ 이상

부적합일 경우(½ 미만)

➢ 적절한 희석 및 중화제를 사용하여 시험법 적합성 시험 재수행

대조군에서 접종 미생물의 충분한 회수가 되지 않는 경우

➢ 배지성능의 문제 확인

무균 상태 확인

- 음성 대조군 (평가용 배지): 화장품 없는 검액+미생물 접종X

→ 미생물 증식이 확인되지 않음

특정 미생물 시험법의 적합성시험 개요도

시험법 적합 확인

- 시험군 (평가용 배지): 화장품 있는 검액+미생물 접종
- 양성 대조군 (평가용 배지): 화장품 없는 검액+미생물 접종

적합 판정 기준

미생물별 시험법(생화학 테스트 포함) 수행 시 시험군·대조군 모두 양성 판정

대조군이 음성인 경우

➢ 적절한 희석 및 중화제를 사용하여 시험법 적합성 시험 재수행

대조군에서 접종 미생물의 충분한 회수가 되지 않는 경우

➢ 배지성능의 문제 확인

2-1. 총 호기성 생균수 시험법의 적합성 시험

- 검체 내 항균활성물질이 전처리 과정에서 충분히 제어되지 않는 경우나 시험재료가 오염되어 있는 경우 정확한 미생물 수를 측정하기 어렵습니다.
- 이에 화장품 성분에 의한 접종균 사멸여부를 확인하는 시험법 적합성과 희석액과 배지의 오염여부를 확인하는 배지 성능 시험을 수행해야 합니다.

총 호기성 생균수 시험의 적합성 시험 개요도

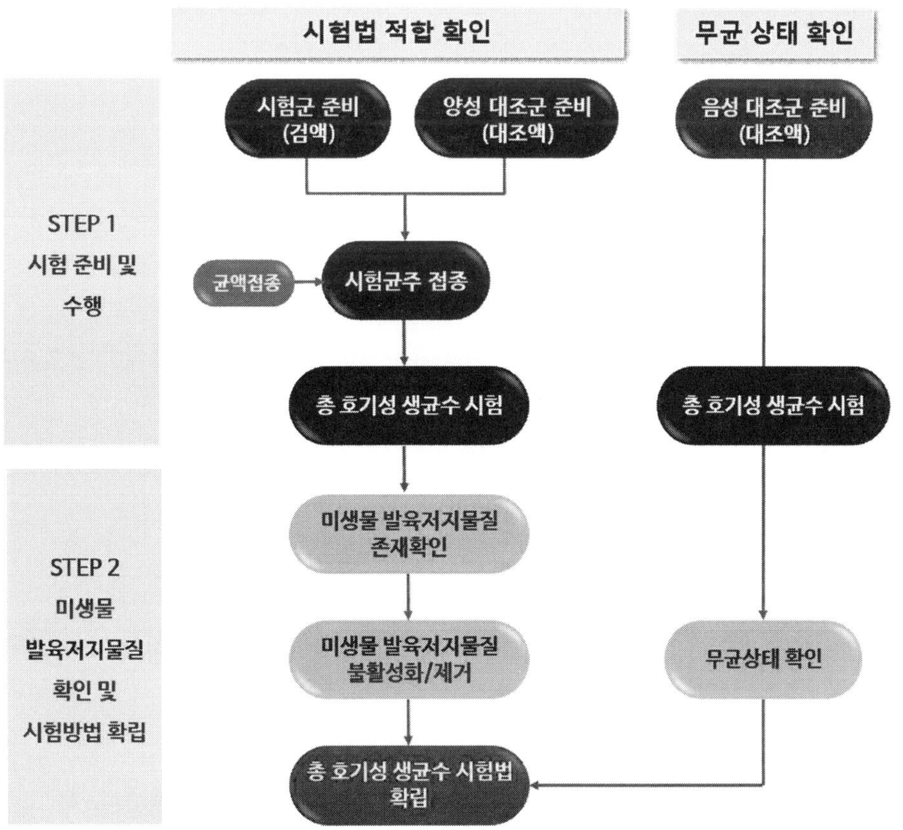

STEP 1. 시험 준비 및 수행

STEP 1.1 균액 제조

- 아래 표에 제시된 세균 및 진균을 대상으로 시험을 수행합니다.
  - ☑ 세균은 대두카제인소화액체배지 또는 대두카제인소화한천배지를 사용하여 30−35℃, 18−24시간 배양하는 것을 권장합니다.
  - ☑ 진균은 사부로포도당액체배지 또는 사부로포도당한천배지를 사용하여 20−25℃, 48시간 이상 배양하는 것을 권장합니다.

대상별 시험균주		
세균	*Escherichia coli*	ATCC 8739, NCIMB 8545, CIP53.126, NBRC 3972 또는 KCTC 2571
	Bacillus subtilis	ATCC 6633, NCIMB 8054, CIP 52.62, NBRC 3134 또는 KCTC 1021
	Staphylococcus aureus	ATCC 6538, NCIMB 9518, CIP 4.83, NRRC 13276 또는 KCTC 3881
진균	*Candida albicans*	ATCC 10231, NCPF 3179, IP48.72, NBRC 1594 또는 KCTC 7965

- 배양된 균을 완충식염펩톤수(pH 7.0)로 희석하며, 최종적으로 배지에 접종되는 균수가 0.1 mL당 약 100 CFU가 되도록 균액을 제조합니다.

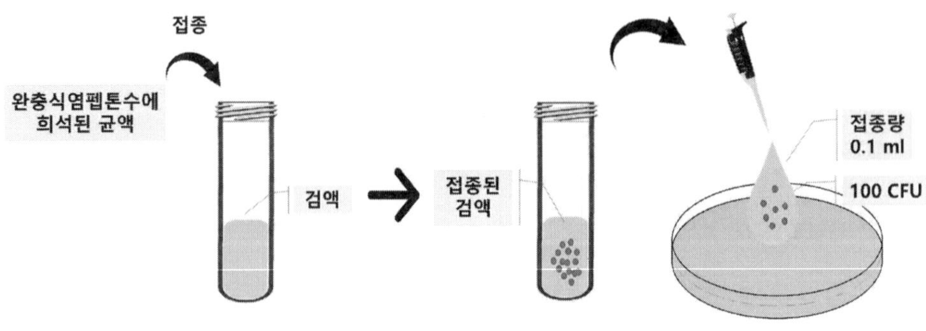

STEP 1.2 검액(시험군), 대조액(양성 대조군) 준비

- 제시된 전처리법(본서 343~351쪽 참고)에 따라 검액(시험군)을 제조합니다.
- 대조액(양성 대조군)은 검체 대신 완충식염펩톤수(pH 7.0)를 사용하여 검액 준비 방법에 따라 제조하여 대조액으로 사용합니다.

예시 1 액제·로션제의 경우

검액

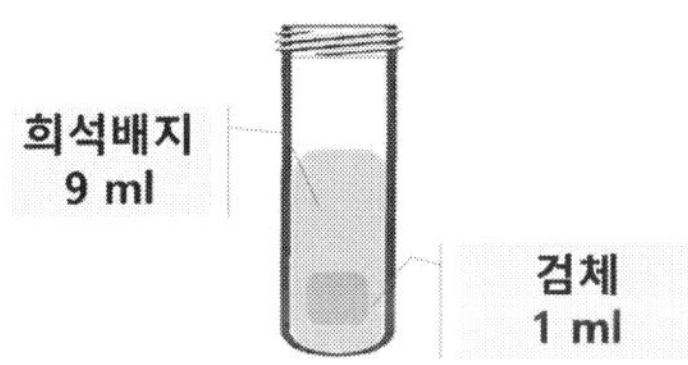

대조액

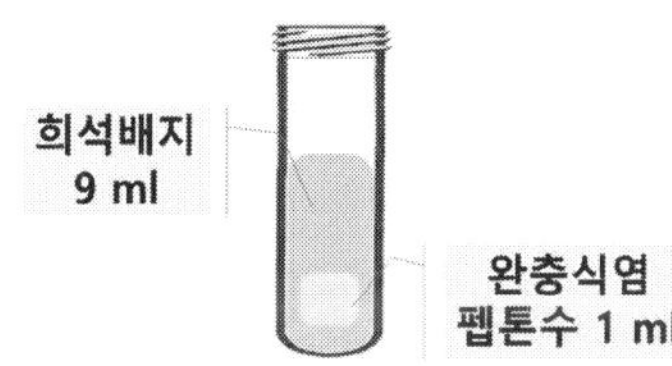

예시 2 비수용성 고형제(립스틱 등)의 경우

검액

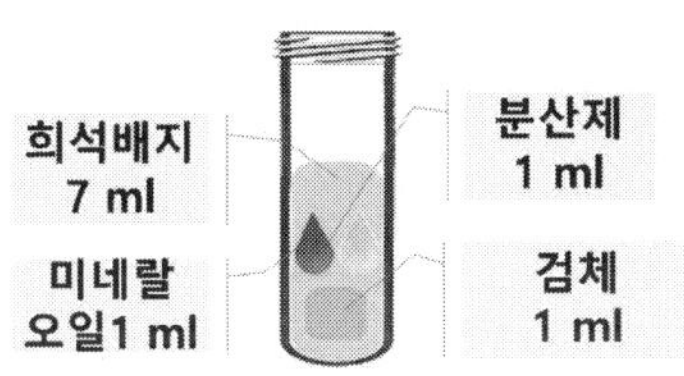

대조액

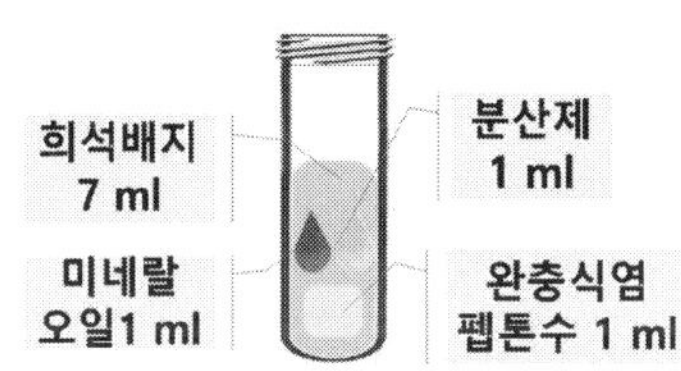

예시 3 내용물을 취할 수 없는 제품의 경우

검액

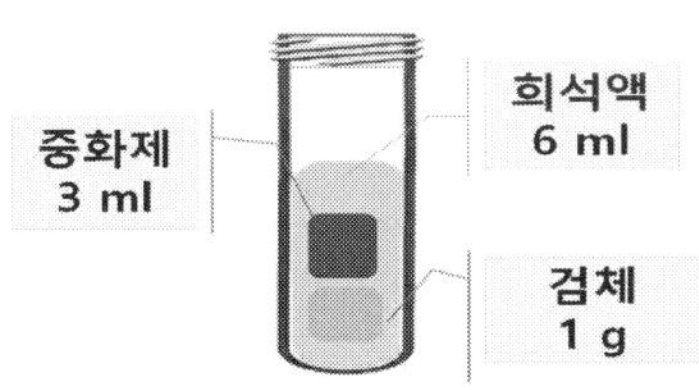

대조액

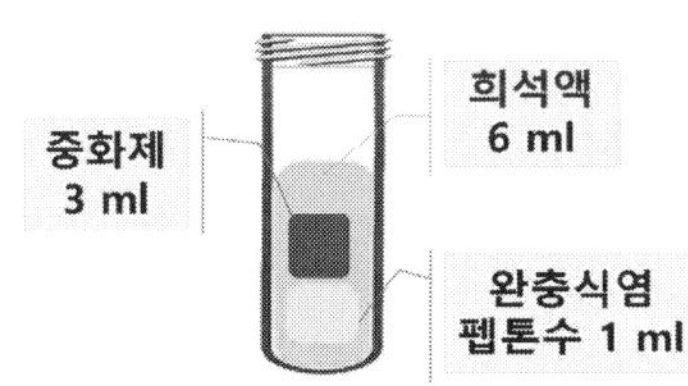

STEP 1.3 균액 접종

- 제조된 검액과 대조액에 균액 0.1 mL를 각각 접종합니다.

> **검체 내 항균활성물질 불활성화/제거하기 위한 권고사항!**
> 검체 내 항균활성물질의 충분한 중화를 위하여 검액 및 대조액 제조 후 일정시간(약 20분) 대기한 다음 균액을 접종할 수 있습니다.

STEP 1.4 총 호기성 생균수 시험 수행

- 한천평판도말법에 따라, 검액·대조액·음성 대조액은 최소 2개의 평판배지에 0.1 mL를 도말합니다.
- 또는 한천평판희석법에 따라, 검액 · 대조액 · 음성 대조액 1 mL를 최소 2개의 페트리접시에 넣고 그 위에 멸균 후 45℃로 식힌 시험용 배지 15 mL를 넣어 잘 혼합합니다.
- 배지는 세균의 경우 30–35℃에서 적어도 48시간, 진균의 경우 20–25℃에서 적어도 5일간 배양합니다.

STEP 2. 미생물발육저지물질 확인 및 시험법 확립

- 검액(시험군)에서 회수한 균수가 대조액(양성 대조군)에서 회수한 균수의 50 % 이상일 경우, 총 호기성 생균수 시험법이 적합하다고 판정합니다.

시험법 적합/부적합 판정 예시

시험법 적합 예시	
검액에서 회수한 균수	대조액에서 회수한 균수
75 CFU	90 CFU
회수율: (75 ÷90) x 100 = 83%	

시험법 부적합 예시	
검액에서 회수한 균수	대조액에서 회수한 균수
21 CFU	90 CFU
회수율: (21 ÷90) x 100 = 23%	

– 시험법이 적합하지 않은 경우(검액에서 회수한 균수가 대조액에서 회수한 균수의 50 % 미만), 미생물발육저지물질이 존재하는 것으로 판단되므로 총 호기성 생균수 시험법을 변경해야 합니다.
– 항균활성의 중화를 위하여 희석제 및 중화제(화장품 안전기준 등에 관한 규정, 유통화장품 안전기준 시험방법, 미생물한도, 표 2)를 사용할 수 있습니다.

2–2. 특정미생물 시험법의 적합성 시험

- 검체 내 항균활성물질이 전처리 과정에서 충분히 중화되지 않는 경우 대상 미생물의 검출이 어려울 수 있습니다.
- 따라서 인위적으로 대상 미생물을 접종하여 검액을 제조한 뒤 배양 단계부터 최종 판정 단계까지 단계별로 규정된 감별 특성을 나타내는지 평가해야 합니다.

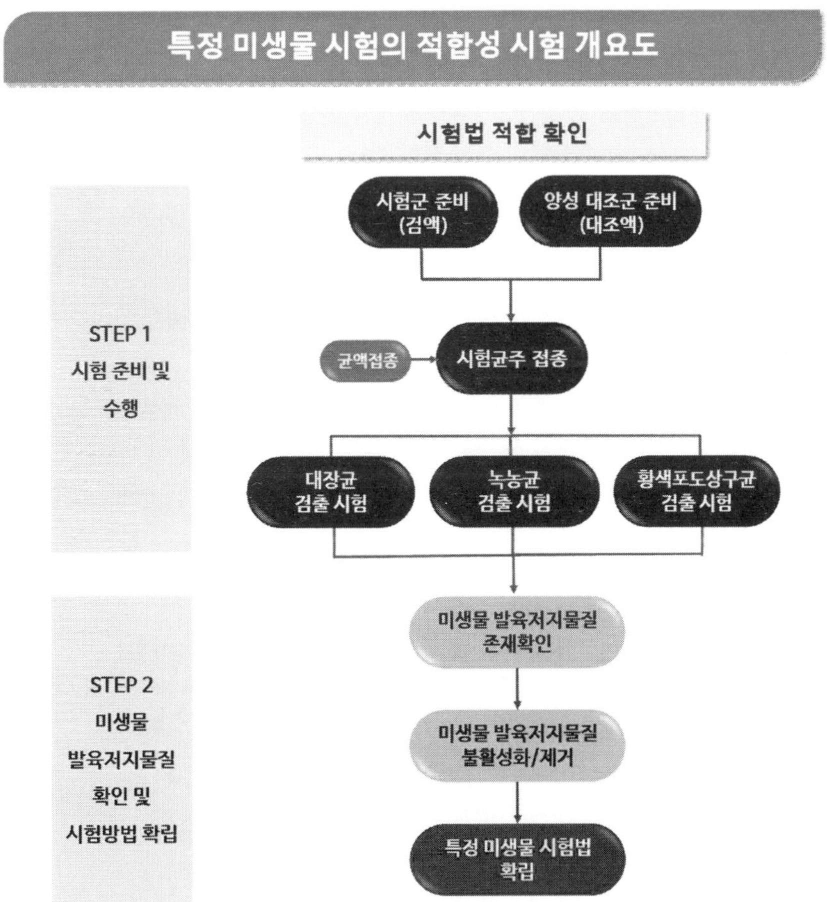

STEP 1. 시험 준비 및 수행

STEP 1.1 균액 제조

- 아래 표에 제시된 세균을 대상으로 시험을 수행합니다.
  - ☑ 대두카제인소화액체배지 또는 대두카제인소화한천배지를 사용하여 30–35℃, 18–24시간 배양하는 것을 권장합니다.

대상 별 시험균주		
특정 미생물	*Escherichia coli*	ATCC 8739, NCIMB 8545, CIP53.126, NBRC 3972 또는 KCTC 2571
	Pseudomonas aeruginosa	ATCC 9027, NCIIMB 8626, CIP 13275 또는 KCTC 2513
	Staphylococcus aureus	ATCC 6538, NCIMB 9518, CIP 4.83, NRRC 13276 또는 KCTC 3881

- 배양된 균을 완충식염펩톤수(pH 7.0)로 희석하여 검액 0.1 mL 약 100 CFU를 개별적으로 접종할 수 있도록 균액을 제조합니다.

STEP 1.2 검액, 대조액 준비

- 제시된 전처리법에 따라 각 특정미생물 검출 시험법에 제시된 액체배지를 희석배지로 이용하여 검액을 제조합니다.
- 검액 제조법에 따라, 검체 대신 완충식염펩톤수(pH 7.0)를 첨가하여 대조액을 제조합니다.

STEP 1.3 균액 접종

- 제조된 검액/대조액에 균액 0.1 mL를 접종합니다.

검체 내 항균활성물질 불활성화/제거하기 위한 권고사항!

검체 내 항균활성물질의 충분한 중화를 위하여 검액 및 대조액 제조 후 일정시간(약 20분) 대기한 다음 균액을 접종할 수 있습니다.

STEP 1.4 특정미생물 시험 수행, 배양

- 각 특정미생물별에 맞게 시험을 수행합니다.

STEP 2. 미생물발육저지물질 확인 및 시험법 확립

- 각 특정미생물 시험법의 단계별 양성반응을 확인하여 미생물 발육저지물질 존재유무를 확인합니다.
- 시험법이 적합하지 않은 경우(음성반응이 나올 경우), 미생물발육저지물질이 존재하는 것으로 판단되므로 특정미생물 시험법을 변경해야 합니다.
- 항균활성을 중화하기 위하여 희석제 및 중화제(화장품 안전기준 등에 관한 규정, 유통화장품 안전기준 시험방법, 미생물한도, 표 2)를 사용할 수 있습니다.

3. 본 시험(미생물한도 시험)

시험법 적합성 시험을 통해 적합성이 검증된 방법을 사용합니다.

3-1. 총 호기성 생균수 한도 시험

STEP 1. 검액 제조

- 제시된 전처리법에 따라 검액을 제조합니다.

STEP 2. 배지 도말 및 배양

세균수 시험

- 한천평판도말법에 따라, 검액은 최소 2개의 총 호기성 세균용 배양 평판배지에 0.1 mL를 도말합니다. 검출 한계를 낮추기 위하여 3개의 평판배지에 1 mL를 나누어 분주한 뒤 도말할 수 있습니다.
- 또는 한천평판희석법을 수행할 수 있습니다.
- 배지는 30-35℃에서 적어도 48시간 배양합니다.

진균수 시험

- 상기 세균수 시험법과 같이 한천평판도말법 또는 한천평판희석법을 수행합니다.
- 배지는 20-25℃에서 적어도 5일간 배양합니다.

STEP 3. 계수

- 희석수가 다양할 경우 최대 균집락수를 갖는 평판을 사용합니다.
- 평판당 300개 이하의 CFU를 최대치로 하여 총 세균수를 측정합니다.
- 평판당 100개 이하의 CFU를 최대치로 하여 총 진균수를 측정합니다.

총 호기성 생균수 계수 방법 및 예시(평판도말법)

(검체에 존재하는 세균 및 진균 수, CFU/g 또는 mL)

검액 0.1 mL를 각 배지에 접종한 경우

$$\{(X1+X2+...+Xn) \div n\} \times d \div 0.1$$

- n: 배지(평판)의 개수
- 0.1: 각 배지에 접종한 부피 (mL)
- X: 각 배지(평판)에서 검출된 집락 수
- d: 검액의 희석배수

검액 1 mL를 3개 배지에 나누어 접종한 경우

$$\{(S1+S2+...+Sn) \div n\} \times d$$

- n: 1 ml 접종의 반복수
- S: 3개의 배지(평판)에서 검출된 집락 수의 합
- d: 검액의 희석배수

[예시 1] 10배 희석 검액

	검출된 집락수	
	평판 1	평판 2
세균용 배지	66	58
진균용 배지	28	24
세균수 (CFU/g (mL)	{(66+58) ÷ 2}x10÷0.1=6200	
진균수 (CFU/g (mL))	{(28+24) ÷ 2}x10÷0.1=2600	
총 호기성 생균수 (CFU/g (mL))	6200+2600=8800	

[예시 2] 100배 희석 검액

	검출된 집락수	
	반복수 1	반복수 2
세균용 배지	5+3+4=12	5+4+7=16
진균용 배지	4+2+2=8	2+5+3=10
세균수 (CFU/g (mL)	{(12+16) ÷ 2}x100=1400	
진균수 (CFU/g (mL)	{(8+10) ÷ 2}x100=900	
총 호기성 생균수 (CFU/g (mL)	1400+900=2300	

총 호기성 생균수 계수 방법 및 예시(평판희석법)

(검체에 존재하는 세균 및 진균 수, CFU/g 또는 mL)

검액 0.1 mL를 각 배지에 접종한 경우

$$\{(X1+X2+\ldots+Xn) \div n\} \times d \div 0.1$$

n: 배지(평판)의 개수

X: 각 배지(평판)에서 검출된 집락 수

d: 검액의 희석배수

[예시 1] 10배 희석 검액 1 mL씩 2반복

	각 배지에서 검출된 집락수	
	평판 1	평판 2
세균용 배지	66	58
진균용 배지	28	24
세균수 (CFU/g (mL))	{(66+58) ÷ 2}x10=620	
진균수 (CFU/g (mL))	{(28+24) ÷ 2}x10=260	
총 호기성 생균수 (CFU/g (mL))	620+260=880	

[예시 2] 100배 희석 검액 1 mL씩 2반복

	각 배지에서 검출된 집락수	
	평판 1	평판 2
세균용 배지	8	11
진균용 배지	5	7
세균수 (CFU/g (mL))	{(8+11) ÷ 2}x10=950	
진균수 (CFU/g (mL))	{(5+7) ÷ 2}x10=600	
총 호기성 생균수 (CFU/g (mL))	950+600=1550	

3-2. 특정미생물 시험

특정미생물 시험법은 제시된 선별 단계에 따라 수행하며, 양성 반응이 확인되면 다음 단계 시험을 진행합니다.

✚ 대장균(*Escherichia coli*)

STEP 1. 검액 제조 및 증균배양

STEP 1.1 검액 제조

– 제시된 전처리법에 따라 유당액체배지를 희석배지로 사용하여 검액을 제조합니다.

STEP 1.2 증균배양

- 전처리된 검액은 30-35℃에서 24-72시간 배양합니다.

STEP 2. 선별 배양 (1)

STEP 2.1 획선도말 및 배양

- 배양한 검액을 가볍게 흔든 후, 백금이 등으로 취하여 맥콘키한천배지에 도말하고 30-35℃에서 18-24시간 배양합니다.

STEP 2.2 성상확인

- 주위에 적색의 침강선 띠를 갖는 적갈색의 집락이 검출되는 경우 다음 단계를 수행합니다(검출되지 않은 경우 대장균 음성 판정).

STEP 3. 선별 배양 (2)

STEP 3.1 획선도말 및 배양

- 에오신메칠렌블루한천배지에서 STEP 2.2에 검출된 집락을 각각 도말하고 30-35℃에서 18-24시간 배양합니다.

STEP 3.2 상확인

- 금속광택을 나타내는 집락 또는 투과광선 하에서 흑청색을 나타내는 집락이 검출되는 경우 다음 단계를 수행합니다.

STEP 4. 가스 발생 확인

STEP 4.1 가스발생 확인 및 대장균 양성 판정

- STEP 3.2에서 확인된 집락을 백금이 등으로 취하여 발효시험관이 든 유당액체배지에 넣어 44.3-44.7℃의 항온수조 중에서 22-26시간 배양합니다.
- 가스가 발생한 경우에는 대장균 양성으로 의심하고 동정시험으로 확인합니다.

Escherichia coli 특정미생물 시험의 개요

STEP 1. **검액 증균 배양**		30-35 ℃, 24-72시간 배양 ▶ STEP 2
STEP 2. **맥콘키한천배지** **선별 배양**	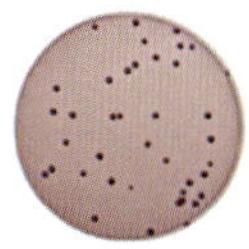	적색의 침강선 띠를 갖는 적갈색의 집락이 확인되는 경우 ▶ STEP 3
STEP 3. **에오신메칠렌블루** **한천배지 선별 배양**		금속광택을 나타내는 집락 또는 투과광선 하에서 흑청색을 나타내는 집락이 확인되는 경우 ▶ STEP 4
STEP 4. **가스발생 확인 및 양성** **판정**		가스가 발생한 경우 ▶ 대장균 양성 의심, 동정시험 수행

✚ 녹농균(*Pseudomonas aeruginosa*)

STEP 1. 검액 제조 및 증균배양

STEP 1.1 검액 제조

- 제시된 전처리법에 따라 카제인대두소화 액체배지를 희석배지로 사용하여 검액을 제조합니다.

STEP 1.2 증균배양

- 전처리된 검액은 30-35℃에서 24-48시간 배양합니다.

STEP 2. 선별 배양 (1)

STEP 2.1 획선도말 및 배양

- 배양한 검액을 가볍게 흔든 후, 백금이 등으로 세트리미드한천배지 또는 엔에이씨한천배지에 도말하고 30-35℃에서 24-48시간 증균 배양한다.

STEP 2.2 성상확인

- 녹색 형광물질을 나타내는 집락이 검출되는 경우 다음 단계를 수행합니다(검출되지 않은 경우 녹농균 음성 판정).

STEP 3. 선별 배양 (2)

STEP 3.1 획선도말 및 배양

- STEP 2의 선별 과정에서 의심 집락이 확인된 경우, STEP 1.2의 증균배양액을 녹농균 한천배지 P 및 F에 도말하여 30-35℃에서 24-72시간 배양합니다.

STEP 3.2 성상확인

- 플루오레세인 검출용 녹농균 한천배지 F의 집락이 자외선 하에서 관찰하여 황색으로 나타나고, 피오시아닌 검출용 녹농균 한천배지 P의 집락이 청색으로 나타나면 녹농균 양성으로 판정합니다.

STEP 4. 옥시다제 시험

STEP 4.1 [STEP 4.1] 옥시다제 시험 실시 및 양성판정

- STEP 3.2에서 판정된 녹농균 의심집락은 옥시다제 시험을 실시합니다.
- 5-10초 내 보라색이 나타날 경우 녹농균 양성으로 의심하고 동정시험으로 확인합니다(10초 후에도 색의 변화가 없는 경우 녹농균 음성).

Pseudomonas aeruginosa 특정미생물 시험의 개요

STEP 1. 검액 증균 배양		30-35 ℃, 24-48시간 배양 ▶ STEP 2
STEP 2. 세트리미드 한천배지 또는 엔에이씨한천배지 배양	세트리미드 한천배지 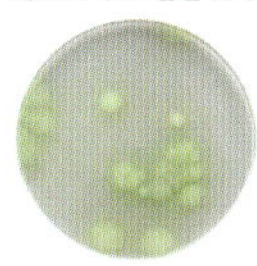 엔에이씨한천배지 	녹색 형광물질의 집락이 확인되는 경우 ▶ STEP 3
STEP 3 녹농균 한천배지 P, F 배양 및 자외선 하 관찰	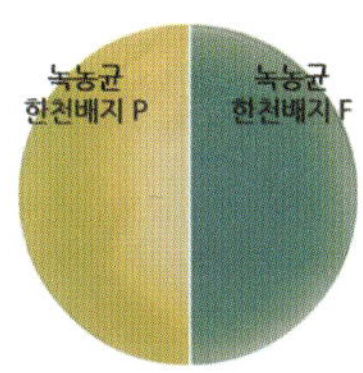	플루오레세인 검출용 녹농균 한천배지 F의 집락이 자외선 하에서 황색으로 확인되고, 피오시아닌 검출용 녹농균 한천배지 P의 집락이 청색으로 확인되는 경우 ▶ STEP 4
STEP 4. 옥시다제 시험 및 양성 판정	(양성반응 예시1)  (양성반응 예시2) 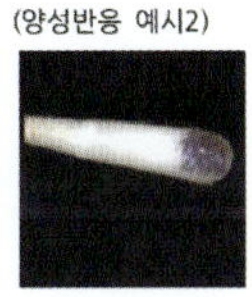	5-10초 이내에 보라색이 나타날 경우 ▶ 녹농균 양성 의심, 동정시험 수행

✚ 황색포도상구균(*Staphylococcus aureus*)

STEP 1. 검액 제조 및 증균배양

STEP 1.1 검액 제조

– 제시된 전처리법에 따라 카제인대두소화 액체배지를 희석배지로 사용하여 검액을 제조합니다.

STEP 1.2 증균배양

- 전처리된 검액은 30−35℃에서 24−48시간 배양합니다.

STEP 2. 선별 배양 (1)

STEP 2.1 획선도말 및 배양

- 배양한 검액을 가볍게 흔든 후, 백금이 등으로 취하여 보겔존슨한천배지 또는 베어드파카한천배지에 도말하고 30−35℃에서 24시간 배양합니다.

STEP 2.2 성상확인 및 그람염색

- 집락이 검정색이고 집락주위에 황색투명대가 형성되어 그람염색법에 따라 염색하여 검경한 결과 그람양성균이 확인되면 다음 단계(STEP 3)를 수행합니다.

STEP 3. 응고효소시험

STEP 3.1 응고효소시험 실시 및 양성판정

- STEP 2.2의 의심집락에 대하여 응고효소시험 실시 결과 양성인 경우 황색포도상구균으로 의심하고 동정시험으로 확인합니다.

Staphylococcus aureus 특정미생물 시험의 개요

STEP 1. **검액 증균 배양**		30-35 ℃, 24-48시간 배양 ▶ STEP 2
STEP 2. **보겔존슨한천배지 또는 베어드파카 한천배지 배양 및 그람염색**	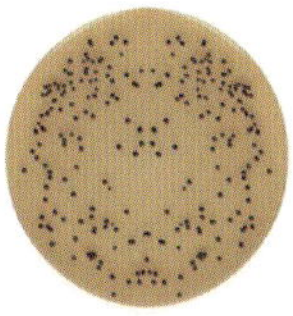	황색투명대를 가진 검정색의 집락이 검출되고 그람양성균이 확인되는 경우 ▶ STEP 3
STEP 3. **응고효소시험 및 양성 판정**		응고효소시험 양성인 경우 ▶ 황색포도상구균 의심, 동정시험 수행

"화장품 미생물한도 시험법 가이드라인(민원인안내서)"

발 행 일	2021년 10월
발 행 인	서 경 원
편집위원장	손 수 정
편 집 위 원	**의료제품연구부 화장품연구과** 윤혜성, 이정표, 민충식, 최지영, 김효진, 김상섭, 지정은, 고미선, 심지은
발 행 처	식품의약품안전평가원 의료제품연구부 화장품연구과

3. 화장품 보존력 시험법 가이드라인 (민원인 안내서)

식품의약품안전평가원 의료제품연구부 화장품연구과 (2022. 10.)

이 안내서는 화장품 보존력 시험 방법에 대하여 알기 쉽게 설명하거나 식품의약품안전처의 입장을 기술한 것입니다.
본 안내서는 대외적으로 법적 효력을 가지는 것이 아니므로 본문의 기술방식('~하여야 한다' 등)에도 불구하고 참고로만 활용하시기 바랍니다. 또한, 본 안내서는 2022년 10월 현재의 과학적 · 기술적 사실 및 유효한 법규를 토대로 작성되었으므로 이후 최신 개정 법규 내용 및 구체적인 사실관계 등에 따라 달리 적용될 수 있음을 알려드립니다.

※ "민원인 안내서"란 민원인들의 이해를 돕기 위하여 법령 또는 행정규칙을 알기 쉽게 설명하거나 특정 민원업무에 대한 행정기관의 대외적인 입장을 기술하는 것(식품의약품안전처 지침서 등의 관리에 관한 규정 제2조)

Ⅰ. 개요

1.1. 화장품 보존력 시험법이란?

○ 화장품의 품질 및 안전관리를 위해 화장품(제품)의 보존력을 평가하는 시험이다. 본 시험법에서는 화장품에 시험 대상 미생물을 접종하고 시험균의 생장, 생존 및 사멸을 확인하여 일반적인 제조 환경이나 소비자 사용환경에서의 화장품 보존력을 평가한다.

1.2. 목적

○ 본 시험법은 국제 공인 보존력 시험법[1]을 비교·분석하여 시험법 구성, 절차, 조건 및 시험

1. 본 시험법은 국제 공인 시험법(PCPC microbiology guidelines M-3/M-4/M-5, ISO 11930, USP 51, EP 5.1.3, JP G4 및 ASEAN Document N° ACM MAL 08)을 근거로 확립하였음

시 주의사항 등을 제공하여 실무자들이 시험을 수행하는데 참고할 수 있도록 하였다.

○ 화장품의 제조 및 사용 과정에서 미생물 오염에 의한 화장품의 변질 또는 인체 감염 등을 방지하기 위해 보존제를 사용하며, 첨가된 보존제가 미생물의 생장 억제 또는 항균 작용 효과를 나타내어야 한다. 보존력 시험은 화장품 개발 시 사용기한을 설정하거나, 제조 및 사용 시 제품의 보존 효과를 예측하기 위해 수행될 수 있다.

○ 수용성 제품류(미생물 증식이 쉬운 제품), 눈 주위 제품류(미생물 오염 시 도포 부위에 인체 감염 등의 위해도가 높은 제품, 비수분산 제형 제외) 및 입술 제품류(도포 부위에 미생물이 많아 화장품의 변질 가능성이 높은 제품, 비수분산 제형 제외)에 대해 보존력 시험을 권장한다.

○ 본 보존력 평가는 법적 의무 사항이 아니기 때문에, 과학적인 방법을 근거로 자체적인 시험방법을 확립하여 자율적으로 수행할 수 있다.

II. 보존력 시험법의 구성

2.1. 보존력 시험법의 구성

○ 보존력 시험법은 검체에 평가 대상 미생물을 접종한 뒤 평가일 별로(접종 후 4주까지) 미생물 수의 변화를 분석하여 평가 기준을 충족하는지 확인하는 과정으로 구성된다.

수행절차	
1. 시험용 미생물 준비 시험 대상 미생물을 적절한 조건에서 배양하여 접종용 균액 제조	IV.4.1
2. 배지성능 및 시험법 적합성 확인 본 시험 전 시험 재료 및 방법의 신뢰성 검증 (검체 내 미생물발육저지물질 제어)	IV.4.2
3. 검체 접종 및 보관 완제품 또는 소분한 검체에 균액을 접종하여 상온에 보관	IV.4.3
4. 평가일 별 검체 채취, 미생물 수 확인 지정된 평가일마다 1 mL 또는 1 g의 검체를 채취하여 미생물 수 측정	IV.4.4
5. 결과 평가 평가 기준에 따라 적절한 보존력 보유 여부 판정	IV.4.5

Ⅲ. 보존력 시험 수행 시 주의사항

○ 아래 내용은 미생물 시험의 정확한 결과 확보를 위하여 검체 취급 시 주의해야 하는 사항이다.

3.1. 모든 시험과정에서의 미생물 오염 방지

- 무균 조작을 위하여 클린벤치 또는 생물안전작업대(BSC)를 사용한다.
- 검체 이외에 모든 재료는 멸균하여 사용한다.
- 실험자와 검체, 외부환경 간의 미생물 교차오염에 주의한다.

3.2. 온도 관리

- 온도는 시료 내 미생물의 증식 및 사멸에 영향을 미칠 수 있다.
- 시료 보관이 필요할 때는 '실온 보관'을 기본 원칙으로 한다.
- 특정 보관 온도가 별도로 제시되는 화장품이 아닐 경우 냉동·냉장 보관하는 것을 권장하지 않는다.

3.3. 제품 취급 시 소독 수행

- 제품 개봉 전, 미생물 오염방지를 위해 70% 에탄올 등을 묻힌 멸균 거즈로 제품 입구 주위를 잘 닦아 소독한다.

3.4. 검체 채취 시 정량 소분

- 일부 점도가 높은 액상 제품의 경우, 정확한 소분을 위하여 바늘을 제거한 1회용 멸균 주사기가 사용될 수 있다(단, 주사기 재사용 금지).
- 정확한 양을 채취하기 위하여 주사기 내 기포가 생기지 않도록 주의해야 한다.

3.5. 검체 채취 시 시료 크기 확인

- 내용물을 취하기 어려운 제품(습식 마스크팩 등)의 경우, 제품 특성상 전처리를 통해 균일하게 분산된 콜로이드 용액의 형태로 제조하는 것이 불가능하기 때문에 시료 자체를 최대한 작게 소분해야 한다.
- 다량의 액체를 포함하는 시트함유제품의 경우, 액체와 시트 모두 분석할 수 있도록 유의하여 채취한다.
- 다양한 부위에서 채취할 수 있도록 검체 여러 장을 소분하여 사용한다.

Ⅳ. 보존력 시험법의 절차 및 수행 방법

4.1. 시험용 미생물 준비

○ 시험용 미생물의 종류는 시험 목적에 맞게 선택할 수 있으며, 본 시험법은 국제 시험법에서 공통적으로 제시하는 표 1에 기재된 5개 균주에 대해 시험을 진행한다.

4.1.1. 미생물 배양

○ 세균은 대두카제인소화액체배지 또는 대두카제인소화한천배지에 30–35℃에서 18–24시간 배양, 효모는 사부로포도당액체배지 또는 사부로포도당한천배지에 20–25℃에서 48시간 이상 배양 또는 30–35℃에서 18–24시간 배양, 곰팡이는 사부로포도당한천배지 또는 감자덱스트로오스한천배지에 20–25℃에서 5–7일 이상 배양한다. 위의 배지 이외에 배지성능 및 시험법 적합성 시험을 통하여 검증된 다른 미생물 검출용 배지도 사용할 수 있다.

표 1. 보존력 시험 균주

대상 별 시험균주			
세균		*Escherichia coli*	ATCC 8739, NCIMB 8545, CIP53.126, NBRC 3972 또는 KCTC 2571
		Pseudomonas aeruginosa	ATCC 9027, NCIMB 8626, CIP 82.118, NBRC13275 또는 KCTC 2513
		Staphylococcus aureus	ATCC 6538, NCIMB 9518, CIP 4.83, NRRC 13276 또는 KCTC 3881
진균	효모	*Candida albicans*	ATCC 10231, NCPF 3179, IP48.72, NBRC1594 또는 KCTC 7965
	곰팡이	*Aspergillus brasiliensis*	ATCC 16404, IP 1431.83, IMI 149007, NRBC 9455, 또는 KCTC 6317

4.1.2. 균액 제조

○ 배양된 균을 완충식염펩톤수(pH 7.0)에 희석하며, 곰팡이의 경우 Tween 80 0.05%를 추가적으로 첨가하여 희석하여 균액을 제조할 수 있다. 제조된 균액은 보존력 평가 대상 검체의 균의 농도가 약 10^6 CFU/g(mL) (세균) 및 10^5 CFU/g(mL) (효모, 곰팡이)가 되도록 제조되어야 하며, 준비된 균액은 2시간 내에 사용한다(그림 1 참고). 접종된 검체는 0일차 전처리(검액 제조) 절차와 보관 및 평가일별(7–28일차) 검체 채취 절차에 사용된다. 그 외의 균액 제조시

배지성능 및 시험법 적합성 시험을 통하여 검증된 희석액을 사용할 수 있다.

그림 1. 균액 제조 과정

4.2. 배지성능 및 시험법 적합성 확인

4.2.1. 검체의 전처리(검액 제조)

○ 검체 내 보존제 등 미생물발육저지물질을 중화시키거나 제거하여 실험의 정확도를 향상시키기 위해, 검체에 희석액, 용매, 중화제 등을 첨가하여 검체를 충분히 분산시키고 검체 제형에 따라 다음의 각 방법으로 전처리 과정을 진행한다(그림 2 참고). 전처리 과정의 자세한 설명 및 제품군 별 수행 사례는 '미생물 한도 시험법 가이드라인'을 참고할 수 있다.

– 액제·로션제(화장수, 샴푸, 로션, 린스 등): 접종된 검체 1mL 또는 1 g에 변형레틴액체배지 또는 검증된 배지나 희석액 9 mL를 넣어 10배 희석액을 만든다.

– 크림·오일제(크림, 오일, 립글로스 등): 접종된 검체 1mL 또는 1 g에 적당한 분산제 1 mL를 넣어 균질화 시키고 변형레틴액체배지 또는 검증된 배지나 희석액 8 mL를 넣어 10배 희석액을 만든다. 분산제만으로 균질화가 되지 않는 경우 검체에 적당량의 지용성 용매를 첨가하여 검체를 용해시킨 뒤 적당한 분산제 및 희석액을 넣어 10배 희석액을 만든다.

– 파우더·고형제(아이섀도, 립스틱, 아이브로펜슬 등): 접종된 검체 1mL 또는 1 g에 적당한 분산제 1 mL를 넣어 균질화 시킨 후 희석액 8 mL를 넣어 10배 희석액을 만든다. 분산제만으로 균질화가 되지 않는 경우 검체에 적당량의 지용성 용매를 첨가한 후 스페튤라, 조직마쇄기(tissue-grinder) 등을 이용하여 검체를 반죽형태로 만들거나, 지용성 용매 없이 분산제만으로 반죽형태로 만든 뒤 적당한 분산제 및 희석액을 넣어 10배 희석액을 만든다. 추가적으로 검액을 만든 뒤 가온처리(약 40℃, 30분)를 하거나 교반 시 멸균한 유리구슬(5 mm: 5–7개, 3 mm: 10–15개)을 넣어 균질화시킬 수 있다.

– 내용물을 취하기 어려운 제형(습식 마스크팩 등): 잘게 자른 접종된 검체 1 g에 Dey/Engley

중화제(D/E buffer) 또는 검증된 중화제 3 mL와 변형레틴액체배지 또는 검증된 희석액 6 mL를 넣어 10배 희석액을 만든다.

– 에어로졸류(쉐이빙 폼 등): 접종된 검체 1mL 또는 1 g에 적당한 분산제 1 mL 및 희석액 8 mL를 넣어 10배 희석액을 만든다.

그림 2. 검체 제형에 따른 전처리 과정

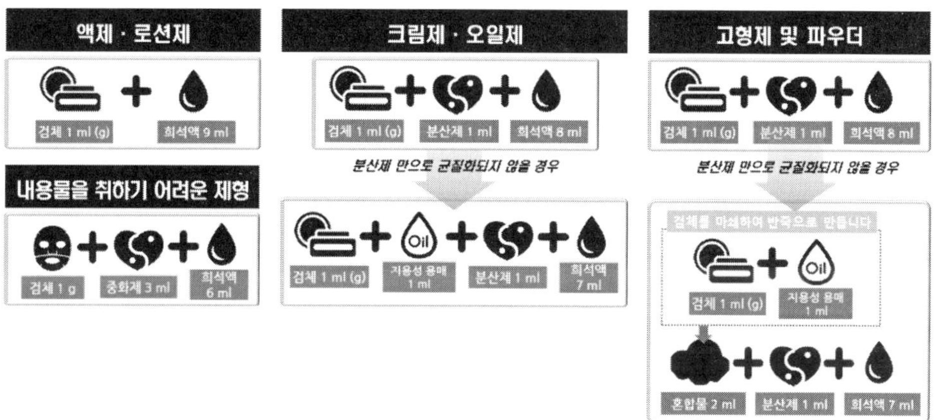

4.2.2. 배지성능 및 시험법 적합성 시험

○ 배지성능 및 시험법 적합성 시험은 본 시험에 들어가기 전 시험 재료 및 방법을 신뢰할 수 있는지 미리 검증하는 과정이다.

○ 검체 내 미생물발육저지물질이 전처리 과정에서 충분히 제어되지 않는 경우나 시험재료가 오염되어 있는 경우 정확한 미생물 수를 측정하기 어렵다. 이에 화장품 성분에 의해 접종균이 사멸하지 않는지 확인하는 시험법 적합 확인과 희석액과 배지가 오염되지 않았는지 확인하는 무균상태 확인 시험을 수행해야 한다.

○ 시험용 미생물 준비 방법(본서 371~372쪽 참고)에 따라 시험 대상 균주를 배양한다. 배양된 균을 완충식염펩톤수(pH 7.0)에 희석하여 최종적으로 배지에 접종되는 균수를 0.1 mL 당 약 100 CFU가 되도록 균액을 제조한다.

○ 제시된 전처리법(본서 372~373쪽 참고)에 따라 검액(시험군)을 제조하고, 양성 대조군은 검체 대신 완충식염펩톤수(pH 7.0)를 사용하여 검액 준비 방법에 따라 제조한다. 제조된 검액과 대조액(양성 대조군)에 균액 0.1 mL를 각각 접종한 뒤, 한천평판도말법에 따라, 검액·제조액(양성·음성 대조군)은 최소 2개의 평판배지에 0.1 mL를 도말하거나 한천평판희석법에 따라, 검액·대조액(양성·음성 대조군) 1 mL 최소 2개의 페트리접시에 넣고 그 위에 멸균 후

45℃로 식힌 시험용 배지 15 mL를 넣어 잘 혼합한다. 배지는 세균의 경우 30-35℃에서 적어도 48시간, 진균의 경우 20-25℃에서 적어도 5일간 배양한다.

○ 배양 후 시험군에서 회수한 균수가 양성 대조군에서 회수한 균수의 50% 이상일 경우, 총 호기성 생균수 시험법이 적절하다고 판정한다(그림 3 참고). 시험법이 적합하지 않은 경우(검액에서 회수한 균수가 양성 대조군에서 회수한 균수의 50% 미만), 미생물발육저지물질이 존재하는 것으로 판단되므로, 총 호기성 생균수 시험법을 변경해야 한다. 미생물발육저지물질의 중화를 위해 희석제 및 중화제(「화장품 안전기준 등에 관한 규정」 [별표 4] 유통화장품 안전관리 시험방법 11. 미생물한도 표2. 항균 활성에 대한 중화제)를 사용할 수 있다. 배지성능 및 시험법 적합성 시험의 자세한 설명은 '미생물 한도 시험법 가이드라인'을 참고할 수 있다.

그림 3. 배지성능 및 총 호기성 생균수 시험법 적합성 시험 개요도

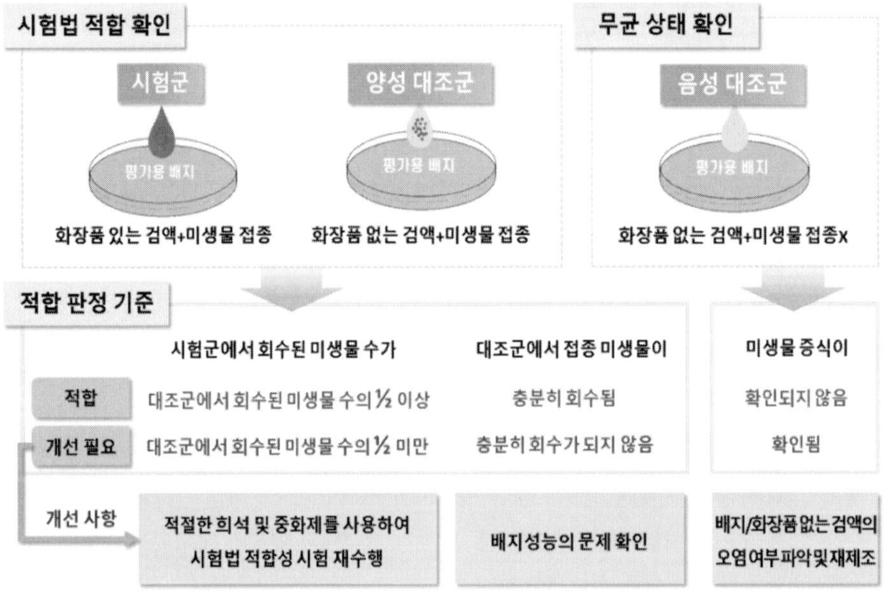

4.3. 검체 접종 및 보관

4.3.1. 검체 준비 및 접종

○ 검체는 제품 자체를 사용하거나 일정량을 멸균 용기에 옮겨서 사용하며, 최소 20 mL 또는 20 g의 제품을 사용한다. 이때 뚜껑이 있는 멸균 용기를 사용하여 시험 중 외부환경에 의한 오염을 방지할 수 있어야 한다.

○ '4.1 시험용 미생물 준비'에 따라 준비된 균액을 다음의 두 가지 방법으로 접종할 수 있다.

- 방법 1. 세균 3종과 효모 및 곰팡이 2종을 각각 혼합하여 최종 2종류의 접종 균액을 만든다.
- 방법 2. 총 5종의 미생물을 각각 평가 샘플에 접종한다.

○ 두 가지 방법 중 어떠한 경우라도 최종 검체의 균 농도는 10^6 CFU/g(mL) (세균) 및 10^5 CFU/g(mL) (효모, 곰팡이)가 유지되어야하며, 접종균액은 검체의 0.5–1.0% (예: 검체 20 g 사용 시 균액 0.1–0.2 mL 접종)가 되도록 접종한다.

○ 접종된 검체는 교반(표 2)을 통해 충분히 균질화시킨다. 반고체 또는 고체에 대해 보존력 시험을 수행하고자 하는 경우 교반을 통한 균질화가 불가능하므로, 균액을 표면에 직접 분사하거나 균액 접종 후 멸균 스프레더 등으로 도말하는 등의 표면 접종을 한다. 접종 시 뚜껑이 있는 멸균 용기를 사용하여 시험 중 외부 환경에 의한 오염을 방지해야 한다.

4.3.2. 검체 보관

○ 교반이 완료된 검체는 미생물 배양기를 사용하여 상온 범위(22.5 ± 2.5℃)에서 보관하면서 시험을 수행한다.

4.4. 검체 채취 및 미생물 수 확인

4.4.1. 검체 채취

○ 평가일은 접종 직후와 접종 후 7, 14, 28일이며, 평가일마다 검체를 충분히 교반한 뒤 적절한 도구(표 2)를 사용하여 1 mL 또는 1 g의 검체를 채취한다.

구분	예시
검체 교반법	기계식 교반기 사용
	교반 도구(멸균 스페튤라 등)로 혼합
	뚜껑을 닫고 손으로 흔들기
	자동 균질기(stomacher) 사용
	조직 마쇄기(tissue grinder) 사용
검체 채취법	피펫
	바늘을 제거한 1회용 주사기
	멸균한 스페튤라

4.4.2. 미생물 수 확인

○ 전처리법(미생물 한도 시험법 가이드라인 참고)에 따라 검액을 제조한다. 한천평판도말법에

따라, 검액은 최소 2개의 평판배지에 0.1 mL를 도말하며, 검출 한계를 낮추기 위하여 3개의 평판배지에 1 mL를 나누어 분주한 뒤 도말한다. 또는 한천평판희석법에 따라, 검액 1 mL을 최소 2개의 페트리접시에 넣고 그 위에 멸균 후 45℃로 식힌 시험용 배지 15 mL를 넣어 잘 혼합한다. 이때, 세균은 대두카제인소화한천배지에 30–35℃에서 48시간 이상, 효모는 사부로포도당한천배지에 20–25℃에서 48시간 이상, 곰팡이는 사부로포도당한천배지 또는 감자덱스트로오스한천배지에 20–25℃에서 5–7일 이상 배양한다.

○ 평판당 300개 이하의 CFU를 최대치로 하여 세균수를 측정하고, 평판당 100개 이하의 CFU를 최대치로 하여 진균수를 측정한다. 만일, 희석수가 다양할 경우 최대 균집락수를 갖는 평판을 사용한다.

4.5. 결과 평가

○ 보존력 시험 결과는 표 3에 따라 세균의 경우 접종 0일 차와 비교했을 때 접종 7일 차에 99.9% 이상 사멸(3 log reduction 이상)하는지 여부와 접종 7일 차와 비교했을 때 접종 14, 28일 차에 미생물 생장이 나타나지 않는지 여부를 기준으로 평가한다. 효모의 경우 접종 0일 차와 비교했을 때 접종 7일 차에 90% 이상 사멸(1 log reduction 이상)하는지 여부와 접종 7일 차와 비교했을 때 접종 14, 28일 차에 미생물 생장이 나타나지 않는지 여부를 기준으로 평가한다. 곰팡이의 경우 접종 0일 차와 비교했을 때 접종 7, 14일 차에 미생물 생장이 나타나지 않는지 여부와 접종 0일 차와 비교했을 때 접종 28일 차에 90% 이상 사멸(1 log reduction 이상)하는지 여부를 기준으로 평가한다.

○ 미생물 접종 7일 후 확인된 결과가 평가 기준을 충족하지 못하는 경우, 제품의 품질을 개선한 후 보존력 시험을 수행한다.

○ 본 가이드라인에 제시된 평가 기준은 권장 사항으로, 국제 시험법의 평가 기준 또는 사용자의 자체 기준이 적용될 수 있다.

※ Log reduction: 미생물의 감소율을 로그 방식으로 나타낸 값으로, 1 log reduction은 90% 이상 사멸, 2 log reduction은 99% 이상 사멸, 3 log reduction은 99.9% 이상 사멸을 의미함

<table>
<tr><th rowspan="2">구분</th><th colspan="3">접종 후 기간별 결과 평가 기준</th></tr>
<tr><th>7일</th><th>14일</th><th>28일</th></tr>
<tr><td>세균</td><td>3 log reduction 이상
(99.9% 이상 사멸)</td><td colspan="2">생장이 나타나지 않음</td></tr>
<tr><td>효모</td><td>1 log reduction 이상
(90% 이상 사멸)</td><td colspan="2">생장이 나타나지 않음</td></tr>
<tr><td>곰팡이</td><td colspan="2">생장이 나타나지 않음</td><td>1 log reduction 이상
(90% 이상 사멸)</td></tr>
</table>

표 4. 보존력 시험 평가 기준에 따른 판정 예시

• A 제품의 보존력 시험 수행 결과(평가 기준 미충족)

세균	0 일차	7 일차	14 일차	28 일차
E. coli	6.1 ± 0.2	2.9 ± 0.1	2.8 ± 0.1	2.0 ± 0.2
P. aeruginosa	6.0 ± 0.1	**3.4 ± 0.2**	3.3 ± 0.1	3.2 ± 0.3
S. aureus	6.1 ± 0.1	2.8 ± 0.2	2.7 ± 0.1	3.5 ± 0.1
진균	**0 일차**	**7 일차**	**14 일차**	**28 일차**
C. albicans	5.1 ± 0.2	3.7 ± 0.1	3.6 ± 0.1	**3.5 ± 0.1**
A. brasiliensis	5.2 ± 0.1	5.0 ± 0.1	4.9 ± 0.1	**4.6 ± 0.2**

⇨ 일부 균에 대해서만 평가 기준을 충족하기에, 제품의 보존력 확보 대안 마련 후 보존력 시험 재수행이 필요하다.

A 제품이 평가 기준을 미충족하는 이유	
1	0일차와 비교했을 때 세균이 7일차에 99.9% 이상 사멸하지 못함 ⇨ (0일차 균수) – (7일차 균수) < 3 log reduction
2	7일차와 비교했을 때 세균이 21, 28일차에 균이 생장함
3	0일차와 비교했을 때 곰팡이가 28일차에 90% 이상 사멸하지 못함 ⇨ (0일차 균수) – (28일차 균수) < 1 log reduction

V. 참고

※「화장품 안전기준 등에 관한 규정(식품의약품안전처고시 제2023-73호, 2023. 11. 30., 일부개정)」[별표 2] 사용상의 제한이 필요한 원료

* 보존제 성분

번호	원료명	사용한도	비고	CAS No.	화학물질명
1	글루타랄(펜탄-1,5-디알)	0.1%	에어로졸(스프레이에 한함) 제품에는 사용금지	111-30-8	
2	데하이드로아세틱애씨드(3-아세틸-6-메칠피란-2,4(3H)-디온) 및 그 염류	데하이드로아세틱애씨드로서 0.6%	에어로졸(스프레이에 한함) 제품에는 사용금지	16807-48-0 / 520-45-6	데하이드로아세틱애씨드
				4418-26-2	소듐데하이드로아세테이트

번호	원료명	사용한도	비고	CAS No.	화학물질명
3	4,4-디메칠-1,3-옥사졸리딘(디메칠옥사졸리딘)	0.05% (다만, 제품의 pH는 6을 넘어야 함)		51200-87-4	
4	디브로모헥사미딘 및 그 염류(이세치오네이트 포함)	디브로모헥사미딘으로서 0.1%		93856-83-8	디브로모헥사미딘이세티오네이트
5	디아졸리디닐우레아(N-(히드록시메칠)-N-(디히드록시메칠-1,3-디옥소-2,5-이미다졸리디닐-4)-N'-(히드록시메칠)우레아)	0.5%		78491-02-8	
6	디엠디엠하이단토인(1,3-비스(히드록시메칠)-5,5-디메칠이미다졸리딘-2,4-디온)	0.6%		6440-58-0	
7	2, 4-디클로로벤질알코올	0.15%		1777-82-8	
8	3, 4-디클로로벤질알코올	0.15%		1805-32-9	
9	메칠이소치아졸리논	사용 후 씻어내는 제품에 0.0015% (단, 메칠클로로이소치아졸리논과 메칠이소치아졸리논 혼합물과 병행 사용 금지)	기타 제품에는 사용금지	2682-20-4	
10	메칠클로로이소치아졸리논과 메칠이소치아졸리논 혼합물(염화마그네슘과 질산마그네슘 포함)	사용 후 씻어내는 제품에 0.0015% (메칠클로로이소치아졸리논:메칠이소치아졸리논=(3:1)혼합물로서)	기타 제품에는 사용금지	-	
11	메텐아민(헥사메칠렌테트라아민)	0.15%		100-97-0	
12	무기설파이트 및 하이드로젠설파이트류	유리 SO_2로 0.2%		10192-30-0	암모늄바이설파이트
				10196-04-0	암모늄설파이트
				16731-55-8	포타슘메타바이설파이트
				4429-42-9	포타슘바이설파이트
				10117-38-1 23873-77-0	포타슘설파이트
				7631-90-5	소듐바이설파이트
				7681-57-4	소듐메타바이설파이트
				7757-74-6	소듐디설파이트
				7757-83-7	소듐설파이트

번호	원료명	사용한도	비고	CAS No.	화학물질명
13	벤잘코늄클로라이드, 브로마이드 및 사카리네이트	• 사용 후 씻어내는 제품에 벤잘코늄클로라이드로서 0.1% • 기타 제품에 벤잘코늄클로라이드로서 0.05%	분사형 제품에 벤잘코늄클로라이드는 사용금지	85409-22-9	벤잘코늄클로라이드
				63449-41-2	벤잘코늄클로라이드 (C_{10})
				8001-54-5	벤잘코늄클로라이드 (C_{12})
				68391-01-5 / 68424-85-1	벤잘코늄클로라이드 (C_{14})
				61789-71-7	Coco alkyl dimethyl benzyl ammonium chloride
				91080-29-4	벤잘코늄브로마이드
				68989-01-5	벤잘코늄사카리네이트
14	벤제토늄클로라이드	0.1%	점막에 사용되는 제품에는 사용금지	121-54-0	
15	벤조익애씨드, 그 염류 및 에스텔류	산으로서 0.5% (다만, 벤조익애씨드 및 그 소듐염은 사용 후 씻어내는 제품에는 산으로서 2.5%)		65-85-0	벤조익애씨드
				532-32-1	소듐벤조에이트
				1863-63-4	암모늄벤조에이트
				136-60-7	부틸벤조에이트
				2090-05-3	칼슘벤조에이트
				93-89-0	에틸벤조에이트
				120-50-3	이소부틸벤조에이트
				939-48-0	이소프로필벤조에이트
				4337-66-0	엠이에이-벤조에이트
				553-70-8	마그네슘벤조에이트
				93-58-3	메틸벤조에이트
				93-99-2	페닐벤조에이트
				582-25-2	포타슘벤조에이트
				2315-68-6	프로필벤조에이트
16	벤질알코올	1.0% (다만, 두발 염색용 제품류에 용제로 사용할 경우에는 10%)		100-51-6	
17	벤질헤미포름알	사용 후 씻어내는 제품에 0.15%	기타 제품에는 사용금지	14548-60-8	

번호	원료명	사용한도	비고	CAS No.	화학물질명
18	보레이트류(소듐보레이트, 테트라보레이트)	밀납, 백납의 유화의 목적으로 사용 시 0.76% (이 경우, 밀납, 백납 배합량의 1/2을 초과할 수 없다)	기타 목적에는 사용금지	1303-96-4	소듐보레이트
				1330-43-4	소듐테트라보레이트
19	5-브로모-5-나이트로-1,3-디옥산	사용 후 씻어내는 제품에 0.1% (다만, 아민류나 아마이드류를 함유하고 있는 제품에는 사용금지)	기타 제품에는 사용금지	30007-47-7	
20	2-브로모-2-나이트로프로판-1,3-디올(브로노폴)	0.1%	아민류나 아마이드류를 함유하고 있는 제품에는 사용금지	52-51-7	
21	브로모클로로펜(6,6-디브로모-4,4-디클로로-2,2'-메칠렌-디페놀)	0.1%		15435-29-7	
22	비페닐-2-올(*o*-페닐페놀) 및 그 염류	페놀로서 0.15%		132-27-4	소듐 o-페닐페네이트
				90-43-7	o-페닐페놀
				13707-65-8	포타슘 o-페닐페네이트
				84145-04-0	MEA o-페닐페네이트
23	살리실릭애씨드 및 그 염류	살리실릭애씨드로서 0.5%	영유아용 제품류 또는 만 13세 이하 어린이가 사용할 수 있음을 특정하여 표시하는 제품에는 사용금지(다만, 샴푸는 제외)	69-72-7	살리실릭애씨드
				824-35-1	칼슘살리실레이트
				18917-89-0	마그네슘살리실레이트
				59866-70-5	엠이에이-살리실레이트
				54-21-7	소듐살리실레이트
				578-36-9	포타슘살리실레이트
				2174-16-5	TEA-살리실레이트
				17671-53-3	베타인살리실레이트
24	세틸피리디늄클로라이드	0.08%		123-03-5	세틸피리디늄클로라이드
				6004-24-6	세틸피리디늄클로라이드 모노하이드레이트
25	소듐라우로일사코시네이트	사용 후 씻어내는 제품에 허용	기타 제품에는 사용금지	137-16-6	

번호	원료명	사용한도	비고	CAS No.	화학물질명
26	소듐아이오데이트	사용 후 씻어내는 제품에 0.1%	기타 제품에는 사용금지	7681-55-2	
27	소듐하이드록시메칠아미노아세테이트 (소듐하이드록시메칠글리시네이트)	0.5%		70161-44-3	
28	소르빅애씨드(헥사-2,4-디에노익 애씨드) 및 그 염류	소르빅애씨드로서 0.6%		110-44-1	소르빅애씨드
				24634-61-5 / 590-00-1	포타슘솔베이트
				7757-81-5	소듐솔베이트
				7492-55-9	칼슘솔베이트
				-	TEA-솔베이트
29	아이오도프로피닐부틸카바메이트(아이피비씨)	• 사용 후 씻어내는 제품에 0.02% • 사용 후 씻어내지 않는 제품에 0.01% • 다만, 데오드란트에 배합할 경우에는 0.0075%	• 입술에 사용되는 제품, 에어로졸(스프레이에 한함) 제품, 바디로션 및 바디크림에는 사용금지 • 영유아용 제품류 또는 만 13세 이하 어린이가 사용할 수 있음을 특정하여 표시하는 제품에는 사용금지(목욕용제품, 샤워젤류 및 샴푸류는 제외)	55406-53-6	
30	알킬이소퀴놀리늄브로마이드	사용 후 씻어내지 않는 제품에 0.05%		93-23-2	
31	알킬(C_{12}-C_{22})트리메칠암모늄 브로마이드 및 클로라이드(브롬화세트리모늄 포함)	두발용 제품류를 제외한 화장품에 0.1%		17301-53-0	베헨트라이모늄클로라이드 (C_{22})
				1119-97-7	미르트라이모늄브로마이드 (C_{14})
				57-09-0	세트리모늄브로마이드 (C_{16})
				112-02-7	세트리모늄클로라이드 (C_{16})
				68002-62-0	세테아트라이모늄클로라이드 (C_{16}-C_{18})
				61790-41-8	소이트라이모늄클로라이드 (C_{16}-C_{18})

번호	원료명	사용한도	비고	CAS No.	화학물질명
				1120-02-1	스테아트라이모늄브로마이드 (C_{18})
				112-03-8	스테아트라이모늄클로라이드 (C_{18})
				8030-78-2	탈로우트라이모늄클로라이드
				-	하이드로제네이티드팜트라이모늄클로라이드
				112-00-5	라우트라이모늄클로라이드 (C_{12})
				1119-94-4	라우트라이모늄브로마이드 (C_{12})
				61788-78-1	하이드로제네이티드탈로우트라이모늄클로라이드
				61789-18-2	코코트라이모늄클로라이드
32	에칠라우로일알지네이트 하이드로클로라이드	0.4%	입술에 사용되는 제품 및 에어로졸(스프레이에 한함) 제품에는 사용금지	60372-77-2	
33	엠디엠하이단토인	0.2%		116-25-6	
34	알킬디아미노에칠글라이신 하이드로클로라이드용액(30%)	0.3%		-	
35	운데실레닉애씨드 및 그 염류 및 모노에탄올아마이드	사용 후 씻어내는 제품에 산으로서 0.2%	기타 제품에는 사용금지	112-38-9 / 1333-28-4	운데실레닉애씨드
				3398-33-2	소듐운데실레네이트
				6159-41-7	포타슘운데실레네이트
				1322-14-1	칼슘운데실레네이트
				84471-25-0	TEA-운데실레네이트
				56532-40-2	MEA-운데실레네이트
36	이미다졸리디닐우레아(3,3'-비스(1-하이드록시메칠-2,5-디옥소이미다졸리딘-4-일)-1,1'메칠렌디우레아)	0.6%		39236-46-9	
37	이소프로필메칠페놀(이소프로필크레졸, *o*-시멘-5-올)	0.1%		3228-02-2	o-사이멘-5-올

번호	원료명	사용한도	비고	CAS No.	화학물질명
38	징크피리치온	사용 후 씻어내는 제품에 0.5%	기타 제품에는 사용금지	13463-41-7	
39	쿼터늄-15 (메텐아민 3-클로로알릴클로라이드)	0.2%		4080-31-3	쿼터늄-15
				51229-78-8	쿼터늄-15 (cis-form)
40	클로로부탄올	0.5%	에어로졸(스프레이에 한함) 제품에는 사용금지	57-15-8	
41	클로로자이레놀	0.5%		88-04-0	Chloroxylenol
42	*p*-클로로-*m*-크레졸	0.04%	점막에 사용되는 제품에는 사용금지	59-50-7	
43	클로로펜(2-벤질-4-클로로페놀)	0.05%		120-32-1	
44	클로페네신(3-(*p*-클로로페녹시)-프로판-1,2-디올)	0.3%		104-29-0	
45	클로헥시딘, 그 디글루코네이트, 디아세테이트 및 디하이드로클로라이드	• 점막에 사용하지 않고 씻어내는 제품에 클로헥시딘으로서 0.1%, • 기타 제품에 클로헥시딘으로서 0.05%		55-56-1	클로헥시딘
				18472-51-0	클로헥시딘 디글루코네이트
				56-95-1	클로헥시딘 디아세테이트
				3697-42-5	클로헥시딘 디하이드로클로라이드
46	클림바졸[1-(4-클로로페녹시)-1-(1H-이미다졸릴)-3, 3-디메칠-2-부타논]	두발용 제품에 0.5%	기타 제품에는 사용금지	38083-17-9	
47	테트라브로모-*o*-크레졸	0.3%		576-55-6	
48	트리클로산	사용 후 씻어내는 인체세정용 제품류, 데오도런트(스프레이 제품 제외), 페이스파우더, 피부결점을 감추기 위해 국소적으로 사용하는 파운데이션(예 : 블레미쉬컨실러)에 0.3%	기타 제품에는 사용금지	3380-34-5	
49	트리클로카반(트리클로카바닐리드)	0.2%(다만, 원료 중 3,3',4,4'-테트라클로로아조벤젠 1ppm 미만, 3,3',4,4'-테트라클로로아족시벤젠 1ppm 미만 함유하여야 함)		101-20-2	

번호	원료명	사용한도	비고	CAS No.	화학물질명
50	페녹시에탄올	1.0%		122-99-6	
51	페녹시이소프로판올(1-페녹시프로판-2-올)	사용 후 씻어내는 제품에 1.0%	기타 제품에는 사용금지	770-35-4	
52	포믹애씨드 및 소듐포메이트	포믹애씨드로서 0.5%		64-18-6	포믹애씨드
				141-53-7	소듐포메이트
53	폴리(1-헥사메칠렌바이구아니드)에이치씨엘	0.05%	에어로졸(스프레이에 한함) 제품에는 사용금지	32289-58-0	폴리아미노프로필바이구아나이드
54	프로피오닉애씨드 및 그 염류	프로피오닉애씨드로서 0.9%		79-09-4	프로피오닉애씨드
				4075-81-4	칼슘프로피오네이트
				137-40-6	소듐프로피오네이트
				327-62-8	포타슘프로피오네이트
				17496-08-1	암모늄프로피오네이트
				557-27-7	마그네슘프로피오네이트
55	피록톤올아민(1-하이드록시-4-메칠-6(2,4,4-트리메칠펜틸)2-피리돈 및 그 모노에탄올아민염)	사용 후 씻어내는 제품에 1.0%, 기타 제품에 0.5%		68890-66-4	
56	피리딘-2-올 1-옥사이드	0.5%		13161-30-3	
57	*p*-하이드록시벤조익애씨드, 그 염류 및 에스텔류(다만, 에스텔류 중 페닐은 제외)	• 단일성분일 경우 0.4%(산으로서) • 혼합사용의 경우 0.8%(산으로서)		99-96-7	4-하이드록시벤조익애씨드
				99-76-3	메틸파라벤
				94-26-8	부틸파라벤
				5026-62-0	소듐메틸파라벤
				36457-20-2	소듐부틸파라벤
				35285-68-8	소듐에틸파라벤
				84930-15-4	소듐이소부틸파라벤
				35285-69-9	소듐프로필파라벤
				120-47-8	에틸파라벤
				4247-02-3	이소부틸파라벤
				4191-73-5	이소프로필파라벤
				94-13-3	프로필파라벤
				26112-07-2	포타슘메틸파라벤

번호	원료명	사용한도	비고	CAS No.	화학물질명
				38566-94-8	포타슘부틸파라벤
				36457-19-9	포타슘에틸파라벤
				16782-08-4	포타슘파라벤
				84930-16-5	포타슘프로필파라벤
				-	소듐이소프로필파라벤
				114-63-6	소듐파라벤
				69959-44-0	칼슘파라벤
58	헥세티딘	사용 후 씻어내는 제품에 0.1%	기타 제품에는 사용금지	141-94-6	
59	헥사미딘(1,6-디(4-아미디노페녹시)-n-헥산) 및 그 염류(이세치오네이트 및 *p*-하이드록시벤조에이트)	헥사미딘으로서 0.1%		3811-75-4	헥사미딘
				659-40-5	헥사미딘디이세티오네이트
				93841-83-9	헥사미딘 디 p-하이드록시벤조에이트
				-	헥사미딘 p-하이드록시벤조에이트

※ 유의사항

1. 이 표에 지정된 원료를 알기 쉽게 찾아볼 수 있도록 각각의 원료명에 해당하는 대표 CAS No.(이에 해당하는 화학물질명칭을 포함)를 예시로 기재하였으며, 기재된 CAS No. 이외에 다른 번호의 화학물질도 해당될 수 있다.
2. 염류의 예: 소듐, 포타슘, 칼슘, 마그네슘, 암모늄, 에탄올아민, 클로라이드, 브로마이드, 설페이트, 아세테이트, 베타인 등
3. 에스텔류: 메칠, 에칠, 프로필, 이소프로필, 부틸, 이소부틸, 페닐

"화장품 보존력 시험법 가이드라인(민원인 안내서)"

발 행 일	2021년 10월
발 행 인	서 경 원
편집위원장	손 수 정
편 집 위 원	윤혜성, 김도정, 김상섭, 최지영, 지정은, 고미선, 심지은, 한지혜, 박은재(화장품연구과), 이민석, 조태진, 박선경(고려대학교)
자 문 위 원	김주덕(성신여자대학교), 김규봉(단국대학교), 김선애(이화여자대학교), 김용수(보건산업진흥원), 정영훈(경북대학교)
발 행 처	식품의약품안전평가원 의료제품연구부 화장품연구과

4. 맞춤형화장품(소분·리필)의 품질·안전 및 판매장 위생관리 가이드라인 (민원인 안내서)

식품의약품안전처 바이오생약국 화장품정책과 (2021. 9.)

이 안내서는 맞춤형화장품판매장에서 소분(리필)하여 판매하는 내용물의 품질·안전을 확보하고 내용물 소분 시 위생 상 위해가 없도록 소분(리필)장치, 재사용 용기 등을 관리하기 위해 맞춤형화장품판매업자나 내용물을 공급하는 화장품책임판매업자에게 안내하기 위한 것으로 「화장품법」 제5조 및 같은법 시행규칙 제12조의2 등에서 정하고 있는 사항을 알기 쉽게 설명한 것입니다.
본 안내서에서 요구하는 품질·안전과 위생수칙 등은 대외적으로 법적 효력을 가지는 것이 아니므로 본문의 기술방식('~하여야 한다' 등)에도 불구하고 이 안내서를 이용하시는 여러분께서 반드시 준수하셔야 하는 사항이 아님을 알려드립니다.
또한, 본 안내서는 2021년 9월 현재의 과학적·기술적 사실 및 유효한 법규를 토대로 작성되었으므로 이후 최신 개정 법규 내용 및 구체적인 사실관계 등에 따라 달리 적용될 수 있음을 알려드립니다.

※ "민원인 안내서"란 민원인들의 이해를 돕기 위하여 법령 또는 행정규칙을 알기 쉽게 설명하거나 특정 민원업무에 대한 행정기관의 대외적인 입장을 기술하는 것(식품의약품안전처 지침서 등의 관리에 관한 규정 제2조)

※ 맞춤형화장품판매업자의 준수사항 관련 주요 규정

[1] 「화장품법」 제5조제3항 및 제5조제4항

1. 소비자에게 유통·판매되는 화장품을 임의로 혼합·소분하여서는 아니됨
2. 판매장 시설 · 기구의 관리 방법, 혼합 · 소분 안전관리 기준 준수, 혼합 · 소분되는 내용물 및 원료에 대한 설명, 안전성 관련사항 보고 등 총리령으로 정하는 사항 준수

[2] 「화장품법 시행규칙」 제12조의2(맞춤형화장품판매업자의 준수사항)

1. 맞춤형화장품판매장 시설 · 기구 정기 점검
2. 혼합 · 소분 안전관리기준 준수
   - 혼합 · 소분 전에 사용되는 내용물, 원료에 대한 품질성적서 확인
   - 혼합 · 소분 전 손 소독, 세정(일회용 장갑 착용 시 제외가능)

- 혼합 · 소분 전 제품을 담을 포장용기의 오염 여부 확인
- 혼합 · 소분 장비·기구 사용 전 위생 상태 점검 및 사용 후 오염 없도록 세척

3. 맞춤형화장품 판매내역서(전자문서 포함) 작성 ; 제조번호, 사용기한(또는 개봉 후 사용기간), 판매일자 및 판매량
4. 소비자 설명: 내용물 · 원료 특성, 제품 사용 시의 주의사항
5. 부작용 사례 발생 시 식약처에 보고

3 「맞춤형화장품판매업자의 준수사항에 관한 규정(식약처 고시)」

1. 내용물, 원료의 혼합·소분의 범위를 사전에 검토(최종 제품 품질·안전성 확보)
   * 화장품책임판매업자가 혼합·소분 범위를 미리 정하고 있는 경우 이를 준용
2. 내용물, 원료가 「화장품법」 제8조(화장품 안전기준) 등에 적합한지 확인
3. 혼합·소분 전 내용물, 원료 사용기한(또는 개봉 후 사용기간) 확인 ; 사용기한 또는 개봉 후 사용기간이 지난 것은 사용하지 말 것
4. 내용물, 원료의 사용기한(또는 개봉 후 사용기간)을 초과하여 맞춤형화장품의 사용기한(또는 개봉 후 사용기간)을 정하지 말 것
5. 사용하고 남은 내용물, 원료를 밀폐 되는 용기에 담음(비의도적 오염 방지)
6. 소비자 피부 유형, 선호도 등 확인하지 않고 미리 혼합·소분, 보관하지 말 것
   ☞ 국가법령정보센터(www.law.go.kr) 〉 법령 또는 행정규칙

4 「맞춤형화장품판매업자의 준수사항에 관한 가이드라인(민원인안내서)」

☞ 식약처 홈페이지(www.mfds.go.kr) 〉 법령/자료 〉 민원인안내서

1. 화장품 소분(리필) 내용물의 품질·안전관리

1.1. 소분(리필)용 내용물의 입고관리

○ 소분(리필)에 사용되는 내용물은 입고 시 다음 사항을 확인

- 내용물 상태(변색/변취, 분리 및 성상 변화가 없을 것), 품질성적서(시험성적서 검토 및 적합 여부 확인), 사용기한(충분한 사용기한 확보)

○ 내용물의 라벨 기재사항과 내용물을 공급하는 화장품책임판매업자로부터 제공받은 제품정보 일치 여부 확인

* 예) 내용물의 명칭, 제조번호, 전성분, 보관조건, 사용기한 등 「화장품법」 제10조에 따른 기재사항

○ 내용물 원료의 목록(전성분), 사용 시 주의사항 등 제품 고유 정보는 내용물을 공급하는 화장품책임판매업자로부터 문서화된 자료로 수령

○ 리필 내용물의 입고, 사용, 폐기 내역에 대해 기록 관리

1.2. 소분(리필)용 내용물의 보관관리

○ 내용물은 품질에 영향을 최소화할 수 있는 적합한 장소(예: 직사광선 피할 수 있는 곳, 필요시 냉장고 등)에 밀폐상태로 보관

- 내용물의 품질 영향을 최소화할 수 있도록 실내의 바닥과 벽에 직접 닿지 않도록 보관
- 화장품책임판매업자가 정한 보관조건을 준수

○ 내용물의 보관 중 품질 이상 여부를 주기적으로 점검

- 주로 육안으로 관찰하며 내용물의 층분리, 내용물에 이물질 등 확인

1.3. 판매(사용) 중인 내용물의 품질·안전관리

○ 보관되어 있는 내용물은 선입·선출의 원칙으로 사용(판매)

- 개봉하지 않은 내용물의 사용기한을 고려하여 늦게 입고된 제품이더라도 먼저 사용 가능

○ 소비자에게 판매하는 내용물은 가급적 동일한 제조번호에 해당하는 것을 사용

- 다른 제조번호의 내용물을 같은 용기에 소분(리필)하는 경우, 해당 제품의 이력 추적이 가능하도록 제조번호 표시 및 관리 필요

* 예) 판매내역서 비고란에 소분(리필) 판매한 내용물의 제조번호 기록

○ 판매하기 위해 개봉한 내용물은 가능한 소분장치에 전량 충전하여 판매

○ 내용물 벌크용기에 개봉일자를 표시하여 소비자 정보 제공 및 판매장에서 제조 일자/개봉일자를 제품 품질관리 요소로 활용

○ 사용기한이 지난 내용물은 더 이상 소분(리필)판매하지 않으며 폐기

- 내용물을 공급하는 화장품책임판매업자를 통해서 폐기하거나, 매장에서 자체적으로 폐기업체를 통해 처리

※ 매장에서 판매하고 있는 내용물(벌크)의 품질, 안전관리 방법(예시)

★ 판매 중인 내용물은 주기를 정하여 유통화장품 안전기준 부합여부 확인

- 화장품책임판매업자로부터 관련 자료를 제공받아 확인
  예) 내용물의 소분 기간 중 미생물 기준에 적합한지 등 안전기준 부합여부를 확인할 수 있는 자료(방부력 시험자료, 미생물한도시험 결과) 등
- 리필 판매장과 화장품책임판매업자가 설정한 시험환경 차이로 인해 결과가 다를 수 있으므로 판매장에서도 주기적으로 시험 관리할 것을 권고
  예) 판매장 내부 환경과 취급하는 내용물을 고려하여 분기 또는 반기별로 판매 중인 내용물을 판매용기에 직접 샘플링하여 미생물 시험 의뢰

〈검사기관〉

① 내용물 제조업체 (해당 시험시설을 갖추고 있는 경우만 해당)

② 식약처 지정 검사기관 (식약처 홈페이지(www.mfds.go.kr) 〉 정책정보 〉 시험검사기관 〉 시험검사기관 지정현황 〉 '분야' 항목에 '화장품' 선택 후 검색)

2. 화장품 소분(리필) 판매장 위생관리

2.1. 판매장 및 소분(리필)장치 사용

○ 판매장은 내용물의 오염과 해충 등을 방지할 수 있도록 항상 청결하게 유지

○ 소분(리필)에 사용되는 장치, 기구 등은 제품의 유형, 제형 등을 고려하여 적합한 것을 사용

* 예) 소분(리필)하는 내용물이 액상 제형인 경우 분주기(디스펜서) 또는 펌프 사용

* 참고) 내용물을 공급하는 화장품책임판매업자로부터 기기의 작동, 관리방법 등 정보를 제공받음

○ 소분장치나 저울 등 소분에 사용하는 기기의 매뉴얼을 마련하여 관리하고 정상 작동을 주기적으로 점검

– 작동법, 소모품·부속품 목록과 교체 주기, 세척방법 등 포함

※ 소분 장치, 기구 등은 사용 전 다음을 확인할 것

① 충진 튜브, 노즐, 펌프 등은 장치에 적합한 청소용품을 사용하여 주기적으로 세척하며, 소모품은 교체주기에 따라 교체

– 세척제를 사용하여 상수도로 세척하고, 에탄올(70%) 등으로 소독

② 소분장치의 위생 상태를 주기적으로 확인(예: 샘플링한 내용물 상태를 육안으로 확인하거나, 필요 시 직접 미생물 검사 의뢰하고 부적합하다고 판단되는 경우 폐기)

③ 내용물 토출부는 소분 전·후 잔여물이 없도록 청소하고 필요 시 소독

④ 화장품 소분(리필)장치의 펌프나 밸브에 고여 있던 내용물이 바닥으로 떨어지는 것을 방지할 수 있도록 받침용 접시, 받침통 등 비치

⑤ 내용물 벌크용기 교체 시, 튜브는 세척·건조된 깨끗한 것으로 사용 및 튜브와 일체형인 펌프의 경우는 세척보다는 새것으로 교체

⑥ 세척하여 재사용하는 부속품은 가능한 동일한 내용물에 적용되도록 관리

○ 장시간 소분장치를 이용하지 않는 경우, 토출부의 내용물이 펌프나 노즐 주위에 굳어 있거나 흘러내리지 않도록 밀폐

* 참고) 내용물의 제형과 점도를 고려하여 위생이 유지되는 방법을 선택

* 예) 일회용 비닐캡으로 토출부위를 감싸주거나, 당일 판매 시작 전 토출구 주위에 굳거나 고여 있는 내용물을 버려줌

2.2. 리필용기 선택 및 재사용

○ 소분(리필)용 재사용 용기의 적합성 고려

– 화장품 내용물과 용기의 구성물질 간 상호작용을 고려하여 사용 가능한 용기의 범위(기준)를 마련하고 용기의 특성에 따라 재사용 가능여부 판단

* 예) 펌프(노즐) 타입 용기의 펌프와 튜브는 세척이 어려운 구조로 세척 후에도 오염물이

눈에 안 띄어 재사용이 어려움

○ 판매장 전용용기를 이용하는 경우, 내용물을 공급하는 화장품책임판매업자로부터 소분(리필) 용기와 내용물 간의 적합성 검토결과를 제공받아 확인

○ 소비자 제공 용기를 사용하는 경우, 가급적 원래의 내용물이 담겨 있던 용기에 동일한 내용물을 리필하여 판매할 것을 권장

- 원래의 내용물이 담겨있던 용기가 아닌 경우, 화장품책임판매업자로부터 해당 내용물에 적용 가능한 용기 재질 등 정보를 사전에 확인
- 소비자 제공용기는 제품 품질에 영향이 있을 수 있음을 소비자에게 사전에 안내

* 참고) 판매내역서 비고란에 소비자 제공 용기의 사용 여부를 기록

○ 재사용 용기(매장 전용용기 또는 소비자 제공용기)에 내용물을 리필하기 전 용기의 청결 상태 등을 확인

- 잔여물이 남아 있는지, 완전히 건조되어 있는지, 용기에 금이 가거나 깨진 곳은 없는지 등

2.3. 장치관리, 기구·용기 세척방법

○ 판매장에서 사용하는 세척 장치 및 건조 장치의 정상 작동 확인 및 주기적 점검

○ 소분(리필) 용기를 매장에서 세척 시, 제품(내용물)의 특성을 고려하여 적절한 세척 방법을 결정

- 내용물을 공급하는 화장품책임판매업자로부터 소분장치 또는 소분(리필) 용기에 대한 세척 및 살균·소독 방법 등을 안내받음

* 예) 식품용기 세척에 사용하는 주방세제 등

* 참고) 유성화장품 용기 세척 시, 물로 헹구는 것은 잔류물 제거에 효과가 떨어지므로 적절한 다른 세척제를 선택

○ 소비자 제공 용기를 사용하여 리필 시, 사전에 세척하여 물기가 없도록 완전히 건조시킨 뒤 사용하여야 함을 안내

- 소비자가 직접 자신이 가져온 용기를 세척하는 경우, 세척실 또는 세척대 근처에 세척제의 사용과 세척방법을 별도로 안내
- 세척실 또는 세척대를 갖추고 있는 경우, 수시로 물기를 제거하여 세척하는 공간 주변을 청결하게 유지

○ 소비자가 매장에서 직접 소분(리필) 시 장치 이용법을 안내하고 작동순서 등을 리필장치 근처에 부착하여 알기 쉽게 이용할 수 있도록 제공

○ 판매장 전용 또는 소비자 제공 용기에 내용물 리필 시 제품과 용기 특성을 고려하여 필요한 경우 판매장에서 별도로 용기를 소독하거나 UV 살균·건조 등 처리

* 예) 에탄올(70%) 소독, UV 살균기에 최소 OO분 이상 살균 등

* 참고) 일부 플라스틱 용기는 UV 살균에 적합하지 않을 수 있음

3. 소분(리필) 제품의 표시 등 방법

3.1. 재사용 용기의 표시 방법

○ 화장품법령의 필수 표시기재사항을 포함하도록 라벨스티커 제작

○ 용기 재사용 시, 기존의 기재사항과 혼동되지 않도록 라벨스티커 제작 및 부착하고 새로 부착한 라벨의 위치 등에 대해 소비자에게 안내

* 예) 기존 라벨의 기재사항을 가릴 수 있는 크기의 스티커로 제작

– 라벨 꼬리표(택)는 제품 사용기간 동안 분실의 가능성이 있어 바람직하지 않음

○ 용기에 부착할 표시라벨에 포함되어야 할 정보는 아래 기재사항 참고

– 소분(리필)판매하는 화장품은 2차 포장이 없는 경우가 많으며, 이 경우 1차 용기에 화장품 필수 기재사항이 모두 표시되도록 작성

화장품 소분(리필) 제품의 라벨스티커 기재사항
1. 제품명 2. 영업자(화장품제조업자, 화장품책임판매업자, 맞춤형화장품판매업자) 상호 및 주소 3. 제조에 사용된 모든 성분(인체에 무해한 소량 함유 성분 등 일부 성분 제외) 4. 내용물의 용량 또는 중량 5. 제조번호 6. 사용기한 또는 개봉 후 사용기간(개봉 후 사용기간의 경우 제조연월일 병기) 7. 가격 8. 기능성화장품의 경우 "기능성화장품"이라는 글자 또는 기능성화장품을 나타내는 도안으로서 식품의약품안전처장이 정하는 도안 9. 사용할 때의 주의사항 10. 그 밖에 총리령으로 정하는 사항 – 기능성화장품의 경우 심사받거나 보고한 효능 · 효과, 용법 · 용량 – 성분명을 제품 명칭의 일부로 사용한 경우 그 성분명과 함량(방향용 제품 제외) – 인체 세포 · 조직 배양액이 들어있는 경우 그 함량 – 화장품에 천연 또는 유기농으로 표시 · 광고하려는 경우에는 원료의 함량 – 기능성화장품의 경우 "질병의 예방 및 치료를 위한 의약품이 아님"이라는 문구 – 다음 어느 하나에 해당하는 경우 사용기준이 지정 · 고시된 원료 중 보존제 함량 가. 별표 3 제1호가목에 따른 만 3세 이하의 영유아용 제품류인 경우 나. 만 4세 이상부터 만 13세 이하까지의 어린이가 사용할 수 있는 제품임을 특정하여 표시 · 광고하려는 경우

3.2. 제품 판매내역서 등 기록관리

○ 판매내역서에는 내용물에 대한 화장품책임판매업자, 제품명, 제조번호, 사용기한(또는 개봉 후 사용기간), 판매일자, 판매량 등 정보를 포함

– 부작용 등 안전사고 대처와 특정 제품의 부작용 발생이력을 파악하기 위해 내용물 개봉일

자, 용기 재사용 여부 등을 상세히 기재할 것을 권고

* 참고) 판매관리 등 목적으로 고객 정보 수집 시, 「개인정보보호법」에 따라 개인정보 수집 및 이용목적, 수집항목 등에 대해 안내하고 동의를 받을 것

○ 판매내역서에 포함되지 않더라도 특정 성분의 사용으로 인한 국내ㆍ외 안전문제 발생 등을 대비하여 내용물별로 원료목록(전성분)에 대한 기록관리 필요

* 참고) 맞춤형화장품판매업자는 매년 1회 판매 제품의 원료목록을 보고

※ 소분(리필) 맞춤형화장품 판매내역서(예시)

판매내역서 년 월 일							
판매일	책임판매자	제품명	제조번호	사용기한	판매량(g)	소분담당자	비고

4. 소비자 안내·설명

4.1. 첨부문서 등 정보 제공 및 설명

○ 소비자가 구매하는 내용물에 대한 정보를 쉽게 알 수 있도록 설명하고, 부작용 발생 시 판매장으로 연락하도록 안내

○ 화장품책임판매업체로부터 제공받은 내용물에 대한 '사용 시 주의사항'을 소비자에게 설명

* 첨부문서(안내문, 디지털 방식 등)로 제공 가능

○ 판매자는 소비자 제공 용기가 깨끗하지 않거나 재사용에 적합하지 않은 구조와 재질로 판단될 경우, 제품의 품질에 이상이 있을 수 있음을 소비자에게 고지

* 참고) 「소비자기본법」 제47조(결함정보의 보고의무) 및 「제조물 책임법」 제4조 (면책사유) 등 확인

[참고] 화장품책임판매업자로부터 제공받아야 하는 서류

1. 내용물 명칭, 제조번호, 전성분 목록, 보관조건, 사용기한, 사용 시 주의사항, 사용 방법 등 제품 정보에 관한 자료
2. 개봉하지 않은 내용물이 유통화장품 안전관리 기준에 적합함을 확인할 수 있는 자료(시험성적서 등)
3. 내용물의 소분판매 기간 동안 방부력이 유지됨을 확인할 수 있는 시험결과 → 설정된 사용기한 내에서 주기를 정하여 시험한 미생물 한도시험 결과, 방부력 시험결과 등
4. 내용물에 적합한 용기 재질 등 정보에 관한 자료
   → 매장 전용용기의 경우, 내용물과의 적합성 시험결과(반응성, 용출시험 결과 등)
   → 소비자 제공 용기의 경우, 사용 가능 및 사용할 수 없는 재질 등에 관한 정보

별첨 1 판매장 안전·위생관리 점검사항

※ 판매장 여건에 따라 항목을 가감하여 적용

화장품 소분(리필) 판매장 점검사항

000 판매장

항 목	점 검 사 항	비 고
판매장 및 판매자	판매장 청결 상태 확인	
	판매장 시설·기구 상태 확인	
	내용물 보관 장소에 대한 확인	
	소분담당자, 조제관리사 등 건강상태 등 확인(질병 여부)	
	소분담당자, 조제관리사에 대한 점검(복장, 마스크, 손세정 등)	
내용물 입고 및 출고	내용물의 확인: 내용물 상태, 품질성적서, 표시기재, 전성분, 주의사항, 사용기한, 보관 조건	
	벌크 용기에 입출고 날짜를 표시 관리	
	내용물의 입고, 사용, 폐기 내역에 대한 기록 관리	
내용물 보관	보관 장소: 온도, 습도, 냉장고(저온보관 시)	
	보관 중인 내용물 사용기한, 품질 이상 여부에 대한 주기적 확인	
내용물 충전	소분 장치에 내용물 충전 시 주의 사항 확인	
	내용물을 개봉하여 소분장치에 전량 충전하는 것이 바람직하며, 개봉 이후 재보관시 품질관리 철저	
소분 장치	소분 장치 선택 시 고려 사항 확인	
	소분장치에 관리지침 또는 매뉴얼(장비사용설명서, AS 등) 비치	
	장치 사용 전 확인 사항: 사용 전 위생 상태, 정상 작동 여부, 내용물의 함량, 내용물의 정량 토출, 기기 주변 필요 물품 확인	
	장치 사용 중 확인 사항: 내용물의 상태, 사용기한, 토출부에 대한 관리, 장기 주변의 받침대 등 청결 상태	
	장치 사용 후 확인 사항: 토출부(노즐)의 잔여물 제거, 소분(리필)장치 세척, 소모품 관리 등	
용기사용	용기 적합성 확인(용기 재질, 내용물과 반응 유무 등), 판매장 제공용기 또는 소비자 제공 용기 등에 따른 주의사항 확인	
	용기 오염여부, 건조 상태 확인	
	용기 세척·건조 및 살균 시 고려 사항: 세척 방법, 세척제 종류, 건조, 살균 방법 등	
라벨	필수 기재 사항	
	라벨 표시 방법(제거 쉬운 스티커 등)	
정보제공	원료, 사용상의 주의사항, 사용기한 등 소비자 설명 사항	
	소분(리필)장치 등 이용 및 용기 재사용 시 세척방법 등	
판매 후	판매내역서 관리	
	부작용 대처 등 목적으로 판매한 내용물의 전성분(원료목록) 보관	
	소분 장치(노즐 등) 및 내용물에 대한 점검	
세척 · 건조	세척의 적절성에 대한 판단 기준	
	세척제, 세척 방법	
	세척 장소 및 세척 장치에 대한 확인 사항	
	건조방법 확인 사항	

별첨 2 판매장 일일 위생점검표

※ 일일 위생점검표(예시)로 매장 상황에 따라 항목을 가감하여 사용

<table>
<tr><th colspan="5">화장품 소분(리필) 판매장 일일 위생점검표
점검일 년 월 일</th></tr>
<tr><th rowspan="2">항 목</th><th rowspan="2">점 검 내 용</th><th colspan="3">기 록</th></tr>
<tr><th>예</th><th>아니오</th><th>해당 없음</th></tr>
<tr><td rowspan="4">작업자 위생</td><td>작업자의 건강상태는 양호한가?</td><td>□</td><td>□</td><td>□</td></tr>
<tr><td>작업자의 복장이 청결한가?</td><td>□</td><td>□</td><td>□</td></tr>
<tr><td>화장품 내용물을 소분하기 전에 손의 청결상태를 확인하였는가?</td><td>□</td><td>□</td><td>□</td></tr>
<tr><td>내용물 소분 시 마스크와 위생장갑을 착용하였는가?</td><td>□</td><td>□</td><td>□</td></tr>
<tr><td rowspan="3">판매장 위생</td><td>판매장 내 청소상태는 양호한가?</td><td>□</td><td>□</td><td>□</td></tr>
<tr><td>판매장 내부의 공기는 적절한 주기로 환기시켰는가?</td><td>□</td><td>□</td><td>□</td></tr>
<tr><td>내용물 소분 시 사용하는 손소독제가 비치되어 있는가?</td><td>□</td><td>□</td><td>□</td></tr>
<tr><td rowspan="7">내용물 관리</td><td>개봉하지 않고 보관 중인 내용물의 포장상태(찢어짐 등)는 양호한가?</td><td>□</td><td>□</td><td>□</td></tr>
<tr><td>개봉하지 않고 보관 중인 내용물의 보관상태(먼지 등)는 양호한가?</td><td>□</td><td>□</td><td>□</td></tr>
<tr><td>개봉하지 않고 보관 중인 내용물의 품질이상(층분리 등)은 없는가?(이상이 없는 경우 '예')</td><td>□</td><td>□</td><td>□</td></tr>
<tr><td>개봉하지 않고 보관 중인 내용물의 보관온도는 적절하게 유지되고 있는가?</td><td>□</td><td>□</td><td>□</td></tr>
<tr><td>소분장치에 비치되어 판매 중인 내용물의 사용기한은 충분히 확보되었는가?</td><td>□</td><td>□</td><td>□</td></tr>
<tr><td>소분 내용물의 품질 이상(층분리 등)은 발견되지 않았는가?(발견되지 않은 경우 '예')</td><td>□</td><td>□</td><td>□</td></tr>
<tr><td>소분장치에 비치되어 있는(판매 중인) 벌크 용기(카트리지 포함)의 포장상태는 양호한가?</td><td>□</td><td>□</td><td>□</td></tr>
<tr><td rowspan="5">소분 장치(도구) 위생</td><td>소분장치 내·외부 청소상태는 양호한가?</td><td>□</td><td>□</td><td>□</td></tr>
<tr><td>소분장치는 정상적으로 작동하는가?</td><td>□</td><td>□</td><td>□</td></tr>
<tr><td>소분장치 내부에 내용물의 잔류물이 오염되어 있지 않은가?(오염이 없는 경우 '예')</td><td>□</td><td>□</td><td>□</td></tr>
<tr><td>소분장치 부속품(노즐, 밸브, 튜빙 등)의 세척·건조 상태는 적절한가?</td><td>□</td><td>□</td><td>□</td></tr>
<tr><td>소분장치의 내용물 카트리지와 부속품 간 연결 상태는 적절한가?</td><td>□</td><td>□</td><td>□</td></tr>
<tr><td rowspan="4">용기 세척·건조</td><td>용기의 세척·건조 장치의 청소상태는 양호한가?</td><td>□</td><td>□</td><td>□</td></tr>
<tr><td>용기의 세척·건조 장치는 정상적으로 작동하는가?</td><td>□</td><td>□</td><td>□</td></tr>
<tr><td>세척된 용기의 건조·보관 상태는 양호한가?</td><td>□</td><td>□</td><td>□</td></tr>
<tr><td>매 소분 시마다 용기의 위생상태(건조, 이물질 오염여부 등)를 확인하였는가?</td><td>□</td><td>□</td><td>□</td></tr>
</table>

특이사항	개선조치 및 결과	조치자	확인

본 민원인 안내서는 화장품 소분(리필)매장 위생관리지침을 마련하기 위해 '21.7월부터 8월까지 학계, 업계와 소비자 단체의 관련 분야 전문가들의 논의를 거쳐 발간한 것으로 산업계의 의견 조회를 마쳤음을 알려드립니다.

※ 민·관 협의체 외부 전문가 참여진

- 학계: 신계호(수원과학대)
- 업계: 김원희(아모레퍼시픽(주)), 양래교(알맹상점), 김영재(엘지생활건강(주)), 김승연(이엘씨에이한국(유))
- 소비자 단체: 이수현(소비자시민모임), 송민경(한국소비자연맹)
- (사)대한화장품협회: 장준기, 송자은

참고문헌

서경희, 화장품과 미생물, 화장품신문, 2005.

Philip A. Geis, Cosmetic microbiology a practical approach, 2nd edition, Taylor & Francis, 2006.

Barry Chess, 미생물학 길라잡이, 제11판, 2021.

고려대학교 산학협력단, 화장품 미생물 한도 시험법 개선 연구, 식품의약품안전처, 2017.

박태훈, 곽일영, 전기붕, 김현희, 김한곤, 신계호. 자외선차단제품의 방부력 확보를 위한 방부제와 자외선 차단제, 제품 포장재의 상관성 연구, J. Soc. Cosmet. Sci. Korea, 36(4) 259–263, 2010.

박정희, 김종필, 김진아, 서계원, 김은선, 서정미. 국내 유통 자외선 차단 기능성화장품 중 살균보존제 및 자외선차단성분 사용실태조사, J. Soc. Cosmet. Sci. Korea, 43(4) 381–390, 2017.

안기웅, 최민희, 우윤택, 조병기, Glyceryl Caprylate의 화장품에서의 항균력에 관한 연구, J. Soc. Cosmet. Sci. Korea, 33(1) 47–52, 2007.

정선희, 화장품 방부제의 안전성 고찰, Kor. J. Aesthet. Cosmetol., 11(5), 827–833, 2013.

Yasuhiko Toshima, Hirioyuki Araki, Masahiko Otani, Ruka Suzuki, Jun Usukura, Kotario Fjioka, Masaki Ookawa, 화장품, 퍼스널케어 제품 제조현장에서의 미생물 트러블 사례, Fragrance J. Korea, 80–95, 2020–6.

화장품 위해평가 가이드라인(민원인 안내서), 2017. 03.

화장품 안정성시험 가이드라인(민원인 안내서), 2011. 06.

우수화장품 제조 및 품질관리기준(CGMP) 해설서(민원인 안내서) 제3개정, 2022. 12.

식품의약품안전처(https://www.mfds.go.kr/)

대한화장품협회(https://kcia.or.kr/home/main/)

위키피디아(https://ko.wikipedia.org/)

네이버 백과사전(https://terms.naver.com/)

저자 소개

김보라

연세대학교 이과대학 생물학과 이학사
연세대학교 이과대학 생물학과 이학석사
연세대학교 생물소재공학협동과정 생명공학과 공학박사
현) 목원대학교 화장품학과 부교수

CJ제일제당㈜ 생활화학연구소 선임연구원
엔프라니㈜ 피부과학연구소 책임연구원
㈜엘리드 피부과학연구소 연구소장

화장품 미생물학

저　　자 김보라
발 행 인 김지영
발 행 처 자유아카데미
주　　소 경기도 파주시 회동길 37-42
파주출판도시
전　　화 031-955-1321
팩　　스 031-955-1322
홈페이지 www.freeaca.com
전자우편 main@freeaca.com(대표)
editor@freeaca.com(편집)
crm@freeaca.com(영업)
등　　록 제406-2003-017호, 1980. 7. 12
제1판1쇄 2024년 2월 28일 발행

저자와의
협의하에
인지생략

ISBN 979-11-5808-562-9 93430